高职高专"十三五"规划教材

化工单元操作

（上）

朱淑艳　茹立军　主编

天津大学出版社
TIANJIN UNIVERSITY PRESS

内容提要

本书通过对化工生产实际工作岗位的调查分析，根据高职教育的特点、要求和教学实际，本着"必需、够用"的原则，对现行的化工原理、化工设备和传质分离技术课程的内容进行整合。在阐明基本原理的基础上，注重介绍各单元操作流程、设备，典型设备的操作，并适当介绍本学科的新进展。

化工单元操作（上、下册）共分化工管路、流体输送过程、非均相物系的分离、换热操作、蒸发操作、吸收操作、精馏操作、萃取操作、干燥操作、结晶操作及其他单元操作十一个学习情境，下设若干子任务，每个情境（或任务）均配有适当的案例和测试题。

本书内容深浅适中，简单明了，层次分明，难点生动化，重点实例化，方便学习者自主学习。本书可作为高职高专化工技术类及相关专业的教材，也可供化工及相关部门的技术人员参考。

图书在版编目（CIP）数据

化工单元操作. 上/朱淑艳，茹立军主编. —天津：天津
大学出版社，2019.3（2023.1重印）
高职高专"十三五"规划教材
ISBN 978-7-5618-6381-7

Ⅰ.①化… Ⅱ.①朱…②茹… Ⅲ.①化工单元操作
–高等职业教育–教材 Ⅳ.①TQ02

中国版本图书馆 CIP 数据核字（2019）第 051021 号

出版发行	天津大学出版社
地　　址	天津市卫津路 92 号天津大学内（邮编：300072）
电　　话	发行部：022-27403647
网　　址	publish. tju. edu. cn
印　　刷	北京盛通商印快线网络科技有限公司
经　　销	全国各地新华书店
开　　本	185mm×260mm
印　　张	19.5
字　　数	487 千
版　　次	2019 年 4 月第 1 版
印　　次	2023 年 1 月第 3 次
定　　价	47.00 元

第二版前言

本教材根据高职教育的特点、要求和教学实际,本着"必需、够用"的原则,按照"工作过程系统化"课程开发方法,根据专业人才培养方案中的课程体系重构思路,具体分析化工生产实际工作岗位,将化工原理、化工设备、传质与分离技术等课程的相关内容有机融合,以典型化工生产单元操作及其设备为纽带,进行理实一体化的情境化内容设计。本教材第一版于2011年出版。经过几年的教学实践,本教材的体系、内容基本能够满足教学需要,适于自学,受到了广大师生的欢迎。但随着化工技术的发展和高职教育的改革,本教材的部分内容需要更新,故进行本次修订。

本次修订基本保留了原教材的特点,内容按照认识工艺流程、了解设备构造特点、熟悉典型设备操作规程、掌握设备选型、学习操作条件控制、落实安全操作及节能等若干工作任务编排,每个情境(或任务)均配有生产案例、知识目标、能力目标、素质目标和测试题。对理论推导部分进行了必要的简化,删去了部分难度大的例题和习题;增加了与实际生产相关的应用型案例,力求理论联系实际;注重知识和技能的实用性、工程性、先进性。学习情境由原来的八个增加为十一个,突出对学生工程观点、实践技能和综合素质的培养。

本次修订由朱淑艳、茹立军负责。朱淑艳提出了细化的修订提纲,并对全书进行了统稿和修改。茹立军编写了萃取操作学习情境,并参与了测试题的选取。

本教材可作为高职高专化工技术类及相关专业的教材,亦可供化工企业生产一线的工程技术人员参考。

在本教材的编写过程中,得到了李文有、许新兵、刘吉和、孔祥波、王峻、任小娜、李丽、周葆青、荆文婧等领导和老师的大力支持与帮助,在此谨向他们表示衷心的感谢。

由于编者水平所限,不妥之处在所难免,敬请读者指正。

编者
2019 年 1 月

第一版前言

本教材是以高职高专化工技术类专业高技术、高技能型人才培养目标为依据编写的,是对化工原理、化工设备的内容进行重整的产物。

教材内容打破了传统学科的完整体系,从职业岗位需要出发,以能力培养为主线,构建工作过程完整的学习过程,紧紧围绕完成工作任务的需要选择和组织课程内容,突出工作任务与知识的联系,让学习者在职业实践活动的基础上掌握知识,增强课程内容与职业岗位能力要求的相关性,提高学习者的自学能力和就业能力。

教材内容的选取根据化工单元操作在化工生产中承担的功能结合所依据的技术,以化工生产企业工段长以上岗位的职工所需的职业能力为依据,以培养学生的化工单元过程方案的选择能力、设备的选用与简单设计能力、装置的操作运行能力为基本目标。将选取的内容设计成八个学习情境,各学习情境按照认识整体工艺流程、了解设备主要构造、熟悉设备操作规程、掌握设备选型与操作、分析操作条件对工艺指标的影响等若干工作任务训练学生在化工岗位上的操作技能,以工作任务为中心引出相关知识。这样既符合岗位需要,又符合认知规律。

本教材主要具有以下特点。

(1)深入分析了化工生产岗位的典型工作任务,以理论"必需、够用"为度,突出了实践教学,精心创设了学习情境和任务单元,构建了工作过程系统化的学习领域课程。

(2)以一系列具体的典型工作任务贯穿每一个教学情境项目的全部教学过程,实现了"教、学、做"一体的教学方法与手段的改革。

(3)淡化了没有实用价值的推导及计算,把工程观点的培养作为重点,努力把培养用工程技术观点观察、分析和解决单元操作中的操作问题的能力落到实处。

(4)每个学习情境都包括学习目标、重点、难点,力求内容深浅适中,简单明了,层次分明,难点生动化,重点实例化,方便学习者自主学习。

参加编写的人员有:朱淑艳(绪论,情境二、七,附录及习题的选校)、李发达(情境三)、白锦川(情境四)、王钰(情境五、六)、张乐(情境八)、茹立军(情境一、习题的选编)。

在本教材的编写过程中,得到了李文有、许新兵、刘吉和、王峻、任小娜等领导和老师的大力支持与帮助,在此谨向他们表示衷心的感谢。

由于编者水平有限,错误之处在所难免,敬请读者指正。

编者
2010 年 10 月

目　　录

绪　　论

知识目标

(1)掌握物料衡算、能量衡算的基本概念及计算步骤;
(2)认识化工生产过程的构成和单元操作的概念;
(3)了解化工单元操作课程的性质、内容及任务。

一、化工生产过程与单元操作

1.化工生产过程

化学工业是以工业规模用化学和物理方法对原料进行加工而获得产品的工业。化工产品不仅是工业、农业和国防的重要生产资料,而且是人们日常生活中的重要生活资料。

化工生产过程是化学工业的一个个具体的生产过程,简单地说,就是化工产品的加工过程,可以看成由原料预处理过程、反应过程和反应后处理过程三个基本环节构成。其中,反应过程是在各种反应器中进行的,它是化工生产过程的中心环节。

反应过程必须在适宜的条件下进行,例如,反应物料要有适宜的组成、结构和状态,化学反应要在一定的温度、压强和适宜的流动状况下进行等。而进入化工生产过程的初始原料通常都有各种杂质并处于环境状态下,必须通过原料预处理过程使之满足反应所需要的条件。同样,反应器出口的产物通常都是处于反应温度、压强和一定的相状态下的混合物,必须经过反应产物的后处理过程,从中分离出符合质量要求、处于某种环境状态下的目的产品,并使排放到环境中的废料达到环保的规定、要求。反应后处理过程的另一个任务是回收未反应的反应物、催化剂或其他有用的物料,重新加以利用。

例如,图 0-1 所示为乙烯法制取氯乙烯的生产过程,它以乙烯、空气和氯化氢为原料,在压强为 0.5 MPa、温度为 220 ℃、以 $CuCl_2$ 为催化剂等条件下反应,制取氯乙烯。在反应前,乙烯和氯化氢需经预处理除去有害物质,以避免催化剂中毒。反应后的产物中,除反应主产物氯乙烯外,还含有未反应的氯化氢、乙烯及副产物,如二氯乙烷、三氯乙烷等,需经后处理过程,如氯化氢的吸收过程,二氯乙烷、三氯乙烷与氯乙烯的分离过程等,最终获得聚合级精制氯乙烯。

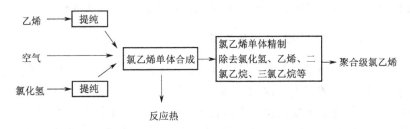

图 0-1　乙烯法制取氯乙烯生产过程简图

该生产过程除单体合成属化学反应外,原料和反应物的提纯、精制、分离,包括为使反应过程维持一定的温度、压强而进行的加热、冷却、压缩等均为物理过程。这些物理过程都是在特定的设备中进行的，因此可以说，任何一个化工生产过程都是由若干种完成特定任务的设备按一定顺序、由各种管道和输料装置连接起来的组合体。据资料报道，在化学与石油化工、制药等工业中，预处理、后处理物理加工过程的设备投资约占全厂设备投资的90%。由此可见，单元操作在化工生产过程中占有重要地位。

2.单元操作及其分类

通常，一种化工产品的生产过程往往需要几个或数十个物理加工过程与若干个化学反应过程才能实现。经过长期的实践与研究发现，尽管化工产品千差万别，生产工艺多种多样，但这些产品的生产过程所包含的物理过程并不是很多，而且是相似的。比如，流体输送的目的都是将流体从一个设备输送至另一个设备；加热与冷却的目的都是得到需要的物料温度；分离提纯的目的都是得到指定浓度的产品等。这些包含在不同的化工产品生产过程中、发生同样的物理变化、遵循共同的物理学规律、使用相似的设备、具有相同的功能的基本物理操作，称为单元操作。

已经为人们所熟知的单元操作有流体流动及输送、传热、沉降、过滤、蒸发、蒸馏、吸收、干燥、结晶、萃取等。近年来，随着新技术的应用，膜分离、吸附、超临界萃取、反应与分离耦合等新的单元操作得到了越来越广泛的应用。

根据操作方式，单元操作可以分为连续操作和间歇操作两种方式。

在连续操作过程中，物质（物料）与能量持续不断地流入或流出设备，过程的各个阶段在不同的空间位置上同时进行，即原料进入、加工、合格产品采出等是同时进行的。其特点是，在同一空间位置上进行的操作与时间无关，同一时刻在不同的空间位置上进行不同的操作，操作稳定，物料损失少，劳动投入少，便于自动控制。大型化工生产多数为连续操作。

在间歇操作过程中，物质（物料）与能量流入或流出设备不是同时进行的，过程的不同阶段按时间顺序进行，即原料进入、加工、合格产品采出等在时间上是有先后的。其特点是，过程的各个阶段是按一定的程序依次进行的，表现出一定的周期性。同时，操作简单，灵活性大，设备投入少，适用于小批量、多品种的生产过程。

根据设备中各种操作参数与时间的关系，单元操作又可分为定常操作（稳定操作）和非定常操作（非稳定操作）两种方式。

定常操作指操作参数只与位置有关而与时间无关，如定常流动和定常传热等。连续化工生产通常属于定常操作。其特点是，过程进行的速率是稳定的，系统内没有物质、能量的积累。

非定常操作指操作参数既与位置有关又与时间有关，如间歇生产过程即属于非定常操作。其特点是，过程进行的速率是随时间变化的，系统内存在物质、能量的积累。

二、化工单元操作课程的性质、内容和任务

化工单元操作是化工技术类专业的核心课程，是承前启后、由理及工的桥梁，是构成化工高等技术应用型专门人才的知识结构、素质结构与能力结构的必修课，是培养学生的工程技术观点与化工核心实践技能的重要课程。它以化工生产过程为研究对象，主要研究各种单元操作的基本原理与单元操作过程的计算、典型单元操作设备的合理结构及其工艺尺寸的设计与计算、设备操作性能的分析以及组织工程性实验，以取得必要的设计数据，找出强化过程、改进设备的途径，使学生熟练掌握常见的化工单元操作的基本知识与基本技能，初步形成用工程观点观察问题、分析问题、处理操作中遇到的问题的能力,树立良好的职业意识和职业道德观念,为学生学习后续专业课程,从事化工生产、建设、管理和服务工作作准备,为提高职业能力打下基础。

化工单元操作的主要内容是化学工程学科"三传一反"(质量传递、热量传递、动量传递及化学反应)中的"三传"部分,具体包括流体流动与输送、传热、非均相物系的分离、蒸馏、吸收、干燥、萃取等传统化工单元操作。本教材的内容主要有化工管路、流体输送过程、非均相物系的分离、换热操作、蒸发操作、吸收操作、精馏操作、萃取操作、干燥操作、结晶操作及其他单元操作,具体见表0-1。

表 0-1　本教材主要内容一览表

学习情境	主要内容	学习目标
一	化工管路	简单管路的拆装,常用器具的使用
二	流体输送过程	将流体从一个设备输送到另一个设备
三	非均相物系的分离	使非均相混合物中的各组分相互分离
四	换热操作	强化和削弱传热的途径,间壁式换热器的操作
五	蒸发操作	
六	吸收操作	气体均相混合物的分离
七	精馏操作	液体均相混合物的分离
八	萃取操作	液体混合物的分离
九	干燥操作	湿物料中水分的去除
十	结晶操作	
十一	其他单元操作	新型分离方法

化工单元操作课程的任务是培养学生运用本学科的基础理论及技能分析和解决化工生产中的有关实际问题的能力,特别是培养学生的工程观点(即理论上的正确性、技术上的可行性、操作上的安全性、经济上的合理性,这四个观点中经济是核心)、定量计算、设计开发能力和创新理念,具体要求如下。

(1)选择:为完成一项生产任务,选择合适的单元操作及设备。

(2)计算:根据选定的单元操作,进行工艺计算和设备设计,当缺乏数据时会设法获取,如通过实验测取必要的数据等。

(3)操作:熟悉操作原理、操作方法和参数调节,具备分析和解决操作中产生的故障的基本能力。

(4)开发创新:具备探索强化或优化过程与设备的基本能力,树立安全生产意识、质量意识和环境保护意识。

应该特别指出的是,近年来,随着高新技术产业的发展,出现了一系列新兴的单元操作和化工技术,如膜分离技术、超临界流体技术、超重力场分离技术、反应精馏技术、电磁分离技术等。它们是各单元操作、各专业学科互相渗透、耦合的结果。因此,培养学生灵活运用本学科以及其他学科的知识及技术来学习和掌握新型单元操作和化工新技术的基本能力十分重要。

三、单元操作中常用的基本概念和观点

单元操作所要解决的问题均具有明显的工程性,主要原因是:①影响因素多(物性因素、操作因素及结构因素等);②制约因素多(原辅材料来源、设备性能、自然条件等);③评价指标多(经济、健康、环保、安全等);④经验与理论并重。因此,解决单元操作问题仅仅通过解析的方法是难以实现的,常常需要理论与实践相结合。

各种单元操作的计算可分为设计型计算与操作型计算两类。为完成规定的设计任务(一定的处理能力、产品规格和操作要求),计算过程需要的时间、设备的工艺尺寸(如设备的直径、高度等)、外加功率和热量等,属于设计型计算,它是进一步完成设备的机械设计或选型所必需的。对于已有的操作设备(即设备的工艺尺寸一定),核算其在不同情况(操作因素、物理因素变化时)下对操作结果的影响或完成特定任务的能力,属于操作型计算,它对确定适宜的操作条件、分析操作故障、了解设备的性能以及保证设备正常操作都是十分重要的。

尽管各种单元操作的任务与计算要求各不相同,处理对象与设备形式各异,但一般都涉及下列四个基本概念和一个观点,即物料衡算、能量衡算、平衡关系、过程速率这四个基本概念以及经济核算观点。它们贯穿了本课程的始终,应该熟练掌握并能灵活运用。

1. 物料衡算

将质量守恒定律应用到化工生产过程中,以确定过程中物料量及组成的分布情况,称为物料衡算。其通式为

输入系统的物料量 - 输出系统的物料量 = 系统中物料的积累量   (0-1)

在进行衡算时,应注意下列几点。

(1)划定范围。确定物料衡算所包括或涉及的范围,一般可用封闭虚线框划定需要衡算的设备或设备的局部、一个车间、一个工段等,范围之内的体系就是要进行衡算的对象。进出体系的物流均用带箭头的物流线标明,物流线一定与范围线相交(若不相交表示该物流没有进入或离开体系)。

(2)确定基准。一般选没有变化的量作为衡算基准。例如用物料的总质量或物料中某一组分的质量作为基准。对于间歇操作过程,可以一次(一批)操作为基准;对于连续操作过程,通常以单位时间的变化量为基准。

(3)列出方程。可以列出整个物料衡算方程,也可以列出某组分的衡算方程。所列方程应包含已知条件和所求的量,对于有几个未知量的衡算问题,需要列出几个互相独立的衡算方程。

(4)求解方程。联立方程组解出未知量。列出物料衡算表,并验算。计算时使用的单位要统一。

在化工生产中,物料衡算是一切计算的基础,是保持系统物质平衡的关键,能够确定原料、中间产物、产品、副产品、废弃物中的未知量,分析原料的利用及产品的产出情况,寻求减少副产物、废弃物的途径,提高原料的利用率。

【例 0-1】 两股物流 A 和 B 混合得到产品 C。每股物流均由两个组分(代号 1、2)组成。物流 A 的质量流量为 $G_A = 6\,160$ kg/h,其中组分 1 的质量分数 $w_{A1} = 80\%$;物流 B 中组分 1 的质量分数 $w_{B1} = 20\%$。要求混合后产品 C 中组分 1 的质量分数 $w_{C1} = 40\%$。试求:需要加入物流 B 的质量流量 $G_B(\text{kg/h})$;产品的质量流量 $G_C(\text{kg/h})$。

解　(1)按题意画出混合过程示意图,标出各物流的箭头、已知量与未知量,用封闭虚线框框出衡算系统,见图 0-2。

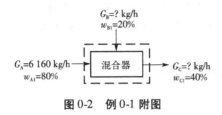

图 0-2　例 0-1 附图

(2)过程为连续定常操作,故取 1 h 为衡算基准。

(3)列出衡算式。

总物料衡算式为 $G_A + G_B = G_C$,代入已知数据得

$$6\,160 + G_B = G_C \tag{1}$$

组分 1 的衡算式为 $G_A w_{A1} + G_B w_{B1} = G_C w_{C1}$,代入已知数据得

$$6\,160 \times 0.8 + G_B \times 0.2 = G_C \times 0.4 \tag{2}$$

联立式(1)、式(2),得

$$G_B = 12\,320 \text{ kg/h}, G_C = 18\,480 \text{ kg/h}$$

2. 能量衡算

将能量守恒定律应用到化工生产过程中,以确定过程中能量的分配情况,称为能量衡算。其通式为

$$\text{输入系统的能量 – 输出系统的能量 = 系统中能量的积累量} \tag{0-2}$$

在进行能量衡算时,也要划定衡算范围,选取衡算基准,列出衡算方程。与物料衡算不同的是,除了选取时间基准、物料基准外,还需选定能量计算基准。

能量包括物料自身的能量(内能、动能、位能等)、系统与环境交换的能量(功、热)等。能量的形式是多种多样的,同物料衡算相比,能量衡算较复杂。但是在化工生产中,特别是在单元操作过程中,其他形式的能量在过程前后常常是不发生变化的,发生变化的多是热量,此时能量衡算可以简化为热量衡算,热量衡算通式为

$$\text{进入系统的物料的焓 – 离开系统的物料的焓 + 系统与环境交换的热量 =}$$
$$\text{系统内物料的焓的积累量} \tag{0-3}$$

当系统获得热量时,式(0 – 3)中系统与环境交换的热量取正值,否则取负值。

对于定常连续操作,过程中没有焓的积累,离开系统的物料的焓与进入系统的物料的焓之差等于系统与环境交换的热量,通常以时间为计算基准;对于间歇操作,操作是周期性的,热量衡算常以一批投料为计算基准。

选取焓的计算基准以简单、方便为准,物料的焓的基准包括基准压强 p_0、基准温度 t_0 和基准相状态 φ_0。

(1)基准压强通常取 $p_0 = 100$ kPa,在压强不高的情况下,压强对焓的影响常可忽略。

(2)基准温度可取 $t_0 = 0$ ℃,这是因为从手册中查到的有关数据通常都以 0 ℃ 为基准。采用同一基准温度,便于直接引用手册中的数据。有时也可取某一物料的实际温度作为基准温度,如果忽略压强的影响,则这一股物料的焓值为零,可使能量衡算适当简化。

(3)物料的基准相态的选择可视具体情况而定,例如当进、出系统的物料都是液体时,基

准相态以取液态为宜。

【例0-2】 用列管式冷却器将一股有机液体从140 ℃冷却到40 ℃,该液体的处理量为 6 t/h,比热容为2.303 kJ/(kg·K)。用一台水泵抽河水作为冷却剂,水温为30 ℃,在逆流操作下冷却水的出口温度为45 ℃,总传热系数为290.75 W/(m²·K)。试计算:冷却水的用量[水的比热容为4.187 kJ/(kg·K)]。

解 按题意画出示意图,如图0-3所示。

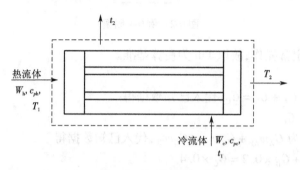

图0-3　例0-2附图

热量衡算的范围为整个列管式冷却器,基准为1 h,基温为0 ℃(即273 K)。

已知热流体进口温度 $T_1 = 140$ ℃(413 K),出口温度 $T_2 = 40$ ℃(313 K),比热容 $c_{ph} = 2.303$ kJ/(kg·K),质量流量 $W_h = 6$ t/h = 6 000 kg/h,则热流体放出的热量为

$$Q_h = W_h c_{ph}(T_1 - T_2) = 6\ 000 \times 2.303 \times (140 - 40) = 1.38 \times 10^6 \text{ kJ}$$

已知冷流体进口温度 $t_1 = 30$ ℃(303 K),出口温度 $t_2 = 45$ ℃(318 K),比热容 $c_{pc} = 4.187$ kJ/(kg·K),质量流量为 W_c,冷流体吸收的热量为

$$Q_c = W_c c_{pc}(t_2 - t_1)$$

列出热量衡算式:

$$Q_h = Q_c$$

则冷却水的用量

$$W_c = \frac{Q_c}{c_{pc}(t_2 - t_1)} = \frac{Q_h}{c_{pc}(t_2 - t_1)} = \frac{1.38 \times 10^6}{4.187 \times (45 - 30)} = 2.2 \times 10^4 \text{ kg/h}$$

能量衡算的基本步骤如下。

(1)根据题意画出衡算示意图,说明各物流的数量、组成、温度、相状态及焓值。一般能量衡算在物料衡算的基础上进行。

(2)确定衡算基准,计算各物流的焓值。除了确定物料衡算的基准(时间或物流量)外,还要选择各物流组分的基准态。由于焓是相对值,基准态的选择有一定的任意性。在压强不高时,主要确定基准温度和基准相态。各组分的基准态可以不同,但同一组分必须在同一基准态下进行计算。

(3)列出能量衡算式,求解未知量。一个衡算系统只能列出一个能量衡算式,对于某些复杂过程,能量衡算常需与物料衡算式联立求解。

3. 平衡关系

一个过程所能够达到的极限状态称为平衡状态,比如相平衡、传热平衡、化学反应平衡等。

在平衡状态下,各参数是不随时间而变化的,并保持特定的关系。平衡时各参数之间的关系称为平衡关系。平衡是动态的,当条件发生变化时,旧的平衡将被打破,新的平衡将建立,但平衡关系不发生变化。比如当温度不同时,会发生热量传递,当温度相同时,达到传热平衡,温度关系是温度 1 等于温度 2,不论传热平衡时温度是多少,平衡关系都是一样的,即两温度相等。

在化工生产中,平衡关系用于判定过程能否进行以及进行的方向和限度。操作条件确定后,可以通过平衡关系分析过程的进行情况,以确定过程的方案、适宜的设备等,也可明确过程的限度和努力的方向。比如用某种液体吸收某混合气体中的溶质时,如果操作条件定了,就可以根据溶液相平衡关系分析吸收所能达到的极限,反过来,也能根据所要得到的吸收液浓度或尾气浓度分析需要的吸收条件。

4. 过程速率

物系平衡时称为平衡状态,当实际状态偏离平衡状态时,就会发生从实际状态向平衡状态转化的过程,过程进行的快慢称为过程速率,通常用单位时间内过程进行的变化量表示。如传热过程速率用单位时间内传递的热量或单位时间内单位面积传递的热量表示;传质过程速率用单位时间内单位面积传递的物质量表示。显然,过程速率越大,设备的生产能力越强,或在完成同样的产量时所需设备的尺寸越小。影响过程速率的因素很多,不同过程的影响因素也不一样,在工程中,过程速率问题往往比过程平衡问题更重要。过程速率通常可表示成以下关系式:

$$过程速率 = \frac{过程推动力}{过程阻力} \tag{0-4}$$

过程推动力是过程在某瞬间距平衡状态的差值,如传热推动力为温度差,传质推动力为实际浓度与平衡浓度之差。过程阻力取决于过程机理,如操作条件、物性等。显然,增大推动力和减小阻力均可提高过程速率,但各有利弊,需要结合各单元操作的实际情况予以讨论。

在化工生产中,过程速率用于确定过程需要的时间或需要的设备大小,也用于确定控制过程速率的方法。比如,通过研究影响过程速率的因素,可以确定改变哪些条件,以控制过程速率的大小,达到预期目的,这一点对一线操作人员来说非常重要。

5. 经济核算

在设计具有一定生产能力的设备时,根据设备的形式、材料,可提出若干不同的设计方案。对于同一设备,选用不同的参数,设备费和操作费也不同。因此,不仅要考虑技术先进,而且要通过经济核算确定最经济的设计方案,达到技术和经济的优化。当今,对工程技术人员来说,树立优化的技术经济观点十分重要,也十分必要。

四、单位制和单位换算

本课程涉及的物理量很多,这些物理量的大小都是用数字和计量单位来表示的。

人们把科技和工程领域中众多的物理量人为地分成基本量和导出量两大类,选定少数几个基本量,其他导出量可以根据有关物理定律由基本量导出。基本物理量的单位称为基本单位,导出物理量的单位称为导出单位,也就是说物理量的单位也分成两大类,基本单位和导出单位。例如,规定长度为基本量,其单位(米)为基本单位;规定时间亦为基本量,其单位(秒)亦为基本单位;速度为路程与时间之比,由长度与时间导出,是一个导出量,其单位(米/秒)为导出单位。

1. 单位制

由于对基本量的选择不同,或对基本单位的规定不同,便形成了不同的单位制。下面简单介绍工程计算中经常涉及的几种单位制。

1)绝对单位制

常用的绝对单位制有两种。

厘米·克·秒制(简称 CGS 制),又称物理单位制。其基本量为长度、质量和时间,它们的单位为基本单位。其中长度单位是厘米,质量单位是克,时间单位是秒。力是导出量,力的单位由牛顿第二定律 $F=ma$ 导出,其单位为克·厘米/秒^2,称为达因。过去的科学实验和物理化学数据手册中常用这种单位制。

米·千克·秒制(简称 MKS 制),又称绝对实用单位制。其基本量与 CGS 制相同,但基本单位不同,长度单位是米,质量单位是千克,时间单位是秒。导出量力的单位是千克·米/秒^2,称为牛顿。

2)工程单位制

工程单位制选用长度、力和时间为基本量,其基本单位分别为米、千克力和秒。质量成了导出量。工程单位制中力的单位千克力是这样规定的:它相当于真空中以 MKS 制量度的 1 千克的物体在重力加速度为 9.807 米/秒^{2}下所受的重力。质量的单位为千克力·秒^2/米,并无专门的名称。

3)国际单位制

国际单位制简称 SI。国际单位制规定了 7 个基本量及对应的基本单位,即长度—米、质量—千克、时间—秒、电流—安培、热力学温度—开尔文、发光强度—坎德拉及物质的量—摩尔,还有 2 个辅助单位和大量导出单位,它们构成了 SI 单位。SI 还规定了一套词冠(单位词头)来表示十进倍数和分数。

国际单位制有其独特的优点,即通用性及一贯性。自然科学与工程技术领域中的一切单位都可以由 SI 的 7 个基本单位导出,所以 SI 通用于所有科学部门,这就是通用性;在 SI 中任何一个导出单位由基本单位相乘或相除而导出时,都不引入比例常数,从而运算简便,不易发生错漏,这就是一贯性。世界各国都有采用 SI 的趋势。我国为了适应现代化建设及对外开放、交流的需要,1977 年国务院颁布的《中华人民共和国计量管理条例》规定:"我国的基本计量制度是米制(即"公制"),逐步采用国际单位制。"1984 年 2 月国务院又颁布了关于在我国统一采用法定计量单位的命令。我国的法定计量单位是以国际单位制为基础的,能完全体现出国际单位制的优越性。

2. 单位换算

本教材采用国际单位制。鉴于本课程曾有采用工程单位制的历史,现存文献、手册中尚有许多采用非国际单位制的数据、图表,而在进行化工计算之前必须把采用不同单位制表示的有关数据(物理量)换算成统一的单位,因此熟悉各种不同的单位制,并能熟练地进行换算是学好本课程及将来正确进行化学工程计算的关键技能之一。

物理量由一种单位制的单位转换成另一种单位制的单位时,量本身并无变化,只是在数值上有所改变。在进行单位换算时要乘以两个单位间的换算因数。所谓换算因数,就是彼此相等而单位不同的两个物理量的比值。比如 1 小时的时间和 60 分的时间是两个相等的物理量,但其所用的单位不同,即

$$1 \text{ 小时} = 60 \text{ 分}$$

那么,小时和分两种单位的换算因数便是

$$\frac{60 \text{ 分}}{1 \text{ 小时}} = 60 \text{ 分}/1 \text{ 小时}$$

化工中常用的单位间的换算因数可从本书的附录中查得。

单位换算的规则如下。

(1)一定大小的物理量在进行单位换算时,其数值要跟着改变,即要将原单位的数值乘以换算因数,才可以得到新单位的数值。

(2)在组合形式的单位(简称组合单位)中,任何一个单独的单位要换算成其他单位时,要连同换算因数一起换算。

测　试　题

一、填空题

1.化学工业是＿＿＿＿＿＿＿＿＿＿＿＿＿＿＿＿＿＿＿＿＿＿＿＿＿＿＿＿。

2.化工生产过程是＿＿＿＿＿＿＿＿＿＿＿＿＿＿＿＿＿＿＿＿＿＿,就是化工产品的加工过程,＿＿＿＿＿＿＿＿＿＿＿＿＿、反应过程和＿＿＿＿＿＿＿＿＿＿＿＿＿＿三个基本环节构成。

3.＿＿＿＿＿＿＿＿＿是化工生产过程的中心环节。

4.包含＿＿＿＿＿＿＿＿＿＿＿＿＿、＿＿＿＿＿＿＿＿＿＿＿＿、遵循共同的物理学规律、＿＿＿＿＿＿＿＿＿＿＿＿＿＿＿、＿＿＿＿＿＿＿＿＿＿＿＿的基本物理操作,称为单元操作。

5.人们所熟知的单元操作有＿＿＿＿＿＿＿＿＿＿＿＿、＿＿＿＿、＿＿＿＿、＿＿＿＿、蒸馏、吸收、＿＿＿＿、＿＿＿＿、＿＿＿＿等。

6.按操作方式单元操作可分为＿＿＿＿＿＿＿＿和＿＿＿＿＿＿＿＿两种方式。

7.工程计算中经常涉及的几种单位制有＿＿＿＿＿＿＿＿＿＿＿＿、＿＿＿＿＿＿＿＿＿＿＿＿＿＿＿。

二、判断题

(　　)1.化工生产过程就是化工产品的加工过程,由原料预处理过程和反应后处理过程两个基本环节构成。

(　　)2.单元操作是包含在同一化工产品生产过程中、发生不同的物理变化、遵循不同的物理学规律、使用不同的设备、具有相同的功能的基本物理操作。

(　　)3.根据操作方式,单元操作可以分为连续操作和稳定操作两种方式。

(　　)4.化学工程中的"三传一反"是质量传递、热量传递、动量传递及化学反应。

(　　)5.化学工程中的"三传一反"是质量传递、热量传递、动量传递及反应热。

(　　)6.能量衡算是将质量守恒定律应用到化工生产过程中,以确定过程中物料量的分配情况。

(　　)7.在化工生产中,过程速率用于判定过程进行的快慢。

(　　)8.绝对单位制的基本量为长度、质量和时间,它们的单位为基本单位。其中长度单位为厘米,质量单位为克,时间单位为秒。

（　　　）9. 工程单位制就是物理单位制。

（　　　）10. 国际单位制简称 SI。它规定了 7 个基本量及对应的基本单位，即长度—米、质量—千克、时间—秒、电流—安培、热力学温度—开尔文、发光强度—坎德拉及物质的量—摩尔。

三、单选题

1. 化工单元操作中的"三传"是（　　　）。

A. 动能传递、势能传递、化学能传递　　　　B. 动能传递、内能传递、物质传递

C. 动量传递、能量传递、热量传递　　　　　D. 动量传递、热量传递、质量传递

2. 下列单元操作中属于质量传递的是（　　　）。

A. 搅拌　　　　　　B. 液体精馏　　　　　C. 流体加热　　　　D. 沉降

3. 下列单元操作中属于热量传递的是（　　　）。

A. 固体流态化　　　B. 加热冷却　　　　　C. 搅拌　　　　　　D. 膜分离

4. 化工设计计算中根据质量守恒定律计算的是（　　　）。

A. 物料衡算　　　　B. 能量衡算　　　　　C. 过程平衡　　　　D. 过程速率

5. 化工设计计算中根据能量守恒定律计算的是（　　　）。

A. 物料衡算　　　　B. 能量衡算　　　　　C. 过程平衡　　　　D. 过程速率

6. 下列选项中不可以作为单元操作过程的推动力的是（　　　）。

A. 压差　　　　　　B. 温度差　　　　　　C. 浓度差　　　　　D. 速度差

7. 在国际单位制中，质量的基本单位是（　　　）。

A. 克　　　　　　　B. 秒　　　　　　　　C. 牛顿　　　　　　D. 千克

8. 在 SI 单位中，不属于基本单位的是（　　　）。

A. 米(m)　　　　　B. 秒(s)　　　　　　C. 开尔文(K)　　　D. 公斤

9. 下列单元操作中遵循流体动力学规律的是（　　　）。

A. 沉降　　　　　　B. 蒸发　　　　　　　C. 冷冻　　　　　　D. 干燥

10. 下列单位中不是国际单位制的基本单位的是（　　　）。

A. mol　　　　　　B. kg　　　　　　　　C. cm　　　　　　　D. K

四、多选题

1. 化工产品的加工过程由哪些环节构成？（　　　）

A. 原料预处理过程　B. 加工过程　　　　　C. 反应过程　　　　D. 反应后处理过程

2. 根据操作方式，单元操作可以分为（　　　）。

A. 循环操作　　　　B. 连续操作　　　　　C. 可逆操作　　　　D. 间歇操作

3. 连续操作的特点有哪些？（　　　）

A. 在同一位置上进行的操作与时间无关　　B. 操作稳定，物料损失少

C. 劳动投入少　　　　　　　　　　　　　D. 便于自动控制

4. 间歇操作的特点有哪些？（　　　）

A. 周期性　　　　　　　　　　　　　　　B. 操作简单

C. 设备投入少　　　　　　　　　　　　　D. 适用于小批量、多品种的生产过程

5. 稳定操作的特点有哪些？（　　　）

A. 过程进行的速率稳定　　　　　　　　　B. 系统内没有物质、能量的积累

C. 过程进行的速率随时间变化　　　　　　　D. 系统内存在物质、能量的积累

6. 非稳定操作的特点有哪些?(　　　)

A. 过程进行的速率稳定　　　　　　　　　　B. 系统内没有物质、能量的积累

C. 过程进行的速率随时间变化　　　　　　　D. 系统内存在物质、能量的积累

7. 解决单元操作问题通常涉及哪些概念?(　　　)

A. 物料衡算　　　　　B. 能量衡算　　　　　C. 平衡关系　　　　　D. 过程速率

8. 以下哪些是国际基本单位?(　　　)

A. 米　　　　　　　　B. 秒　　　　　　　　C. 米/秒　　　　　　D. 厘米

9. 以下单位换算中正确的有(　　　)。

A. 1 ℃ = 273. 16 K　　　　　　　　　　　　B. 1 kg = 1 000 g

C. 1 m³ = 100 cm³　　　　　　　　　　　　D. 1 mmHg = 9. 8 Pa

五、计算题

1. 某湿物料原始含水量为 10% ,在干燥器内干燥至含水量为 1.1%(以上均为质量分数)。试求每吨物料除去的水量。[答:90 kg]

2. 采用两个连续操作的串联蒸发器浓缩 NaOH 水溶液,每小时有 10 t 12% 的 NaOH 水溶液送入第一个蒸发器,经浓缩后的 NaOH 水溶液再送入第二个蒸发器进一步浓缩为 50%(以上均为质量分数)的碱液排出。若每个蒸发器蒸发的水量相等,试求送入第二个蒸发器的溶液量及其组成(用 NaOH 的质量分数表示)。[答:6 200 kg/h,19.4%]

3. 一个间壁式换热器用冷却水将间壁另一侧 1 500 kg/h、80 ℃的某有机液体冷却至 40 ℃,冷却水的初温为 30 ℃,出口温度为 35 ℃,已知该有机液体的平均比热容为 1. 38 kJ/(kg · ℃)。试求冷却水用量。[答:3 956 kg/h]

学习情境一　化工管路

知识目标

(1)认识化工管路的构成；

(2)认识管道的材质、常用管件的名称、常用阀门的结构及管路的连接方法；

(3)熟悉化工管路的布置与安装。

重点

简单化工管路的布置与安装。

能力目标

(1)能根据生产任务确定管道、管件和阀门的类型与规格；

(2)能分析管道直径的影响因素并进行管路直径的确定；

(3)能正确进行管路的连接；

(4)能对管路常见故障进行排除。

素质目标

(1)培养认真、科学的学习态度,熟练掌握管路拆装的相关知识和基本操作技能；

(2)通过实验培养团结协作的能力。

概　　述

图 1-1 为酚醛树脂生产工艺流程图,图中除了熔酚罐、甲醛罐、碱液罐、高位计量罐和贮水罐等各种容器,反应釜、冷凝器和真空泵外,还有导气管、U 形回流管、蒸汽管、水管和真空管等各种管道。它们有的用来连通生产中的各种设备,如贮槽、高位槽、换热器和反应器,有的用来输送加热蒸汽、冷却水、压缩气体、废气或连接真空系统等;此外,在管道中还有控制物流流向和流量大小的各种阀门。

化工管路是化工生产中使用的各种管路的总称,其主要作用是输送和控制流体介质。在化工厂中,由各种材质、长度、管径的管道及设备构成的化工管路像人体的血管一样,组成了化工过程的"供血"管网,没有化工管路,是无法完成化工生产任务的。只有管路畅通,阀门调节适当,才能保证整个化工厂、各个车间及各个工段的正常生产。正确、合理地设计化工管路,对于优化设备布置、降低工程投资、减少日常管理费用以及方便操作都起着十分重要的作用。

化工管路一般由管道、管件、阀门、管架等组成。在化工生产中,由于管路所输送的介质的性质和操作条件各不相同,化工管路有各种分类方法。

按管道的材质,化工管路可分为金属管路和非金属管路。金属管路常用的材料有铸铁、碳

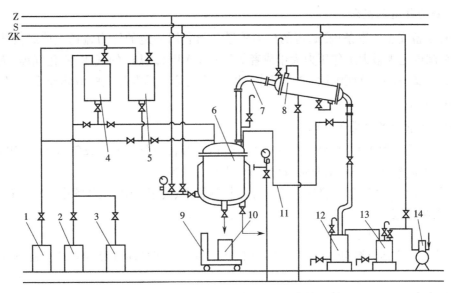

图 1-1　酚醛树脂生产工艺流程图

1—熔酚罐;2—甲醛罐;3—碱液罐;4,5—高位计量罐;6—反应釜;7—导气管;8—冷凝器;
9—磅秤;10—树脂桶;11—U 形回流管;12,13—贮水罐;14—真空泵;Z—蒸汽管;S—水管;ZK—真空管

素钢、合金钢和有色金属;非金属管路常用的材料有塑料、橡胶、陶瓷、水泥等。

按输送介质的压强,化工管路可分为真空管路($p < 0$ MPa)、低压管路(0 MPa$\leqslant p <$
1.6 MPa)、中压管路(1.6 MPa$\leqslant p < 16$ MPa)、高压管路(16 MPa$\leqslant p < 100$ MPa)、超高压管路
($p > 100$ MPa)。

按输送介质的温度,化工管路可分为低温管路($t < -20$ ℃)、常温管路(-10 ℃$< t < 200$
℃)、高温管路($t > 200$ ℃)。

按输送介质的种类,化工管路可分为水管路、蒸汽管路、气体管路、油管路以及输送酸、碱、
盐等腐蚀性介质的管路。

按管路的连接方式,化工管路可分为简单管路和复杂管路。只改变管径和方向,没有分支
的管路是简单管路,即全部流体从入口到出口只在一根管道中连续流动。简单管路包括等径
管路和串联管路。不仅改变管径和方向,而且有分支的管路是复杂管路,它包括并联管路、分
支管路和汇合管路以及上述三种形式管路的进一步组合,也包括不同形式的简单管路的组合。

为了使流体输送过程科学合理、经济高效、安全环保,化工管路必须精心设计、合理布局、
方便操作。因此,了解化工管路的基本知识对流体输送是非常重要的。

一、压力管道

随着化工生产规模扩大和技术进步,对化工管路的运行条件提出了更苛刻的要求。由于
化工管路内的介质通常都具有一定的压力,故化工管路一般属于压力管道的范畴。为了确保
压力管道安全运行,国务院于 2003 年 3 月 11 日颁布了《特种设备安全监察条例》,将压力管道
与锅炉、压力容器等一并列为涉及生命安全、危险性较大的特种设备,进一步加强对压力管道
安全运行的管理。

（一）压力管道的概念

《特种设备安全监察条例》确定的压力管道是指利用一定的压力输送气体或液体的管状设备，其范围规定为最大工作压力大于或者等于 0.1 MPa（表压）的气体、液化气体、蒸汽介质或者可燃、易爆、有毒、有腐蚀性、最高工作温度高于或等于标准沸点的液体介质，且公称直径大于 25 mm 的管道。

（二）压力管道的分类与分级

压力管道是根据 TSG D3001—2009《压力管道安装许可规则》和 TSG D0001—2009《压力管道安全技术监察规程——工业管道》进行分类与分级的。

为了便于运行管理，通常将压力管道分为长输管道、公用管道、工业管道和动力管道，化工管道属于工业管道。

1. 长输管道（GA 类）

长输管道是产地、储存库、使用单位间用于输送商品介质（油气等）的管道，划分为 GA1 级和 GA2 级。

（1）符合下列条件之一的长输管道为 GA1 级：

①输送有毒、可燃、易爆气体介质，设计压力 $p > 4.0$ MPa 的长输管道；

②输送有毒、可燃、易爆液体介质，设计压力 $p \geq 6.4$ MPa，并且输送距离（指产地、储存地、用户间用于输送商品介质的管道的长度）≥ 200 km 的长输管道。

（2）GA1 级以外的长输（油气）管道为 GA2 级。

2. 公用管道（GB 类）

公用管道是城市、乡镇、工业厂矿生活区范围内用于公用事业或民用的燃气管道和热力管道，划分为 GB1 级和 GB2 级。

（1）GB1 级：城镇燃气管道。

（2）GB2 级：城镇热力管道。

3. 工业管道（GC 类）

工业管道是企业、事业单位用于输送工艺介质的工艺管道、公用工程管道及其他辅助管道，划分为 GC1 级、GC2 级和 GC3 级。

（1）符合下列条件之一的工业管道为 GC1 级：

①输送 GB 5044—1985《职业性接触毒物危害程度分级》中规定的极度危害介质、高度危害气体介质和工作温度高于标准沸点的高度危害液体介质的管道；

②输送 GB 50160—2008《石油化工企业设计防火规范》及 GB 50016—2014《建筑设计防火规范》中规定的火灾危险性甲、乙类可燃气体或甲类可燃液体（包括液化烃），并且设计压力 $p \geq 4.0$ MPa 的管道；

③输送流体介质并且设计压力 $p \geq 10.0$ MPa，或者设计压力 $p \geq 4.0$ MPa 并且设计温度高于或者等于 400 ℃ 的管道。

（2）除以下规定的 GC3 级管道和介质毒性危害程度、火灾危险性（可燃性）、设计压力和设计温度低于 GC1 级管道的规定的工业管道为 GC2 级。

（3）输送无毒、非可燃流体介质，设计压力 $p \leq 1.0$ MPa，并且设计温度高于 -20 ℃ 但是低于 185 ℃ 的管道为 GC3 级。

4.动力管道(GD 类)

动力管道是火力发电厂用于输送蒸汽、汽水两相介质的管道,划分为 GD1、GD2 级。

(1)GD1 级为设计压力 $p \geqslant 6.3$ MPa,或者设计温度高于或者等于 400 ℃ 的管道;

(2)GD2 级为设计压力 $p < 6.3$ MPa,或者设计温度低于 400 ℃ 的管道。

压力管道设计类别、级别、品种简表如表 1−1 所示。

表 1-1　压力管道设计类别、级别、品种简表

类别	等级	品种	介质		设计压力	设计温度	输送距离	常用标准
			特性	相态	MPa	℃	km	
GA 类 长输管道	GA1	(1)	有毒、可燃、易爆	气体	>4.0			GB 50251、 GB 50253 等
		(2)	有毒、可燃、易爆	液体	≥6.4		≥200	
	GA2		GA1 范围以外的长输(油气)管道					
GB 类 公用管道	GB1		城镇燃气管道					GB 50028、 CJJ 34 等
	GB2		城镇热力管道					
GC 类 工业管道	GC1	(1)	极度危害					分类按 GB 5044, 火灾危害 性按 GB 50160、 GB 50016
			高度危害	气体				
			高度危害	液体		高于标准 沸点		
		(2)	火灾危害性甲、乙类	气体	≥4.0			
			火灾危害性甲类	液体				
		(3)	流体介质		≥10.0			
					≥4.0	≥400		
	GC2		GC1、GC3 范围以外的工业管道					
	GC3		无毒、非可燃流体		≤1.0	−20 ～ 185 ℃		
GD 类 动力管道	GD1		蒸汽或汽水两相		≥6.3	≥400		DL5000 等
	GD2		蒸汽或汽水两相		<6.3	<400		

(三)石油化工管道的分级

石油化工管道根据介质的性质和工艺条件分为五级。管道级别是压力管道设计、施工和工程验收的基本依据,应在管道表、管道布置图和相关技术文件中分项标注。石油化工管道的分级如表 1-2 所示。

表 1-2　石油化工管道的分级

管道级别	适用范围
SHA	1.毒性程度为极度危害的介质管道(苯介质管道除外) 2.毒性程度为高度危害的丙烯腈、光气、二硫化碳和氟化氢介质管道 3.设计压力大于或等于 10.0 MPa,输送有毒、可燃介质的管道

续表

管道级别	适用范围
SHB	1. 毒性程度为极度危害的苯介质管道 2. 毒性程度为高度危害的介质管道(丙烯腈、光气、二硫化碳和氟化氢介质管道除外) 3. 甲类、乙类可燃气体和甲 A 类液化烃,甲 B 类、乙 A 类可燃液体介质管道
SHC	1. 毒性程度为中度、轻度危害的介质管道 2. 乙 B 类、丙类可燃液体介质管道
SHD	设计温度低于 -29 ℃ 的低温管道
SHE	设计压力小于 10.0 MPa 且设计温度高于或等于 -29 ℃ 的无毒、非可燃介质管道

注:前四个级别的管道是输送有毒、可燃介质的管道,常见毒性介质可参见 SH 3059—2001。

二、化工管路的构成

化工管路是由不同长度的管道及不同用途的管件、阀门按照一定的排布方式连接组成的输送流体的系统。管件是管路连接中所用的各种零件(元件)的统称。阀门是用于调节和控制流量的管路部件的统称。

为了便于选用、安装和维修,管道及阀门已经实现系列化和标准化。

(一)管道

在实际化工生产中,由于所输送流体物料的性质和工艺条件不同,用于连接设备和输送流体物料的管道不仅要满足强度和通过物料能力的要求,而且要符合耐温(高温或低温)、耐压(高压或低压)、耐腐蚀(酸、碱)、导热等性能的要求。下面对其进行简单介绍。

1. 管道的标准

在化学工业中,由于所输送流体的种类、性质和工作条件不同,所用管道的规格和材料是多种多样的,应当按照不同的用途从管道的系列标准中选择。管道的标准和管路一样,主要有"公称直径"和"公称压力"两个参数,根据这两个基本参数统一规定了管道和管件的主要结构尺寸与参数,使得具有相同公称直径和公称压力的管子与管件可以相互配合、交换使用。

1)公称直径

公称直径指标准化以后的标准直径,用符号 DN 表示,单位为 mm。管道的公称直径是与管道的内、外径相近的整数,有时可能等于内径或外径。

水、煤气钢管(有缝钢管)的管道规格以外径为标准,一般用公称直径表示(注明是普通级还是加厚级)。例如 DN 100 mm 水、煤气管(普通级),表示公称直径为 100 mm,外径为 114 mm,壁厚为 4 mm 的水、煤气管,该管在工程图纸上的尺寸标注为 ϕ114 mm × 4 mm;DN 100 mm 水、煤气管(加厚级),表示公称直径为 100 mm,外径为 114 mm,壁厚为 5 mm 的水、煤气管,该管在工程图纸上的尺寸标注为 ϕ114 mm × 5 mm。

无缝钢管、铜管和黄铜管的管道规格也以外径为标准,通常以"ϕ 外径 × 壁厚"的形式表示。热轧无缝钢管的外径为 32～600 mm,壁厚为 3.5～50 mm,管长为 4～12.5 m;冷拔无缝钢管的外径为 4～150 mm,壁厚为 1.0～12 mm,管长为 1.5～7 m。由此可见,同一公称直径的钢管、铜管具有相同的外径,内径随壁厚不同而不同。

铅管、铸铁管和水泥管的管道规格则以内径为标准,它们的尺寸标注以"ϕ 内径 × 壁厚"

的形式表示。例如,公称直径为 100 mm 的低压铸铁管可标注为 φ100 mm×9 mm。

管路的各种管件和阀门的公称直径一般都等于它们的实际内径。

低压流体输送用焊接钢管、热轧无缝钢管、热交换器用普通无缝钢管的规格分别见表 1-3、表 1-4 和表 1-5。

表 1-3 低压流体输送用焊接钢管规格(GB/T 3091—2015)

公称直径		外径/mm	壁厚/mm		公称直径		外径/mm	壁厚/mm	
mm	in		普通管	加厚管	mm	in		普通管	加厚管
6	$\frac{1}{8}$	10.0	2.00	2.50	40	$1\frac{1}{2}$	48.0	3.50	4.25
8	$\frac{1}{4}$	13.5	2.25	2.75	50	2	60.0	3.50	4.25
10	$\frac{3}{8}$	17.0	2.25	2.75	65	$2\frac{1}{2}$	75.5	3.75	4.50
15	$\frac{1}{2}$	21.3	2.75	3.25	80	3	88.5	4.00	4.75
20	$\frac{3}{4}$	26.8	2.75	3.50	100	4	114.0	4.00	5.00
25	1	33.5	3.25	4.00	125	5	140.0	4.50	5.50
32	$1\frac{1}{4}$	42.3	3.25	4.00	150	6	165.0	4.50	5.50

注:1. 表中的管道适用于输送水、煤气、空气、油和取暖蒸汽等压力较低的流体;2. 表中的公称直径系近似内径的名义尺寸, 不是外径减去两个壁厚所得的内径;3. 钢管分为镀锌钢管和不镀锌钢管,后者简称黑管。

表 1-4 热轧无缝钢管规格(GB/T 8163—2018)

外径/mm	壁厚/mm	外径/mm	壁厚/mm	外径/mm	壁厚/mm
32	2.5~8	76	3.0~19	219	6.0~50
38	2.5~8	89	3.5~(24)	273	6.5~50
42	2.5~10	108	4.0~28	325	7.5~75
45	2.5~10	114	4.0~28	377	9.0~75
50	2.5~10	127	4.0~30	426	9.0~75
57	3.0~13	133	4.0~32	450	9.0~75
60	3.0~14	140	4.5~36	530	9.0~75
63.5	3.0~14	159	4.5~36	630	9.0~(24)
68	3.0~16	168	5.0~(45)		

注:1. 壁厚系列有 2.5 mm、3 mm、3.5 mm、4 mm、4.5 mm、5 mm、5.5 mm、6 mm、6.5 mm、7 mm、7.5 mm、8 mm、8.5 mm、9 mm、 9.5 mm、10 mm、11 mm、12 mm、13 mm、14 mm、15 mm、16 mm、17 mm、18 mm、19 mm、20 mm 等;2. 冷拔(冷轧)无缝钢管质 量好,可以得到小直径管,其外径可由 6 mm 至 200 mm,壁厚由 0.25 mm 至 14 mm,最小壁厚及最大壁厚均随外径增大而 增大,系列标准可参阅有关手册,括号内的尺寸不推荐使用。

表 1-5 热交换器用普通无缝钢管规格(GB 9948—2013)

外径/mm	壁厚/mm	外径/mm	壁厚/mm
19	2,2.5	57	4,5,6
25	2,2.5,3	89	6,8,10,12
38	3,3.5,4		

2）公称压力

公称压力指管道在 20 ℃下输水的工作压力（工作压力是给水管道处于正常工作状态下作用在管内壁上的最大持续运行压力，不包括水的波动压力），用符号 PN 表示。若水温在 25~45 ℃，应用温度下降系数修正工作压力。任何管道所能承受的压力都有一定的限度。公称压力是制造和使用管道的统一标准。管道的最大允许工作压力应等于或小于公称压力。温度越高，管道的力学强度越小，允许的压力限度也越小。表 1-6 所示为碳钢管道、管件的公称压力和在不同温度下的最大工作压力。

表 1-6　碳钢管道、管件的公称压力和在不同温度下的最大工作压力

公称压力 /MPa	试验压力（用低于100 ℃的水）/MPa	介质工作温度/℃						
		200	250	300	350	400	425	450
		最大工作压力/MPa						
		P20	P25	P30	P35	P40	P42	P45
0.10	0.20	0.10	0.10	0.10	0.07	0.06	0.06	0.05
0.25	0.40	0.25	0.23	0.20	0.18	0.16	0.14	0.11
0.40	0.60	0.40	0.37	0.33	0.29	0.26	0.23	0.18
0.60	0.90	0.60	0.55	0.50	0.44	0.38	0.35	0.27
1.00	1.50	1.00	0.92	0.82	0.73	0.64	0.58	0.45
1.60	2.40	1.60	1.50	1.30	1.20	1.00	0.90	0.70
2.50	3.80	2.50	2.30	2.00	1.80	1.60	1.40	1.10
4.00	6.00	4.00	3.70	3.30	3.00	2.80	2.30	1.80
6.40	9.60	6.40	5.90	5.20	4.70	4.10	3.70	2.90
10.00	15.00	10.00	—	8.20	7.20	6.40	5.80	4.50
16.00	24.00	16.00	14.70	13.10	11.70	10.20	9.30	7.20
20.00	30.00	20.00	18.40	16.40	14.60	12.80	11.60	9.00
25.00	35.00	25.00	23.00	20.50	18.20	16.00	14.50	11.20
32.00	43.00	32.00	29.40	26.20	23.40	20.50	18.50	14.40
40.00	52.00	40.00	36.80	32.80	29.20	25.60	23.20	18.00
50.00	62.50	50.00	46.00	41.00	36.50	32.00	29.00	22.50

2. 管道的常用材料

1）金属管

金属管在化工管路中应用极为广泛，常用的有铸铁管、钢管、有色金属管。

（1）铸铁管。铸铁管可分为普通铸铁管和硅铁管两大类。

普通铸铁管由灰铸铁铸造而成。铸铁中含有耐腐蚀的硅元素和微量石墨，具有较好的耐腐蚀性能。通常在铸铁管内外壁面上涂沥青层，以延长其使用寿命。普通铸铁管常用作埋入地下的给排水管道、煤气管道等。铸铁管价廉而耐腐蚀，但组织疏松，质脆，强度低，不能用于输送带压力的蒸汽、爆炸性及有毒性气体。普通铸铁管的直径为 50~300 mm，壁厚为 4~

7 mm,管长有 3 m、4 m、6 m 等系列。

硅铁管由含碳 0.5% ~ 1.2%、含硅 10% ~ 17% 的铁硅合金制成。硅铁管由于表面能形成坚固的氧化硅保护膜,因而具有很好的耐腐蚀性能,特别是耐多种强酸腐蚀。硅铁管硬度大,但耐冲击和抗振动性能差。硅铁管的直径一般为 20 ~ 30 mm,壁厚为 10 ~ 16 mm,管长规格为 150 ~ 2 000 mm。

(2)钢管。用于制造钢管的常用材料有普通碳素钢、优质碳素钢、低质合金钢和不锈钢等。钢管按制造方式可分为有缝钢管和无缝钢管。

有缝钢管又称为焊接钢管,一般由碳素钢组成。表面镀锌的有缝钢管又称镀锌管或白口管,不镀锌的称黑铁管。有缝钢管分水、煤气钢管和钢板电焊钢管两类。水、煤气钢管的主要特点是易于加工制造、价格低廉,但因为有焊缝而不宜用于压力较高流体的输送,其工作温度不超过 175 ℃,工作压力不超过 1.6 MPa。钢板电焊钢管是由钢板焊接而成的,一般在直径较大、壁厚较小的情况下使用,通常作为无缝钢管的补充,如合成氨生产企业的低压煤气管道。钢板电焊钢管有直缝电焊和螺旋焊缝钢管两种。有缝钢管常用于低压流体的输运,如水、煤气、天然气、低压蒸汽和冷凝液等。

无缝钢管是由普通碳素钢、优质合金钢、合金钢、不锈钢、耐热铬钢等材料制作的,是棒料钢材经穿孔热轧(热轧管)或冷轧(冷轧管)制成的,分为热轧管和冷轧管两种。无缝钢管由于管道没有接缝,质地均匀、强度高、壁厚、规格齐全、韧性好,能用于各种温度和压力流体的输送,是工业管道中最常用的管道。热轧管的外径为 32 ~ 600 mm,长度为 3 ~ 12.5 m。冷轧管的外径为 5 ~ 200 mm,长度为 1.5 ~ 9 m。无缝钢管的常用规格、材料及适宜温度见表 1-7。

表 1-7　无缝钢管的常用规格、材料及适宜温度

标准号	常用规格	材料	适宜温度/℃
GB/T 8163—2018	8 × 1.5,10 × 1.5,14 × 2,14 × 3,18 × 3,22 × 3	10.20	−20 ~ 475
	25 × 3,32 × 3,32 × 3.5,38 × 3,38 × 3.5,45 × 3	16Mn	−40 ~ 475
	45 × 3.5,57 × 3.5,76 × 5,89 × 5	09Mn2V	−70 ~ 200
	108 × 4,108 × 6,133 × 4,133 × 6,159 × 4.5,159 × 6		
	219 × 6,273 × 8,325 × 8,377 × 9		

不锈钢无缝钢管的常用材质有 0Cr13、1Cr13、1Cr18Ni9Ti、0Cr18Ni12Mo2Ti、0Cr18Ni12Mo3Ti 等。冷轧管的外径为 6 ~ 200 mm,长度为 1.5 ~ 8 m;热轧管的外径为 54 ~ 480 mm,长度为 1.5 ~ 10 m。不锈钢无缝钢管的常用规格、材料及适宜温度见表 1-8。

表 1-8　不锈钢无缝钢管的常用规格、材料及适宜温度

标准号	常用规格	材料	适宜温度/℃
GB/T 8163—2018	6 × 1,10 × 1.5,14 × 2,18 × 2,22 × 1.5	0Cr13,1Cr13	0 ~ 400
	22 × 3,25 × 3,29 × 2.5,32 × 2,38 × 2.5	1Cr18Ni9Ti	−196 ~ 700
	45 × 2.5,50 × 2.5,57 × 3,65 × 3,76 × 4	0Cr18Ni12Mo2Ti	−196 ~ 700
	89 × 4,108 × 4.5,133 × 5,159 × 5	0Cr18Ni12Mo3Ti	−196 ~ 700

（3）有色金属管。

①铜管。铜管有紫铜管和黄铜管两种。紫铜管的含铜量为 99.5% ~ 99.9%。黄铜管的材料为铜和锌的合金。铜管的常用规格为外径 5 ~ 155 mm，长度 1 ~ 6 m，壁厚 1 ~ 3 mm。

铜管导热性能好，大多用在换热设备、深冷管路中，也常用作仪表测量管和液压传输管。

②铝管及铝合金管。铝管常用 1060、1050A、1035、1200 等工业纯铝制造；铝合金管则多采用 5A02、5A03、5A05、5A06、3A21、2A11、2A12 等制成。铝及铝合金具有良好的耐腐蚀性和导热性，常用于输送脂肪酸、硫化氢、二氧化碳等介质，还可用于输送硝酸、醋酸、磷酸等腐蚀性介质，但不能用于输送盐酸等含氯离子的化合物。铝管及铝合金管的使用温度一般不超过 150 ℃，介质压力不超过 0.6 MPa。用铝制造的管道由于导热能力强，质量轻，有较好的耐酸性，也可用于制作换热器的列管。小直径的铝管可代替铜管输送有压流体。

③铅管。常用的铅管有软铅管和硬铅管两种。软铅管用 Pb2、Pb3、Pb4、Pb5 等含铅量在 99.95% 以上的纯铅制成，最常用的是 Pb4 铅管。硬铅管由锑铅合金制成，最常用的是 PbSb4 和 PbSb6 铅管。铅管硬度小，密度大，具有良好的耐腐蚀性，在化工生产中主要用来输送质量分数在 70% 以下的冷硫酸、质量分数低于 40% 的热硫酸和质量分数低于 10% 的冷盐酸。由于铅的强度和熔点都较低，故使用温度一般不得超过 140 ℃。

铅管的优点是成本低，缺点是力学强度低、笨重且性软，不可用于浓盐酸、硝酸、次氯酸、高锰酸盐等介质的输送。

2）非金属管

（1）塑料管。在非金属管中，应用最广泛的是塑料管。塑料管种类很多，可分为热塑性塑料管和热固性塑料管两大类。属于热塑性塑料管的有聚氯乙烯（PVC）管、聚乙烯（PE）管、聚丙烯（PP）管、聚甲醛管等；属于热固性塑料管的有酚醛塑料管等。塑料管的主要优点是耐腐蚀性能好、质量轻、成型方便、加工容易（可任意弯曲和拉伸），缺点是强度较低、耐热性及耐寒性差、不耐压。近年来，铝芯夹塑管由于性能好、施工方便，已大量用作建筑上水管，取代了镀锌管。

（2）陶瓷管。陶瓷管结构致密，表面光滑平整，硬度较大，具有优良的耐腐蚀性能，除氢氟酸和高温碱、磷酸外，几乎对所有的酸类、氯化物、有机溶剂都具有抗腐蚀作用。陶瓷管的缺点是质脆易破裂、耐压和耐热性能差，一般用于输送温度低于 120 ℃、常压或具有一定真空度的强腐蚀介质（除氢氟酸以外），多用于地下管路中。

（3）橡胶管。橡胶管是用天然橡胶或合成橡胶制成的。其按性能和用途可分为纯胶管、夹布胶管、棉线纺织胶管及高压胶管。橡胶管质量轻、挠性好、安装拆卸方便，对多种酸、碱液都具有耐腐蚀性。橡胶管为软管，有弹性，可任意弯曲，但易老化，多用作临时性管路和某些管路的挠性连接件。橡胶管不能用于输送硝酸、有机酸和石油产品的管路。

（4）玻璃钢管。玻璃钢管以玻璃纤维及其制品为增强材料，以合成树脂为黏结剂，经过一定的成型工艺制作而成。玻璃钢管具有质量轻、强度高、耐腐蚀的优点，但易老化，易变形，耐磨性差，一般用于温度低于 150 ℃、压强小于 1 MPa 的酸性和碱性介质输送管路。

（5）玻璃管。玻璃管一般由硼玻璃和高铝玻璃制成，具有透明、耐腐蚀、阻力小、价格低等优点，缺点是质脆，不耐冲击和振动。玻璃管在化工生产中用于输送 4×10^5 ~ 8×10^5 Pa、303 ~ 423 K 范围内的腐蚀性流体，亦常用于检测或实验管路。

3. 管道的选择

管道的选择主要从耐压和耐腐蚀性两个方面考虑,有时还要结合耐高温的要求。

化工厂内输送有压流体时,一般选用金属材料制作的管道;而低压或接近于常压的流体输送则可选用普通级薄壁金属管或非金属材料制作的管道。

(1)当需要输送有毒、易燃易爆、强腐蚀性流体或用于制作高温换热器、蒸发器、裂解炉等化工设备内部的管道时,可选用无缝钢管。

(2)当需要输送水、煤气、暖气、压缩空气、低压蒸汽以及无腐蚀性的流体时,可选用由低碳钢焊接而成的有缝钢管。

(3)化工厂内的给水总管、煤气管及污水管等,某些用来输送碱液及浓硫酸的管道可使用铸铁管。

(4)对于输送稀硫酸、稀盐酸、60%以下的氢氟酸、80%以下的醋酸及干的或湿的二氧化硫气体的管路,可选用铅管。

(5)对于浓硝酸、浓硫酸、甲酸、醋酸、硫化氢及二氧化碳等酸性介质的输送管路,可以选择铝管。

(6)对于常压、常温下酸、碱液的输送,蒸馏水或去离子水的输送,可选用塑料管,以避免污染。

(二)常用管件

将管道连接成管路时,需要依靠各种构件(如弯头、三通、短管、异径管等)连接管道和使管路拐弯、分叉等。这些构件通常称为管路附件,简称管件。

1. 弯头

弯头的作用主要是改变管路的走向。弯头可用直管弯曲而成,也可用管道组焊,还可用铸造或锻造的方法制造。弯头的常用材料为碳钢和合金钢。弯头的形状有45°、60°、90°、180°回弯头等。常见的弯头如图1-2所示。

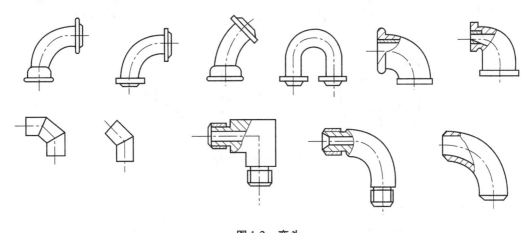

图1-2　弯头

2. 三通

当管路之间需要连通或分流时,接头处常用三通。三通可用铸造或锻造的方法制造,也可组焊而成。根据接入管的角度和旁路的管径,三通可分为正三通、斜三通。接头处的管件除三通外,还有四通、Y形管等,它们有时也用来改变流向,多余的通道接头用管帽或盲板封上,在需要时打开,再连接一条支管。三通、四通及Y形管见图1-3。

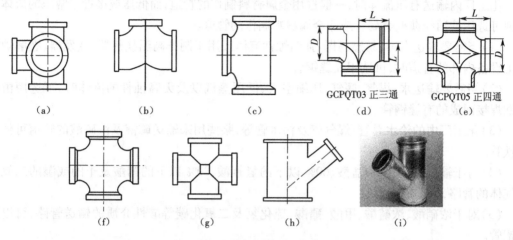

(a)   (b)   (c)   GCPQT03 正三通(d)   GCPQT05 正四通(e)

(f)   (g)   (h)   (i)

图1-3 三通、四通及Y形管
(a)～(d)三通   (e)～(g)四通   (h)、(i)Y形管

3. 短管及异径管

为了安装、拆卸方便,在化工管路中通常装有短管。两端面直径相同的短管叫等径管,两端面直径不同的短管叫异径管。异径管可改变流体的流速。短管与管道连通常采用法兰或螺纹连接方式,也可采用焊接方式。短管及异径管的结构如图1-4所示。

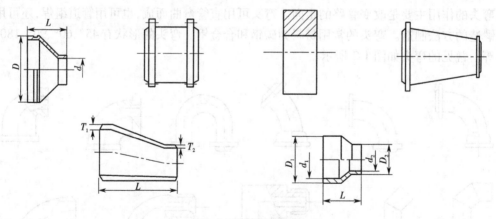

图1-4 短管及异径管

4. 法兰与盲板

法兰与盲板如图1-5所示。

为了满足管路安装和检修的需要,管路中需装设管道法兰(又称"管法兰")。管法兰已标准化,使用时可根据公称压力和公称直径选取。

通常管路的末端装有法兰盖(实心法兰),以便检修和清理管路。法兰盖与法兰尺寸相同,材质有铸铁和钢铁两种。

在化工管路中因检修设备的需要,还常在两个法兰之间插入盲板,以切断管路中的介质,

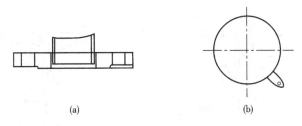

图 1-5　法兰与盲板

(a)法兰　(b)盲板

确保人身安全。盲板的常用材质为钢材,大小与插入处法兰密封面的外径相同,厚度一般为 3～6 mm。

此外,还有管箍(束节)、螺纹短节、活接头、内外螺纹接头(补芯)等用以延长管路。在闭合管路中必须设置活接头或法兰,在需要维修或更换的阀门附近也宜适当设置,因为它们可以就地拆开、就地连接。法兰多用于焊接连接管路,而活接头多用于螺纹连接管路。

(三)常用阀门

阀门是用来启闭管内流体(截断或接通管内流体的流动)、调节流体流动(改变管路阻力)和产生节流效应(流体流过阀门后可产生较大的压力降)的部件,其种类繁多,在化工厂中被大量使用。可根据流体的特性和生产要求慎重选择阀门的材料和形式。选用不当,会发生阀门操作失灵或过早损坏等情况,常会导致严重后果。此外,阀门常对流过的流体造成较大的阻力,增加了动力消耗和生产成本,因此,在可能的条件下宜选用阻力较小、启闭方便的节能型阀门。常用的阀门有下列几种。

1. 闸阀

闸阀的结构如图 1-6 所示,主要部分为一个闸板,通过闸板的升降启闭管路(相当于在管道中插入一个尺寸和管径相等的闸门,闸门通过手轮升降,从而达到启闭管路的目的)。这种阀门全开时流体阻力小,全闭时较严密(为了使阀门关闭时严密不漏,闸板与阀座之间的配合面需要经过研磨,通常在闸板和阀座上镶耐腐蚀、耐磨的金属密封圈,如青铜、黄铜、不锈钢等),但形体较大,造价较高,制造和维修都比较困难,多用于大型管路的开启和切断,也可用于真空管路和低压气体管路,不宜用于蒸汽管路。其一般不用来调节流量大小,也不适用于含有固体颗粒或物料易沉积的流体,以免引起密封面磨损,影响闸板闭合。

2. 截止阀

截止阀又称球心阀或球形阀,其结构如图 1-7 所示。截止阀的密封零件是阀盘和阀座。通过转动手轮带动阀杆和阀盘在轴线方向上升降,改变阀盘与阀座之间的距离,从而改变流体通道面积,使得流体的流量改变或截断流体通道。为了使截止阀关闭严密,阀盘与阀座之间的配合面应经过研磨或使用垫片,也可在密封面上镶青铜、不锈钢等耐腐蚀、耐磨材料。阀盘与阀杆采用活动连接,以便阀盘与阀杆严密切合。阀盘的升降由阀杆控制,阀杆上部是手轮,中部是螺纹及填料密封段,填料的作用是防止阀体内部的介质沿阀杆泄漏。对于小型阀门[图1-7(a)],螺纹位于阀体内部,故结构紧凑,但易受介质腐蚀。对于大型阀门[图1-7(b)],螺纹位于阀体之外,既方便润滑又不受介质腐蚀。

截止阀的特点是严密可靠,可以准确地调节流量,但对流体的阻力比较大,常用于蒸汽、压

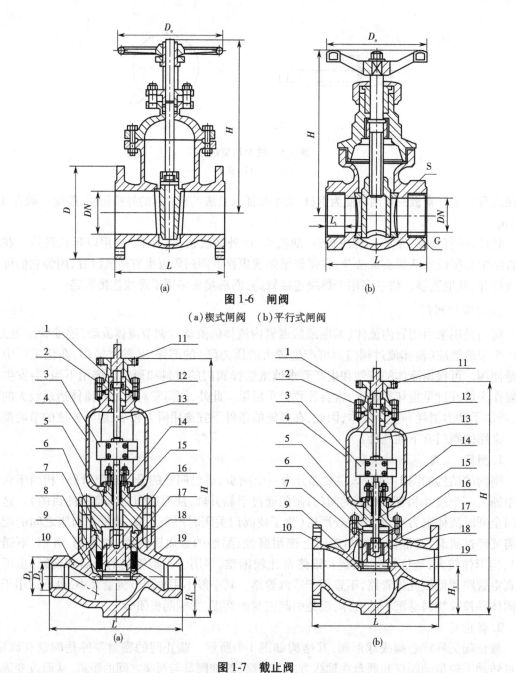

图 1-6　闸阀

（a）楔式闸阀　（b）平行式闸阀

图 1-7　截止阀

（a）小型阀门　（b）大型阀门

1—轴承；2—支座；3—连接块；4—支架；5—阀盖；6—阀盖垫圈；7—均流罩；8—节流环；9—阀座垫圈；10—阀体；
11—轴套；12—套筒螺母；13—上阀杆；14—密封圈；15—下阀杆；16—阀芯；17—挡环；18—Y形密封圈；19—阀座

缩空气、真空管路以及一般的液体管路中，不能用于带有固体颗粒和黏度较大的介质的管路中，以免破坏密封面。

在安装截止阀时，应保证流体从阀盘的下部向上流动（俗称"低进高出"），否则，在流体压强较大的情况下难以打开。

如果将阀座孔径缩小并配以长锥形或针状阀瓣插入阀座,则在阀瓣上下运动时,阀座与阀芯间的流体通道变化比较缓慢而均匀,即成为调节阀或节流阀,可用于高压气体管路流量和压强的调节。

3. 止回阀

止回阀是根据阀盘前后介质的压力差而自动启闭的阀门。如将它装在管路中,流体只能向一个方向流动,从而可以阻止介质逆流。它的结构是在阀体内装有一个阀盘或摇板,当介质顺流时,阀盘或摇板被顶开;当介质逆流时,阀盘或摇板受介质的压力作用而自动关闭。

根据结构,止回阀分为升降式和旋启式两种,如图1-8所示。升降式止回阀的阀盘垂直于阀体通路做升降运动,一般装在水平管道上,立式升降式止回阀可装在竖直管道上。升降式止回阀密封性较好,但流动阻力大。旋启式止回阀的摇板一侧与轴连接并绕轴旋转,一般安装在水平管道上。

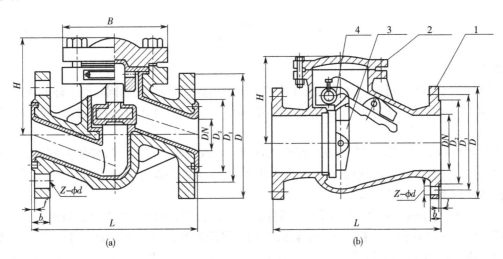

图1-8 止回阀

(a)升降式 (b)旋启式

1—阀体;2—阀盖;3—摇杆;4—阀瓣

止回阀结构简单,不用驱动装置。其一般适用于清洁介质,不适用于含有固体颗粒和黏度较大的介质。止回阀常用于泵、压缩机、排水管等不允许介质逆向流动的管路中。

4. 旋塞阀

旋塞阀是利用带孔的锥形旋塞来控制启闭的阀门。锥形旋塞与阀体内表面形成圆锥形压合面,阀体上部用填料密封旋塞与阀体之间的间隙。旋塞上部有方榫,使用专门的方孔扳手转动旋塞,通过旋转一定的角度来开闭阀门。旋塞阀与管路的连接方式有法兰连接和螺纹连接两种,见图1-9。

根据通道结构,旋塞阀可分为直通式和三通式。直通式旋塞阀上开有一个直孔,流体流向不变。三通式旋塞阀的流体流向则决定于旋塞的位置,可以使三路全通、三路全不通或任意两路相通。

旋塞阀结构简单,外形尺寸小,启闭快速,流体流动阻力小,但密封面加工、维修较困难,温度变化大时容易卡死,也不能用于高压场合。旋塞阀适用于公称压力 $PN < 1.6$ MPa,公称直径 DN 为 15~200 mm,温度 $t \leqslant 150$ ℃ 的场合。

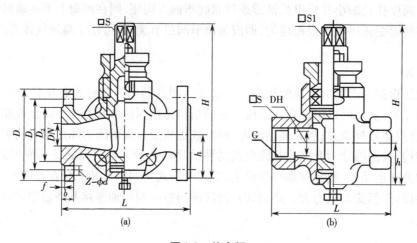

图 1-9　旋塞阀

（a）法兰连接　（b）内螺纹连接

5. 球阀

球阀主要由阀体、阀盖、密封阀座、球体和阀杆等组成,结构与旋塞阀相似。球阀是通过旋转带孔球体来控制阀门启闭的。根据球体在阀体内可否浮动,球阀分为浮头球球阀和固定球球阀。

图 1-10 所示为带固定密封阀座的浮头球球阀。在阀体内装有两个固定密封阀座,两个阀座间有一个通孔直径与阀体通道直径一致的球体,借助手柄和阀杆转动,可自由地旋转球体,达到开启和关闭球阀的目的。

固定球球阀如图 1-11 所示。球体与阀杆制成一体,密封阀座装在活动套筒内,套筒与阀体间用 O 形橡胶圈密封,左右两端的密封阀座和套筒均由弹簧组预先压紧在球体上。当阀杆在上下两轴承中转动关闭阀门时,介质压力作用在套筒端面上,将密封阀座压紧在球体上起密封作用。此时,出口端的密封阀座不起作用。当介质反向流动关闭阀门时,起密封作用的阀座在新的入口端。

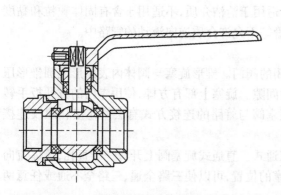

图 1-10　带固定密封阀座的浮头球球阀

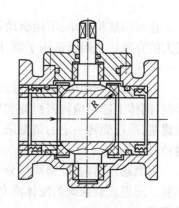

图 1-11　固定球球阀

球阀操作方便,介质流动阻力小,启闭迅速,体积小,质量轻,但结构较复杂。其一般用于需快速启闭或要求阻力小的场合,适用于低温、高压及黏度大的介质,如水、汽油等介质,也可用于浆性或黏性介质的输送管路中。

6. 隔膜阀

隔膜阀的结构如图 1-12 所示。

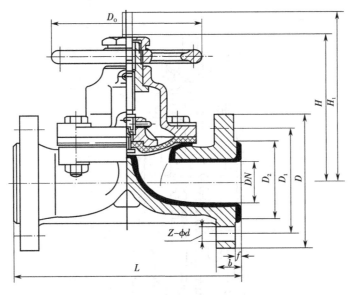

图 1-12 隔膜阀

隔膜阀是在阀杆下面固定一个特别的橡胶膜片构成隔膜,通过隔膜进行启闭工作。橡胶隔膜的四周夹在阀体与阀盖之间,将它们隔离开来。隔膜中间凸起的部位用螺钉或销钉与阀盘相连接,阀盘与阀杆通过圆柱销连接起来。旋转手轮,使阀杆沿轴线方向上下移动,通过阀盘带动橡胶隔膜做升降运动,从而调节隔膜与阀座的间隙,控制介质的流速或切断通道。介质流经隔膜阀时,不进入阀盖内腔,只从橡胶隔膜以下的阀腔通过,橡胶隔膜将阀杆与介质完全隔离,所以阀杆处无须填料密封。

隔膜阀结构简单,密封性能好,便于检修,介质流动阻力小,调节性能好,常用于输送温度低于 200 ℃、压强小于 10 MPa 的各种与橡胶膜无相互作用的介质,如酸、碱等腐蚀性介质和带悬浮物的介质,但不宜用于有机溶剂、强氧化剂和高温管路中。

7. 蝶阀

蝶阀主要由手柄、齿轮、阀杆、阀板、阀体等组成,如图 1-13 所示。当旋转手柄时,通过齿轮、阀杆、杠杆和松紧弹簧传动,阀板门开启。当手柄反向转动时,蝶阀关闭。蝶阀除手动外,还有电动、气动等方式。

阀门板呈圆盘状,可绕阀杆的中心线旋转运动。蝶阀上都有表示蝶板位置的指示结构和保证蝶板全开、全关时的极限位置的限位机构。

蝶阀结构简单,维修方便,常用作截断阀,可用于大口径的水、空气、油品等管路中。

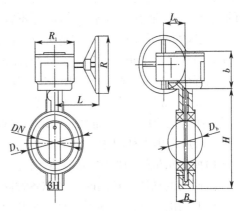

图 1-13 手动齿轮传动蝶阀

8.节流阀

节流阀如图1-14所示。节流阀结构与截止阀相似,仅启闭件形状不同。截止阀的启闭件为盘状,而节流阀的启闭件为锥状或抛物线状。

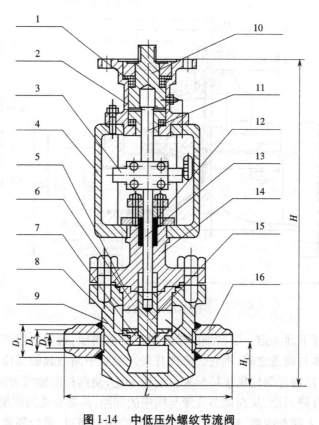

图 1-14　中低压外螺纹节流阀
1—轴承;2—支座;3—连接块;4—支架;5—阀盖垫圈;6—均流罩;7—阀座;
8—阀座垫圈;9—阀体;10—轴套;11—上阀杆;12—密封圈;13—下阀杆;
14—阀盖;15—阀芯;16—进出口

节流阀属于调节类阀门,通过转动手轮,改变流体通道的截面积,从而调节介质流量与压力的大小。节流阀启闭时,流通面积变化缓慢,调节性能好,适用于需较准确地调节流量或压力的氨、水、蒸汽和其他液体的管路,但不宜做截断阀使用。

由这些管件、阀门的基本构造可以看出,除了管箍、活接头和法兰等由于中心轴与管轴重合,通孔与管路基本相同,基本上不影响流体的流速和流向,阻力可认为是直管阻力外,其余管件、阀门都会造成局部阻力,且阀门开启度不同,阻力值也会随之变化。

化工厂中常用的阀门有多种,即使同一类型的阀门,由于使用场合不同也有高温阀与低温阀、高压阀与低压阀之分,而且同一结构的阀门也可用不同的材质制造。阀门大多都有系列产品,选用时应考虑下列因素。

(1)所输送流体的性质,如液体、气体、蒸汽、浆液、悬浮液、黏稠液等。

(2)阀门的功能。选用时应考虑各种阀门的特征及适用的场合。

(3)阀门的尺寸。应根据流量大小和允许的压降范围选定,一般应与工艺管道尺寸相配。

（4）阻力损失。根据阀门的功能和可能产生的阻力选定阀门的结构形式。

（5）根据操作条件确定阀门的压力等级和材质。

三、管路的连接

一般生产厂出厂的管道都有一定的长度，在管路的敷设中必然会涉及管路的连接问题。

（一）管路的连接方法

管路的连接包括管道与管道的连接，管道与各种管件、阀门的连接，还包括设备接口处等的连接。管路连接的常用方法有焊接连接、法兰连接、螺纹连接和承插式连接。

1. 焊接连接

焊接连接适用于有压管道及真空管道，视管径和壁厚不同选用电焊或气焊。这种连接方式简单、牢固且严密，多用于无缝钢管、有色金属管的连接。

焊接连接属于不可拆连接方式。采用焊接连接密封性能好，结构简单，连接强度高，适用于承受各种压力和温度的管道的连接，故在化工生产中得到广泛应用。

常用的焊接连接见图 1-15。

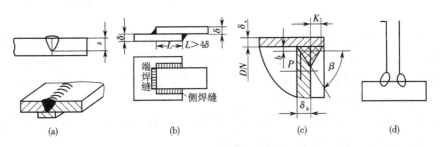

图 1-15　焊接连接

（a）对接　（b）搭接　（c）角接　（d）T 形接

化工管路中常用的焊接方法有电焊、气焊、钎焊等。此外，塑料管也经常采用热熔接。

在进行焊接连接时，应对焊口处进行清理，以露出金属光泽为宜；管口处所开坡口的角度和对口同心度应符合技术要求；应根据管道材质选取合适的焊接材料；对于厚壁管应分层焊接，以确保质量。

2. 法兰连接

法兰连接是管路中应用最多的可拆连接方式。法兰连接强度高，拆卸方便，适用范围广，广泛应用于大管径、耐温耐压与密封性要求高的管路连接以及管路与设备的连接。

在法兰连接中，法兰盘与管道的连接方法多种多样，常用的有整体式法兰、活套式法兰和介于两者之间的平焊法兰等。根据介质压力和密封性能的要求，法兰密封面有平面、凹凸面、木槽面、锥面等形式。密封垫有非金属垫片、金属垫片和各种组合式垫片等供选择。

管道法兰设计、制造已实现标准化，需要时可根据公称压力、公称直径、材料和密封要求选用。

3. 螺纹连接

螺纹连接是通过内外管螺纹拧紧而实现的。进行螺纹连接的管道两端都加工有外螺纹，通过加工有内螺纹的连接件、管件或阀门相连接。常用的螺纹连接有以下三种形式。

1）内牙管连接

内牙管连接如图1-16所示。安装时,先将内牙管旋合在一段管道端部的外螺纹上,然后把另一段管道端部旋入内牙管中,使两段管道通过内牙管连接在一起。内牙管连接结构简单,但拆装时必须逐段逐件进行,颇为不便。

2）外牙管连接

外牙管连接由外牙管、被连接管、内牙管、锁紧螺母组成,如图1-17所示。安装时,先将锁紧螺母3与内牙管2都旋合在外牙管4上,再用内牙管5把外牙管4和需连接的管道6旋合连接,最后将内牙管2反旋退出一定的长度与需连接的管道1相连,用锁紧螺母3锁紧。采用外牙管连接不需转动两端的连接管即可装拆。

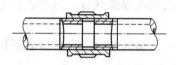 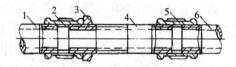

图1-16　内牙管连接　　　　　　　　　图1-17　外牙管连接

1,6—管道;2,5—内牙管;3—锁紧螺母;4—外牙管

3）活管接连接

活管接连接由一个套合节、两个主节及一个软垫圈组成,如图1-18所示。安装时,先将套合节套在不带外螺纹的主节5上,再将两个主节分别旋在需连接的两条管道端部,在两个主节间放置软垫圈3,最后旋转套合节与带外螺纹的主节2相连,使两个主节压紧软垫圈即可。采用活管接连接时,可不转动两条连接管而将两者分开。

为保证螺纹连接处的密封性能,在螺纹连接前常在外螺纹上加上填料。常用填料有加铅油的油麻丝或石棉绳等,也可用聚四氟乙烯带缠绕。

螺纹连接方法简单、易于操作,但密封性能较差,一般适用于管径小于或等于50 mm,工作压力低于1 MPa,介质温度不高于100 ℃的黑管、镀锌焊接钢管或硬聚氯乙烯塑料管的连接。

4. 承插式连接

在化工管路中,承插式连接适用于压力不大、密封性能要求不高的场合,常用作铸铁水管的连接方式,也可用于陶瓷管、塑料管、玻璃管等金属管的连接。

承插式连接如图1-19所示。采用承插式连接时,在插口和承口的接头处留有一定的轴间间隙,以应对补偿管路受热后的伸长。为了增强承插式连接的密封性,在承口和插口之间的环形间隙中应填充油麻绳或石棉水泥等填料,在填料外面的接口处涂一层沥青防腐层,可以增强抗腐蚀性。

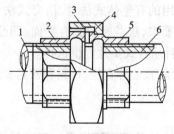 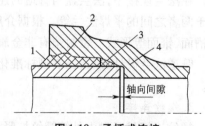

图1-18　活管接连接　　　　　　　　　图1-19　承插式连接

1,6—管道;2,5—主节;3—软垫圈;4—套合节　　1—插口;2—水泥或铅;3—油麻绳;4—承口

承插式连接密封可靠性差,且拆卸比较困难,只适用于低压管路,埋地或沿墙敷设的低压给水、排水管,如铸铁管、陶瓷管、石棉水泥管等,采用石棉水泥、玛琦脂、水泥砂浆等作为封口材料。

（二）管路的热补偿

若管路两端固定,当温度变化较大时,就会因热胀冷缩而产生拉伸或压缩变形,严重时可使管道弯曲、断裂或接头松脱。因此,承受较大温度变化的管路要采用热膨胀补偿装置。一般温度变化在 32 ℃以上,要考虑热补偿。化工厂中常用的热补偿器有以下两种。

1. 回折管补偿器

回折管补偿器将直管弯成一定几何形状的曲管（图 1-20 和图 1-21）,利用刚性较小的曲管（回折管）所产生的弹性变形吸收连接在其两端的直管的伸缩变形。回折管补偿器补偿能力大,作用在固定点上的轴向力小,两端的直管不必成一条直线,且制造简单,维护方便;但要求安装空间大,流体阻力也较大,还可能对连接处的法兰密封有影响,如图 1-22 所示。回折管一般由无缝钢管制成。

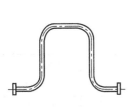

图 1-20　弓形回折管

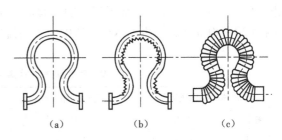

图 1-21　Ω 形回折管
（a）光滑的　（b）褶皱的　（c）波形的

2. 波形补偿器

波形补偿器利用金属薄壳挠性件的弹性变形吸收其两端的连接直管的伸缩变形。其结构形式有波形、鼓形、盘形等,如图 1-23 所示。

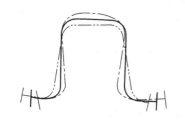

图 1-22　回折管补偿器引起法兰变形

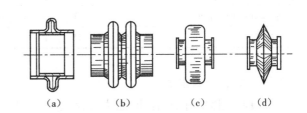

图 1-23　波形补偿器
（a）单波形　（b）双波形　（c）鼓形　（d）盘形

波形补偿器结构紧凑,流体阻力小;但补偿能力不大,且结构较复杂,成本较高。为了增大补偿能力,可将数个补偿器串联安装（一般不超过四个）,也可分段安装若干组补偿器,以增大补偿量。

四、管路直径的确定

化工厂的流体输送管道大多为圆形,管道粗细不同主要是由于管道直径不同,即管道规格不同。管道直径的确定是选择管道规格的基础。

输送管路的直径 d 与流量 V_s 和流速 u 有关。管道直径的求取公式为

$$d = \sqrt{\frac{4V_s}{\pi u}} \qquad (1\text{-}1)$$

式中　V_s——被输送流体的体积流量,m^3/s;

　　　u——流体的平均流速,m/s。

1. 管道直径的影响因素分析及确定

当生产任务一定,即被输送流体的体积流量 V_s 一定时,流速 u 增大,管道直径 d 减小,管路安装的设备投资减小,这是有利的。但流速 u 增大会导致管路系统中的流体流动阻力增大,输送流体所需的动力消耗增加,操作费用增加。这是为什么呢? 原因将在后面的分析中阐述。

适宜流速是使管路系统的操作费用和设备折旧费用之和最小的流速。工程上的最适宜流速通常是根据经济核算确定的。

设计时通常可根据适宜流速范围的经验数据选用流速。例如水及低黏度液体的适宜流速范围为 $1.5 \sim 3.0$ m/s,一般常用气体的适宜流速范围为 $10 \sim 20$ m/s,而饱和蒸汽的适宜流速范围为 $20 \sim 40$ m/s。某些流体在管道中的常用流速范围见表1-9。

表1-9　某些流体在管道中的常用流速范围

流体的类别或情况	流速范围/(m/s)	流体的类别或情况	流速范围/(m/s)
自来水(3×10^5 Pa 左右)	$1.0 \sim 1.5$	高压空气	$15 \sim 25$
水及低黏度液体($10^5 \sim 10^6$ Pa)	$1.5 \sim 3.0$	一般气体(常压)	$12 \sim 20$
高黏度液体	$0.5 \sim 1.0$	鼓风机吸入管	$10 \sim 15$
工业供水(8×10^5 Pa 以下)	$1.5 \sim 3.0$	鼓风机排出管	$15 \sim 20$
锅炉供水(8×10^5 Pa 以上)	>3.0	离心泵吸入管(水一类的液体)	$1.5 \sim 2.0$
饱和蒸汽	$20 \sim 40$	离心泵排出管(水一类的液体)	$2.5 \sim 3.0$
过热蒸汽	$30 \sim 50$	液体自流(冷凝水等)	0.5
蛇管、螺旋管内的冷却水	<1.0	真空操作下的气体	<10
低压空气	$12 \sim 15$		

2. 管道直径的确定步骤

(1)根据流体的种类、性质、压力等,在适宜流速范围内选取一个流速;

(2)将所选取的流速代入式(1-1)计算管道直径 d;

(3)将计算出的 d 根据管道规格圆整成标准管径。

【例1-1】　某车间要求安装一根输水量为 20 m^3/h 的管道,试选择合适的管径。

解　依题意,根据式(1-1)计算管道直径。取水在管内的流速 $u = 2$ m/s,则

$$d = \sqrt{\frac{4V_s}{\pi u}} = \sqrt{\frac{4 \times 20/3\,600}{3.14 \times 2}} = 0.059 \text{ m} = 59 \text{ mm}$$

查阅有关手册的管道规格表,选用 $\phi65$ mm $\times 3$ mm(即管外径为 65 mm,壁厚为 3 mm)的冷拔无缝钢管,其内径为 $d = 65 - 2 \times 3 = 59$ mm $= 0.059$ m。

水在管内的实际流速

$$u' = \frac{V_s}{A} = \frac{20/3\ 600}{0.785 \times 0.059^2} = 2\ \text{m/s}$$

水的实际流速在适宜流速范围之内,说明所选无缝钢管合适。

五、化工管路的布置与安装

布置与安装化工管路时,首先必须考虑工艺要求,如生产特点、设备布置、物料特性及建筑物结构等因素;其次必须尽可能减少基建费用和操作费用;最后必须考虑安装、检修、操作方便和操作安全。因此,在布置与安装管路时,应对车间的所有管路(生产系统管路,辅助系统管路,电缆、照明、仪表管路,采暖通风管路等)进行全盘考虑,各安其位。

(一)从安装、检修、操作等方面考虑

(1)在安装时,除了下水道、上水总管和煤气管以外,管路铺设应尽可能采用明线,这样便于安装检修和安全操作,还可以节约基建费用。

(2)在安装时,并列管路上的管件和阀门应错开,以避免检修及操作时不方便。在并列管路上安装手轮操作的阀门时,手轮间距约为100 mm。

(3)在安装时,车间内的管路应尽可能沿厂房墙壁安装,管架可以固定在墙上,或沿天花板及平台安装。在露天的生产装置中,管路可沿挂架或吊架安装。管与管之间和管与墙之间的距离以能容纳活动接头或法兰以及便于检修为宜,管与墙、柱边或管架支柱之间的净空距离以不小于100 mm为宜。中压管与管之间的距离保持在40~60 mm,高压管与管之间的距离保持在70~90 mm。具体数据可参阅表1-10。

表1-10　管与墙的安装距离

公称直径/mm	25	40	50	80	100	125	150
管中心与墙的距离/mm	120	150	170	170	190	210	230

(4)在安装时,管路的倾斜度通常为3/1 000~5/1 000,含有固体结晶或颗粒较大的物料管倾斜度应大于或等于1%。

(5)在安装时,为了便于区别各种类型的管路,应在管路的保护层或保温层表面涂上颜色。

(6)一般上下水管及废水管适合埋地铺设。在冬季结冰地区,埋地管路的安装深度应在当地冰冻线以下。

(二)从保障操作与人身安全方面考虑

(1)输送流体的管路,特别是输送腐蚀性介质的管路,为防止因滴漏而造成对人体的伤害,在穿越通道时,不得装设各种管件、阀门以及可拆卸连接件。

(2)铺设的各种管路距地面的高度应以便于检修为宜,通过路、桥的高度应按标准执行。如通过人行横道时,高度不得小于2 m;通过公路时,高度不得小于4.5 m;通过铁路与轻轨时,高度不得小于6 m;通过工厂的主要交通干线时,高度一般为5 m。

(3)管路的跨距(两支座之间的距离)一般不得超过表1-11中的规定。

表 1-11　　管路的跨距

管道内径/mm	50	75	100	125	150	200	250	300	400
跨距/m	3.0	4.0	4.5	5.0	6.0	7.0	8.0	9.0	9.0

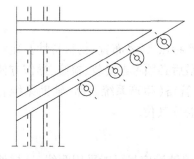

图 1-24　三角支架安装法

（4）输送腐蚀性介质的管路与其他管路并列时，两者应保持一定距离，而且其位置应略低一些，以免发生滴漏时影响其他管路，或采用如图 1-24 所示的三角支架。

（5）物料流动时常有静电产生而使管路成为带电体，为了防止静电积累，必须将管路可靠接地。在输送易燃易爆物料（如醇类、液体烃类等）时更要如此，避免发生事故。

（6）在温度变化较大的管路中，应考虑到热胀冷缩，以免产生热应力，造成管路弯曲或破裂。一般情况下，管路温度在 335 K 以上时，就应当考虑安装伸缩器，以解决冷热变形的补偿问题。伸缩器又名补偿器，形式较多。图 1-25 所示的凸面式补偿器结构紧凑，但补偿能力有限，应用较少。图 1-26 所示的填料函式补偿器结构紧凑，又具有相当大的补偿能力（通常可达 200 mm 以上），但轴向力大，填料需经常维修，介质可能泄漏，安装要求也高，只在铸铁管、陶瓷管等管路中使用。中国北方的城市供暖系统中有的地方设计成如图 1-27 所示的样式，这就是一种防止温差较大时产生应力的补偿器。图 1-27 所示的圆角弯方形补偿器的优点是结构简单，易于制造，补偿能力大，是目前使用较多的一种补偿器。此外，当管路互相垂直或以任意角度相交时，管路本身的弹性变形可以自动补偿管路的热变形，如图 1-28 所示管路拐弯形成的弯度可以补偿热应力。

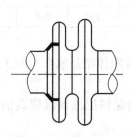

图 1-25　凸面式补偿器

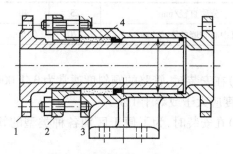

图 1-26　填料函式补偿器
1—插管；2—填料压盖；3—套管；4—填料

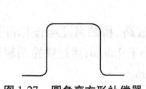

图 1-27　圆角弯方形补偿器

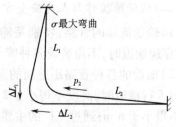

图 1-28　最常见的自动补偿

（三）从降低成本方面考虑

（1）铺设管路时要尽量走直线，少拐弯，少交叉，以减小流动阻力。

（2）各种管路应集中铺设，这样可以共同利用管架，减少基建费用。当穿过墙壁时，墙壁上应开预留孔，管外最好加套管，套管与管道之间的环隙内应充满填料；管路穿过楼板时最好也这样。

（3）平行管路的排列应考虑管路间的影响。在竖直排列时，输气的在上，输液的在下；热介质管路在上，冷介质管路在下，这样能减小热管路对冷管路的影响；高压管路在上，低压管路在下；无腐蚀性介质管路在上，有腐蚀性介质管路在下，以免腐蚀性介质滴漏时影响其他管路。在水平排列时，高压管路靠墙壁，低压管路在外；不常检修的管路靠墙壁，检修频繁的管路在外；振动大的管路要靠管架或墙。

管路安装完毕后，应按规定进行强度和气密性试验。未经试验合格，焊接及连接处不得涂漆及保温。为防止管路中有杂质而引起事故，管路在第一次使用前须用压缩空气或惰性气体吹扫，以除去管中的杂质。

各种非金属管路及特殊介质管路的布置和安装还应考虑一些特殊问题，如聚氯乙烯管路应避开热的管路，氧气管路在安装前应进行脱油处理等。

六、管路常见故障及其排除方法

在化工厂中，管路担负着连接设备、输送介质的重任，为了保障生产正常进行，应对管路精心维护，及时发现故障、排除故障就显得十分重要。

（一）做好管路维护工作

日常维护的主要任务有：认真做好日常巡回检查，准确判断管内介质的流动情况和管件的工作状态；适时做好管路的防腐和防护工作，定期检查管路的保温设施是否完好；及时排放管路内的油污、积水和冷凝液，及时清洗沉淀物并疏通堵塞部位，定期检查和测试高压管路；定期检查管路的腐蚀和磨损情况；检查管路的振动情况；查看管架有无松动；检查管路的各个接口处是否有泄漏现象；检查各活动部件的润滑情况；对管路安全装置进行定期检查和校验调整。

（二）故障及其排除方法

1. 连接处泄漏

泄漏是管路中的常见故障，轻则浪费资源，影响生产的正常进行，重则跑、冒、滴、漏，污染环境，甚至引起爆炸。因此，对泄漏问题必须给予足够的重视。泄漏常发生在管接头处。

若法兰密封面泄漏，首先应检查垫片是否失效，对失效的垫片应及时更换；其次检查法兰密封面是否完好，对遭受腐蚀破坏或已有径向沟槽的密封面应进行修复或更换法兰；对于两个法兰面不对中或不平行的法兰，应进行调整或重新安装。

若螺纹接头处泄漏，应局部拆下检查腐蚀损坏情况。对已损坏的螺纹接头，应更换一段管道，重新配螺纹接头。

若阀门、管件等连接处的填料密封失效而泄漏，可以对称拧紧填料压盖螺栓，或更换填料。

若承插口处有渗漏现象，大多为环向密封填料失败，应进行填料的更换。

2. 管道填塞

管道填塞故障常发生在介质压力不高且含有固体颗粒或杂质较多的管路中，可采取的排除方法有:手工或机械清理填塞物;用压缩空气或高压水蒸气吹出;接旁通。

3. 管道弯曲

管道弯曲主要是由温差应力过大或管道支撑件不符合要求引起的。如温差应力过大导致管道弯曲,应在管路中设置温差补偿装置或更换已失效的温差补偿装置;如管道弯曲因支撑不符合要求引起,应将不良支撑件替换为有效支撑件。

4. 阀门故障

阀门是化工管路中的关键部件,也是管路中最容易损坏的管件之一。阀门种类繁多、作用各异,产生故障的原因多种多样。常见的阀门故障及其排除方法见表1-12。

表 1-12　常见的阀门故障及其排除方法

故障	产生故障的原因	排除故障的方法
填料室泄漏	1. 填料与工作介质的腐蚀性、温度、压力不相适应 2. 填料的填装方法不对 3. 阀杆加工精度低或表面结构要求值大,圆度超差,有磕碰、划伤及凹坑等缺陷 4. 阀杆弯曲 5. 填料内有杂质或油,在高温时收缩 6. 操作过猛	1. 选用合适的填料 2. 取出填料重新填装 3. 修理或更换合格的阀杆 4. 校直或更换阀杆 5. 更换填料 6. 平稳操作,缓慢开关
关闭件泄漏	1. 密封面不严 2. 密封圈与阀座、阀瓣配合不严密 3. 阀瓣与阀杆连接不牢靠 4. 阀杆变形,上下关闭不对中 5. 关闭过快,密封面接触不好 6. 材料选用不当,经受不住介质的腐蚀 7. 截止阀、闸阀用作调节阀,由于高速介质的冲刷侵蚀,密封面迅速磨损 8. 焊渣、铁锈、泥沙等杂质嵌入阀内,或有硬物堵住阀芯,使阀门不能关严	1. 在安装前试压、试漏,修理密封面 2. 密封圈与阀座、阀瓣采用螺纹连接时,可用聚四氟乙烯生料带做螺纹间的填料,使其配合严密 3. 事先检查阀门各部件是否完好,不能使用阀杆弯扭或阀瓣与阀杆不可靠的阀门 4. 校正或更换阀杆 5. 关闭阀门用稳劲,不要用力过猛,发现密封面之间接触不好或有障碍时,应立即开启少许,让杂物随介质流出,然后细心地关紧阀门 6. 正确关闭阀门 7. 按阀门的结构特点正确使用,需调节流量的部件应采用调节阀 8. 清扫嵌入阀内的杂物,在阀前加装过滤器

续表

故障	产生故障的原因	排除故障的方法
阀杆升降不灵活	1. 阀杆缺乏润滑或润滑剂失效 2. 阀杆弯曲 3. 阀杆表面结构要求值大 4. 配合公差不合适,咬得过紧 5. 螺纹被介质腐蚀 6. 材料选择不当,阀杆及阀杆衬套选用同一种材料 7. 露天阀门缺乏保护,锈蚀严重 8. 阀杆被锈蚀卡住	1. 经常检查润滑情况,保持正常的润滑状态 2. 使用短杠杆开闭阀杆,防止扭弯阀杆 3. 提高加工或修理质量,达到规定的要求 4. 选用与工作条件相应的配合公差 5. 选用适应介质及工作条件的材料 6. 采用不同的材料,宜用黄铜、青铜、碳钢或不锈钢做阀杆衬套材料 7. 设置阀杆保护套 8. 定期转动手轮,以免阀杆锈住;地下安装的阀门应采用暗杆阀门
垫圈泄漏	1. 垫圈材质不耐腐蚀,或者不适应介质的工作压力或温度 2. 高温阀门内所通过的介质温度变化	1. 采用与工作条件相适应的垫圈 2. 使用时再紧一遍螺栓
填料压盖断裂	压紧填料时用力不均或压盖有缺陷	压紧填料时对称地旋转螺帽
双闸板阀门的闸板不能压紧密封面	顶楔材质不好,在使用过程中磨损严重或折断	用碳钢材料自行制作顶楔,换下损坏件
安全阀或减压阀的弹簧损坏	1. 弹簧材料选用不当 2. 弹簧制造质量不佳	1. 更换弹簧材料 2. 采用质量优良的弹簧

七、化工管路的安装

管路的安装工作包括管路安装、法兰与螺纹接合、阀门安装和水压试验。

1)管路安装

管路安装应保证横平竖直,水平管偏差不大于 15 mm/10 m,且全长不大于 50 mm,竖直管偏差不大于 10 mm。

2)法兰与螺纹接合

法兰安装要做到对得正、不反口、不错口、不张口。紧固法兰时要做到:在未加垫片前将法兰密封面清理干净,表面不得有沟纹;垫片要放正,不能加入双层垫片;紧螺栓时要按对称位置的要求拧紧,紧好之后螺栓两头应露出 2~4 扣;安装管道时每对法兰的平行度、同心度应符合要求。

螺纹接合时管路端部应加工外螺纹,用螺纹与管箍、管件和活管接头配合固定。其密封主要依靠锥管螺纹咬合和在螺纹之间加敷密封材料实现。常用的密封材料是白漆加麻丝或四氟膜,缠绕在螺纹表面,然后将螺纹配合拧紧。

3)阀门安装

应把阀门清理干净、关闭好再进行安装。单向阀、截止阀及调节阀安装时应注意介质流向,阀的手轮应便于操作。

4)水压试验

管路安装完毕后,应做强度与严密度试验,试验是否有漏气或漏液现象。管路的操作压力不同,输送的物料不同,试验的要求也不同。当管路系统进行水压试验时,试验压力(表压)为

294 kPa,在试验压力下维持 5 min,若未发现渗漏现象,则水压试验合格。

☆ 学习上述内容时可进行简单化工管路拆装的实训操作。

测 试 题

一、填空题

1. _____是化工生产中使用的各种_____的总称,其主要作用是_____流体介质。

2. 化工管路一般由_____、_____、_____、_____等组成。

3. 按管道的材质,化工管路可分为_____和_____。

4. 管路连接的常用方法有_____、_____、_____和_____等。其中_____为可拆卸连接,_____为不可拆卸连接。

5. 管路常见故障有_____、_____、_____、_____。

二、单选题

1. 低温管路是温度低于( )℃的管路。

A. 20   B. 100   C. 200   D. −20

2. 高温管路是温度高于( )℃的管路。

A. 30   B. 200   C. 450   D. 500

3. 碳钢和铸铁都是铁和碳的合金,它们的主要区别是含( )量不同。

A. 硫   B. 碳   C. 铁   D. 磷

4. ( )方法在石油化工管路的连接中应用极为广泛。

A. 螺纹连接   B. 焊接连接   C. 法兰连接   D. 承插式连接

5. 管路通过工厂的主要交通干线时,高度不得低于( )m。

A. 2   B. 4.5   C. 6   D. 5

6. 在化工管路中,管件的作用是( )。

A. 连接管道   B. 改变管路的走向

C. 接出支管和封闭管路   D. A、B、C 全部包括

7. 法兰或螺纹连接的阀门应在( )状态下安装。

A. 开启   B. 关闭   C. 半开启   D. 均可

8. 阀门的主要作用是( )。

A. 启闭   B. 调节   C. 安全保护   D. 前三种作用均具备

9. ( )在管路中安装时,应特别注意介质出入阀口的方向,使其"低进高出"。

A. 闸阀   B. 截止阀   C. 蝶阀   D. 旋塞阀

10. 下列属于有色金属管的是( )。

A. 塑料管   B. 橡胶管   C. 陶瓷管   D. 铜管

三、多选题

1. 化工管路的组成部件有( )。

A. 管道   B. 管件   C. 阀门   D. 管架

2. 下列对化工管路的划分,按材质分类的有( )。

A.水管　　　　　　　B.金属管　　　　　　C.非金属管　　　　　D.高压管

3.金属管常用的材料有(　　)。

A.铸铁　　　　　　　B.碳素钢　　　　　　C.合金钢　　　　　　D.PVC

4.按管路的连接方向划分,化工管路可以分为(　　)。

A.简单管路　　　　　B.并联管路　　　　　C.串联管路　　　　　D.复杂管路

5.无缝钢管的特点有(　　)。

A.质地均匀　　　　　B.强度高　　　　　　C.规格齐全　　　　　D.韧性好

6.我国将压力管道分为(　　)。

A.长输管道　　　　　B.民用管道　　　　　C.公用管道　　　　　D.工业管道

7.塑料管的特点有(　　)。

A.耐腐蚀性能好　　　B.质量轻　　　　　　C.成型方便　　　　　D.强度低

8.下列管件中可以用来改变管路走向的有(　　)。

A.异径管　　　　　　B.三通　　　　　　　C.短管　　　　　　　D.弯头

9.选择管道时首先考虑的标准有(　　)。

A.耐高温　　　　　　B.使用寿命　　　　　C.耐压　　　　　　　D.耐腐蚀

10.管道堵塞时可采取的排除方法有(　　)。

A.拆除管道　　　　　　　　　　　　　　　B.手工或机械清洗填塞物

C.用压缩空气或高压水蒸气吹出　　　　　　D.接旁通

学习情境二　流体输送过程

知识目标

(1)了解流体输送的方式；

(2)熟悉压强、绝对压强、表压强、真空度的概念；

(3)掌握密度、流量、流速、管径的概念及相关计算；

(3)掌握流体静力学基本方程及其应用；

(4)掌握稳定流动与不稳定流动的概念，流体流动的规律——连续性方程和伯努利方程及其应用；

(5)掌握流体阻力产生的原因,熟悉流体阻力的计算。

(6)掌握孔板流量计、文丘里(Venturi)流量计、转子流量计、涡轮流量计的工作原理、使用、安装与优缺点；

(7)熟悉液体、气体输送设备的原理、性能、适用场合,并能根据生产任务选定相应的输送设备；

(8)掌握典型输送设备的操作要点。

重点

(1)压强、密度、流量、流速、管径的概念及相关计算；

(2)流体静止与流体流动遵循的规律——静力学基本方程和伯努利方程及其应用；

(3)流体阻力的计算,简单管路的计算；

(4)离心泵的气缚、气蚀现象,工作原理,主要性能参数,安装高度等；

(5)压缩机的喘振现象、工作原理、主要性能参数；

(6)流体输送设备的选用及操作要点。

难点

(1)静力学基本方程的应用,伯努利方程的应用；

(2)流体阻力的计算；

(3)简单管路的计算；

(4)离心泵的气缚、气蚀现象。

能力目标

(1)能根据静力学基本方程进行表压强或压强差的测定、液位测量和液封高度的计算；

(2)能正确识读和判断各种类型的流体输送设备,了解各种类型的流体输送设备的使用场合；

(3)能正确分析流体阻力产生的原因；

（4）能通过实验判断流体的流动形态；

（5）能正确进行流体流量的测量。

素质目标

（1）培养认真、科学的学习态度，熟练掌握流体流动及输送过程的相关计算和常用设备；

（2）通过实验培养团结协作的能力；

（3）学会对复杂的工程问题进行简化处理，使之变成现有理论可以解决的问题。

概　　述

具有流动性的物质称为流体，包括液体和气体两大类，气体是可压缩的，液体是难以压缩的。化工生产中所处理的物料常常为流体，或者是包括流体在内的非均相混合物。按照化工生产工艺要求，一方面物料要从一个地方输送到另一个地方，或从上一道工序转移到下一道工序，或从一个设备送往另一个设备，逐步完成各种物理变化和化学变化，才能得到所需要的化工产品。因此，要完成化工生产过程，必须解决流体输送问题。另一方面，化工生产中的传热、传质及化学反应过程多数是在流体流动状况下进行的，流体的流动状况对这些过程的操作费用和设备费用有着很大的影响，关系到化工产品的生产成本和经济效益。因此，流体流动规律是本课程的重要基础，流体输送问题是化工生产必须解决的问题。

从微观上讲，流体是由许多离散的、即彼此间有一定间隙的、做随机热运动的单个分子构成的。但从工程实际出发讨论流体流动问题时，常把流体当作由无数流体质点组成的、完全充满所占空间的连续质点，流体质点之间不存在间隙，因而质点的性质是连续变化的。这里所谓的质点是由大量分子构成的微团，其尺寸远小于设备尺寸，但却远大于分子自由程，这就是流体的连续性假定。对流体作这种连续性假定，可以避开复杂的分子运动，从宏观的角度来研究流体流动的规律。需要指出，这种假定对大多数工程情况是适用的，但在高真空稀薄气体的情况下，该假定不成立。

化工生产中要解决的流体输送问题主要有三类：将流体从低位送到高位；将流体从低压设备送往高压设备；将流体从一个地方送到另一个地方。最常见的是这几类输送问题的综合。为了完成工艺要求的流体输送任务，可从生产实际出发采取不同的输送方式。流体的输送方式有以下四种。

1. 高位槽送料（位差输送）

高位槽送料就是利用容器、设备之间的位差，将高位设备中的流体直接用管道送到低位设备。在工程上当需要稳定流量时，常常先将流体加到高位槽（精细化工生产中用得较多的是高位计量槽）中，再由高位槽向反应釜等设备加料。例如，图 2-1 是酚醛树脂生产工艺流程图，图中反应釜 6 的加料就是利用高位计量罐 4、5 维持的。这种送料方式要解决的问题是：高位槽与反应釜之间的位差为多大时才能保证所需的稳定流量？

2. 真空抽料

真空抽料就是通过真空系统造成的负压实现将流体从一个常压设备送到另一个负压设备的操作，如图 2-1 中，熔酚罐 1、甲醛罐 2、碱液罐 3 中的原料就是用真空抽料的方法送入高位计量罐 4 和 5 中的。

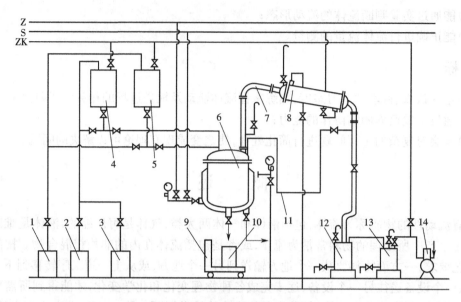

图 2-1　酚醛树脂生产工艺流程

1—熔酚罐;2—甲醛罐;3—碱液罐;4,5—高位计量罐;6—反应釜;7—导气管;8—冷凝器;

9—磅秤;10—树脂桶;11—U形回流管;12,13—贮水罐;14—真空泵;Z—蒸汽管;S—水管;ZK—真空管

真空抽料是精细化工生产中常用的一种流体输送方法,设备结构简单,操作方便,没有运动部件,但需要真空系统,流量调节不方便,且不能输送易挥发的液体。在连续真空抽料时,下游设备的真空度必须满足输送任务的流量要求,还要符合工艺生产对压力的要求。这种送料方式要解决的问题是:下游设备的真空度为多大才能既完成输送任务又满足工艺要求?下游设备的真空度是如何建立的?建立真空系统需要哪些设备?

3.压缩空气送料

在生产车间,对有些腐蚀性强的液体作近距离输送时,往往采用压缩空气或惰性气体压料。如图 2-2 所示,要将低位酸贮槽中的硫酸送到高位的目标设备,通常在压力容器酸贮槽的液面上方通入压缩空气(或氮气),在压力的作用下将酸输送至目标设备。

压缩空气送料设备结构简单,无运动部件,不但可以间歇输送腐蚀性液体,而且可以用压缩氮气输送易燃、易爆的流体。其缺点是流量小,不易调节,且只能间歇输送。这种送料方式要解决的问题是:空气的压强为多大才能满足输送任务对升扬高度的要求?压缩空气是如何获得的?

4.流体输送机械送料

流体输送机械送料是化工厂中最常见的流体输送方式,它是借助流体输送机械对流体做功实现流体输送目的的。图 2-3 所示是某厂合成气净化车间脱硫工序中的吸收剂栲胶溶液输送示意图,地面上的常压循环槽中的吸收剂栲胶溶液(贫液)是借助离心泵输送到高位的脱硫塔顶的。这里的离心泵是典型的液体输送机械。

流体输送机械的类型很多,每一种类型的输送机械又有不同的型号。在实际生产中到底选用哪种类型、哪种型号的输送机械来完成输送任务?如何选择?这是工程技术人员要解决的问题。

显然要利用上述四种方式很好地完成有关流体的输送任务,操作人员除必须掌握流体输

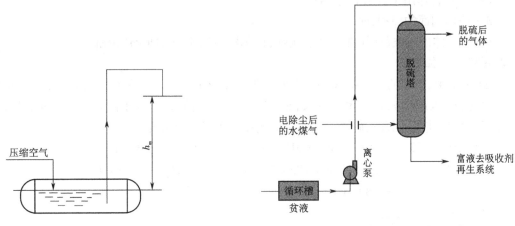

图2-2　压缩空气送料示意　　　　　　图2-3　流体输送机械送料示意

送系统基本构成的管路知识外,还要掌握流体流动的基本规律,掌握流体输送时有关参数的测量和控制方法,掌握各种类型的输送机械的基本原理、特点和操作要点。

任务一　流体内部两点间的压强差及贮罐液位的测量

在日常生活中,如果想知道水池中的水有多深,最简单的方法就是找一根长杆子插入水中,根据吃水深度确定水池中的水有多深。进入化工厂,大家会经常看到如图2-4所示的贮液罐,同时也好奇这些罐里装了什么,装了多少,怎么才能知道。要想了解这类问题,就必须了解流体在静止状态时有什么特点,遵循什么规律。

图2-4　贮液罐

一、流体的主要物理量

（一）流体的压强

1. 压强的定义

流体内部任一点均受到周围流体对它的作用力,该力的方向总是与界面垂直,单位面积上受到的此种作用力称为流体的压强,工程上常称其为压力,用符号 p 表示。其表达式为

$$p = \frac{P}{A}$$

（2-1）

式中　　P——垂直作用于表面的力,N;

　　　　A——作用面的面积,m^2;

　　　　p——流体的压强(作用在表面的压强,也称压力),N/m^2,即 Pa(帕斯卡)。

2.压强的单位

在 SI 单位中,压强的单位是 N/m^2,称为帕斯卡,以 Pa 表示。此外还有物理大气压(atm)、工程大气压(kgf/cm^2 或 at)、液体柱高(如 mmHg、mmH_2O 等)等,这些单位因概念直观清楚,目前在工程上仍然使用,因此正确掌握它们之间的换算关系十分重要。

$$1\ atm = 1.033\ kgf/cm^2 = 760\ mmHg = 10.33\ mH_2O = 1.013\ 3\ bar = 1.013\ 3 \times 10^5\ Pa$$

$$1\ at(kgf/cm^2) = 0.968\ 1\ atm = 735.72\ mmHg = 10\ mH_2O = 0.980\ 9\ bar$$

$$= 9.807 \times 10^4\ Pa$$

3.绝压、表压和真空度

压强的大小常以两种不同的基准来表示:一种是绝对零压;另一种是大气压强。基准不同,表示方法也不同。

1)绝对压强(简称绝压)

以绝对零压为基准测得的压强称为绝对压强,是流体的真实压强。

2)表压强(简称表压)

以大气压强为基准用压强表测得的压强称为表压强,被测流体的真实压强大于当地(外界)大气压强,则

　　　　表压强 = 绝对压强 −(外界)大气压强

3)真空度

以大气压强为基准用真空表测得的压强称为真空度,被测流体的真实压强小于当地(外界)大气压强,则

　　　　真空度 =(外界)大气压强 − 绝对压强

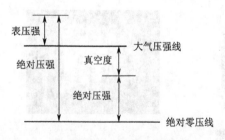

图 2-5　绝对压强与表压强、真空度的关系

绝对压强与表压强、真空度的关系如图 2-5 所示。

值得注意的是,大气压强和各地的海拔高度有关,相同地区的大气压强又和温度、湿度有关,所以由压强表或真空表得出的读数必须根据当地的大气压强进行校正,才能得到测点的绝压值。表压强只要设备能够承受,理论上限是无穷大;但真空度是有限制的,其最大值在数值上不大于当时当地的大气压强。

一般为避免混淆,通常对表压强、真空度等加以标注,如 2 000 Pa(表压强)、10 kPa(真空度)等,还应指明当地大气压强。

【例 2-1】　某离心水泵的入、出口处分别装有真空表和压强表,现测得真空表的读数为 28 kPa,压强表的读数为 150 kPa。已知当地大气压强为 100 kPa。试求:(1)泵入口处的绝对压强,kPa;(2)泵出、入口间的压强差,kPa。

　　解　已知当地大气压强 $p_a = 100$ kPa,泵入口处的真空度为 28 kPa。

泵入口处的绝对压强为

$$p_1(绝压) = p_a - 真空度 = 100 - 28 = 72 \text{ kPa}$$

泵出、入口间的压强差为

$$\Delta p = p_2(绝压) - p_1(绝压)$$

泵出口处的绝压为

$$p_2(绝压) = p_2(表压) + p_a = 150 + 100 = 250 \text{ kPa}$$

所以

$$\Delta p = 250 - 72 = 178 \text{ kPa}$$

(考虑一下,本例题中的压强差 Δp 能否用泵出口的表压强与入口的真空度之和来求取?)

(二)流量与流速

1. 流量

1)体积流量(V_s)

流体的体积流量是单位时间内流经管道任意截面的流体体积,是由生产任务决定的,以 V_s 表示,单位为 m³/s 或 m³/h。

2)质量流量(W_s)

流体的质量流量是单位时间内流经管道任意截面的流体质量,称为质量流量,以 W_s 表示,单位为 kg/s 或 kg/h。

3)体积流量与质量流量的关系

当流体的密度为 ρ 时,体积流量与质量流量的关系为

$$W_s = V_s \rho \tag{2-2}$$

式中　W_s——单位时间内输送的流体的质量流量,kg/s;

　　　V_s——单位时间内输送的流体的体积流量,m³/s;

　　　ρ——被输送流体的密度,kg/m³。

2. 密度

单位体积流体的质量称为流体的密度,表达式为

$$\rho = \frac{m}{V} \tag{2-3}$$

式中　ρ——流体的密度,kg/m³;

　　　m——流体的质量,kg;

　　　V——流体的体积,m³。

对一定的流体,其密度是压强和温度的函数,即

$$\rho = f(p, T)$$

1)液体的密度

通常液体可视为不可压缩流体,认为其密度仅随温度变化(压强极高的除外),变化关系可从手册中查得。

2)气体的密度

对于气体,当压强不太高、温度不太低时,可按理想气体状态方程计算:

$$\rho = \frac{m}{V} = \frac{pM}{RT} \tag{2-4}$$

式中　p——气体的绝对压强,Pa;

M——气体的摩尔质量，kg/kmol；

T——绝对温度，K；

R——气体常数，值为 8.314 kJ/(kmol·K)。

由此，已知某气体在指定条件(p_0、T_0)下的密度后，可以使用式(2-5)换算为操作条件(p、T)下的密度 ρ。

$$\rho = \rho_0 \times \frac{T_0}{T} \times \frac{p}{p_0} \tag{2-5}$$

一般从手册中查得的气体密度都是在一定压强与温度条件下的，若条件不同，需对密度进行换算。

3) 液体混合物的密度

对于液体混合物，其组成通常用质量分数表示。假设各组分在混合前后体积不变，则有

$$\frac{1}{\rho_{m,1}} = \frac{w_1}{\rho_{1,1}} + \frac{w_2}{\rho_{2,1}} + \cdots + \frac{w_n}{\rho_{n,1}} \tag{2-6}$$

式中　$w_1, w_2, \cdots, w_n$——液体混合物中各组分的质量分数；

$\rho_{1,1}, \rho_{2,1}, \cdots, \rho_{n,1}$——液体混合物中各纯组分的密度，kg/m³；

$\rho_{m,1}$——液体混合物的密度，kg/m³。

4) 气体混合物的密度

对于气体混合物，其组成通常用体积分数表示。假设各组分在混合前后质量不变，则有

$$\rho_{m,g} = \rho_{1,g}\phi_1 + \rho_{2,g}\phi_2 + \cdots + \rho_{n,g}\phi_n \tag{2-7}$$

式中　$\phi_1, \phi_2, \cdots, \phi_n$——气体混合物中各组分的体积分数；

$\rho_{1,g}, \rho_{2,g}, \cdots, \rho_{n,g}$——气体混合物中各纯组分的密度，kg/m³；

$\rho_{m,g}$——气体混合物的密度，kg/m³。

气体混合物的平均密度 ρ_m 也可利用式(2-4)计算，但式中的摩尔质量 M 应用混合气体的平均摩尔质量 M_m 代替，即

$$\rho_m = \frac{pM_m}{RT} \tag{2-8}$$

$$M_m = M_1 y_1 + M_2 y_2 + \cdots + M_n y_n \tag{2-9}$$

式中　$M_1, M_2, \cdots, M_n$——气体混合物中各纯组分的摩尔质量，kg/kmol；

$y_1, y_2, \cdots, y_n$——气体混合物中各组分的摩尔分数。

对于理想气体，摩尔分数 y 与体积分数 ϕ 相同。

5) 比容

单位质量的流体具有的体积称为流体的比容，也称质量体积。即

$$v = \frac{V}{m} = \frac{1}{\rho} \tag{2-10}$$

式中　v——流体的比容，m³/kg，其数值等于密度的倒数；

V——流体的体积，m³；

m——流体的质量，kg；

ρ——流体的密度，kg/m³。

【例 2-2】　求干空气在常压($p = 101.3$ kPa)、20 ℃下的密度。

解　（1）直接由附录查得 20 ℃下空气的密度为 1.205 kg/m³。

（2）按式（2-4）计算。由手册查得空气的摩尔质量 $M = 28.95$ kg/kmol，则

$$\rho = \frac{pM}{RT} = \frac{101.3 \times 28.95}{8.314 \times (273 + 20)} = 1.204 \text{ kg/m}^3$$

（3）查得 101.3 kPa、0 ℃下空气的密度 $\rho_0 = 1.293$ kg/m³，可由式（2-5）换算得到 20 ℃下空气的密度。

$$\rho = \rho_0 \times \frac{T_0}{T} = 1.293 \times \frac{273}{293} = 1.205 \text{ kg/m}^3$$

（4）若把空气看作由 21% 的氧和 79% 的氮组成的混合气体，可按式（2-8）计算。用下标 1 表示氧气、下标 2 表示氮气，则空气的平均摩尔质量可由式（2-9）求得。

$$M_{\text{m}} = M_1 y_1 + M_2 y_2 = 32 \times 0.21 + 28 \times 0.79 = 28.84 \text{ kg/kmol}$$

则

$$\rho_{\text{m,g}} = \frac{pM_{\text{m}}}{RT} = \frac{101.3 \times 28.84}{8.314 \times 293} = 1.199 \text{ kg/m}^3$$

由上述计算结果可知，前三种解法结果相近，第四种解法中把空气当作只由氧和氮两组分组成的混合气体，忽略了空气中的其他组分，对氮的相对分子质量也作了圆整，使 M_{m} 值偏小，但误差仍很小，可以满足工程计算的要求。

【例 2-3】　由 A 和 B 组成某理想混合液，其中 A 的质量分数为 0.40。已知常压、20 ℃下 A 和 B 的密度分别为 879 kg/m³ 和 1 106 kg/m³，试求该条件下混合液的密度。

解　混合液为理想溶液，可按式（2-6）计算：

$$\frac{1}{\rho_{\text{m,l}}} = \frac{w_{\text{A}}}{\rho_{\text{A,l}}} + \frac{w_{\text{B}}}{\rho_{\text{B,l}}} = \frac{0.40}{879} + \frac{1 - 0.40}{1\,106} = 9.98 \times 10^{-4}$$

所以

$$\rho_{\text{m,l}} = 1\,002 \text{ kg/m}^3$$

3. 流速

流速是单位时间内流体质点在流动方向上所流经的距离，单位为 m/s。

实验发现，流体在管道任一截面沿径向各点的速度都不相同，管道中心处速度最大，越接近管壁处速度越小，管壁处速度为零。因此，工程中为了计算方便常采用平均流速和质量流速来表示。

1）平均流速

平均流速是单位面积上的体积流量（流体的体积流量与管道截面积之比），即

$$u = \frac{V_s}{A} \tag{2-11}$$

式中　u——平均流速，m/s；

　　　V_s——流体的体积流量，m³/s；

　　　A——垂直于流向的通道径向截面积，m²。

习惯上将平均流速简称为流速。

2）质量流速

质量流速是单位时间内流经管道单位径向截面积的流体的质量，即

$$G = \frac{W_s}{A} = \frac{V_s \rho}{A} \tag{2-12}$$

式中 G——质量流速，$kg/(m^2 \cdot s)$。

3）质量流速与流速的关系为

$$G = \frac{W_s}{A} = \frac{V_s \rho}{A} = u\rho \tag{2-13}$$

流量与流速的关系为

$$W_s = V_s \rho = uA\rho = GA \tag{2-14}$$

【例 2-4】 有一个通风管道输送 120 kPa（绝压）、30 ℃、质量流量为 600 kg/h 的空气。若选取流速为 15 m/s，试计算其管内径，选择适宜的管道规格，并计算管内的实际流速和质量流速。

解 由给定的输送条件，可视空气为理想气体。已知 $p = 120$ kPa，$W_s = \dfrac{600}{3\ 600}$ kg/s，$T = 303$ K，$R = 8\ 314$ J/(kmol·K)，$M = 29$ kg/kmol，所以空气的体积流量为

$$V_s = \frac{W_s RT}{pM} = \frac{\dfrac{600}{3\ 600} \times 8\ 314 \times 303}{120 \times 10^3 \times 29} = 0.120\ 6 \ m^3/s$$

由式（1-1）得

$$d = \sqrt{\frac{4V_s}{\pi u}} = \sqrt{\frac{4 \times 0.120\ 6}{3.14 \times 15}} = 0.101\ 2 \ m$$

对低压空气，可选用低压流体输送用焊接钢管，公称直径为 100 mm（4 in）的不镀锌的普通管，其外径为 114.0 mm，壁厚为 4.0 mm，则该管的实际内径为 114.0 − 2 × 4.0 = 106 mm，此时管内的实际流速为

$$u = \frac{V_s}{\dfrac{1}{4}\pi d^2} = \frac{0.120\ 6}{0.785 \times 0.106^2} = 13.7 \ m/s$$

管内的质量流速为

$$G = \frac{W_s}{A} = \frac{\dfrac{600}{3\ 600}}{0.785 \times 0.106^2} = 18.9 \ kg/(m^2 \cdot s)$$

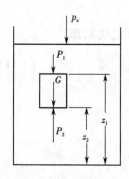

图 2-6 液柱受力分析

二、流体静力学

在重力场中，当流体处于静止状态时，流体除受重力（即地心引力）作用外，还受到压力的作用。流体处于静止状态是这些作用于流体上的力达到平衡的结果。流体静力学就是研究流体处于静止状态时力的平衡关系的。

（一）静力学基本方程

如图 2-6 所示，敞口容器内装有密度为 ρ 的液体，液体可认为是不可压缩流体，密度不随压力变化。在静止液体中取一段液柱，其截面积为 A，以容器底面为基准水平面，液柱的上、下端面与基准水平面

的竖直距离分别为 z_1 和 z_2。作用在上、下两端面的压力分别为 P_1 和 P_2。

在重力场中，该液柱在竖直方向上受到的作用力如下。

（1）作用在液柱上端面的总压力。

$$P_1 = p_1 A（方向向下）$$

（2）作用在液柱下端面的总压力。

$$P_2 = p_2 A（方向向上）$$

（3）液柱的重力。

$$G = \rho g A(z_1 - z_2)（方向向下）$$

由于液柱处于静止状态，竖直方向上的三个作用力的合力为零，即

$$p_1 A + \rho g A(z_1 - z_2) = p_2 A$$

整理并消去 A，得

$$p_2 = p_1 + \rho g(z_1 - z_2)（压强形式） \tag{2-15}$$

变形得

$$\frac{p_1}{\rho} + z_1 g = \frac{p_2}{\rho} + z_2 g（能量形式） \tag{2-15a}$$

若将液柱的上端面取在容器的液面上，设液面上方的压强为 p_a，液柱高度为 h，则式（2-15）可改写为

$$p_2 = p_a + \rho g h \tag{2-15b}$$

式（2-15）、式（2-15a）及式（2-15b）均称为静力学基本方程。

静力学基本方程适用于在重力场中静止、连续的同种不可压缩流体，如液体。气体的密度随压强变化，但若气体的压强变化不大，密度可近似地取平均值而视为常数，式（2-15）、式（2-15a）及式（2-15b）也适用。

理解静力学基本方程时应注意如下几点。

（1）在静止、连续的同种液体内，处于同一水平面的各点压强相等。压强相等的面称为等压面。

（2）压强具有传递性：液面上方的压强变化时，液体内部各点的压强也将发生相应的变化。

（3）式（2-15a）中的 zg、p/ρ 分别为单位质量的流体所具有的位能和静压能。式（2-15a）反映出了在同种静止流体中，处于不同位置的流体位能和静压能各不相同，但总和恒为常量。因此，静力学基本方程反映了静止流体内部能量守恒与转化的关系。

（4）式（2-15b）可改写为

$$\frac{p_2 - p_a}{\rho g} = h \tag{2-16}$$

式（2-16）说明压强或压强差可用液柱高度表示，此为前面介绍压强的单位可用液柱高度表示的依据。但需注明液体的种类。

（二）静力学基本方程的应用

流体静力学基本方程常用于某处流体表压强或流体内部两点间压强差的测量、贮罐内液位的测量、液封高度的计算、流体内物体受到的浮力以及液体对壁面的作用力的计算等。

1. 表压强或压强差的测量

1)U 形压差计

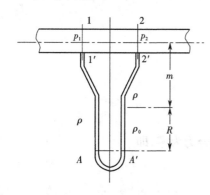

图 2-7　U 形压差计

U 形压差计的结构如图 2-7 所示。它是一根 U 形玻璃管,内装指示液,要求指示液与被测流体不互溶,不起化学反应,且指示液的密度大于被测流体的密度。常用的指示液有水银、四氯化碳、水和液体石蜡等,应根据被测流体的种类和测量范围合理选择指示液。

用 U 形压差计测量设备内两点的压强差时,可将 U 形管的两端与被测的两点直接相连,利用 R 的数值就可以计算出两点间的压强差。

设指示液的密度为 ρ_0,被测流体的密度为 ρ。由图 2-7 可知,A 和 A' 点在同一水平面上,且处于连通的同种静止流体内,因此 A 和 A' 点处的压强相等,即 $p_A = p_{A'}$。

$$p_A = p_1 + \rho g(m + R)$$
$$p_{A'} = p_2 + \rho g m + \rho_0 g R$$

所以

$$p_1 + \rho g(m + R) = p_2 + \rho g m + \rho_0 g R$$

整理得

$$p_1 - p_2 = (\rho_0 - \rho) g R \tag{2-17}$$

若被测流体是气体,由于气体的密度远小于指示液的密度,即 $\rho_0 - \rho \approx \rho_0$,则式(2-17)可简化为

$$p_1 - p_2 \approx \rho_0 g R \tag{2-17a}$$

U 形压差计也可测量流体的压强,测量时将 U 形管的一端与被测点连接,另一端与大气相通,此时测得的是流体的表压强或真空度。

思考:若将 U 形压差计安装在倾斜管路中,此时读数 R 反映了什么?

【例 2-5】　如图 2-8 所示,水在水平管道内流动。为测量流体在某截面处的压强,直接在该处连接一个 U 形压差计,指示液为水银,读数 $R = 250$ mm,$m = 900$ mm。已知当地大气压强为 101. 3 kPa,水的密度 $\rho = 1\,000$ kg/m³,水银的密度 $\rho_0 = 13\,600$ kg/m³。试计算该截面处的压强。

解　图中 A—A' 面间为静止、连续的同种流体,且处于同一水平面,因此为等压面,即

$$p_A = p_{A'}$$
$$p_A = p_a, \quad p_{A'} = p + \rho g m + \rho_0 g R$$

于是

$$p_a = p + \rho g m + \rho_0 g R$$

则截面处的绝对压强为

$$\begin{aligned}
p &= p_a - \rho g m - \rho_0 g R \\
&= 101\,300 - 1\,000 \times 9.81 \times 0.9 - 13\,600 \times 9.81 \times 0.25 \\
&= 59\,117 \text{ Pa}
\end{aligned}$$

或直接计算该处的真空度:

$$p_a - p = \rho g m + \rho_0 g R$$

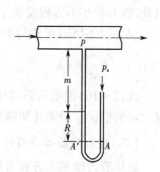

图 2-8　例 2-5 附图

$$= 1\ 000 \times 9.81 \times 0.9 + 13\ 600 \times 9.81 \times 0.25$$

$$= 42\ 183\ Pa$$

由此可见,当 U 形管一端与大气相通时,U 形压差计实际反映的就是该处的表压强或真空度。

在使用 U 形压差计时,为防止水银蒸气向空气中扩散,通常在与大气相通的一侧水银液面上充少量水,计算时其高度可忽略不计。

【例2-6】 如图2-9所示,水在管道中流动。为测 $A—A'$、$B—B'$ 截面的压强差,在管路上方安装一个 U 形压差计,指示液为水银。已知压差计的读数 $R =$ 150 mm,水和水银的密度分别为 1 000 kg/m³ 和 13 600 kg/m³。试计算 $A—A'$、$B—B'$ 截面的压强差。

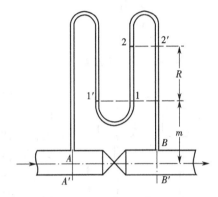

图2-9 例2-6 附图

解 在图2-9中,1—1′面与2—2′面间为静止、连续的同种流体,且处于同一水平面,因此为等压面,即

$$p_1 = p_{1'},\ p_2 = p_{2'}$$

$$p_{1'} = p_A - \rho g m$$

$$p_1 = p_2 + \rho_0 g R = p_{2'} + \rho_0 g R$$

$$= p_B - \rho g (m + R) + \rho_0 g R$$

所以

$$p_A - \rho g m = p_B - \rho g (m + R) + \rho_0 g R$$

整理得

$$p_A - p_B = (\rho_0 - \rho) g R$$

此结果与式(2-17)相同,由此可见,U 形压差计所测压强差的大小只与被测流体及指示液的密度、读数 R 有关,而与 U 形压差计的放置位置无关。

代入数据,有

$$p_A - p_B = (\rho_0 - \rho) g R$$

$$= (13\ 600 - 1\ 000) \times 9.81 \times 0.15 = 18\ 541\ Pa$$

2)倒 U 形压差计

若被测流体为液体,也可选用比其密度小的流体(液体或气体)作为指示剂,采用如图 2-10 所示的倒 U 形压差计。最常用的倒 U 形压差计是以空气作为指示剂的,此时

$$p_1 - p_2 = R g (\rho - \rho_0) \approx R g \rho \qquad (2-17b)$$

3)斜管压差计

当所测量的流体压强差较小时,可将压差计倾斜放置,即为斜管压差计,以放大读数,提高测量精度,如图 2-11 所示。

此时,R 与 R' 的关系为

$$R' = \frac{R}{\sin \alpha} \qquad (2-18)$$

式中 α 为倾斜角,其值越小,读数的放大倍数越大。

4)双液体 U 管压差计

双液体 U 管压差计又称为微压计,用于压强较小的场合。

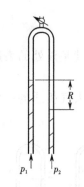

图 2-10　倒 U 形压差计

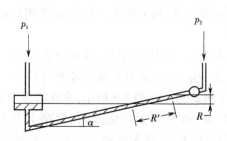

图 2-11　斜管压差计

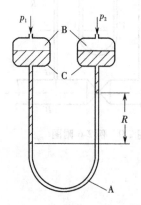

图 2-12　双液体 U 管压差计

如图 2-12 所示,在 U 管上增设两个扩大室,内装密度接近但不互溶的两种指示液 A 和 C ($\rho_A > \rho_C$)。扩大室内径与 U 管内径之比应大于 10,这样扩大室的截面积比 U 管的截面积大得多,即可认为即使 U 管内指示液 A 的液面差 R 较大,但两个扩大室内指示液 C 的液面变化微小,可近似认为维持在同一水平面。于是有

$$p_1 - p_2 = Rg(\rho_A - \rho_C) \tag{2-19}$$

由式(2-19)可知,只要选择两种合适的指示液,使 $\rho_A - \rho_C$ 较小,就可以保证较大的读数 R。

【例 2-7】　用 U 形压差计测量某气体流经水平管道两截面的压强差,指示液为水,密度为 1 000 kg/m³,读数 R 为 12 mm。为了提高测量的精度,改用双液体 U 管压差计,指示液 A 为含 40% 乙醇的水溶液,密度为 920 kg/m³,指示液 C 为煤油,密度为 850 kg/m³。问读数可以放大多少倍?此时读数为多少?

解　用 U 形压差计测量时,被测流体为气体,可根据式(2-17a)计算。

$$p_1 - p_2 \approx Rg\rho_0$$

用双液体 U 管压差计测量时,可根据式(2-19)计算。

$$p_1 - p_2 = R'g(\rho_A - \rho_C)$$

因为所测压强差相同,联立以上两式,可得放大倍数为

$$\frac{R'}{R} = \frac{\rho_0}{\rho_A - \rho_C} = \frac{1\ 000}{920 - 850} \approx 14.3$$

此时双液体 U 管压差计的读数为

$$R' = 14.3R = 14.3 \times 12 = 171.6 \text{ mm}$$

2. 液位的测量

在化工生产中,经常要了解容器内液体的贮存量,或对设备内的液位进行控制,因此常常需要测量液位。测量液位的装置较多,大多数都遵循流体静力学基本原理。

图 2-13 所示是利用 U 形压差计进行近距离液位测量的装置。在容器 1 的外边设一个平衡室 2,其中所装的液体与容器中的相同,液面高度维持在容器中的液面允许到达的最高位置。用一个装有指示液的 U 形压差计 3 把容器和平衡室连通,压差计的读数 R 即可指示出容器内的液面高度,关系为

$$h = \frac{\rho_0 - \rho}{\rho} R \qquad (2\text{-}20)$$

若容器或设备离操作室较远,可采用如图 2-14 所示的远距离液位测量装置。向管内通入压缩氮气,用调节阀 1 调节其流量,测量时控制流量,使鼓泡观察器 2 中有少许气泡逸出。用 U 形压差计 3 测量吹气管 4 内的压强,其读数 R 的大小即可反映出贮槽 5 内的液位高度,关系为

$$h = \frac{\rho_0}{\rho} R \qquad (2\text{-}21)$$

图 2-13　压差法测量液位
1—容器;2—平衡室;3—U 形压差计

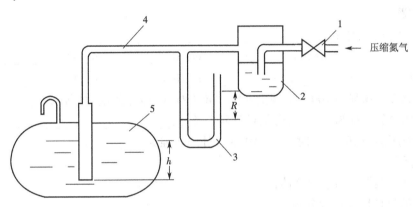

图 2-14　远距离液位测量装置示意
1—调节阀;2—鼓泡观察器;3—U 形压差计;4—吹气管;5—贮槽

3. 液封高度的计算

在化工生产中,为了保证安全,维持正常生产,可用液柱产生的压力将气体封闭在设备内,以防止气体泄漏、倒流或有毒气体逸出而污染环境,有时则为了防止压力过高而采用液封,以起到泄压作用,保护设备。

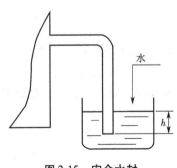

图 2-15　安全水封

液封就是用液体形成密封,一般适用于密封的内外压差不是很大(如实验室用双氧水制取氧气),而密封要求比较高或者不太适合安装阀门的地方。液封用的介质一般要求不与密封的气体发生反应,水或油用得比较多。在化工生产中,为了控制设备内的气体压强不超过规定的数值,常常使用安全液封(或称水封)装置,如图 2-15 所示。

安全液封有如下作用。

(1)当设备内的压强超过规定值时,气体从水封管排出,以确保设备操作的安全。

(2)防止气柜内的气体泄漏。

液封高度可根据静力学基本方程计算。若要求设备内的压强不超过 p(表压),则水封管的插入深度 h 为

$$h = \frac{p}{\rho g}$$ (2-22)

式中 ρ——水的密度,kg/m^3。

在应用流体静力学基本方程时,应注意以下几点。

(1)正确选择等压面。等压面必须在连续、相对静止的同种流体的同一水平面上。

(2)基准面的位置可以任意选取,选取得当可以简化计算过程,而不影响计算结果。

(3)计算时方程中各物理量的单位必须一致。

测 试 题

一、填空题

1. 流体的输送方式有:_____、_____、_____、_____。

2. 1 atm = _____ at(kgf/cm^2) = _____ mmHg = _____ mH_2O = _____ Pa。

3. 1 at(kgf/cm^2) = _____ atm = _____ mmHg = _____ mH_2O = _____ Pa。

4. 当外界大气压强为 100 kPa,表压强为 240 kPa 时,流体的绝对压强为_____ kPa。

5. 压强相等的面称为_____,必须具备四个条件:_____、_____、_____、_____。

6. 当液面压强为 100 kPa 时,水下 10 m 深处的压强为_____。

二、单选题

1. 化工单元操作中的连续流体指( )。

A. 流体的物理性质连续分布

B. 流体的化学性质连续分布

C. 流体的运动参数在空间上连续分布

D. 流体的物理性质及运动参数在空间上连续分布,可用连续函数来描述

2. 流体静力学基本方程的适用条件是( )。

A. 重力场中的静止流体

B. 重力场中的不可压缩静止流体

C. 重力场中的不可压缩连续静止流体

D. 重力场中的不可压缩静止、连通着的同种连续流体

3. 不可压缩流体在均匀直管内稳定流动时,平均速度沿流动方向的变化为( )。

A. 增大   B. 减小   C. 不变   D. 无法确定

4. 规格为 ϕ57 mm×3.5 mm 的细管逐渐扩到 ϕ108 mm×4 mm 的粗管,若流体在细管内的流速为 4 m/s,则在粗管内的流速为( )。

A. 2 m/s   B. 1 m/s   C. 0.5 m/s   D. 0.25 m/s

5. 液体的密度随温度升高而( )。

A. 增大   B. 减小   C. 不变   D. 不一定

6. 流体所具有的机械能不包括( )。

A. 位能   B. 动能   C. 静压能   D. 内能

7. 气体在管径不同的管道内稳定流动时,它的( )不变。

A. 流速   B. 质量流量

C. 体积流量　　　　　　　　　　　　　　D. 质量流量和体积流量都

8. 某液体通过由大管至小管的水平异径管,变径前后的能量转化关系是(　　　)。

A. 动能转化为静压能　　　　　　　　　　B. 位能转化为动能

C. 静压能转化为动能　　　　　　　　　　D. 动能转化为位能

9. 设备内的真空度愈高,说明设备内的绝对压强(　　　)。

A. 愈大　　　　　　　　B. 愈小　　　　　　　　C. 愈接近大气压　　　　D. 无法判断

10. 空气大约由 21% 的氧气和 79% 的氮气组成(均为体积分数),则空气在 150 kPa、380 K 时的密度为(　　　)kg/m^3。

A. 1. 37　　　　　　　　B. 2. 37　　　　　　　　C. 1. 20　　　　　　　　D. 无法判断

11. 将密度为 830 kg/m^3 的油与密度为 720 kg/m^3 的油各 120 kg 混合在一起,则该混合油的密度为(　　　)kg/m^3。

A. 787. 5　　　　　　　B. 800　　　　　　　　C. 870　　　　　　　　D. 无法判断

12. 某设备进、出口测压仪表的读数分别为 p_1(表压) = 1 200 mmHg 和 p_2(真空度) = 700 mmHg,当地大气压强为 750 mmHg,则两处的绝对压强差为(　　　)mmHg。

A. 500　　　　　　　　B. 1 250　　　　　　　C. 1 150　　　　　　　D. 1 900

13. 某水泵进口管处真空表的读数为 650 mmHg,出口管处压力表的读数为 2. 5 at,则水泵前后的压强差为(　　　)at,(　　　)mH_2O。

A. 3. 38,33. 8　　　　B. 3. 38,23. 8　　　　C. 5. 45,33. 8　　　　D. 33. 8,3. 38

14. 管道内径为 100 mm,当 277 K 的水流速为 2 m/s 时,水的体积流量 V_s(m^3/h)和质量流量 W_s(kg/s)分别为(　　　)。

A. 15. 4,15. 7　　　　B. 56. 52,15. 7　　　　C. 56. 52,50. 7　　　　D. 15. 7,56. 52

15. 在静止流体中,液体内部某一点的压强和(　　　)有关。

A. 液体的密度与深度　　　　　　　　　　B. 液体的黏度与深度

C. 液体的质量与深度　　　　　　　　　　D. 液体的体积与深度

三、多选题

1. 压强的大小是以基准来表示的,基准有(　　　)。

A. 实测压强　　　　　　B. 绝对零压　　　　　　C. 真空度　　　　　　　D. 大气压强

2. 下面对表压强和真空度的表述中正确的有(　　　)。

A. 表压强 = 绝对压强 - 大气压强　　　　B. 表压强 = 大气压强 - 绝对压强

C. 真空度 = 大气压强 - 绝对压强　　　　D. 真空度 = 绝对压强 - 大气压强

3. 关于流体静力学,以下描述中正确的有(　　　)。

A. 流体静力学研究的是流体处于静止状态时力的平衡关系

B. 静力学基本方程适用于在重力场中静止、连续的同种不可压缩流体

C. 静力学基本方程表明压强具有传递性

D. 流体在静止状态下仅仅受到重力的影响

4. 关于流体稳定流动与不稳定流动,以下描述中正确的有(　　　)。

A. 流体在流动中其物理量仅随位置变化,不随时间变化,称为稳定流动

B. 流体在流动中其物理量不仅随位置变化,而且随时间变化,称为不稳定流动

C. 在化工生产中,都是稳定流动

D. 在化工生产中,都是不稳定流动

5. 应用伯努利方程,需要注意的事项有(　　)。

A. 流体流动状态是否在层流区内　　　　B. 截面选取

C. 基准水平面选取　　　　　　　　　　D. 物理量单位一致

四、计算题

1. 管径为 80 mm 的管道输送密度为 1 200 kg/m³ 的某液体,已知其流量为 58.2 t/h,试求其体积流量和质量流量。[答:0.01 m³/s,16.17 kg/s]

2. 用内径为 50 mm 的管道输送 98% 的硫酸(293 K),要求输送量为 12.97 t/h,试求该管道中硫酸的体积流量和流速。[答:1.962×10^{-3} m³/s,1 m/s]

3. 某工厂要安装一根输气量为 840 kg/h 的空气输送管道,已知输送压强为 202.6 kPa(绝压),温度为 100 ℃,已决定采用无缝钢管,试选择合适的管径。

4. 图 2-16 所示的测压管分别与设备 A、B、C 相连通。连通管的下部是水银,上部是水,三个设备内的水面在同一个水平面上。问:

(1)1、2、3 三处压强是否相等?

(2)4、5、6 三处压强是否相等?

(3)若 $h_1 = 100$ mm,$h_2 = 200$ mm,且知设备 A 直接通大气(大气压强为 760 mmHg),求 B、C 两设备内水面上方的压强。[答:(1)1、2、3 处压强相等;(2)4、5、6 三处压强不相等;(3)B 设备内水面上方压强为 88.94×10^3 Pa,C 设备内水面上方压强为 76.59×10^3 Pa]

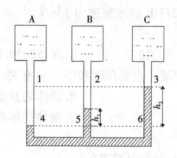

图 2-16　计算题 4 附图

任务二　流体输送方式的选择

对于给定的输送任务,工艺要求和条件不同,设备之间的相对位置及布置不同,采用的输送方式不同,管件和阀门的类型及数量也不同。因此,只有明确了输送方式和输送设备,才能彻底解决流体输送问题。

一个合理的满足工艺要求的输送管路系统,不但要求管道、管件和阀门的类型、大小选择正确,而且要保证输送方式选择合理,输送的有关参数正确,工程安装合理,操作方便,成本低。

一、生产案例

案例 1:某化工厂需要将 20 ℃的苯从地下贮罐送到高位槽,高位槽的最高液位比地下贮罐的最低液位高 8 m,要求输送量为 300 L/min,试问:

（1）若为间歇操作可用何种方式完成此任务？

（2）若为连续操作该用何种方式输送？

（3）若高位槽的最低液位比地下贮罐的最高液位高 12 m，又该如何输送？

案例 2：某化工厂要将地面贮槽中的水送到 20 m 高的 CO_2 水洗塔顶，送水量为 15 m^3/h，已知贮槽水面上的压强为 300 kN/m^2，水洗塔内的绝对压强为 2 100 kN/m^2，设备之间的相对位置如图 2-17 所示。试问：采用何种方式才能完成此输送任务？

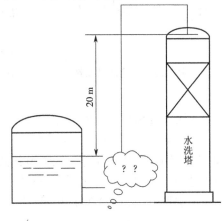

图 2-17　案例 2 附图

分析：由生活常识可知，水会自动地从山上流到山下，这是因为水在山上的机械能比在山下的机械能高，流体在管内流动时也只能由机械能高处向机械能低处流动。要实现流体从一处向另一处流动，只能设法增大起点处的机械能或减小终点处的机械能，或在两处之间利用外功给流体输入机械能，这是工厂里各种流体输送方式的理论依据。

那么，什么时候该采用增大起点处的机械能的方式，什么时候该采用减小终点处的机械能的方式，什么时候该利用外功给流体输入机械能，如何增大起点处的机械能，如何减小终点处的机械能，如何利用外功给流体输入机械能，这些是进行化工流体输送操作的技术人员必须会判断选择的。

要解决以上流体输送方式选择的问题，首先要掌握流体流动时所遵循的基本规律。

二、稳定流动与不稳定流动

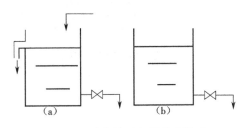

图 2-18　稳定流动与不稳定流动

（a）稳定流动　（b）不稳定流动

在流体流动系统中，若管道各截面处的温度、压强、流速等物理量仅随位置变化，而不随时间变化，这种流动称为稳定流动（或定态流动）；若流体在各截面上的有关物理量既随位置变化，又随时间变化，则称为不稳定流动（或非定态流动）。

如图 2-18 所示，（a）装置液位恒定，因而流速不随时间变化，为定态流动；（b）装置在流动过程中液面不断下降，流速随时间减小，为非定态流动。

在化工厂中，连续生产的开、停车阶段属于不稳定流动，而正常连续生产时均为稳定流动。本书重点讨论稳定流动问题。

三、稳定流动系统的质量守恒——连续性方程

图 2-19 所示为一个流体的稳定流动系统，流体充满整个管道，以质量流量 W_{s1} 连续地从 1—1′截面进入，以质量流量 W_{s2} 从 2—2′截面流出。以 1—1′、2—2′截面以及管内壁为衡算范围，在管路中流体没有增加和漏失的情况下，根据物料衡算，单位时间内进入截面 1—1′的流体质量与流出截面 2—2′的流体质量必然相等，即

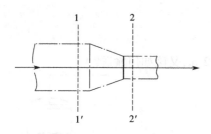

图 2-19　稳定流动系统

$$W_{s1} = W_{s2} \qquad (2\text{-}23)$$

或

$$\rho_1 u_1 A_1 = \rho_2 u_2 A_2 \qquad (2\text{-}23\text{a})$$

推广至任意截面有

$$W_s = \rho_1 u_1 A_1 = \rho_2 u_2 A_2 = \cdots = \rho u A = 常数 \qquad (2\text{-}24)$$

式(2-23)、式(2-23a)和式(2-24)均称为连续性方程,表明在定态流动系统中,流体流经管道各截面的质量流量恒定。

对不可压缩流体,$\rho =$ 常数,连续性方程可写为

$$V_s = u_1 A_1 = u_2 A_2 = \cdots = 常数 \qquad (2\text{-}25)$$

式(2-25)表明不可压缩流体流经管道各截面的体积流量也不变,流速 u 与管道截面积成反比,截面积越小,流速越大,反之,截面积越大,流速越小。

对于圆形管道,式(2-25)可变形为

$$\frac{u_1}{u_2} = \frac{A_2}{A_1} = \left(\frac{d_2}{d_1}\right)^2 \qquad (2\text{-}26)$$

式(2-26)说明不可压缩流体在圆形管道中流动,任意截面上的流速与管内径的平方成反比。

【例 2-8】 如图 2-20 所示,管路由一段 $\phi89\ \text{mm} \times 4\ \text{mm}$ 的管 1、一段 $\phi108\ \text{mm} \times 4\ \text{mm}$ 的管 2 和两段 $\phi57\ \text{mm} \times 3.5\ \text{mm}$ 的分支管 3a 及 3b 连接而成。若水以 $9 \times 10^{-3}\ \text{m}^3/\text{s}$ 的体积流量流动,且在两段分支管内的流量相等,试求水在各段管内的流速。

解:管 1 的内径为

$$d_1 = 89 - 2 \times 4 = 81\ \text{mm} = 0.081\ \text{m}$$

则水在管 1 中的流速为

$$u_1 = \frac{V_s}{\frac{\pi}{4}d_1^2} = \frac{9 \times 10^{-3}}{0.785 \times 0.081^2} = 1.75\ \text{m/s}$$

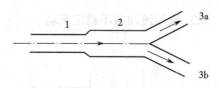

图 2-20　例 2-8 附图

管 2 的内径为

$$d_2 = 108 - 2 \times 4 = 100\ \text{mm} = 0.1\ \text{m}$$

由式(2-26)得水在管 2 中的流速为

$$u_2 = u_1 \left(\frac{d_1}{d_2}\right)^2 = 1.75 \times \left(\frac{81}{100}\right)^2 = 1.15\ \text{m/s}$$

管 3a 及 3b 的内径为

$$d_3 = 57 - 2 \times 3.5 = 50\ \text{mm} = 0.05\ \text{m}$$

又水在分支管 3a、3b 内的流量相等,则有

$$u_2 A_2 = 2 u_3 A_3$$

即水在管 3a 和 3b 中的流速为

$$u_3 = \frac{u_2}{2}\left(\frac{d_2}{d_3}\right)^2 = \frac{1.15}{2} \times \left(\frac{100}{50}\right)^2 = 2.30\ \text{m/s}$$

四、稳定流动系统的机械能守恒——伯努利方程

当流体在流动系统中稳定流动时,根据能量守恒定律,对任一段管路内的流体作能量衡算,可以得到表示流体流动时的能量变化规律的伯努利方程。

1. 流体自身的能量

1) 位能

流体因受重力作用在不同高度所具有的能量称为位能。位能是个相对值,随所选取的基准水平面的位置而定。在基准水平面以上位能为正,在基准水平面以下位能为负。

将质量为 $m(\mathrm{kg})$ 的流体自基准水平面 0—0′升举到 z 处所做的功,即为位能。

位能 $= mgz$

1 kg 流体所具有的位能为 gz,其单位为 J/kg。

2) 动能

流体因具有一定的速度所具有的能量称为动能。质量为 $m(\mathrm{kg})$、速度为 $u(\mathrm{m/s})$ 的流体的动能为

动能 $= \dfrac{1}{2}mu^2$

1 kg 流体所具有的动能为 $u^2/2$,其单位为 J/kg。

3) 静压能

流体因具有一定的压强而具有的能量称为压强能,也称静压能。质量为 $m(\mathrm{kg})$、密度为 ρ $(\mathrm{kg/m^3})$、压强为 $p(\mathrm{Pa})$ 的流体的静压能为

静压能 $= \dfrac{mp}{\rho}$

1 kg 流体所具有的静压能为 p/ρ,其单位为 J/kg。

以上三种能量均为流体在截面处所具有的机械能,三者之和称为某截面上的总机械能。

2. 流体与环境交换的能量

1) 外功

当系统中安装有流体输送机械时,它将对系统做功,即将外部的能量转化为流体的机械能。反之,流体也可以通过某种水力机械对外界做功而输出能量。通常将流体与外部机械所交换的能量称为外功,用 W_e 表示单位质量的流体与外部机械所交换的能量,其单位为 J/kg。流体接受外功时,W_e 为正值;流体对外界做功时,W_e 为负值。

2) 流动阻力

实际流体具有黏性,在流动过程中因克服自身内部质点间及其与管路、设备间的摩擦力而消耗的能量称为流动阻力,也称为能量损失。单位质量的流体的流动阻力用 $\sum h_f$ 表示,其单位为 J/kg。

3. 流动系统的能量衡算——伯努利方程

流体在如图 2-21 所示的稳定流动系统中流动,以 1—1′截面和 2—2′截面间的管路为衡算系统,根据能量衡算得

流体在截面 1—1′处的机械能 + 输入系统的功 = 流体在截面 2—2′处的机械能 + 能量损失

以 1 kg 流体为计算基准,则有

$$gz_1 + \frac{1}{2}u_1^2 + \frac{p_1}{\rho_1} + W_e = gz_2 + \frac{1}{2}u_2^2 + \frac{p_2}{\rho_2} + \sum h_f \tag{2-27}$$

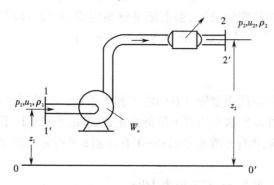

图 2-21　稳定流动系统

式中　z_1 , z_2——对应的截面至水平基准面的竖直距离,m;

　　　　u_1 , u_2——流体在截面 1—1′ 和 2—2′ 处的流速,m/s;

　　　　p_1 , p_2——流体在截面 1—1′ 和 2—2′ 处的压强,Pa;

　　　　ρ_1 , ρ_2——流体在截面 1—1′ 和 2—2′ 处的密度,kg/m³,对于液体,$\rho_1 = \rho_2 = \rho$,对于气体,取两个截面处的平均值后也可以视为相等;

　　　　W_e——输入系统的功,称为外功,J/kg,是流体在从截面 1—1′ 流到 2—2′ 的过程中得到的功;

　　　　$\sum h_f$——能量损失,J/kg,是流体在从截面 1—1′ 流到 2—2′ 的过程中因克服摩擦力而消耗的能量。

对不可压缩流体,密度 ρ 为常数,式(2-27)可简化为

$$gz_1 + \frac{1}{2}u_1^2 + \frac{p_1}{\rho} + W_e = gz_2 + \frac{1}{2}u_2^2 + \frac{p_2}{\rho} + \sum h_f \tag{2-28}$$

式(2-28)即为不可压缩流体的机械能衡算式。

式(2-28)是以单位质量的流体为基准的,其中每项的单位均为 J/kg。若将式(2-28)中的各项同除以 g,可获得以单位质量的流体为基准的机械能衡算式:

$$z_1 + \frac{u_1^2}{2g} + \frac{p_1}{\rho g} + H_e = z_2 + \frac{u_2^2}{2g} + \frac{p_2}{\rho g} + H_f \tag{2-28a}$$

其中

$$H_e = \frac{W_e}{g} , H_f = \frac{\sum h_f}{g}$$

若将式(2-28)中的各项同乘以 ρ,又可获得以单位体积的流体为基准的机械能衡算式:

$$\rho g z_1 + \frac{\rho u_1^2}{2} + p_1 + \rho W_e = \rho g z_2 + \frac{\rho u_2^2}{2} + p_2 + \rho \sum h_f \tag{2-28b}$$

在式(2-28a)中,各项的单位均为 m,是单位质量的流体所具有的能量,工程上称为压头。对应的各项分别称为位压头、动压头、静压头,$H_e = W_e/g$ 称为外加压头,$H_f = \sum h_f/g$ 称为损失压头。

在式(2-28b)中,各项的单位均为 Pa,是单位体积的流体所具有的能量,其中 $\rho \sum h_f = \Delta p_f$

称为压强降,是流体因为能量损失而产生的压强降。必须注意压强降与压强差是不同的,前者是能量损失,用压强的单位表示,后者则表示两压强之差。

式(2-27)、式(2-28a)和式(2-28b)称为伯努利方程。它是研究流体流动规律的最重要的方程之一,应用范围很广,几乎所有流体流动问题(包括静止)都要通过这个方程来求解。

4. 伯努利方程的讨论

1)流体为理想流体

不具有黏性从而在流动过程中没有能量损失的流体称为理想流体,这种流体实际上并不存在,是一种假想的流体,但这个假想对解决工程实际问题具有重要意义。对于理想流体,因无能量损失,又无须外加功,式(2-28)可以写成

$$gz_1 + \frac{u_1^2}{2} + \frac{p_1}{\rho} = gz_2 + \frac{u_2^2}{2} + \frac{p_2}{\rho} \tag{2-29}$$

式(2-29)表明机械能是守恒的。

2)流体为静止流体

当流体处于静止状态时,$u_1 = u_2 = 0$,没有外加功和能量损失,式(2-28)可以变成

$$gz_1 + \frac{p_1}{\rho} = gz_2 + \frac{p_2}{\rho} \tag{2-30}$$

式(2-30)即为流体静力学基本方程。由此可见,伯努利方程除可表示流体的运动规律外,还可表示流体处于静止状态时的规律,流体的静止状态只不过是流体的运动状态的一种特殊形式。

3)功率

W_e是输送设备对 1 kg 流体所做的功,单位时间内输送设备所做的有效功称为有效功率。有效功率用 N_e 表示,则

$$N_e = W_s W_e \tag{2-31}$$

式中　N_e——有效功率,W;

　　　W_s——流体的质量流量,kg/s;

　　　W_e——输送设备对 1 kg 流体所做的功,J/kg。

实际上,输送机械也有能量转换效率,则流体输送机械实际消耗的功率应为

$$N = \frac{N_e}{\eta} \tag{2-31a}$$

式中　N——流体输送机械的轴功率,W;

　　　η——流体输送机械的效率。

五、常见流体输送问题的分析与处理——伯努利方程的应用

伯努利方程与连续性方程是解决流体流动问题的基础,利用伯努利方程,不但可以分析和解决前面提到的四类输送问题(高位槽送料、真空抽料、压缩空气送料和流体输送机械送料),而且可以解决流体流动过程中流量、压强等参数的测量和控制问题。

(一)流体输送方式的选择分析

由伯努利方程可知,流体要从起点 1—1′截面处流动到终点 2—2′截面处,必须满足条件

$$E_1 > E_2 + \sum h_f$$

式中　E_1——起点 1—1′ 截面处流体的机械能,J/kg;

　　　E_2——终点 2—2′ 截面处流体的机械能,J/kg。

如果 $E_1 < E_2 + \sum h_f$,要完成输送任务就必须在起点和终点之间设置流体输送机械(对流体做功 W_e),即保证

$$E_1 + W_e > E_2 + \sum h_f$$

下面对案例 1 进行分析。

1. 对于间歇操作,根据不同情况选用不同的输送方式

(1)当地下贮罐是密闭的压力容器,而高位槽是敞口容器时,可在地下贮罐的液面上方通一定的压缩氮气,只要压缩氮气的压力足够大,即可将液体输送至高位槽,这是通过增大起点处的静压能来增大起点处的机械能 E_1。注意被输送的液体是苯,为了安全,压缩气体必须用氮气。

(2)当地下贮罐是常压的敞口容器,而高位槽是耐压的密闭容器时,可采用真空抽料的方法完成此任务,即将高位槽与抽真空系统相连,保证高位槽内达到一定的真空度,即可完成此任务。这是通过减小终点处的静压能来减小终点处的机械能。

(3)如果地下贮罐和高位槽都是常压的敞口容器,要完成此输送任务就只能在两设备之间设置一个输送液体的机械——泵,即在起点和终点之间利用外功向流体输入机械能,以保证 $E_1 + W_e > E_2 + \sum h_f$。

2. 对于连续操作

要维持流量稳定,上述三种方式理论上都可以,但压缩氮气压料时压缩氮气的压强和真空抽料时高位槽的真空度需要不时调整,操作比较困难。因此,实际生产中最常用的是利用输送机械泵来完成。

3. 当高位槽的最低液位比贮罐的最高液位高 12 m 时

当高位槽的最低液位比地下贮罐的最高液位高 12 m 时,可以采用压缩氮气压料或用泵来输送,不能采用真空抽料的办法。

由伯努利方程可知,当地下贮罐的液面上方为常压时,以地下贮罐的液面为基准水平面,则起点处的机械能为

$$E_1 = \frac{p_a}{\rho} + 0 + 0 = \frac{p_a}{\rho}$$

式中　p_a——大气压强,kPa。

终点处的机械能为

$$E_2 = \frac{p_2}{\rho} + 9.81 \times 12 + 0 = \frac{p_2}{\rho} + 9.81 \times 12$$

要保证将流体从起点处送到终点处,则必须保证

$$E_1 > E_2 + \sum h_f$$

$$\frac{p_a}{\rho} > \frac{p_2}{\rho} + 9.81 \times 12 + \sum h_f$$

则有

$$\frac{p_a - p_2}{\rho} > 9.81 \times 12 + \sum h_f$$

要保证流体流动,则终点处的真空度需要满足

$$p_a - p_2 > 9.81 \times 12\rho + \rho \sum h_f = 9.81 \times 12 \times 879 + \rho \sum h_f = 103\ 475.9 + \rho \sum h_f$$

这显然是不可能实现的,因为当 $p_2 = 0$ 时,

真空度的最大值 $= p_a = 1.013 \times 10^3 < 103\ 475.9 + \rho \sum h_f$

所以,当高位槽的最低液位比地下贮罐的最高液位高 12 m 时,用真空抽料的方法是无法完成输送任务的。这就是不可选用真空抽料方式的原因。

下面对案例 2 进行分析。

由于此生产任务中规定了贮槽液面上方和水洗塔顶的压强,显然不可以采用压缩气体压料和真空抽料的方式;此外,由于水洗塔顶高出贮槽 20 m,也决定了不能采用真空抽料的方式进行输送。因此,要完成此任务只能利用输送机械泵。

(二)常见流体输送问题的处理

1.容器间相对位置的计算

【例 2-9】　如图 2-22 所示,从高位槽向塔内进料,高位槽中液位恒定,高位槽和塔内的压强均为大气压强。送液管为 $\phi 45$ mm $\times 2.5$ mm 的钢管,要求送液量为 3.6 m^3/h。设料液在管内的压头损失为 1.2 m(不包括出口能量损失),试问高位槽的液位要高出进料口多少米?

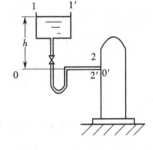

图 2-22　例 2-9 附图

解　如图 2-22 所示,取高位槽的液面为 1—1′ 截面,进料管出口内侧为 2—2′ 截面,以过 2—2′ 截面中心线的水平面 0—0′ 为基准水平面。

在 1—1′ 和 2—2′ 截面间列伯努利方程(由于题中已知压头损失,用式(2-28a)以单位质量的流体为基准计算比较方便)。

$$z_1 + \frac{u_1^2}{2g} + \frac{p_1}{\rho g} + H_e = z_2 + \frac{u_2^2}{2g} + \frac{p_2}{\rho g} + H_f$$

1—1′ 截面:$z_1 = h$;$u_1 \approx 0$(因高位槽截面比管道截面大得多,故槽内流速比管内流速小得多,可以忽略不计);$p_1 = 0$(表压);$H_e = 0$。

2—2′ 截面:$z_2 = 0$;$p_2 = 0$(表压);$\sum h_f = 1.2$ m;

$$u_2 = \frac{V_s}{\frac{\pi}{4} d^2} = \frac{3.6/3\ 600}{0.785 \times 0.04^2} = 0.796 \text{ m/s}$$

将以上各值代入所列的伯努利方程中,即可确定高位槽的液位。

$$h = \frac{1}{2 \times 9.81} \times 0.796^2 + 1.2 = 1.23 \text{ m}$$

计算结果表明,动能项数值很小,流体的位能主要用于克服管路阻力。

解本题时注意,因题中所给的压头损失不包括出口能量损失,因此 2—2′ 截面应取在管出口内侧。若 2—2′ 截面选在管出口外侧,计算过程会有所不同。

2. 真空抽料时真空度的确定

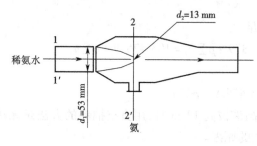

图 2-23　例 2-10 附图

【例 2-10】 如图 2-23 所示,某厂利用喷射泵输送氨。管中稀氨水的质量流量为 10^4 kg/h,密度为 1 000 kg/m³,入口处的表压为 147 kPa。管道内径为 53 mm,喷嘴出口处内径为 13 mm,喷嘴能量损失可忽略不计。试求喷嘴出口处的压强。

解 取稀氨水入口为 1—1′ 截面,喷嘴出口为 2—2′ 截面,管中心线为基准水平面。在 1—1′ 和 2—2′ 截面间列伯努利方程。

$$gz_1 + \frac{u_1^2}{2} + \frac{p_1}{\rho} + W_e = gz_2 + \frac{u_2^2}{2} + \frac{p_2}{\rho} + \sum h_f$$

其中：$z_1 = 0$；$p_1 = 147 \times 10^3$ Pa(表压)；$u_1 = \dfrac{W_s}{\frac{\pi}{4}d_1^2\rho} = \dfrac{10\ 000/3\ 600}{0.785 \times 0.053^2 \times 1\ 000} = 1.26$ m/s；$z_2 = 0$；u_2

$= u_1 \left(\dfrac{d_1}{d_2}\right)^2 = 1.26 \times \left(\dfrac{0.053}{0.013}\right)^2 = 20.94$ m/s；$W_e = 0$；$\sum h_f = 0$。

将以上各值代入所列的伯努利方程中,有

$$\frac{1}{2} \times 1.26^2 + \frac{147 \times 10^3}{1\ 000} = \frac{1}{2} \times 20.94^2 + \frac{p_2}{1\ 000}$$

解得

$$p_2 = -71.45 \text{ kPa(表压)}$$

即喷嘴出口处的真空度为 71.45 kPa。

喷射泵是利用流体流动时静压能与动能转化的原理吸、送流体的设备。当一种流体经过喷嘴时,由于喷嘴的截面积比管道的截面积小得多,流体流过喷嘴时速度迅速增大,使该处的静压强急速减小,造成真空,从而可将支管中的另一种流体吸入,二者混合后在扩大管中速度逐渐降低,压强随之升高,最后流出。

3. 压缩气体压料时气源气体压强的确定

【例 2-11】 如图 2-24 所示,某车间利用压缩空气压送 98% 的浓硫酸,每批压送量为 0.3 m³,要求在 10 min 内压送完毕,提升高度为 15 m。已知硫酸的温度为 293 K,采用内径为 32 mm 的无缝钢管,截面 1—1′ 和 2—2′ 间的流动阻力为 7.85 J/kg,高位槽与大气相通,试求压缩空气的压强。

解 在贮槽液面 1—1′ 与管出口截面 2—2′ 间列伯努利方程,并以 1—1′ 截面为基准水平面(在实际输送中,此截面是不断变化的,取临界状态,视为不变),得

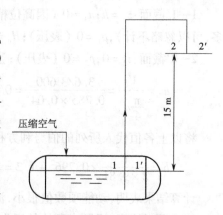

图 2-24　例 2-11 附图

$$gz_1 + \frac{u_1^2}{2} + \frac{p_1}{\rho} = gz_2 + \frac{u_2^2}{2} + \frac{p_2}{\rho} + \sum h_f$$

可得

$$p_1 = \rho \times \left[(z_2 - z_1)g + \frac{1}{2}(u_2^2 - u_1^2) \right] + p_2 + \rho \sum h_f$$

式中:$z_1 = 0$;$z_2 = 15$ m;$u_1 = 0$;$p_2 = 0$(表压)。

从附录中查得,硫酸的密度$\rho = 1\ 836$ kg/m^3,则

$$u_2 = \frac{V_s}{\frac{\pi}{4}d^2} = \frac{\frac{0.3}{10 \times 60}}{0.785 \times 0.032^2} = 0.622\ \text{m/s}$$

将已知条件代入方程得

$$p_1 = 1\ 836 \times \left(15 \times 9.81 + \frac{0.622^2}{2} \right) + 1\ 836 \times 7.85 = 0.285\ \text{MPa}$$

4. 输送能量的确定

【例 2-12】 某化工厂用泵将敞口碱液池中的
碱液(密度为 1 100 kg/m^3)输送至吸收塔顶,经喷嘴
喷出,如图 2-25 所示。泵的入口管为$\phi 108$ mm × 4
mm 的钢管,管中流体的流速为 1.2 m/s,出口管为
$\phi 76$ mm × 3 mm 的钢管。贮液池中碱液的深度为
1.5 m,池底至塔顶喷嘴入口处的竖直距离为 20 m。
碱液流经所有管路的能量损失为 30.8 J/kg(不包括
喷嘴),喷嘴入口处的压强为 29.4 kPa(表压)。设
泵的效率为 60%,试求泵所需的功率。

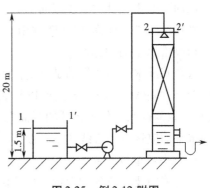

图 2-25 例 2-12 附图

解 如图 2-25 所示,取碱液池的液面为 1—1′
截面,塔顶喷嘴入口处为 2—2′截面,以 1—1′截面为基准水平面。

在 1—1′和 2—2′截面间列伯努利方程。

$$gz_1 + \frac{u_1^2}{2} + \frac{p_1}{\rho} + W_e = gz_2 + \frac{u_2^2}{2} + \frac{p_2}{\rho} + \sum h_f \tag{a}$$

$$W_e = (z_2 - z_1)g + \frac{1}{2}(u_2^2 - u_1^2) + \frac{p_2 - p_1}{\rho} + \sum h_f \tag{b}$$

其中:$z_1 = 0$;$p_1 = 0$(表压);$u_1 \approx 0$;$z_2 = 20 - 1.5 = 18.5$ m;$p_2 = 29.4 \times 10^3$ Pa(表压);$\rho = 1\ 100$
kg/m^3;$\sum h_f = 30.8$ J/kg。

已知泵入口管的尺寸及碱液的流速,可根据连续性方程计算泵出口管中碱液的流速:

$$u_2 = u_1 \left(\frac{d_1}{d_2} \right)^2 = 1.2 \times \left(\frac{100}{70} \right)^2 = 2.45\ \text{m/s}$$

将以上各值代入式(b),可求得输送碱液所需的外加功为

$$W_e = 18.5 \times 9.81 + \frac{1}{2} \times 2.45^2 + \frac{29.4 \times 10^3}{1\ 100} + 30.8 = 242.0\ \text{J/kg}$$

碱液的质量流量为

$$W_s = \frac{\pi}{4}d_2^2 u_2 \rho = 0.785 \times 0.07^2 \times 2.45 \times 1\,100 = 10.37 \text{ kg/s}$$

泵的有效功率为

$$N_e = W_s W_e = 10.37 \times 242.0 = 2\,510 \text{ W} = 2.51 \text{ kW}$$

泵的效率为60%,则泵的轴功率为

$$N = \frac{N_e}{\eta} = \frac{2.51}{0.6} = 4.18 \text{ kW}$$

5. 应用伯努利方程时的注意事项

在应用伯努利方程解题时,一般应先根据题意画出流动系统的示意图,标明流体的流动方向,定出上、下游截面,明确流动系统的衡算范围。解题时需要注意以下几个问题。

1)截面的选取

所选取的截面应与流体的流动方向垂直,并且两截面间的流体应稳定连续流动。截面宜选在已知量多、计算方便处。

截面上的物理量均取该截面上的平均值。如位能,对水平管取管中心处的位能;动能以截面的平均速度进行计算;静压能则用管中心处的压力进行计算。

2)基准水平面的选取

选取基准水平面的目的是确定流体位能的大小,实际上伯努利方程中所反映的是两截面的位能差,即 $g\Delta z = g(z_2 - z_1)$,所以基准水平面可以任意选取,但必须与地面平行。为计算方便,宜选取两截面中位置较低的截面为基准水平面。若截面不是水平面,而是垂直于地面,则基准水平面应选管中心线的水平面。

3)物理量单位一致

在计算中要注意各物理量的单位保持一致,尤其在计算截面上的静压能时,p_1、p_2 不仅单位要一致,而且表示方法也应一致,要么使用绝对压强,要么使用表压强,二者不能混合使用。

☆学习上述内容时可进行流体机械能转化的实训操作。

测　试　题

一、填空题

1. 在流体流动系统中,若管道各截面处的_____、_____、_____等物理量仅随位置变化,而不随时间变化,这种流动称为_____(或定态流动);若流体在各截面上的有关物理量既随_____变化,又随_____变化,则称为_____(或非定态流动)。

2. 稳定流动系统的连续性方程遵循_____,即单位时间内进入截面1—1′的_____与流出截面2—2′的_____必然_____。不可压缩流体流经管道各截面的_____也不变。

3. 流体的机械能包括_____、_____、_____。

4. 写出以单位质量的流体为基准的伯努利方程:_____。
写出以单位体积的流体为基准的伯努利方程:_____。

5. 静力学基本方程是_____的一种特殊形式。

二、单选题

1. $\phi 57$ mm $\times 3.5$ mm 的细管逐渐扩到 $\phi 108$ mm $\times 4$ mm 的粗管,若流体在细管内的流速为 4 m/s,则在粗管内的流速为( )。

A. 2 m/s　　　　　B. 1 m/s　　　　　C. 0.5 m/s　　　　　D. 0.25 m/s

2. 气体在随直径不变的圆形管道内等温定态流动时各截面上的( )。

A. 速度相等　　　B. 体积流量相等　　　C. 速度逐渐减小　　　D. 质量流速相等

3. 某液体通过由大管至小管的水平异径管时,变径前后的能量转化关系是( )。

A. 动能转化为静压能　　　　　　　　B. 位能转化为动能

C. 静压能转化为动能　　　　　　　　D. 动能转化为位能

4. 当流体从高处向低处流动时,其能量转化关系是( )。

A. 静压能转化为动能　　　　　　　　B. 位能转化为动能

C. 位能转化为动能和静压能　　　　　D. 动能转化为静压能和位能

5. N_2 流过内径为 150 mm 的管道,温度为 300 K;入口处压强为 150 kN/m², 出口处压力为 120 kN/m²,流速为 20 m/s。则 N_2 的质量流速 $[kg/(s \cdot m^2)]$ 和入口处的流速(m/s)为 ( )。

A. 26.94,20　　　　B. 30,20　　　　C. 26.94,16　　　　D. 30,16

6. 在稳定流动系统中,液体流速与管径的关系为( )。

A. 成正比　　　　　　　　　　　　　B. 与管径的平方成正比

C. 与管径的平方成反比　　　　　　　D. 无一定的关系

7. 流体所具有的机械能不包括( )。

A. 位能　　　　　　B. 动能　　　　　　C. 静压能　　　　　　D. 内能

8. 流体在变径管中稳定流动,在管径减小的地方其静压能将( )。

A. 减小　　　　　　　　　　　　　　B. 增大

C. 不变　　　　　　　　　　　　　　D. 条件不足,无法判断

9. 某气体在等径的管路中稳定等温流动,进口压强比出口压强大,则进口处的平均流速 ( )出口处的平均流速。

A. 大于　　　　　　B. 等于　　　　　　C. 小于　　　　　　D. 不能确定

10. 将敞口地下贮罐中的水输送到自来水厂,可采用( )的方法。

A. 高位槽送料(位差送料)　　　　　　B. 真空抽料

C. 压缩空气压料　　　　　　　　　　D. 流体输送设备

三、多选题

1. 硫酸流经由大小管组成的串联管路,硫酸的相对密度为1.83,体积流量为 150 L/min, 大小管的尺寸分别为 $\phi 76$ mm $\times 4$ mm 和 $\phi 57$ mm $\times 3.5$ mm。则硫酸在小管和大管中的质量流量、平均流速、质量流速分别为( )。

A. 4.575 kg/s

B. 1.274 m/s,0.69 m/s

C. 2 324.1 kg/(s·m²),1 262.7kg/(s·m²)

D. 1 830 kg/(s·m²)

2. 应用伯努利方程时需要注意的事项包括( )。

A. 流体流动状态是否在层流区内　　　　B. 截面的选取

C. 基准水平面的选取　　　　　　　　　D. 物理量单位一致

3. 流体在管路中流动时的机械能包括( )。

A. 动能　　　　　B. 静压能　　　　　C. 外功　　　　　D. 位能

4. 关于伯努利方程,以下说法中正确的有( )。

A. 伯努利方程是以能量衡算为基础推导出的

B. 伯努利方程既可以表示流体的运动规律,又可以表示流体处于静止状态时的规律

C. 伯努利方程衡算的物理量是动能、静压能、位能、外功、流动阻力

D. 伯努利方程在应用时无须注意单位一致

5. 某化工厂需要将 20 的苯从地下贮罐送到高位槽,高位槽的最高液位比地下贮罐的最低液位高 8 m,要求输送量为 300 L/min。试问:若为间歇操作,可用下列哪些方式完成此任务?( )

A. 当地下贮罐是密闭的压力容器,高位槽是耐压的密闭容器时,采用压缩空气压料

B. 当地下贮罐为常压的敞口容器,高位槽是耐压的密闭容器时,采用真空抽料的方法

C. 若地下贮罐和高位槽都是敞口容器,采用流体输送机械送料

D. 采用高位槽送料

四、计算题

1. 如图 2-26 所示,某车间用压缩空气压送 98% 的浓硫酸(密度为 1 840 kg/m³),流量为 2 m³/h。管道采用 $\phi37$ mm×3.5 mm 的无缝钢管,总的能量损失为 1 m 硫酸柱(不包括出口损失),两槽中液位恒定。试求压缩空气的压强。[答:235.15 kPa]

2. 如图 2-27 所示,用泵 1 将常压贮槽 2 中密度为 1 100 kg/m³ 的某溶液送到蒸发器 3 中进行浓缩。贮槽的液位保持恒定,蒸发器内的蒸发压强保持在 1.47×10^4 Pa(表压)。泵的进口管尺寸为 $\phi89$ mm×3.5 mm,出口管尺寸为 $\phi76$ mm×3 mm,溶液处理量为 28 m³/h。贮槽的液面距蒸发器入口的竖直距离为 10 m。溶液流经全部管道的能量损失为 100 J/kg,试求泵的有效功率。[答:1.81 kW]

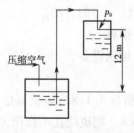

图 2-26　计算题 1 附图

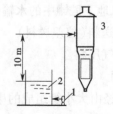

图 2-27　计算题 2 附图

3. 图 2-28 所示为 CO_2 水洗塔供水系统。水洗塔内的绝对压强为 2 100 kN/m²,贮槽水面

上的绝对压强为 300 kN/m²。塔内水管与喷头连接处高于水面 20 m,管路为 ϕ57 mm×2.5 mm 的钢管,送水量为 15 m³/h。塔内水管与喷头连接处的绝对压强为 2 250 kN/m²。设能量损失为 49 J/kg,试求水泵的有效功率。[答:9.154 kW]

4. 如图 2-29 所示,用泵从储油池向高位槽输送矿物油,矿物油的密度为 960 kg/m³,流量为 38 400 kg/h,高位槽的液面比储油池的油面高 20 m,且均为常压。输油管尺寸为 ϕ108 mm ×4 mm,矿物油流经全部管道的能量损失(压头损失)为 10 mH₂O。若泵的效率为 65% ,试计算泵的有效功率和轴功率。[答:3.14 kW,4.83 kW]

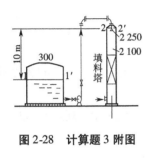

图 2-28　计算题 3 附图

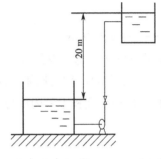

图 2-29　计算题 4 附图

任务三　流体输送时的流动阻力

在应用伯努利方程时,必须知道流体在流动过程中的能量损失或流动阻力 $\sum h_f$ 的数值。下面讨论流动阻力产生的原因、影响因素及计算。

一、流动阻力产生的原因

(一)流体的黏度

1. 牛顿黏性定律

流体的典型特征是具有流动性,不同流体的流动性不同,这主要是因为流体内部的质点相对运动时存在不同的内摩擦力。这种表示流体流动时产生内摩擦力的特性称为黏性。实际流体都是有黏性的,各种流体的黏性大小相差很大。如常见的空气和水黏性较小;而甘油的黏性则很大。黏性是流动性的反面,流体的黏性越大,其流动性越小。

如图 2-30 所示,设有上、下两块面积很大且相距很近的平行平板,板间充满某种静止液体。若将下板固定,对上板施加一个恒定的外力,上板就以恒定的速度 u 沿 x 方向运动。若 u 较小,则两板间的液体会分成无数平行的薄层而运动,黏附在上板表面的一层液体以速度 u 随上板运动,其下各层液体的速度依次减小,紧贴在下板表面的一层液体因黏附在静止的下板上,速度为零,两平板间液体的流速呈线性变化。对任意相邻

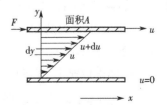

图 2-30　平板间液体速度的变化

的两层流体来说,上层速度较大,下层速度较小,前者对后者起带动作用,而后者对前者起拖曳作用,流体层之间的这种相互作用产生内摩擦,流体的黏性正是内摩擦的表现。

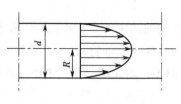

图 2-31　实际流体在管内的速度分布

平行平板间的流体速度分布为直线,而流体在圆管内流动时速度分布呈抛物线形,如图 2-31 所示。

实验证明,对于一定的流体,内摩擦力 F 与两流体层的速度差 du 成正比,与两流体层之间的竖直距离 dy 成反比,与两流体层的接触面积 A 成正比,即

$$F = \mu A \frac{du}{dy} \tag{2-32}$$

式中　F——内摩擦力,N;

du/dy——法向速度梯度,即在与流体流动方向垂直的 y 方向上流体速度的变化率,s^{-1};

μ——比例系数,称为流体的黏度或动力黏度,Pa·s。

一般来讲,单位面积上的内摩擦力称为剪应力,以 τ 表示,单位为 Pa,则式(2-32)变为

$$\tau = \mu \frac{du}{dy} \tag{2-32a}$$

式(2-32)、式(2-32a)称为牛顿黏性定律,表明流体层间的内摩擦力或剪应力与法向速度梯度成正比。

剪应力与速度梯度的关系符合牛顿黏性定律的流体称为牛顿型流体,包括所有气体和大多数液体;不符合牛顿黏性定律的流体称为非牛顿型流体,如高分子溶液、胶体溶液及悬浮液等。这里讨论的均为牛顿型流体。

2. 黏度

由牛顿黏性定律可知,当速度梯度 $du/dy = 1$ 时,流体层间的剪应力 τ 在数值上等于流体的黏度 μ。因此,黏度的物理意义为流体流动时在与流动方向垂直的方向上产生单位速度梯度所需的剪应力。显然,在同样的流动情况下,流体的黏度越大,流体流动时产生的内摩擦力越大。由此可见,黏度是反映流体黏性大小的物理量。

黏度是流体的物性之一,其值由实验测定。流体的黏度不仅与流体的种类有关,而且与温度、压强有关。

液体的黏度随温度升高而减小,压强对其的影响可忽略不计;气体的黏度随温度升高而增大,一般情况下也可忽略压强对其的影响,但在压强极高或极低的条件下,需考虑其影响。

一些纯流体的黏度可从有关手册中查取。一般气体的黏度比液体的黏度小得多,如20 ℃下空气的黏度为 1.81×10^{-5} Pa·s,水的黏度为 1.005×10^{-3} Pa·s,而甘油的黏度为 1.499 Pa·s。混合物的黏度可直接由实验测定,若缺乏实验数据,可参阅有关资料,选用适当的经验公式进行估算。

在国际单位制下,黏度的单位为

$$[\mu] = \frac{[\tau]}{[du/dy]} = \frac{Pa}{\dfrac{m/s}{m}} = Pa \cdot s$$

在一些工程手册中,黏度的单位常常用物理单位制下的 cP(厘泊)表示,它们之间的换算

关系为

$$1 \text{ cP} = 10^{-3} \text{ Pa} \cdot \text{s}$$

流体的黏性还可用黏度 μ 与密度 ρ 的比值表示,称为运动黏度,以符号 ν 表示,即

$$\nu = \frac{\mu}{\rho} \tag{2-33}$$

其单位为 m^2/s。显然运动黏度也是流体的物理性质。

（二）阻力产生的原因

1. 内因

任何实际流体都具有黏性,因此流体运动时就会产生内摩擦力。尽管在相同的情况下,不同的流体所产生的内摩擦力大小不同,但牛顿型流体均遵守牛顿黏性定律。显然,因为内摩擦力的存在,将导致一定的能量损失(即流动阻力)。理想流体没有黏性,所以不存在流动阻力。因此,黏性是流体产生流动阻力的根本原因。

2. 外因

同一种流体在不同的管道中流动时,产生的流动阻力不同,说明流体流动的外部条件也是影响流动阻力的因素,显然,不同的外部条件对流体流动的阻碍作用是不同的。

3. 影响流动阻力大小的因素

由以上分析可知,流体本身的黏度及流动的外部条件是流动阻力产生的主要原因,也是影响流动阻力大小的重要因素。但研究表明,同一种流体在同一条管路中流动时,也会产生不同大小的流动阻力,这说明还有其他因素影响流动阻力的大小。雷诺经过大量实验证明,流体流动存在不同的流动型态,流动型态是影响流动阻力大小的重要因素。

（三）流体的流动型态

1. 雷诺实验

图 2-32 所示为雷诺实验装置图。水箱装有溢流装置,以维持水位恒定,箱中有一个水平玻璃直管,其出口处有一个阀门用以调节流量。水箱上方有一个装有有色液体的小瓶,有色液体经细管注入玻璃管内。

在实验中观察到,当水的流速从小到大时,有色液体的变化如图 2-33 所示。

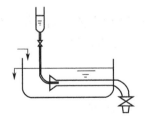

图 2-32　雷诺实验装置示意

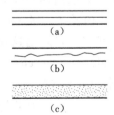

图 2-33　雷诺实验中染色线的变化情况

(a)流速较小　(b)流速增大　(c)流速进一步增大

流速较小时,有色液体在管内沿着轴线方向呈一条轮廓清晰的细直线,平稳地流过整个玻璃管,完全不和玻璃管内的低速度水混合(图 2-33(a))。当流速增大到某一数值时,管内呈直线流动的有色细流开始出现波动而呈波浪形,但轮廓清晰,不与水混合(图 2-33(b))。当流速

进一步增大时,有色细流波动加剧,甚至断裂而向四周散开,迅速与水混合,管内呈现出均匀的颜色(图 2-33(c))。

以上实验表明,流体在管道中流动存在两种截然不同的流型——层流与湍流。

2. 两种流动型态

层流(或滞流)如图 2-33(a)所示,这种流动型态的特点是:流体质点仅沿着与管轴平行的方向直线运动,无径向脉动,质点之间互不混合,所以有色液体在管轴线方向呈一条清晰的细直线。

湍流(或紊流)如图 2-33(c)所示,这种流动型态的特点是:流体质点除了沿着管轴方向的流动外,还有径向脉动,各质点的速度在大小和方向上都有变化,即质点做不规则的杂乱运动,质点之间互相碰撞,产生大大小小的旋涡,所以管内的有色液体和管内的流体混合,呈现出颜色均一的情况。

3. 流动型态的判据——雷诺数

雷诺通过大量实验发现:流体在管内的流动状况不仅与流速 u 有关,而且与管径 d、流体的黏度 μ 和流体的密度 ρ 有关。通过进一步分析和研究,雷诺首先总结出由以上四个因素组成的数群 $du\rho/\mu$ 作为判断流型的依据,此数群称为雷诺数,以符号 Re 表示,即

$$Re = \frac{du\rho}{\mu} \tag{2-34}$$

Re 是一个无量纲的数群。

大量实验结果表明,流体在直管内流动:

(1)当 $Re \leqslant 2\,000$ 时,流动为层流,此区称为层流区;

(2)当 $Re \geqslant 4\,000$ 时,一般出现湍流,此区称为湍流区;

(3)当 $2\,000 < Re < 4\,000$ 时,流动可能是层流,也可能是湍流,与外界干扰有关,该区称为不稳定的过渡区。

必须指出,虽然根据 Re 的大小将流动分为三个区域——层流区、过渡区、湍流区,但流动型态只有两种——层流与湍流。过渡区并不表示过渡的流型,只是表示在该区内可能出现层流,也可能出现湍流。

雷诺数的物理意义:Re 反映了流体流动中惯性力与黏性力的对比关系,标志着流体流动的湍动程度。其值愈大,流体的湍动愈剧烈,内摩擦力愈大。

【例 2-13】 用内径 $d = 100$ mm 的管道输送水,已知输水量为 12 kg/s,水温为 5 ℃,试确定管内水的流动型态。如果用这条管道输送同样质量流量的石油,已知石油的密度 $\rho = 850$ kg/m^3,运动黏度 $\nu = 1.14$ cm^2/s,试确定石油的流动型态。

解 (1)求水的流动型态。

查附录得,5 ℃水的 $\rho = 1\,000$ kg/m^3,$\mu = 1.5 \times 10^{-3}$ Pa·s,水的流速

$$u = \frac{V_s}{\frac{\pi}{4}d^2} = \frac{W_s}{\frac{\pi}{4}d^2\rho_{H_2O}} = \frac{12}{0.785 \times (100 \times 10^{-3})^2 \times 1\,000} = 1.53 \text{ m/s}$$

$$Re = \frac{du\rho}{\mu} = \frac{0.1 \times 1.53 \times 1\,000}{1.5 \times 10^{-3}} = 102\,000 > 4\,000$$

所以水的流动型态为湍流。

（2）求石油的流动型态。

$$\nu = 1.14\ \text{cm}^2/\text{s} = 1.14 \times 10^{-4}\ \text{m}^2/\text{s}$$

$$u = \frac{V_s}{\frac{\pi}{4}d^2} = \frac{W_s}{\frac{\pi}{4}d^2\rho_{ol}} = \frac{12}{0.785 \times (100 \times 10^{-3})^2 \times 850} = 1.80\ \text{m/s}$$

$$Re = \frac{du\rho}{\mu} = \frac{du}{\nu} = \frac{0.1 \times 1.80}{1.14 \times 10^{-4}} = 1\ 579 < 2\ 000$$

所以石油的流动型态为层流。

4. 层流与湍流的区别

（1）流体内部质点的运动方式不同。流体在管内做层流流动时，其质点始终沿着与轴平行的方向做有规则的直线运动，质点之间互不碰撞，互不混合。

流体在管内做湍流流动时，流体质点除了沿管道向前流动外，各质点的运动速度在大小和方向上都随时发生变化，于是质点之间彼此碰撞并互相混合，产生大大小小的旋涡。由于质点碰撞所产生的附加阻力较由黏性所产生的阻力大得多，所以碰撞将使流体前进的阻力急剧加大。

（2）流体流动的速度分布不同。无论是层流还是湍流，在管道横截面上流体质点的流速都是按一定规律分布的。在管壁处流速为零，在管道中心处流速最大。层流时流体在管内的速度（如图 2-34 所示）沿管径依抛物线规律分布，平均流速约为管中心流速的 0.5。湍流时的速度分布图形（如图 2-35 所示）顶端稍宽，这是由于流体扰动、混合产生旋涡所致。湍动程度越大，曲线顶端越平坦。湍流时的平均流速约为管中心流速的 0.8。

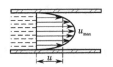

图 2-34　层流时的速度分布

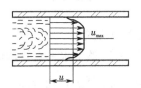

图 2-35　湍流时的速度分布

（3）流体在直管内的流动型态不同，系统的能量损失也不同。层流时，流动阻力来自流体本身所具有的黏性引起的内摩擦；而湍流时，流动阻力除来自流体的黏性引起的内摩擦外，还由于流体内部充满了大大小小的旋涡，流体质点不规则迁移、脉动和碰撞，使得流体质点间的能量交换非常剧烈，产生了附加阻力，这种阻力又称为湍流切应力，简称湍流应力。所以，湍流中的总摩擦应力等于黏性摩擦应力与湍流应力之和。

（4）湍流时的层流内层和缓冲层。流体在圆管内呈湍流流动时，由于流体有黏性，管壁处的速度为零，邻近管壁处的流体受管壁处流体层的约束作用，速度自然也很小，流体质点仍然顺着管壁做平行线运动而互不相混，所以管壁附近仍然为层流，这一保持层流流动的流体薄层称为层流内层或滞流底层，如图 2-36 所示。自层流内层向管中心推移，速度渐增，又出现一个区域，其中的流动型态既不是层流又不完全是湍流，这一区域称为缓冲层或过渡层，再往管中

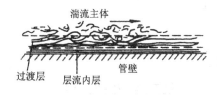

图 2-36　层流内层示意

心才是湍流主体。层流内层的厚度随 Re 增大而减小。如在内径为 100 mm 的光滑管内流动,当 $Re = 1 \times 10^4$ 时,层流内层的厚度约为 2 mm;当 $Re = 1 \times 10^5$ 时,层流内层的厚度约为 0.3 mm。在化工生产中,层流内层的存在对传热和传质过程都有重要的影响。

二、流动阻力的计算

流体在管路系统中流动时的阻力可分为直管阻力(或沿程阻力)和局部阻力(或形体阻力)两种。直管阻力是流体流经一定管径的直管时,由于流体的内摩擦而产生的阻力。局部阻力是流体流经管路中的管件、阀门及截面突然扩大、缩小等局部地方产生的阻力。伯努利方程中的 $\sum h_f$ 项是所研究管路系统的总能量损失或总阻力损失,它既包含管路系统中各段的直管阻力损失 h_f,又包括系统中的局部阻力损失 h'_f,即

$$\sum h_f = h_f + h'_f \tag{2-35}$$

(一)直管阻力

1. 直管阻力的表现形式

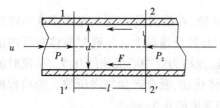

图 2-37 直管阻力

如图 2-37 所示,流体在水平等径直管中稳定流动,在 1—1′ 和 2—2′ 截面间列伯努利方程。

$$gz_1 + \frac{u_1^2}{2} + \frac{p_1}{\rho} = gz_2 + \frac{u_2^2}{2} + \frac{p_2}{\rho} + \sum h_f \tag{2-36}$$

因是直径相同的水平管,$z_1 = z_2$,$u_1 = u_2 = u$,u 表示管截面上的平均流速,则有

$$\Delta p = p_1 - p_2 = \rho \sum h_f \tag{2-37}$$

2. 直管阻力的通式

在图 2-37 中,对整个水平直管内的流体柱进行瞬间受力分析:P_1 为垂直作用于 1—1′ 截面上的总压力,$P_1 = p_1\left(\frac{\pi}{4}d^2\right)$,其方向与流动方向相同;$P_2$ 为垂直作用于 2—2′ 截面上的总压力,$P_2 = p_2\left(\frac{\pi}{4}d^2\right)$,其方向与流动方向相反;$F$ 为管壁与流体柱表面间的摩擦力,$F = \tau A = \tau \pi d l$,其方向与流动方向相反;$\tau$ 为管壁对流体的剪应力,在稳定等速运动条件下,它是一个不变的值。

由于流体柱做稳定匀速运动,根据牛顿第二定律,其在流动方向上受力处于平衡状态。若规定与流动方向同向的作用力为正,则在流动方向上力的平衡方程为

$$P_1 - P_2 - F = 0$$

整理得

$$p_1 - p_2 = \frac{4l}{d}\tau \tag{2-38}$$

则有

$$\frac{p_1 - p_2}{l} = \frac{\rho \sum h_f}{l} = \frac{4\tau}{d} \tag{2-38a}$$

由式(2-37)、式(2-38)可得

$$\sum h_f = \frac{4l}{\rho d}\tau \tag{2-39}$$

　　实验证明,在管径和管长相同的情况下,同种流体流动的能量损失随流速增大而增大,即流动阻力与流速有关。因此,将式(2-39)变形,把能量损失 $\sum h_f$ 表示为动能 $u^2/2$ 的倍数,则

$$\sum h_f = \frac{8\tau}{\rho u^2} \frac{l}{d} \frac{u^2}{2} \tag{2-39a}$$

令

$$\lambda = \frac{8\tau}{\rho u^2} \tag{2-40}$$

则

$$\sum h_f = \lambda \frac{l}{d} \frac{u^2}{2} \tag{2-41}$$

式(2-41)为流体在圆形直管内流动阻力的计算通式,称为范宁(Fanning)公式。式中 λ 为无量纲的系数,称为摩擦系数或摩擦因数,与流体流动的 Re 及管壁状况有关。

　　根据伯努利方程的其他形式,也可写出相应的范宁公式表达式。

　　压头损失

$$H_f = \lambda \frac{l}{d} \frac{u^2}{2g} \tag{2-41a}$$

　　阻力压降

$$\Delta p_f = \rho \sum h_f = \lambda \frac{l}{d} \frac{\rho u^2}{2} \tag{2-41b}$$

　　值得注意的是,阻力压降 Δp_f 是流体流动的能量损失的一种表示形式,与两截面间的压强差 $\Delta p = p_1 - p_2$ 意义不同,只有当管路水平时,二者才相等。

　　范宁公式对层流与湍流均适用,只是在两种情况下摩擦系数 λ 不同。下面分别对层流与湍流时的摩擦系数 λ 进行讨论。

　　3. 层流时的摩擦系数

　　流体在直管中做层流流动时,管壁处流速为零,管中心流速最大。管内流体好像同心圆柱状的流体层,各层以不同的速度平滑地向前流动,层流时流动阻力主要由这些流体层之间的内摩擦产生。

　　流体做层流流动时,管壁上凸凹不平的地方都被有规则的流体层所覆盖,所以摩擦系数与管壁粗糙程度无关。层流时的摩擦系数 λ 是雷诺数 Re 的函数,$\lambda = f(Re)$。

　　通过理论分析推导,人们已经得到圆形直管内流体做层流流动时 λ 的计算公式。

$$\lambda = \frac{64}{Re} \tag{2-42}$$

　　层流时圆形直管内的流动阻力产生的压降可通过下式求取。

$$\Delta p_f = \frac{64}{Re} \frac{l}{d} \frac{\rho u^2}{2} = \frac{64\mu}{du\rho} \frac{l}{d} \frac{\rho u^2}{2} = \frac{32\mu lu}{d^2}$$

即

$$\Delta p_f = \frac{32\mu lu}{d^2} \tag{2-43}$$

式(2-43)称为哈根 – 泊谡叶(Hagen-Poiseuille)方程,是流体在直管内做层流流动时压力损失

的计算式。

结合式(2-41b),流体在直管内做层流流动时能量损失或阻力的计算式为

$$\sum h_f = \frac{32\mu l u}{\rho d^2} \tag{2-43a}$$

表明层流时阻力与速度的一次方成正比。

思考题:某流体在直管内做稳定层流流动,流量一定,管长一定,管径变为原来的 2 倍,则流动阻力将是原来的几倍?

4. 湍流时的摩擦系数

流体做湍流流动时,影响摩擦系数的因素比较复杂。不但与 Re 有关,而且与管壁粗糙程度有关。当 Re 一定时,管壁粗糙程度不同,λ 不同;当管壁粗糙程度一定时,Re 不同,λ 也不同。λ 只能根据实验得到的公式、图表或曲线计算或查取。最常见的图如图 2-38 所示,称为莫狄摩擦系数图。该图反映的是摩擦系数、雷诺数及管壁相对粗糙度(ε/d)三者之间的关系。图中有以下四个不同的区域。

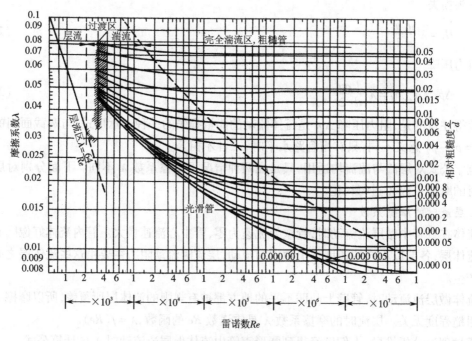

图 2-38　莫狄摩擦系数图

1)层流区

$Re \leqslant 2\ 000$,摩擦系数 λ 仅随雷诺数而变,与管壁相对粗糙度 ε/d 无关,$\lg \lambda$ 与 $\lg Re$ 呈直线关系,即 $\lambda = 64/Re$。在此区内,流动阻力与速度的一次方成正比。

2)过渡区

$2\ 000 < Re < 4\ 000$,在此区域内层流或湍流的 $\lambda - Re$ 曲线都可应用。计算流动阻力时,工程上为了安全起见,通常估算得大一些,一般将湍流时的曲线延伸即可。

3)一般湍流区

$Re \geqslant 4\ 000$,即图 2-38 中虚线以下的区域,λ 与 Re、ε/d 都有关。管壁粗糙度 ε 可以根据

经验查取,见表 2-1。即使是用同一种材质制成的管道,使用时间长短、腐蚀、结垢等情况不同,管壁粗糙度也会有变化,通常新管子可以选小些。

表 2-1 某些工业管材的粗糙度

	管材	粗糙度 ε/mm		管材	粗糙度 ε/mm
金属管	无缝黄铜管、铜管及铝管	0.01~0.05	非金属管	干净的玻璃管	0.001 5~0.01
	新无缝钢管或锌铁管	0.1~0.2		橡胶管	0.01~0.03
	新铸铁管	0.3		木管	0.25~1.25
	轻腐蚀的无缝钢管	0.2~0.3		陶土排水管	0.45~6
	显著腐蚀的无缝钢管	0.5 以上		平整的水泥管	0.33
	旧铸铁管	0.85 以上		石棉水泥管	0.03~0.8

4)完全湍流区

图 2-38 中虚线以上的区域内的摩擦系数 λ 仅随管壁相对粗糙度 ε/d 而变,与 Re 无关。因此 $\Delta p_f \propto u^2$,阻力与速度的平方成正比,故该区又称为阻力平方区。从图 2-38 中可以看出,相对粗糙度 ε/d 愈大,达到阻力平方区的 Re 愈小。

将图 2-38 中的任一条曲线回归成方程,就可得到一个经验公式,因此也可以通过经验公式计算摩擦系数。必须注意,经验公式很多,一定要根据使用条件谨慎选取,举例如下。

适用于光滑管的柏拉修斯(Blasius)公式:

$$\lambda = \frac{0.316\,4}{Re^{0.25}} \tag{2-44}$$

对于粗糙管可选下列公式。

湍流区:

$$\lambda = \frac{1.42}{\left[\lg\left(Re\,\dfrac{d}{\varepsilon}\right)\right]^2} \tag{2-45}$$

完全湍流区:

$$\lambda = \frac{1}{\left(1.74 + 2\lg\dfrac{r}{\varepsilon}\right)^2} \tag{2-46}$$

【例 2-14】 分别计算在下列情况下流体流过 $\phi76\ mm \times 3\ mm$、长 10 m 的水平钢管的能量损失、压头损失及压强损失。

(1)密度为 910 kg/m³、黏度为 7.2×10^{-2} Pa·s 的油品,流速为 1.1 m/s;

(2)20 ℃的水,流速为 2.2 m/s。

解 (1)油品。

$$Re = \frac{du\rho}{\mu} = \frac{0.07 \times 1.1 \times 910}{7.2 \times 10^{-2}} = 973 < 2\,000$$

则流动为层流。摩擦系数可从图 2-38 中查取,也可用式(2-42)计算:

$$\lambda = \frac{64}{Re} = \frac{64}{973} = 0.065\ 8$$

所以能量损失为

$$\sum h_f = \lambda \frac{l}{d} \frac{u^2}{2} = 0.065\ 8 \times \frac{10}{0.07} \times \frac{1.1^2}{2} = 5.69\ \text{J/kg}$$

压头损失为

$$H_f = \frac{\sum h_f}{g} = \frac{5.69}{9.81} = 0.58\ \text{m}$$

压强损失为

$$\Delta p_f = \rho \sum h_f = 910 \times 5.69 = 5\ 178\ \text{Pa}$$

（2）水。

20 ℃水的物性：$\rho = 998.2\ \text{kg/m}^3$，$\mu = 1.005 \times 10^{-3}\ \text{Pa} \cdot \text{s}$，则

$$Re = \frac{du\rho}{\mu} = \frac{0.07 \times 2.2 \times 998.2}{1.005 \times 10^{-3}} = 1.53 \times 10^5 > 4\ 000$$

则流动为湍流。求摩擦系数尚需知道相对粗糙度 ε/d，查表 2-1，取钢管的绝对粗糙度 ε 为 0.2 mm，则

$$\frac{\varepsilon}{d} = \frac{0.2}{70} = 0.002\ 86$$

根据 $Re = 1.53 \times 10^5$ 及 $\varepsilon/d = 0.002\ 86$，查图 2-38，得 $\lambda = 0.027$。

所以能量损失为

$$\sum h_f = \lambda \frac{l}{d} \frac{u^2}{2} = 0.027 \times \frac{10}{0.07} \times \frac{2.2^2}{2} = 9.33\ \text{J/kg}$$

压头损失为

$$H_f = \frac{\sum h_f}{g} = \frac{9.33}{9.81} = 0.95\ \text{m}$$

压强损失为

$$\Delta p_f = \rho \sum h_f = 998.2 \times 9.33 = 9\ 313\ \text{Pa}$$

5. 非圆形管道的流动阻力

非圆形管道内的湍流流动仍可采用圆形管道的流动阻力计算式，但需用非圆形管道的当量直径代替圆管直径。当量直径的定义为

$$d_e = 4 \times \frac{\text{流通截面积}}{\text{润湿周边长度}} = 4 \times \frac{A}{\Pi} \tag{2-47}$$

对于套管环隙，当内管的外径为 d_1、外管的内径为 d_2 时，其当量直径为

$$d_e = 4 \times \frac{\frac{\pi}{4}(d_2^2 - d_1^2)}{\pi d_2 + \pi d_1} = d_2 - d_1$$

对于边长分别为 a、b 的矩形管，其当量直径为

$$d_e = 4 \times \frac{ab}{2(a+b)} = \frac{2ab}{a+b}$$

在层流情况下采用当量直径计算流动阻力时,还应对式(2-42)进行修正,改写为

$$\lambda = \frac{C}{Re} \tag{2-48}$$

式中 C 为无量纲的常数。一些非圆形管的 C 值列于表2-2中。

表2-2　一些非圆形管的 C 值

非圆形管的截面形状	正方形	等边三角形	环形	长方形	
				长:宽 = 2:1	长:宽 = 4:1
C 值	57	53	96	62	73

注:当量直径只用于非圆形管道流动阻力的计算,不能用于流通面积及流速的计算。

(二)局部阻力

流体流经阀门、三通、弯管等管件时,受到冲击和干扰,不仅流速大小和方向发生变化,而且出现旋涡,内摩擦力增大,产生局部阻力。

流体湍流流动时,由局部阻力引起的能量损失有两种计算方法:阻力系数法和当量长度法。

1. 阻力系数法

克服局部阻力所消耗的能量可以表示为动能的倍数,即

$$h_f' = \zeta \frac{u^2}{2} \tag{2-49}$$

或

$$\Delta p_f' = \zeta \frac{\rho u^2}{2} \tag{2-49a}$$

式中 ζ 为局部阻力系数,一般由实验测定。

常用管件及阀门的局部阻力系数见表2-3。注意,当管截面突然扩大和突然缩小时,式(2-49)及式(2-49a)中的速度 u 均以小管中的速度计。

流体自容器进入管道,$\zeta_{进口} = 0.5$,称为进口阻力系数;流体自管道进入容器或从管道排放到管外空间,$\zeta_{出口} = 1$,称为出口阻力系数。

当流体从管道直接排放到管外空间时,管出口内侧截面上的压强可取为与管外空间相同,但出口截面上的动能及出口阻力应与截面选取相匹配。若截面取管出口内侧,表示流体并未离开管路,此时截面上仍有动能,系统的总能量损失不包含出口阻力;若截面取管出口外侧,表示流体已经离开管路,此时截面上动能为零,系统的总能量损失应包含出口阻力。由于出口阻力系数 $\zeta_{出口} = 1$,两种选取截面的方法计算结果相同。

【例2-15】　有一段 $\phi108$ mm × 4 mm 的管路,已知直管长100 m,管路中装有两个90°标准弯头和一个半开的截止阀,已知管内的流速为1.5 m/s,试求这三个局部元件所造成的总能量损失。

解　已知 $u_1 = 1.5$ m/s,从表2-3中查出各局部障碍处的阻力系数。

两个90°标准弯头:$\zeta = 2 \times 0.75 = 1.5$;

表2-3　常用管件及阀门的局部阻力系数

管件及阀门的名称	ξ 值										
标准弯头	45°, $\zeta = 0.35$					90°, $\zeta = 0.75$					
90°方形弯头	1.3										
180°回弯头	1.5										
活管接	0.08										

弯管	φ \ R/d	30°	45°	60°	75°	90°	105°	120°			
	1.5	0.08	0.11	0.14	0.16	0.175	0.19	0.20			
	2.0	0.07	0.10	0.12	0.14	0.15	0.16	0.17			

突然扩大	$\zeta = (1 - A_1/A_2)^2$　　$h_f = \zeta u_1^2/2$										
	A_1/A_2	0	0.1	0.2	0.3	0.4	0.5	0.6	0.7	0.8	0.9	1.0
	ζ	1.00	0.81	0.64	0.49	0.36	0.25	0.16	0.09	0.04	0.01	0

突然缩小	$\zeta = 0.5(1 - A_2/A_1)^2$　　$h_f = \zeta u_2^2/2$										
	A_2/A_1	0	0.1	0.2	0.3	0.4	0.5	0.6	0.7	0.8	0.9	1.0
	ζ	0.50	0.45	0.40	0.35	0.30	0.25	0.20	0.15	0.10	0.05	0

流入大容器的出口	$\zeta = 1$（用管中流速）

入管口(容器→管)	$\zeta = 0.5$

水泵进口	没有底阀	2 ~ 3							
	有底阀	d/mm	40	50	75	100	150	200	250	300
		ζ	12.0	10.0	8.5	7.0	6.0	5.2	4.4	3.7

闸阀	全开	3/4 开	1/2 开	1/4 开
	0.17	0.90	4.50	24.00

标准截止阀(球心阀)	全开, $\zeta = 6.4$	1/2 开, $\zeta = 9.5$

蝶阀	α	5°	10°	20°	30°	40°	45°	50°	60°	70°
	ζ	0.24	0.52	1.54	3.91	10.80	18.70	30.60	118.00	751.00

旋塞	θ	5°	10°	20°	40	60°
	ζ	0.05	0.29	1.56	17.30	206.00

角阀(90°)	5	
单向阀	摇板式, $\zeta = 2$	球形式, $\zeta = 70$
水表(盘形)	7	

一个半开的截止阀:$\zeta = 9.5$。

$$\sum \zeta = 1.5 + 9.5 = 11$$

$$h_f' = \sum \zeta \times \frac{u^2}{2} = 11 \times \frac{1.5^2}{2} = 12.4 \text{ J/kg}$$

2. 当量长度法

将流体流过管件或阀门的局部阻力折合成直径相同、长度为 l_e 的直管所产生的流动阻力，然后用直管阻力的计算方法计算局部阻力，这种方法称为当量长度法，即

$$h_f' = \lambda \frac{l_e}{d} \frac{u^2}{2} \tag{2-50}$$

或

$$\Delta p_f' = \lambda \frac{l_e}{d} \frac{\rho u^2}{2} \tag{2-50a}$$

式中 l_e 称为管件或阀门的当量长度，单位为 m，表示流体流过某一管件或阀门的局部阻力相当于流过一段与其具有相同直径、长度为 l_e 的直管的阻力。这实际上是为了便于管路计算，把局部阻力折算成一定长度直管的阻力。

同样，管件与阀门的当量长度也是由实验测定的。在湍流情况下，某些管件与阀门的当量长度可从图 2-39 中查得。先于图左侧的竖直线上找出与所求管件或阀门相应的点，再在图右侧的标尺上定出与管内径相当的一点，两点连一条直线与图中间的标尺相交，交点在标尺上的读数就是所求的当量长度。

有时用管道直径的倍数 l_e/d 来表示局部阻力的当量长度，见表 2-4。

表 2-4　各种管件、阀门及流量计等以管径计的当量长度

名称	$\dfrac{l_e}{d}$	名称	$\dfrac{l_e}{d}$
45°标准弯头	15	截止阀(标准式,全开)	300
90°标准弯头	20 ~ 40	角阀(标准式,全开)	145
90°方形弯头	60	闸阀(全开)	7
180°回弯头	50 ~ 75	闸阀(3/4 开)	40
三通管(标准)		闸阀(1/2 开)	200
		闸阀(1/4 开)	800
流向	40	带有滤水器的底阀(全开)	420
		止回阀(旋启式,全开)	135
	60	蝶阀(6″以上,全开)	20
		盘式流量计(水表)	400
		文氏流量计	12
		转子流量计	200 ~ 300
	90	由容器入管口	20
		由管口入容器	40

管件、阀门等的构造细节与加工精度往往差别很大，从手册中查得的 l_e 或 ζ 值只是粗略值，即局部阻力的计算只是一种估算。

【例 2-16】　如图 2-40 所示，在高位槽与反应器之间的管路上装有两个半开的截止阀和两个 90°标准弯头。若管内液体的流速为 1 m/s，摩擦系数 $\lambda = 0.035$，试求该管路上的局部阻力。

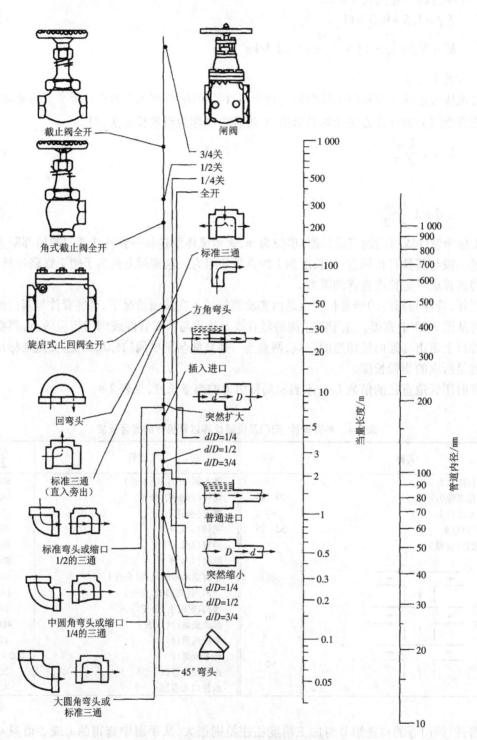

图 2-39 管件与阀门的当量长度共线图

解　已知 $u = 1\ \text{m/s}$，从表2-4中查得各局部元件的 l_e/d 值如下：

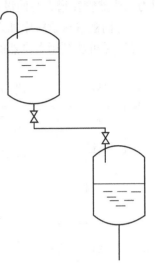

由容器入管口　　　　20

两个半开的间阀　　　$2 \times 200 = 400$

两个90°标准弯头　　$2 \times 40 = 80$

由管口入容器　　　　40

因此

$$\sum l_e/d = 20 + 400 + 80 + 40 = 540$$

则

$$h'_f = \lambda \frac{\sum l_e}{d} \frac{u^2}{2} = 0.035 \times 540 \times \frac{1^2}{2} = 9.45\ \text{J/kg}$$

当管路较长时，局部元件数量很多，究竟采用哪种方法计算主要取决于数据来源，即看局部阻力系数和当量长度的数据哪个更容易得到，数据不全时也可以两种方法相结合，即一部分阻力用阻力系数法求取，另一部分阻力用当量长度法求取。

图2-40　例2-16附图

（三）流体在管路中的总阻力

1. 流体在管路中的总阻力计算式

前已说明，化工管路系统是由管道、管件、阀门等构成的，因此流体流经管路的总阻力应是直管阻力和所有局部阻力之和。计算局部阻力时，可用局部阻力系数法，亦可用当量长度法。对同一管件，可用任一种方法计算，但不能用两种方法重复计算。

当管路直径相同时，总阻力为

$$\sum h_f = h_f + h'_f = \left(\lambda \frac{l}{d} + \sum \zeta \right) \frac{u^2}{2} \tag{2-51}$$

或

$$\sum h_f = h_f + h'_f = \lambda \frac{l + \sum l_e}{d} \frac{u^2}{2} \tag{2-51a}$$

式中 $\sum \zeta$、$\sum l_e$ 分别为管路中所有局部阻力系数和当量长度之和。

若管路由若干直径不同的管段组成，各段应分别计算，再加和。

2. 管路设计时减小流动阻力的措施

流体克服内摩擦阻力所消耗的能量无法回收。阻力越大，流体输送消耗的动力越大，从而生产成本越高，造成能源浪费。因此，应尽量减小流体在流动过程中的能量损失，从而达到节约能源和降低能耗的目的。

由流动阻力的计算公式 $\sum h_f = h_f + h'_f = \lambda \dfrac{l + \sum l_e}{d} \dfrac{u^2}{2}$ 可知，要减小流体的流动阻力，可以采取的主要措施如下。

（1）在完成任务的情况下，管路尽可能短些，尽量走直线、少拐弯，也就是尽量减小 $\sum l_e$。

（2）尽量不装不必要的管件和阀门，即尽量减小 $\sum l_e$。

（3）在选择管径时尽可能选大管径。因为管内流速 $u = V_s/0.785d^2$，在完全湍流区，λ 接近常数，能量损失 $h_f \propto 1/d^5$，即与管径的五次方成反比，因此适当增大管径，可以明显减小流动阻力。当然管径增大会使设备成本增加,所以还需要根据经济核算来确定。

(4)向被输送物料中加入某些试剂,如丙烯酰胺、聚氧乙烯氧化物等,以减少腐蚀和污垢。

(5)尽可能利用大自然的能量,如重力场等。

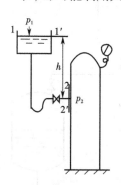

图 2-41　例 2-17 附图

【例 2-17】　如图 2-41 所示,料液由敞口高位槽流入精馏塔中。塔内进料处的压强为 30 kPa(表压),输送管路为 ϕ45 mm×2.5 mm 的无缝钢管,直管长 10 m。管路中装有一个 180°回弯头、一个 90°标准弯头、一个标准截止阀(全开)。若维持进料量为 5 m³/h,问高位槽的液面至少高出进料口多少米?

操作条件下料液的物性:ρ = 890 kg/m³,μ = 1.3 × 10⁻³ Pa·s。

解　如图 2-41 所示,取高位槽的液面为 1—1′截面,管出口内侧为 2—2′截面,以过 2—2′截面中心线的水平面为基准水平面。在 1—1′与 2—2′截面间列伯努利方程:

$$z_1 g + \frac{1}{2}u_1^2 + \frac{p_1}{\rho} = z_2 g + \frac{1}{2}u_2^2 + \frac{p_2}{\rho} + \sum h_f$$

其中:$z_1 = h$;$u_1 \approx 0$;$p_1 = 0$(表压);$z_2 = 0$;$p_2 = 30$ kPa(表压);

$$u_2 = \frac{V_s}{\frac{\pi}{4}d^2} = \frac{5/3\,600}{0.785 \times 0.04^2} = 1.1 \text{ m/s}$$

管路总阻力为

$$\sum h_f = h_f + h_f' = \left(\lambda \frac{l}{d} + \sum \zeta\right)\frac{u^2}{2}$$

$$Re = \frac{du\rho}{\mu} = \frac{0.04 \times 1.1 \times 890}{1.3 \times 10^{-3}} = 3.01 \times 10^4$$

取管壁绝对粗糙度 $\varepsilon = 0.3$ mm,则 $\varepsilon/d = 0.3/40 = 0.007\,5$。

从图 2-38 中查得摩擦系数 $\lambda = 0.036$。

由表 2-3 查得各管件的局部阻力系数:

进口突然缩小　　　　$\zeta = 0.5$

180°回弯头　　　　　$\zeta = 1.5$

90°标准弯头　　　　　$\zeta = 0.75$

标准截止阀(全开)　$\zeta = 6.4$

$$\sum \zeta = 0.5 + 1.5 + 0.75 + 6.4 = 9.15$$

$$\sum h_f = \left(\lambda \frac{l}{d} + \sum \zeta\right)\frac{u^2}{2} = \left(0.036 \times \frac{10}{0.04} + 9.15\right) \times \frac{1.1^2}{2} = 10.98 \text{ J/kg}$$

位差为

$$h = \left(\frac{p_2}{\rho} + \frac{u_2^2}{2} + \sum h_f\right)/g = \left(\frac{30 \times 10^3}{890} + \frac{1.1^2}{2} + 10.98\right)/9.81 = 4.62 \text{ m}$$

本题也可将截面 2—2′取在管出口外侧,此时 2—2′截面速度为零,无动能项,但应计入出口突然扩大阻力,$\zeta_{出口} = 1$,所以采用两种方法计算结果相同。

【例 2-18】　用泵把 20 ℃的苯从地下贮罐送到高位槽,流量为 300 L/min。高位槽液面比贮罐液面高 10 m。泵吸入管用 ϕ89 mm×4 mm 的无缝钢管,直管长 15 m,管路中装有一个底阀(按旋启式止回阀全开计)、一个标准弯头;泵排出管用 $\phi 57 \text{ mm} \times 3.5 \text{ mm}$ 的无缝钢管,直管长 50 m,管路中装有一个全开的闸阀、一个全开的截止阀和三个标准弯头。贮罐及高位槽液面上方均为大气。设贮罐液面维持恒定,试求泵的轴功率,假设泵的效率为 70% 。

解　根据题意画出流程示意图,如图 2-42 所示。

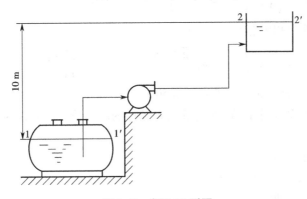

图 2-42　例 2-18 附图

取贮罐液面为上游截面 1—1′,高位槽液面为下游截面 2—2′,并以截面 1—1′为基准水平面。在两截面间列伯努利方程,即

$$z_1 g + \frac{u_1^2}{2} + \frac{p_1}{\rho} + W_e = z_2 g + \frac{u_2^2}{2} + \frac{p_2}{\rho} + \sum h_f$$

式中:$z_1 = 0$,$z_2 = 10 \text{ m}$,$p_1 = p_2$。

因贮罐和高位槽的截面与管道相比都很大,故 $u_1 \approx 0$,$u_2 \approx 0$。因此,伯努利方程可简化为

$$W_e = z_2 g + \sum h_f = 10 \times 9.81 + \sum h_f$$

只要算出系统的总能量损失 $\sum h_f$,就可算出泵为苯提供的有效能量 W_e。由于吸入管路和排出管路的直径不同,故应分段计算,然后求和。

(1)吸入管路的能量损失 $\sum h_{f,a}$。

$$\sum h_{f,a} = h_{f,a} + h'_{f,a} = \lambda_a \frac{l_a}{d_a} \frac{u_a^2}{2} + \lambda_a \frac{\sum l_{e,a}}{d_a} \frac{u_a^2}{2} = \lambda_a \left(\frac{l_a}{d_a} + \frac{\sum l_{e,a}}{d_a} \right) \frac{u_a^2}{2}$$

式中:$d_a = 89 - 2 \times 4 = 81 \text{ mm} = 0.081 \text{ m}$,$l_a = 15 \text{ m}$。

查有关手册得吸入管路中管件、阀门等以管径计的当量长度分别为:

底阀(按旋启式止回阀全开计)　135
标准弯头　40
由容器入管口　20

故

$$\frac{\sum l_{e,a}}{d_a} = 135 + 40 + 20 = 195$$

$$u_a = \frac{V_s}{0.785 d_a^2} = \frac{300 \times 10^{-3}/60}{0.785 \times 0.081^2} = 0.97 \text{ m/s}$$

由附录查得 20 ℃时苯的密度为 880 kg/m³,黏度为 $6.5 \times 10^{-4} \text{ Pa} \cdot \text{s}$。

$$Re_a = \frac{d_a u_a \rho}{\mu} = \frac{0.081 \times 0.97 \times 880}{6.5 \times 10^{-4}} = 1.06 \times 10^5 > 4\ 000$$

取管壁绝对粗糙度 $\varepsilon = 0.3$ mm，$\varepsilon/d_a = 0.3/81 = 0.0037$。

由图 2-38 查得 $\lambda_a = 0.029$。

故

$$\sum h_{f,a} = 0.029 \times \left(\frac{15}{0.081} + 195\right) \times \frac{0.97^2}{2} = 5.19 \text{ J/kg}$$

（2）排出管路的能量损失 $\sum h_{f,b}$。

$$\sum h_{f,b} = h_{f,b} + h'_{f,b} = \lambda_b \frac{l_b}{d_b}\frac{u_b^2}{2} + \lambda_b \frac{\sum l_{e,b}}{d_b}\frac{u_b^2}{2} = \lambda_b\left(\frac{l_b}{d_b} + \frac{\sum l_{e,b}}{d_b}\right)\frac{u_b^2}{2}$$

式中：$d_b = 57 - 2 \times 3.5 = 50$ mm $= 0.05$ m，$l_b = 50$ m。

查有关手册得出口管路中管件、阀门等以管径计的的当量长度分别为：

全开的闸阀　　7

全开的截止阀　300

三个标准弯头　$3 \times 40 = 120$

由管口入容器　40

故

$$\frac{\sum l_{e,b}}{d_b} = 7 + 300 + 120 + 40 = 467$$

$$u_b = \frac{V_s}{0.785 d_b^2} = \frac{300 \times 10^{-3}/60}{0.785 \times 0.05^2} = 2.55 \text{ m/s}$$

$$Re_b = \frac{d_b u_b \rho}{\mu} = \frac{0.05 \times 2.55 \times 880}{6.5 \times 10^{-4}} = 1.73 \times 10^5 > 4000$$

仍取管壁绝对粗糙度 $\varepsilon = 0.3$ mm，$\varepsilon/d_b = 0.3/50 = 0.006$。

由图 2-38 查得 $\lambda_b = 0.0313$。

$$\sum h_{f,b} = 0.0313 \times \left(\frac{50}{0.05} + 467\right) \times \frac{2.55^2}{2} = 149.3 \text{ J/kg}$$

（3）管路系统的总阻力。

$$\sum h_f = \sum h_{f,a} + \sum h_{f,b} = 5.19 + 149.3 \approx 154.5 \text{ J/kg}$$

所以

$$W_e = 98.1 + 154.5 = 252.6 \text{ J/kg}$$

苯的质量流量为

$$W_s = V_s \rho = \frac{300}{1000 \times 60} \times 880 = 4.4 \text{ kg/s}$$

泵的有效功率为

$$N_e = W_e W_s = 252.6 \times 4.4 = 1111.44 \text{ W} \approx 1.11 \text{ kW}$$

泵的轴功率为

$$N = \frac{N_e}{\eta} = \frac{1.11}{0.7} = 1.59 \text{ kW}$$

☆学习上述内容时可进行流体流型演示及雷诺数的测定、流动阻力的测定等相关实训操作）

测　试　题

一、填空题

1. 黏性是流动性的反面,流体的黏性_____,其流动性_____。

2. 液体的黏度随温度升高而_____,气体的黏度随温度升高而_____。

3. 流体的两种流动型态为_____和_____,判断流动型态的依据是_____。

4. 层流时的平均流速约为管中心流速的_____,湍流时的平均流速约为管中心流速的_____。

5. 流体在管路中流动时的阻力可分为_____和_____。

二、单选题

1. 滞流和湍流的本质区别是(　　)。

A. 湍流的流速大于滞流的　　　　　　　　B. 湍流的 Re 大于滞流的

C. 滞流无径向脉动,湍流有径向脉动　　　D. 湍流时边界层较薄

2. 雷诺数反映流体(　　)的状况。

A. 传热　　　　　　B. 流速　　　　　　C. 湍流　　　　　　D. 流动

3. 当圆形直管内流体的 Re 为 45 600 时,其流动型态属(　　)。

A. 层流　　　　　　B. 湍流　　　　　　C. 过渡状态　　　　D. 无法判断

4. 密度为 1 000 kg/m^3 的流体在 $\phi108$ mm × 4 mm 的管内流动,流速为 2 m/s,黏度为 1 cP,其 Re 为(　　)。

A. 2×10^4　　　B. 2×10^7　　　C. 2×10^6　　　D. 2×10^5

5. 有一个壳体内径为 800 mm 的列管式换热器,内装 460 根 $\phi19$ mm × 2 mm 的钢管,壳体内部空间的当量直径为(　　)m。

A. 0.004 97　　　B. 0.497　　　　　C. 0.049 7　　　　D. 0.50

6. 水由敞口恒液位的高位槽通过一根管道流向压力恒定的反应器,管道上的阀门开度减小后,管道的总阻力损失(　　)。

A. 增大　　　　　　B. 减小　　　　　　C. 不变　　　　　　D. 不能判断

7. 283 K 的水在内径为 25 mm 的钢管中流动,流速为 1 m/s。其 Re 为(　　),流动型态为(　　)。

A. 2×10^4,层流　　B. 1.9×10^4,层流　　C. 1.9×10^4,湍流　　D. 2×10^5,不能判断

8. 流体在圆形直管中做完全湍流流动,若其他条件不变(摩擦系数、管长、流量等不变),仅将管径减小为原来的 1/2,阻力损失为原来的(　　)倍。

A. 2　　　　　　　　B. 4　　　　　　　　C. 16　　　　　　　　D. 32

9. 层流流动时不影响阻力大小的参数是(　　)。

A. 管径　　　　　　B. 管长　　　　　　C. 管壁粗糙度　　　D. 流速

10. 一般情况下,液体的黏度随温度升高而(　　)。

A. 增大　　　　　　B. 减小　　　　　　C. 不变　　　　　　D. 无法判断

三、多选题

1. 关于流动阻力产生的原因,以下说法中正确的有(　　)。

A. 黏性是流动性的反面,流体的黏性越大,其流动性越小

B. 流体流动时产生内摩擦力的特性称为黏性

C. 牛顿黏性定律表明,流体层间的内摩擦力或剪应力与法向速度梯度成反比

D. 黏性是流体产生流动阻力的根本原因

2. 流体的黏度和以下物理量中的(　　　)有关。

A. 流体的流动状态　　B. 流体的种类　　　C. 流体的温度　　　D. 流体的压强

3. 流体在管道中的流型有(　　　)。

A. 折流　　　　　　B. 层流　　　　　　C. 对流　　　　　　D. 湍流

4. 根据雷诺数的大小,可以把流动分为(　　　)。

A. 层流区　　　　　B. 过渡区　　　　　C. 湍流区　　　　　D. 混流区

5. 在管路设计时,减小流动阻力的措施有(　　　)。

A. 在完成任务的前提下,管路尽可能短,尽量走直线,少拐弯

B. 尽量不要装不必要的阀门和管件

C. 在选择管径时尽可能选大管径

D. 减少管道的腐蚀和污垢

E. 尽可能利用大自然的能量

四、计算题

1. 在由一根内管及外管组合成的套管换热器中,已知内管尺寸为 $\phi25$ mm×1.5 mm,外管尺寸为 $\phi45$ mm×2 mm。套管环隙间通以冷却用盐水,其流量为 2 500 kg/h,密度为 1 150 kg/m^3,黏度为 1.2 mPa·s。试判断盐水的流动型态。[答:雷诺数为 $1.117×10^4$,湍流]

2. 套管冷却器由 $\phi89$ mm×2.5 mm 和 $\phi57$ mm×2.5 mm 的钢管构成。空气在细管内流动,流速为 1 m/s,平均温度为 353 K,绝对压强为 2 atm。水在环隙内流动,流速为 1 m/s,平均温度为303K。试求:(1)空气和水的质量流量;(2)空气和水的流动型态。[答:空气的质量流量为 4.25 kg/s,水的质量流量为 2.975 kg/s;空气的雷诺数为 $4.93×10^4$ m^3,其流动型态为湍流,水的雷诺数为 $3.356×10^4$,其流动型态为湍流]

3. 石油输送管为 $\phi159$ mm×4.5 mm 的无缝钢管。石油的相对密度为 0.86,运动黏度为 0.2 m^2/s。当石油的流量为 15.5 t/h 时,试求总长度为 1 000 m 的直管的摩擦阻力损失。[答:80 592 J/kg]

4. 如图 2-43 所示,用离心泵从地面下的常压贮槽中将醋酸输送到醋酸乙烯吸收塔顶部,经喷头喷出作为吸收剂,假设醋酸的密度为 $1×10^3$ kg/m^3,流量为 $1×10^4$ kg/h,输送管路的尺寸为 $\phi57$ mm×3.5 mm,塔顶部管路和喷头连接处与地面的竖直距离为 24 m,贮槽液面距地面 2 m。醋酸进喷头时的压强为 $6×10^5$ Pa(表压),在输送过程中总能量损失为 49 J/kg。若泵的效率为60%,求泵的轴功率 N。[答:4.19 kW]

任务四　流体流量的测量

流量(或流速)是化工生产过程中经常需要测量与控制的参数,测量流体流量的方法很多,其原理各不相同。目前,工程上比较常用的测量装置有测速管(又称皮托管)、孔板流量

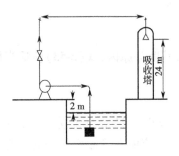

图 2-43　计算题 4 附图

计、文丘里(Venturi)流量计、转子流量计、涡轮流量计等,下面分别简单介绍。

一、测速管

(一)结构

如图 2-44 所示,测速管由两根弯成直角的同心套管组成,内管管口正对着管道中流体流动的方向,外管管口是封闭的,外管前端壁面四周开有若干测压小孔。为了减小误差,测速管的前端经常做成半球形,以减少涡流。测速管的内管与外管分别与 U 形压差计相连。

(二)测量原理

在水平管路截面上的任一点处(图 2-44 所示为管中心)安装测速管,内外管中均充满被测流体。压强为 p 的流体以局部流速 u 流向测速管,当流体流至前端的 A 点时,流体被截,$u_A = 0$,于是流体的动能 $u^2/2$ 在 A 点全部转化为静压能,A 点的压强 p_A 通过测速管的内管传至 U 形压差计的左端。内管所测的是流体在 A 点的局部动能和静压能之和,称为冲压能,即

图 2-44　测速管

$$\frac{p_A}{\rho} = \frac{p}{\rho} + \frac{1}{2}u^2$$

由于外管壁上的测压小孔开孔方向与流体流动方向垂直,所以外管仅测得流体的静压能,即

$$\frac{p_B}{\rho} = \frac{p}{\rho}$$

U 形压差计实际反映的是内管的冲压能和外管的静压能之差,即

$$\frac{\Delta p}{\rho} = \frac{p_A}{\rho} - \frac{p_B}{\rho} = \left(\frac{p}{\rho} + \frac{1}{2}u^2\right) - \frac{p}{\rho} = \frac{1}{2}u^2$$

则该处的局部速度为

$$u = \sqrt{\frac{2\Delta p}{\rho}} \qquad\qquad (2\text{-}52)$$

由静力学基本方程可知

$$\Delta p = (\rho_A - \rho)gR$$

可得

$$u = \sqrt{\frac{2Rg(\rho_A - \rho)}{\rho}} \tag{2-53}$$

考虑到测速管的尺寸和制造精度等原因,式(2-53)应适当修正,则

$$u = C\sqrt{\frac{2Rg(\rho_A - \rho)}{\rho}} \tag{2-53a}$$

式中 $C = 0.98 \sim 1.00$,称为测速管校正系数,由实验标定。估算时可认为 $C \approx 1.00$。

由此可知,测速管实际测得的是流体在管截面某处的点速度,因此利用测速管可以测得流体在管内的速度分布。若要获得流量,可对速度分布曲线进行积分;也可以利用测速管测量管中心的最大速度 $u_c = u_{max}$,利用图 2-45 所示的关系求出管截面的平均速度,然后计算出流量,此法较常用。

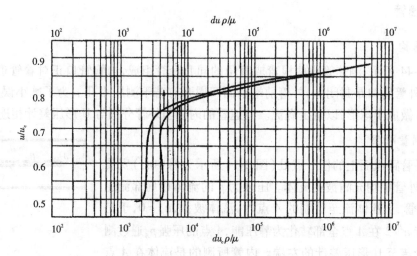

图 2-45 平均速度 u 与管中心速度 u_c 之比与 Re 的关系

【例 2-19】 20 ℃的空气在内径为 300 mm 的钢管中流动。U 形压差计中的指示液为水,用测速管在管中心处测得读数 R 为 20 mm,测点处的压强为 104 kPa(表压)。求管截面上的平均流速 u_m。已知当地大气压强为 100 kPa。

解 20 ℃、104 kPa 下空气的密度为

$$\rho = \frac{pM}{RT} = \frac{104 \times 10^3 \times 29}{8\,314 \times 293} = 1.238 \text{ kg/m}^3$$

取水的密度 $\rho_1 = 1\,000$ kg/m³,$C = 1$,由式(2-53a)得管中心处的最大流速为

$$u_c = \sqrt{\frac{2Rg(\rho_1 - \rho)}{\rho}} = \sqrt{\frac{2 \times 0.020 \times 9.81 \times (1\,000 - 1.238)}{1.238}} = 17.9 \text{ m/s}$$

由附录查得 20 ℃下空气的黏度为 1.81×10^{-5} Pa·s,则管中心处的 Re_c 为

$$Re_c = \frac{du_c\rho}{\mu} = \frac{0.300 \times 17.9 \times 1.238}{1.81 \times 10^{-5}} = 3.67 \times 10^5$$

由图 2-45 查得 $u/u_c = 0.84$。则可得管内的平均流速为

$$u_m = u = 0.84u_c = 0.84 \times 17.9 = 15.0 \text{ m/s}$$

（三）安装

安装测速管时应注意如下事项。

（1）必须保证测量点位于均匀流段，一般要求测量点上、下游的直管长度大于 50 倍管内径，至少也应大于 8 ~ 12 倍管内径。

（2）测速管管口截面必须垂直于流体流动方向，任何偏离都将导致负偏差。

（3）测速管的外径 d_0 不应超过内径 d 的 1/50，即 $d_0 < d/50$。

测速管对流体的阻力较小，适于测量大直径管道中清洁气体的流速。若流体中含有固体杂质，易将测压孔堵塞，不宜采用。此外，测速管的压差读数较小，常常需要放大或配微压计。

二、孔板流量计

（一）结构

孔板流量计属于差压式流量计，是利用流体流经节流元件产生的压强差实现流量的测量的。孔板流量计的节流元件为孔板，即中央开有圆孔的金属板，其结构如图 2-46 所示。将孔板垂直安装在管道中，以一定的取压方式测取孔板前后两端的压差，并与压差计相连，即构成孔板流量计。

（二）测量原理

在图 2-46 中，流体在管道截面 1—1′前以一定的流速 u_1 流动，因后面有节流元件，到达截面 1—1′后流束开始收缩，流速即增大。由于惯性的作用，流束的最小截面并不在孔口处，而是经过孔板后仍继续收缩，到截面 2—2′达到最小，流速 u_2 达到最大。流束截面最小处称为缩脉。随后流束又逐渐扩大，直至截面 3—3′处又恢复到原有管截面，流速也减小到原来的数值。

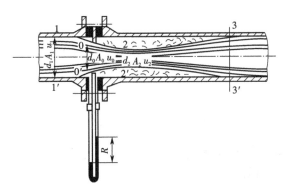

图 2-46　孔板流量计

在流速变化的同时，流体的压强也随之发生变化。在 1—1′截面处流体的压强为 p_1，流束收缩后流体的压强下降，到缩脉 2—2′处降至最低 p_2，而后又随流束的恢复而恢复。但由于在孔板处流通截面突然缩小与扩大而形成涡流，消耗了一部分能量，所以流体在 3—3′截面处的压强 p_3 不能恢复到原来的压强 p_1，而使 $p_3 < p_1$。

流体在缩脉处流速最大，即动能最大，相应的压强就最低，因此当流体以一定的流量流经小孔时,在孔前后就产生了一定的压强差 $\Delta p = p_1 - p_2$。流量愈大,Δp 就愈大,并存在对应关系,因此采用测量压差的方法就可以测量流量。

孔板流量计的流量与压差的关系可由连续性方程和伯努利方程推导得到。

如图 2-46,在 1—1′ 截面和 2—2′ 截面间列伯努利方程,暂时不计能量损失,有

$$\frac{p_1}{\rho} + \frac{1}{2}u_1^2 = \frac{p_2}{\rho} + \frac{1}{2}u_2^2$$

变形得

$$\frac{u_2^2 - u_1^2}{2} = \frac{p_1 - p_2}{\rho}$$

或

$$\sqrt{u_2^2 - u_1^2} = \sqrt{\frac{2\Delta p}{\rho}}$$

上式未考虑能量损失,实际上流体流经孔板的能量损失不能忽略不计;另外,缩脉的位置不定,A_2 未知,但孔口面积 A_0 已知,为便于使用,可用孔口速度 u_0 代替缩脉处的速度 u_2;同时,两测压孔的位置也不一定在 1—1′ 和 2—2′ 截面上。所以引入一个校正系数 C 来校正上述各因素的影响,则上式变为

$$\sqrt{u_0^2 - u_1^2} = C\sqrt{\frac{2\Delta p}{\rho}} \tag{2-54}$$

根据连续性方程,对于不可压缩流体有 $u_1 = u_0 A_0 / A_1$,将其代入式(2-54),整理后得

$$u_0 = \frac{C}{\sqrt{1 - \left(\dfrac{A_0}{A_1}\right)^2}}\sqrt{\frac{2\Delta p}{\rho}} \tag{2-55}$$

令

$$C_0 = \frac{C}{\sqrt{1 - \left(\dfrac{A_0}{A_1}\right)^2}}$$

则

$$u_0 = C_0\sqrt{\frac{2\Delta p}{\rho}} \tag{2-56}$$

将 $\Delta p = (\rho_A - \rho)gR$ 代入式(2-56),得

$$u_0 = C_0\sqrt{\frac{2(\rho_A - \rho)Rg}{\rho}} \tag{2-56a}$$

根据 u_0 即可计算流体的体积流量,计算式为

$$V_s = u_0 A_0 = C_0 A_0 \sqrt{\frac{2(\rho_A - \rho)Rg}{\rho}} \tag{2-57}$$

质量流量的计算式为

$$W_s = C_0 A_0 \sqrt{2\rho(\rho_A - \rho)Rg} \tag{2-58}$$

式中 C_0 称为流量系数或孔流系数,其值由实验测定。C_0 主要取决于流体流动的雷诺数 Re、孔

面积与管道面积之比 A_0/A_1，同时孔板的取压方式、加工精度、管壁粗糙度等因素也对其有一定的影响。对于取压方式、结构尺寸、加工状况均已规定的标准孔板，流量系数 C_0 可以表示为

$$C_0 = f\left(Re, \frac{A_0}{A_1}\right) \tag{2-59}$$

式中 Re 是以管道的内径 d_1 计算的雷诺数，即

$$Re = \frac{d_1 u \rho}{\mu}$$

对于按标准规格及精度制作的孔板，用角接取压法安装在光滑管路中的标准孔板流量计，实验测得的 C_0 与 Re、A_0/A_1 的关系曲线如图 2-47 所示。从图中可以看出，对于 A_0/A_1 相等的标准孔板，C_0 只是 Re 的函数，并随 Re 增大而减小。当增大到一定的界限值之后，C_0 不再随 Re 变化，成为一个仅取决于 A_0/A_1 的常数。选用或设计孔板流量计时，应尽量使常用流量在此范围内。常用的 C_0 值为 $0.6 \sim 0.7$。

用式（2-57）或式（2-58）计算流体的流量时，必须先确定流量系数 C_0，但 C_0 与 Re 有关，管道中流体的流速又未知，故无法计算 Re，此时可采用试差法。即先假设 Re 超过 Re 的界限值 Re_c，由 A_0/A_1 从图 2-47 中查得 C_0，然后根据式（2-57）或式（2-58）计算流量，再计算管道中的流速及相应的 Re。若所得的 Re 大于界限值 Re_c，表明原来的假设正确，否则需重新假设 C_0，重复上述计算，直至计算值与假设值相符为止。

由式（2-57）可知，当流量系数 C_0 为常数时，$V_s \propto \sqrt{R}$，或 $R \propto V_s^2$。表明 U 形压差计的读数 R 与流量的平方成正比，即流量的较小变化将导致读数 R 的较大变化，因此测量的灵敏度较高。此外，由以上关系也可以看出，孔板流量

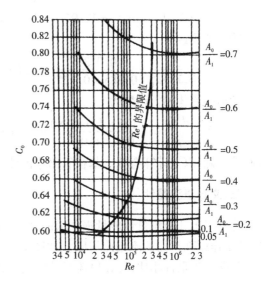

图 2-47　标准孔板的流量系数

计的测量范围受 U 形压差计量程的限制，同时考虑到孔板流量计的能量损失随流量增大而迅速增大，故孔板流量计不适用于流量范围较大的场合。

（三）安装与优缺点

孔板流量计安装时，上、下游需要有一段内径不变的直管作为稳定段，上游长度至少为管径的 10 倍，下游长度为管径的 5 倍。

孔板流量计结构简单，制造与安装都方便，其主要缺点是能量损失较大，这主要是由于流体流经孔板时截面突然缩小与扩大形成大量涡流所致。如前所述，虽然流体流至管口后某一位置（图 2-46 中的 3—3′ 截面）流速已恢复到与孔板前相同，但静压能却不能恢复，产生了永久压强降，即 $\Delta p_f = p_1 - p_3$，此压强降随面积比 A_0/A_1 减小而增大。同时孔口直径减小时，流速提高，读数 R 增大，因此设计孔板流量计时应选择适当的面积比 A_0/A_1，以期兼顾 U 形压差计适宜的读数和允许的压强降。

【例 2-20】　20 ℃的苯在 $\phi 133$ mm × 4 mm 的钢管中流动，为测量苯的流量，在管道中安装

一个孔径为 75 mm 的标准孔板流量计。当孔板前后 U 形压差计的读数 R 为 80 mmHg 时,试求管中苯的流量(m^3/h)。

解　查得 20 ℃苯的物性:$\rho = 880 \ \mathrm{kg/m}^3$,$\mu = 0.67 \times 10^{-3} \ \mathrm{Pa \cdot s}$。

管道的内径 $d_1 = 133 - 2 \times 4 = 125 \ \mathrm{mm} = 0.125 \ \mathrm{m}$,孔径 $d_0 = 75 \ \mathrm{mm} = 0.075 \ \mathrm{m}$,面积比为

$$\frac{A_0}{A_1} = \left(\frac{d_0}{d_1}\right)^2 = \left(\frac{75}{125}\right)^2 = 0.36$$

设 $Re > Re_{\mathrm{c}}$,由图 2-47 查得:$C_0 = 0.648$,$Re_{\mathrm{c}} = 1.5 \times 10^5$。

根据式(2-57),苯的体积流量为

$$
\begin{aligned}
V_{\mathrm{s}} &= C_0 A_0 \sqrt{\frac{2(\rho_A - \rho)Rg}{\rho}} \\
&= 0.648 \times 0.785 \times 0.075^2 \times \sqrt{\frac{2 \times (13\ 600 - 880) \times 0.08 \times 9.81}{880}} \\
&= 0.013\ 6 \ \mathrm{m}^3/\mathrm{s} = 48.96 \ \mathrm{m}^3/\mathrm{h}
\end{aligned}
$$

管内的流速为

$$u = \frac{V_{\mathrm{s}}}{0.785 d_1^2} = \frac{0.013\ 6}{0.785 \times 0.125^2} = 1.1 \ \mathrm{m/s}$$

管道中流体的雷诺数为

$$Re = \frac{d_1 u \rho}{\mu} = \frac{0.125 \times 1.1 \times 880}{0.67 \times 10^{-3}} = 1.81 \times 10^5 > Re_{\mathrm{c}}$$

故假设正确,以上计算有效。苯在管路中的流量为 48.96 m^3/h。

三、文丘里流量计

为了克服孔板流量计能量损失大的缺点,可以使用文丘里流量计代替孔板流量计测量流量,其工作原理与孔板流量计相同。如图 2-48 所示,文丘里流量计是由渐缩管和渐扩管构成的。与孔板流量计相比,文丘里流量计的能量损失极小,但结构精密,造价高。

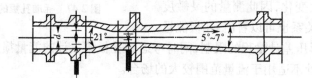

图 2-48　文丘里流量计

文丘里流量计的流量计算式为

$$V_{\mathrm{s}} = C_{\mathrm{V}} A_0 \sqrt{\frac{2(\rho_A - \rho)Rg}{\rho}} \tag{2-60}$$

式中　C_{V}——文丘里流量计的孔流系数,其值由实验测定,随 Re 而变(为 0.98 ~ 0.99);

　　　A_0——喉管处的截面积,$A_0 = \dfrac{\pi}{4} d_0^2$,$\mathrm{m}^2$。

四、转子流量计

（一）结构

转子流量计的结构如图 2-49 所示，由一段上粗下细的锥形玻璃管（锥角约为 4°）和一个密度大于被测流体的固体转子（或称浮子）构成。流体自玻璃管底部流入，经过转子和管壁之间的环隙，再从顶部流出。

（二）测量原理

管中无流体通过时，转子沉在管底部。当被测流体以一定的流量流经转子与管壁之间的环隙时，由于流道截面积减小，流速增大，压强随之降低，于是在转子的上、下端面间形成一个压差，将转子托起，使转子上浮。随转子上浮，环隙面积逐渐增大，流速减小，压强增大，从而使转子两端面间的压差减小。当转子上浮至某一高度，由转子两端面间的压差造成的浮力恰好等于转子的重力时，转子不再上升，而悬浮在该高度。流体的流量越大，其平衡位置就越高，所以转子位置的高低即表示流体流量的大小。转子流量计的玻璃管外表面上刻有流量值，根据转子平衡时其上端面所处的位置，即可读取相应的流量。

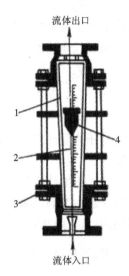

流体出口

流体入口

图 2-49　转子流量计
1—锥形玻璃管；
2—流量刻度；
3—突缘填函盖板；
4—转子

当转子稳定于某一位置时，环隙面积为某一固定值，流体流经环隙通道的流量与压差间的关系可仿照流体通过孔板流量计的孔口时的情况来表示，即

$$V_s = C_R A_R \sqrt{\frac{2(p_1 - p_2)}{\rho}} \qquad (2-61)$$

或

$$V_s = C_R A_R \sqrt{\frac{2g V_f (\rho_f - \rho)}{A_f \rho}} \qquad (2-62)$$

式中　C_R——转子流量计的流量系数；

A_R——转子处于一定位置的环隙面积，m^2；

V_f——转子的体积，m^3；

A_f——转子最大部分的横截面积，m^2；

ρ_f——转子的密度，kg/m^3；

ρ——流体的密度，kg/m^3。

式（2-62）即为转子流量计的流量计算式。由于环隙面积与锥体高度成正比，于是可在流量计的不同高度上等距离刻出流量的线性变化值。

（三）刻度换算

转子流量计上的刻度是在出厂前用某种流体标定的。一般液体流量计用 20 ℃的水（密度为 1 000 kg/m^3）标定，气体流量计用 20 ℃、101.2 kPa 的空气（密度为 1.2 kg/m^3）标定。当被测流体与上述条件不符时,应进行刻度换算。

假定 C_R 相同,在同一刻度下,有

$$\frac{V_{s2}}{V_{s1}} = \sqrt{\frac{\rho_1(\rho_f - \rho_2)}{\rho_2(\rho_f - \rho_1)}}$$ (2-63)

式中下标1表示标定流体,下标2表示实际被测流体。

对于气体转子流量计,因转子的密度远大于气体的密度,式(2-63)可简化为

$$\frac{V_{s2}}{V_{s1}} \approx \sqrt{\frac{\rho_1}{\rho_2}}$$ (2-63a)

（四）主要特点与适用场合

转子流量计必须竖立在安装在管路上,流体必须从下进上出。为便于维修,管路上常设置支路。

转子流量计读取流量方便,能量损失小,测量范围宽,能用于腐蚀性流体的测量,但流量计管壁大多为玻璃制品,故不能经受高温和高压,在安装使用过程中也容易破碎。操作时应缓慢启闭阀门,以防止转子突然升降而击碎玻璃管。

五、涡轮流量计

（一）结构

图 2-50　涡轮流量计

涡轮流量计如图2-50所示,流体从机壳的进口流入。通过支架将一对轴承固定在管中心轴线上,涡轮安装在轴承上。涡轮上、下游的支架上装有呈辐射形的整流板,以对流体起导向作用,避免流体自旋而改变对涡轮叶片的作用角度。涡轮上方的机壳外部装有传感线圈,用于接收磁通变化信号。

涡轮由导磁不锈钢材料制成,装有螺旋状叶片。叶片的数量根据直径不同而不同,为2~24片不等。为了使涡轮对流速有很好的响应,要求涡轮的质量尽可能小。

对涡轮叶片结构参数的一般要求:叶片倾角为 $10° \sim 15°$（气体）, $30° \sim 45°$（液体）;叶片重叠度 P 为 $1 \sim 1.2$;叶片与内壳间的间隙为 $0.5 \sim 1$ mm。

涡轮的轴承一般采用滑动配合的硬质合金轴承,要求耐磨性能好。

（二）测量原理

涡轮流量计的原理示意如图2-51所示。在管道中心安放一个涡轮,其两端由轴承支撑。流体通过管道时冲击涡轮叶片,对涡轮产生驱动力矩,使涡轮克服摩擦力矩和流动阻力矩而旋转。在一定的流量范围内,对一定黏度的流体介质,涡轮的旋转角速度与流体流速成正比。因此,流体流速可通过涡轮的旋转角速度得到,从而可以计算得到通过管道的流体流量。

涡轮的转速通过装在机壳外的传感线圈来检测。当涡轮叶片切割由壳体内的永久磁钢产生的磁力线时,就会引起传感线圈中的磁通变化。传感线圈将检测到的磁通周期变化信号送入前置放大器,对信号进行放大、整形,产生与流速成正比的脉冲信号,送入单位换算与流量积算电路,得到并显示累积流量值;同时亦将脉冲信号送入频率电流转换电路,将脉冲信号转换成模拟电流量,进而指示瞬时流量值。涡轮流量计的总体原理框图如图2-52所示。

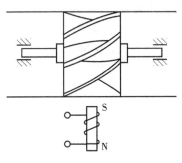

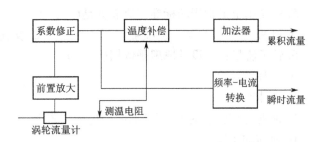

图 2-51　涡轮流量计的原理示意　　　　　图 2-52　涡轮流量计的总体原理框图

　　涡轮流量计具有结构简单、轻巧、精度高、重现性好、反应灵敏、安装维护使用方便等特点,广泛应用于石油、化工、冶金、供水、造纸等行业,是计量流量和节能的理想仪表。其适用于在工作温度下黏度小于 5×10^{-6} m²/s 的介质,对于黏度大于 5×10^{-6} m²/s 的液体,要对传感器进行实液标定后使用。

测 试 题

一、填空题

　　1. 测速管由 _____ , 内管管口 _____ , 外管管口是 _____ , 外管 _____ 四周开有若干测压小孔。

　　2. 流体在缩脉处流速 _____ , 即动能最大, 相应的压强就 _____ , 因此当流体以一定的流量流经小孔时, 在孔前后就产生了一定的压强差 _____ 。流量越大, _____ 就越大, 并存在对应关系, 因此采用测量压差的方法就可以测量流量。

　　3. 当被测流体以一定的流量流经 _____ 时, 由于流道截面积减小, 流速 _____ , 压强随之 _____ , 于是在转子的上、下端面间形成一个 _____ , 将转子托起, 使转子 _____ 。随转子上浮, 环隙面积 _____ , 流速 _____ , 压强 _____ , 从而使转子两端面间的压差 _____ 。

　　4. 涡轮流量计是在管道 _____ 安放一个 _____ , 其两端由轴承支撑。流体通过管道时 _____ 涡轮叶片, 对涡轮产生 _____ , 使涡轮克服摩擦力矩和流动阻力力矩而 _____ 。在一定的流量范围内, 对一定黏度的流体介质, 涡轮的旋转角速度与流体流速成正比。因此, 流体 _____ 可通过涡轮的旋转角速度得到, 从而可以计算得到通过管道的流体流量。

二、单选题

　　1. 孔板流量计与测速管都是定节流面积的流量计,利用(　　　)来反映流量。

A. 变动的压强差　　　B. 动能差　　　　　C. 速度差　　　　　　D. 摩擦阻力

　　2. 流体在管内流动时,如要测取管截面上的流速分布,应选用(　　　)测量。

A. 测速管　　　　　B. 孔板流量计　　　C. 文丘里流量计　　　D. 转子流量计

　　3. 下列四种流量计中,不属于差压式流量计的是(　　　)。

A. 孔板流量计　　　B. 喷嘴流量计　　　C. 文丘里流量计　　　D. 转子流量计

　　4. 测量流体流量时,随流量增大孔板流量计两侧的压差值将(　　　)。

A. 减小　　　　　　　　　　　　　B. 增大

C. 不变   D. 条件不足,无法判断

5.最简单也最常用的标准节流装置是(   )。

A.孔板   B.喷嘴   C.文丘里管   D.转子

6.转子流量计的设计原理是依据(   )。

A.流体的速度

B.液体对转子的浮力

C.流动时在转子的上、下端面间产生的压强差

D.流体的密度

7.转子流量计指示稳定时,其转子上、下的压差是由(   )决定的。

A.流体的流速   B.流体的压力   C.转子的质量   D.流道的截面积

8.孔板流量计是(   )式流量计。

A.恒截面、变压差   B.恒压差、变截面   C.变截面、变压差   D.恒压差、恒截面

9.孔板流量计是利用流体以一定的流量经过孔板时,产生(   )变化来量度流体流量的。

A.流速差   B.温度差   C.流量差   D.压强差

10.流体通过(   )时,随着流量增大,压差不变。

A.孔板流量计   B.文丘里流量计   C.转子流量计   D.涡轮流量计

三、多选题

1.关于流体流量的测量,以下说法中正确的有(   )。

A.孔板流量计是利用流体流经节流元件产生的压强差来实现流量测量的

B.文丘里流量计是由渐缩管和渐扩管构成的

C.转子流量计的核心部件是转子,也叫浮子

D.孔板流量计的流量和压差的关系可以由连续性方程和伯努利方程得到

2.安装测速管时应注意:(   )。

A.测量点上、下游的直管长度最好大于 50 倍管内径,至少也应大于 8~12 倍管内径

B.测量点上、下游的直管长度最好大于 30 倍管内径,至少也应大于 8~12 倍管内径

C.测速管的外径 d_0 不应超过管内径 d 的 1/50,即 $d_0 \leq d/50$

D.测速管管口截面必须垂直于流体流动方向

3.以下对孔板流量计的描述中正确的有(   )。

A.安装时,上、下游需要有一段内径不变的直管

B.上游长度至少为管径的 10 倍,下游长度为管径的 5 倍

C.安装时,上、下游需要有一段内径渐变的直管

D.结构简单,能量损失大

E.为变压差型流量计

4.以下对转子流量计的描述中正确的有(   )。

A.转子流量计可以直接读出流量,能量损失小

B.不需要设置稳定段

C.竖直安装

D.为变截面型流量计

E. 为变压差型流量计

5. 以下对涡轮流量计的描述中正确的有(　　　)。

A. 涡轮由导磁不锈钢材料制成,装有螺旋叶片

B. 叶片的数量根据直径不同而不同,为 2～24 片不等

C. 涡轮的转速通过装在机壳外的传感线圈来检测

D. 结构简单、轻巧、精度高、重现性好、反应灵敏、安装维护使用方便

E. 对黏度大的液体,不需要对传感器进行实液标定

四、计算题

1. 在一个内径为 257 mm 的钢管中心处安装一个测速管,以测定管中心处空气的流速。空气温度为 40 ℃,压强为 9×10^4 Pa(绝压)。采用双液柱微差计测量测速管两侧的压差,指示液为水和油,密度分别为 1 000 kg/m³ 和 800 kg/m³。已知压差计的读数为 150 mm,求管内空气的质量流量(kg/s)。[答:1.056 kg/s]

2. 在一个 57 mm×3.5 mm 的管道中装一个标准孔板流量计,孔径为 25 mm。管内液体的密度为 1 080 kg/m³,黏度为 0.7 mPa·s,已知 U 形压差计的读数为 240 mmHg,试计算该液体的体积流量。[答:0.002 28 m³/s = 8.2 m³/h]

3. 一个管道内径由 200 mm 逐渐缩小为 100 mm(见图 2-53),管道中有甲烷流过,其流量在操作压强及温度下为 1 800 m³/h,大、小管道上相距 1 m 的 A、B 两截面间与阻力损失相应的压差为 20 mm 水柱(约 196 Pa),在 A、B 间连一个 U 形管压差计,指示液为水,试问读数 R 为多少毫米?(甲烷的密度取平均值 1.43 kg/m³)[答:58.7 mm]

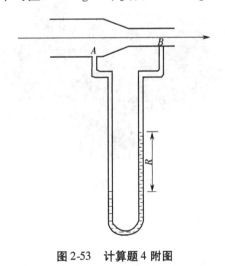

图 2-53　计算题 4 附图

任务五　液体输送机械的选择、安装及操作

液体输送机械实质上就是为液体提供能量的机械设备,统称为泵。在化工行业中,为了适应所要输送液体的性质、压强、流量各不相同的要求,设计制造了各种类型的泵。其依据工作原理不同,可分为以下几类。

1）叶轮式（动力式、离心式）

它利用高速旋转的叶轮将能量传给流体，以增加流体的机械能，如离心泵、轴流泵、混流泵及旋涡泵。

2）容积式（正位移式）

它利用转子或活塞的挤压作用使流体获得能量，如往复泵、齿轮泵。

3）流体作用式

它是利用流体能量转化原理输送液体的，如喷射泵、酸蛋等。

对于大、中流量和中等压强的液体输送任务，一般选用离心泵；对于中、小流量和高压强的输送任务，一般选用往复泵；齿轮泵等旋转泵则多适用于小流量和高压强的场合。离心泵由于具有适用范围广、结构简单以及运转平稳等优点，在化工生产中得到广泛的应用。容积式泵只在一定的场合下使用，其他类型的泵则使用得很少。下面重点讨论离心泵，同时简要介绍其他类型的泵。

一、离心泵

离心泵如图 2-54 所示，其结构简单，操作容易，流量易于调节，且适用于多种具有特殊性质的物料，因此在工业生产中被普遍采用。

图 2-54　离心泵

（一）离心泵的主要部件和工作原理

1. 离心泵的主要部件

离心泵的部件很多，其中叶轮、泵壳和轴封装置是三个主要功能部件，它们的形状和构造对实现泵的基本功能、提高泵的工作效率有重要影响。

（1）叶轮。叶轮是离心泵的核心部件，为离心泵的供能装置，具有不同的结构形式。叶轮上一般有 4～12 片后弯叶片（叶片弯曲方向与旋转方向相反，目的是提高静压能），形成了数目相同的液体通道。按叶片两侧有无盖板，叶轮可分为开式叶轮（2-55（a））、半开式叶轮（2-55（b））和闭式叶轮（2-55（c））。闭式叶轮效率高，应用最多，适用于输送清洁液体；半开式叶轮适用于输送具有黏性或含有固体颗粒的液体；开式叶轮效率低，适用于输送污水、含泥沙及含纤维的液体。按吸液方式不同，叶轮还可分为单吸式叶轮与双吸式叶轮两种，如图 2-56

所示。单吸式叶轮结构简单,液体只能从一侧吸入;双吸式叶轮可同时从叶轮两侧对称地吸入液体,具有较强的吸液能力,而且基本上消除了轴向推力。

(a)　　　　　　　　(b)　　　　　　　　(c)

图 2-55　叶轮的类型(按叶片两侧有无盖板分)

(a)开式叶轮　(b)半开式叶轮　(c)闭式叶轮

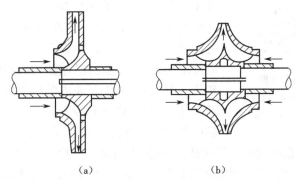

(a)　　　　　　　　(b)

图 2-56　叶轮的类型(按吸液方式分)

(a)单吸式叶轮　(b)双吸式叶轮

(2)泵壳和导轮。离心泵的外壳呈蜗壳形,故又称为蜗壳,壳内有一个截面逐渐扩大的液体通道,如图 2-57 所示。液体被从叶轮边缘以高速抛出后,沿泵壳的蜗壳形通道向排出口流动,流速逐渐降低,减少了能量损失,且一部分动能有效地转变为静压能。显然,泵壳具有汇聚液体和能量转化的双重功能。蜗壳的优点是制造比较方便,泵性能曲线的高效区域比较宽,叶轮切削后泵的效率变化较小;缺点是形状不对称,易使泵轴弯曲,所以在多级泵中只有吸入段和排出段采用蜗壳,而中段采用导轮。导轮是一个固定不动的带有叶片的圆盘,其结构如图 2-57 所示,其目的是减小液体直接进入蜗壳时的冲击。由于导轮具有很多逐渐转向的通道,高速液体流过时能均匀而缓和地将动能转变为静压能,从而减少了能量损失。它与蜗壳相比,优点是外形尺寸小,缺点是效率低。

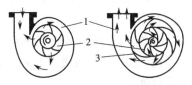

图 2-57　离心泵的泵壳和导轮

1—泵壳;2—叶轮;3—导轮

（3）轴封装置。泵轴与泵壳之间的密封称为轴封,其作用是防止泵内的高压液体沿轴漏出,避免外界空气进入泵内。常用的轴封装置有填料密封和机械密封两种。填料密封结构简单,加工方便,但功率消耗较大,且有一定的泄漏,需定期更换。与填料密封相比,机械密封具有较好的密封性能,且结构紧凑,功率消耗小,使用寿命长,广泛用于输送高温、高压、有毒或腐蚀性液体的离心泵中,如酸、碱、易燃、易爆及有毒液体的输送。

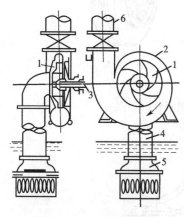

图 2-58 离心泵装置简图
1—叶轮;2—泵壳;3—泵轴;4—吸入管;
5—单向底阀和滤网;6—排出管

2. 离心泵的工作原理

图 2-58 是离心泵装置简图。叶轮 1 安装在泵壳 2 内,并紧固于泵轴 3 上,泵轴一般由电机直接带动。吸入口位于泵壳中央,并与吸入管 4 连接,吸入管 4 的底部装有单向底阀和滤网 5,泵壳旁侧的排出口与装有调节阀门的排出管 6 相连接。

启动离心泵前,必须将被输送的液体灌满吸入管路、叶轮和泵壳,这种操作称为灌泵。电机启动后,泵轴带动叶轮高速旋转(1 000 ~ 3 000 r/min),叶片间的液体也随之做圆周运动。同时,在离心力的作用下,液体由叶轮中心被甩向边缘,并获得机械能,获得机械能的液体离开叶轮流入泵壳后,由于泵壳内的蜗形通道逐渐加宽,流速逐渐降低,一部分动能又转变为静压能,使泵出口处液体的静压能进一步提高,最后以高压沿切线方向排出。液体从叶轮中心流向外缘时,在叶轮中心形成低压,在贮槽液面和泵吸入口之间的压强差作用下,液体连续不断地吸入和排出,以达到输送的目的。由此可见,离心泵之所以能输送液体,主要由于高速旋转的叶轮所产生的离心力,故名离心泵。

需要特别指出的是,离心泵无自吸能力,在启动之前,必须向泵内灌满被输送的液体。若未充满液体,则泵壳内存在空气,由于空气的密度远小于液体的密度,叶轮旋转时产生的离心力小,不能在叶轮中心形成必要的低压,泵吸入管两端的压强差很小,不能推动液体通过吸入管流入泵内,此时泵只能空转而不能输送液体。这种由于泵内存有气体而造成离心泵启动时不能吸入液体的现象称为气缚。吸入管路安装底阀是为了防止启动泵前灌入泵壳内的液体从泵内流出。空气从吸入管进到泵壳中也会造成气缚,在实际应用时应注意这一点。

(二)离心泵的性能参数与特性曲线

1. 离心泵的性能参数

性能参数表征离心泵性能的好坏,主要性能参数包括流量、扬程、转速、轴功率、效率等。掌握这些性能参数的含义及相互间的联系,对正确地选择和使用离心泵有重要意义。为了便于人们了解,制造厂给每台泵都附了一块铭牌,上面标明了泵在最高效率点的各种性能。

1）流量

流量是泵的输液能力,常用单位时间内泵排出液体的体积流量来表示,符号为 Q,单位为 m^3/h。离心泵的流量取决于泵的结构(如单吸或双吸等)、尺寸(主要是叶轮的直径 D 和流道尺寸)、转速 n 以及密封装置的可靠程度。

2）扬程

扬程是泵的做功能力,是单位重量(1 N)的液体经过泵后所获得的有效能量,又称为离心泵的压头,用符号 H 表示,单位为 N·m/N,即 m(液柱)。离心泵扬程的大小取决于泵的结构、转速及流量,还与被输送液体的黏度有关。离心泵的扬程与管路无关,离心泵的扬程目前还不能通过理论公式精确计算,而只能实际测定。

如图 2-59 所示,在管路中装一个流量计,可测得其流量,在吸入口及排出口分别装一块真空表和压强表,读数分别为 p_1 和 p_2。在泵的吸入口 1—1′截面和排出口 2—2′截面间列伯努利方程,得

$$z_1 + \frac{u_1^2}{2g} + \frac{p_1}{\rho g} + H = z_2 + \frac{u_2^2}{2g} + \frac{p_2}{\rho g} + H_f$$

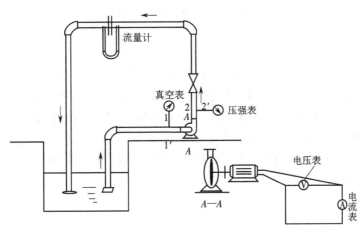

图 2-59　测定流量和扬程的实验装置

由于进、出口间的管路很短,其压头损失可忽略不计,故

$$H = z_2 - z_1 + \frac{u_2^2 - u_1^2}{2g} + \frac{p_2 - p_1}{\rho g} \tag{2-64}$$

【例 2-21】　某生产厂为测定一台离心泵的扬程,以 20 ℃的清水为介质,测得出口处的表压强为 0.48 MPa,入口处的真空度为 0.02 MPa,泵出入口的管径相同,两测压点之间的高度差为 0.4 m,试计算该泵的扬程。

解　已知 $z = z_2 - z_1 = 0.4$ m,$p_1 = -0.02$ MPa(表压),$p_2 = 0.48$ MPa(表压),因出入口的管径相同,则 $u_1 = u_2$,从附录中查得 293 K 清水的密度 $\rho = 998.2$ kg/m³。

将以上数据代入式(2-64)得

$$H = z_2 - z_1 + \frac{u_2^2 - u_1^2}{2g} + \frac{p_2 - p_1}{\rho g} = 0.4 + \frac{(0.48 + 0.02) \times 10^6}{998.2 \times 9.81} = 51.5 \text{ m}$$

必须指出,扬程与流动系统中液体的升扬高度不是同一个概念。根据伯努利方程式

$$H = (z_2 - z_1) + \frac{u_2^2 - u_1^2}{2g} + \frac{p_2 - p_1}{\rho g}$$

式(2-64)中的 $z_2 - z_1$ 是系统的初始位置与终止位置之间的位置差,称为升扬高度,表示位压头差。由于在流体输送系统中不可避免地有能量损失,即便在 $u_1 = u_2$、$p_1 = p_2$ 的情况下,升扬高度也只能是离心泵扬程的一部分。例如 IS50 - 32 - 200 型离心泵,当流量为 15 m³/h 时,其扬程为 48 m,但它绝不可能把液体升到 48 m 的高度。

3)转速

离心泵的转速是泵轴在单位时间内的转数,以符号 n 表示,单位为 r/min;或者用符号 n_f 表示,单位为 Hz(每秒的转数)。额定转速通常为 2 900 r/min。

4)轴功率

功率是单位时间内所做的功的大小。

离心泵的功率是轴功率,即单位时间内由电机输入离心泵泵轴的功率,用符号 N 表示,单位是 W(J/s)。

有效功率是单位时间内液体自泵得到的功率,用符号 N_e 表示,单位是 W(J/s)。

由于单位时间内流过的流体质量为 $W_s = Q\rho$,故有效功率的表达式为

$$N_e = Q\rho gH \tag{2-65}$$

5)效率

泵的效率是有效功率与轴功率之比。在液体输送过程中,外界能量通过泵传递给液体,其中不可避免地有能量损失,故泵所做的功不可能全部转化为液体所得。因此,离心泵都有一个效率,用符号 η 表示,它反映了能量损失,主要为容积损失(由泵的内泄漏引起)、水力损失(由液体在泵壳和叶轮内流向、流速的不断改变和产生冲击、摩擦引起)和机械损失(由泵轴与轴承、泵轴与填料之间,机械密封的动、静环之间的摩擦损失以及液体与叶轮的盖板之间的摩擦损失引起)。泵的效率可用下式计算。

$$\eta = \frac{N_e}{N} \tag{2-66}$$

则轴功率为

$$N = \frac{N_e}{\eta} = \frac{Q\rho gH}{\eta} \tag{2-67}$$

离心泵的效率与泵的大小、类型以及加工状况、流量等有关。一般大泵的效率可达 90% 左右,小泵为 50% ~70% 。

2.离心泵的特性曲线

实验表明,离心泵在工作时的扬程、功率和效率等主要性能参数并不是固定的,而是随着流量变化而变化。离心泵在出厂前,在规定条件下将由实验测得的 $Q-H$、$Q-N$、$Q-\eta$ 的关系绘制在同一个坐标系中,得到一组曲线,称为离心泵的特性曲线,如图 2-60 所示。

离心泵的特性曲线一般由离心泵的生产厂家提供,标绘于泵产品说明书中,其测定条件一般是 20 ℃的清水,转速为 2 900 r/min。各种型号的离心泵的特性曲线是不同的,但它们具有以下共同的规律。

1)$Q-H$ 曲线

$Q-H$ 曲线表示泵的扬程与流量的关系。离心泵的扬程在较大的流量范围内是随着流量增大而减小的,这是因为速度增大,系统中的能量损失加大。不同型号的离心泵,$Q-H$ 曲线的形状有所不同。如有的曲线比较平坦,适用于扬程变化不大而流量变化较大的场合;有的曲线比较陡峭,适用于扬程变化大而不允许流量变化太大的场合。

2)$Q-N$ 曲线

$Q-N$ 曲线表示泵的流量与轴功率的关系。轴功率随流量增大而增大。显然,当流量为零时,泵轴消耗的功率最小。因此,在离心泵启动时,应当关闭泵的出口阀,使电机的启动电流

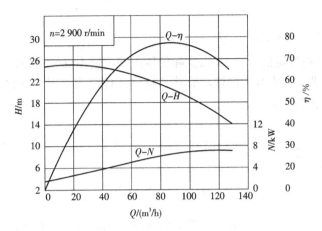

图 2-60 离心泵的特性曲线

减至最小,待电机达到规定的转速时,再开启出口阀,调节到所需的流量。

3）$Q - \eta$ 曲线

$Q - \eta$ 曲线表示泵的流量与效率之间的关系。泵的效率先随着流量增大而上升,达到最大值后便下降,说明离心泵在一定转速下有一个最高效率点,称为泵的设计点,泵在该点对应的流量及扬程下工作时效率最高。

根据生产任务选泵时,总是希望泵在最高效率下工作,因在此条件下最经济、合理。但实际上泵往往不可能正好在最高效率相应的流量和扬程下运转。因此一般只能规定一个工作范围,称为泵的高效率区域,一般该区域的效率不低于最高效率的 92%。泵在铭牌上标明的数据均为最高效率下的参数。泵的样本和说明书中通常还标明高效率区域的参数范围。

3. 影响离心泵的特性曲线的因素

1）液体的性质

离心泵的特性曲线是泵在一定的转速和常温、常压下,用清水做实验测得的,当被输送液体的物性与水有较大差异时,必须对泵的特性曲线加以校正。

（1）液体的密度。离心泵的扬程、流量和效率均与液体的密度无关,泵的 $Q - H$ 与 $Q - \eta$ 曲线保持不变,但轴功率随密度增大而增大,因此当泵输送密度不同于水的液体时,原生产部门提供的 $Q - N$ 曲线不再适用,需要按式（2-67）重新计算。

（2）液体的黏度。黏度增大,泵的流量、扬程、效率都下降,但轴功率上升。所以,当被输送流体的黏度有较大变化时,泵的特性曲线也会发生变化。

2）转速

离心泵的转速发生变化时,其流量、扬程和轴功率都会发生变化,理论换算关系为

$$\frac{Q_2}{Q_1} = \frac{n_2}{n_1}; \frac{H_2}{H_1} = \left(\frac{n_2}{n_1}\right)^2; \frac{N_2}{N_1} = \left(\frac{n_2}{n_1}\right)^3 \tag{2-68}$$

此即为比例定律。

3）叶轮直径

叶轮尺寸对离心泵的性能也有影响。当切割量小于 20% 时:

$$\frac{Q_2}{Q_1} \approx \frac{D_2}{D_1}; \frac{H_2}{H_1} = \left(\frac{D_2}{D_1}\right)^2; \frac{N_2}{N_1} = \left(\frac{D_2}{D_1}\right)^3 \tag{2-69}$$

此即为切割定律。

(三)离心泵的工作点和流量调节

当把一台泵安装在特定的管路中时,实际的压头和流量不仅与离心泵本身的特性有关,还与管路的特性有关,即由泵本身的特性和管路的特性共同决定。因此在讨论泵的工作情况之前,应先了解泵所在管路的状况。

1. 管路特性曲线

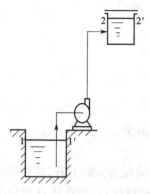

图 2-61　管路输送系统

如图 2-61 所示的管路输送系统,若两槽液面维持恒定,管内径一定,可得到

$$H_e = \Delta z + \frac{\Delta p}{\rho g} + \frac{\Delta u^2}{2} + H_f \tag{2-70}$$

式(2-70)中,$\Delta z + \Delta p/\rho g$ 对一定的管路系统为固定值,令 $A = \Delta z + \Delta p/\rho g$,它与 Q 无关,是只由管路两端的实际条件决定的常数。H_f 是管路系统的总压头损失,可表示为

$$H_f = \frac{\sum h_f}{g} = \lambda \frac{l + \sum l_e}{d} \frac{u^2}{2g} \tag{2-71}$$

式(2-71)中 $u = \dfrac{Q}{\frac{\pi}{4}d^2}$,代入式(2-71)得

$$H_f = \lambda \frac{8}{\pi^2 g} \frac{l + \sum l_e}{d^5} Q^2 \tag{2-72}$$

令

$$\frac{\Delta u^2}{2} + H_f = BQ^2$$

可认为 B 是由管路情况决定的常数,于是式(2-70)可改写成

$$H_e = A + BQ^2 \tag{2-73}$$

式(2-73)称为管路特性方程,它表达了管路所需要的外加压头与流量之间的关系。其在 $Q - H$ 坐标图上是 Q 的二次曲线,称为管路特性曲线。高阻管路,其特性曲线较陡;低阻管路,其特性曲线较平缓。

【例 2-22】　如图 2-61 所示的管路输送系统,离心泵将密度为 1 200 kg/m³ 的液体由敞口贮槽送至高位槽,高位槽液面上方的表压强为 120 kPa,两槽液面恒定,其间竖直距离为 10 m,管路中的液体高度湍流。已知 $Q = 38.7$ L/s,$H_e = 50$ m,求管路特性方程。

解　列 1—1′和 2—2′截面间的伯努利方程,设槽截面很大,故 $\Delta u^2/2g$ 可忽略,有

$$H_e = z_2 - z_1 + \frac{p_2 - p_1}{\rho g} + H_f = 10 + \frac{120 \times 10^3}{1\ 200 \times 9.81} + BQ^2 = 20.2 + BQ^2$$

$BQ^2 = \lambda \dfrac{8}{\pi^2 g} \dfrac{l + \sum l_e}{d^5} Q^2$,由于液体高度湍流,$\lambda$ 为常数,l、$\sum l_e$、d 为定值,故 B 为常数。

管路中 $Q = 38.7$ L/s $= 38.7 \times 10^{-3}$ m³/s,$H = H_e = 50$ m,代入上式得 $B = 1.99 \times 10^4$ s²/m⁵,所以管路特性方程为

$$H_e = 20.2 + 1.99 \times 10^4 Q^2$$

式中 Q 的单位为 m^3/s。

2. 离心泵的工作点

把泵的特性曲线(Q - H)与管路特性曲线(Q_e - H)绘在同一坐标系中,如图 2-62 所示,可以看出两条曲线相交于一点。泵在该点的状态下工作时,可以满足管路系统的需要,因此此点被称为离心泵的工作点。显然,对于某特定的管路系统和一定的离心泵,只有一个工作点(两方程的解或两曲线的交点)。

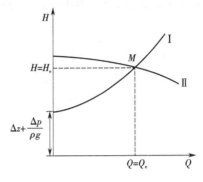

图 2-62　例 2 - 22 附图

【例 2-23】　在例 2-22 的管路中,选用另一台离心泵,泵的特性曲线可用 $H = 27.0 - 15Q^2$ 表示,式中 Q 的单位为 m^3/min。求此时离心泵在管路中的工作点。

解　泵在管路中的工作点是管路特性曲线与泵的特性曲线的交点。例 2-22 得到的管路特性方程中 Q 的单位为 m^3/s,而本例给出的泵的特性方程中 Q 的单位为 m^3/min,应换算为一致的单位,即

$$H = 27.0 - 15 \times (60Q)^2 = 27.0 - 5.4 \times 10^4 Q^2$$

管路特性方程与泵无关,故仍保持不变。在泵的工作点处必有 $H = H_e$,即

$$27.0 - 5.4 \times 10^4 Q^2 = 20.2 + 1.99 \times 10^4 Q^2$$

解得

$$Q = 9.59 \times 10^{-3} \ m^3/s$$

此流量下泵的扬程为

$$H = 27.0 - 5.4 \times 10^4 \times (9.59 \times 10^{-3})^2 = 22.0 \ m$$

由于泵的特性与原泵不同,在同一管路条件下流量及扬程均发生了变化,即工作点的位置发生了改变。

3. 离心泵的流量调节

由于生产任务的变化,管路需要的流量有时是需要改变的,这实际上就是要改变泵的工作点。由于泵的工作点由管路特性和泵的特性共同决定,因此改变泵的特性和管路特性均能改变工作点,从而达到调节流量的目的。

1)改变出口阀的开度——改变管路特性

出口阀的开度与管路局部阻力的当量长度有关,后者与管路特性有关,所以改变出口阀的开度实际上是改变管路特性。

由图 2-63 可见,在原阀门开度下工作点为 C,若关小出口阀,$\sum l_e$ 增大,曲线变陡,工作点由 C 变到 D,流量下降,泵所提供的压头上升;相反,开大出口阀,$\sum l_e$ 减小,曲线变缓,工作点由 C 变为 E,流量上升,泵所提供的压头下降。此种流量调节方法方便随意,在生产中被广泛采用,对于流量调节幅度不大且需要经常调节的系统是较适宜的。其缺点是减小阀门开度来减小流量时,增加了管路中的机械能损失,并有可能使工作点移至低效率区,也会使电机的效率降低。

2)改变叶轮转速和直径——改变泵的特性

在讨论离心泵的性能时已指出,改变泵的转速或叶轮直径可改变泵的性能。由于切削叶轮为一次性调节,因而通常采用改变泵的转速来实现流量的调节。

在图 2-64 中,泵原来的转速为 n_1,工作点为 C。将泵的转速提高到 n_2,则泵的特性曲线上移,泵的工作点由 C 变为 E,流量增大;若将转速降至 n_3,则泵的特性曲线下移,泵的工作点由 C 变为 D,流量减小。切削离心泵的叶轮带来的工作点的变化与转速的影响相同。

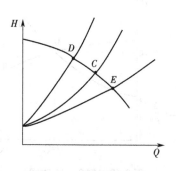

图 2-63　改变管路特性

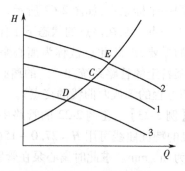

图 2-64　改变泵的特性

这种调节方法不额外增大管路阻力,且在一定范围内可保持泵在高效率区工作,能量利用率高,但调节不方便,通常在调节幅度大、时间又长的季节性调节中才使用。近年来,随着电子和变频技术的成熟与发展,变频调速技术(通过改变电机输入电源的频率实现电机转速的变化)已广泛应用于空调变频控温调速、高层楼供水系统变频调速等场合,工业用泵的变频调速也已成为一种调节方便且节能的流量调节方式。

【例 2-24】　确定泵是否满足输送要求。将质量分数为 95% 的硝酸自常压罐输送至常压设备,要求输送量为 36 m³/h,液体的升扬高度为 7 m。输送管路由内径为 80 mm 的钢化玻璃管构成,总长为 160 m(包括所有局部阻力的当量长度)。现采用某种型号的耐酸泵,其性能列于下表中。问:(1)该泵是否合用? (2)实际的输送量、压头、效率及功率各为多少?

$Q/(\text{L/s})$	0	3	6	9	12	15
H/m	19.5	19.0	17.9	16.5	14.4	12.0
$\eta/\%$	0	17	30	42	46	44

已知:酸液在输送温度下黏度为 1.15×10^{-3} Pa·s,密度为 1 545 kg/m³,摩擦系数可取 0.015。

解　(1)管路所需要的压头通过在常压罐液面(1—1′)和常压设备液面(2—2′)之间列伯努利方程求得,即

$$z_1 + \frac{u_1^2}{2g} + \frac{p_1}{\rho g} + H_e = z_2 + \frac{u_2^2}{2g} + \frac{p_2}{\rho g} + H_f$$

式中:$z_1 = 0$,$z_2 = 7$ m,$p_1 = p_2 = 0$(表压),$u_1 = u_2 \approx 0$。

管内流速

$$u = \frac{Q}{0.785d^2} = \frac{36}{0.785 \times 0.08^2 \times 3\ 600} = 1.99 \text{ m/s}$$

管路压头损失

$$H_f = \lambda \frac{l + \sum l_e}{d} \frac{u^2}{2g} = 0.015 \times \frac{160}{0.08} \times \frac{1.99^2}{2 \times 9.81} = 6.055 \text{ m}$$

管路所需要的压头

$$H_e = z_2 - z_1 + H_f = 7 + 6.055 = 13.055 \text{ m}$$

以 L/s 计的管路所需流量

$$Q = \frac{36 \times 1\,000}{3\,600} = 10 \text{ L/s}$$

由上表可以看出,该泵在流量为 12 L/s 时所提供的压头即达到了 14.4 m,当流量为管路所需要的 10 L/s 时,它所提供的压头将高于管路所需要的 13.055 m。因此,该泵对于该输送任务是可用的。

另一个值得关注的问题是该泵是否在高效区工作。由上表可以看出,该泵的最高效率为 46% ;流量为 10 L/s 时该泵的效率大约为 43% 。因此,该泵是在高效区工作的。

(2)实际的输送量、效率和功率取决于泵的工作点,而工作点由管路特性和泵的特性共同决定。

由伯努利方程可得管路特性方程:$H_e = 7.000 + 0.006\,058Q^2$(其中流量的单位为 L/s)。

据此可以计算出各流量下管路所需要的压头,如下表所示:

Q/(L/s)	0	3	6	9	12	15
H/m	7.000	7.545	9.181	11.910	15.720	20.630

据此,可以作出管路特性曲线和泵的特性曲线,如图 2-65 所示。两曲线的交点为工作点,其对应的压头为 14.8 m,流量为 11.4 L/s,效率为 0.45,轴功率可计算如下。

$$N = \frac{QH\rho g}{\eta} = \frac{11.4 \times 10^{-3} \times 14.8 \times 1\,545 \times 9.81}{0.45} = 5.68 \text{ kW}$$

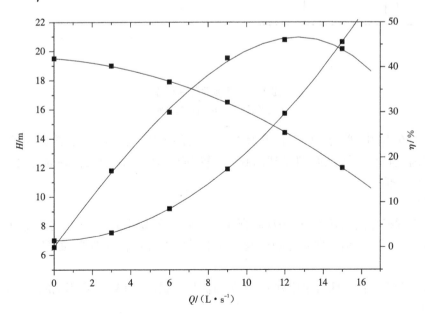

图 2-65　例 2-24 附图

由例2-24可得到如下启示。

(1)判断一台泵是否合用,关键是要计算出与要求的输送量对应的管路所需压头,然后将此压头与泵能提供的压头进行比较,即可得出结论。另一个判断依据是泵是否在高效区工作,即实际效率不低于最高效率的92%。

(2)泵的实际工作状况由管路特性和泵的特性共同决定,此即工作点的概念。它所对应的流量(如本题的11.4 L/s)不一定是原本所需要的(如本题的10 L/s),因此还需要调整管路特性,以适用泵的工作需求。

(四)离心泵的组合操作

在实际生产中,有时单台泵无法满足生产要求,需要几台泵组合运行,组合有并联和串联两种方式。下面讨论的内容限于多台性能相同的泵的组合操作。基本思路是:多台泵无论怎样组合,都可以看作一台泵,因而需要找出组合泵的特性曲线。

1. 并联操作

两台泵并联操作的流程如图2-66(a)所示。设两台离心泵型号相同,并且各自的吸入管路也相同,则两台泵的流量和压头必相同。因此,在同一压头下,并联泵的流量为单台泵的2倍。据此可画出两台泵并联后的合成特性曲线,如图2-66(b)中的曲线2所示。

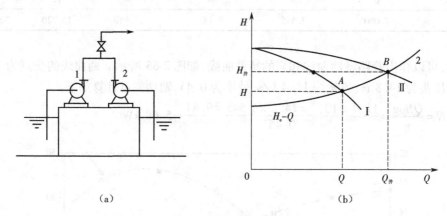

图2-66　两台泵并联操作

(a)操作流程　(b)合成特性曲线

在图2-66(b)中,单台泵的工作点为A,并联后的工作点为B。两台泵并联后,流量和压头均有所提高,但由于受管路特性曲线的制约,管路阻力增大,两台泵并联的总输送量小于单台泵输送量的2倍。

2. 串联操作

两台泵串联操作的流程如图2-67(a)所示。若两台泵型号相同,则在同一流量下,串联泵的压头应为单台泵的2倍。据此可画出两台泵串联后的合成特性曲线,如图2-67(b)中的曲线2所示。

由图2-67(b)可知,两台泵串联后,压头与流量会提高,但两台泵串联的总压头仍小于单台泵压头的2倍。

3. 组合方式的选择

单台泵不能完成输送任务可以分为两种情况:①压头不够,$H < \Delta z + \Delta p/\rho g$;②压头合格,

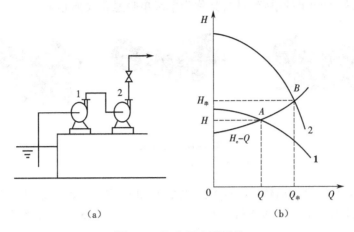

图 2-67　两台泵串联操作

（a）操作流程　（b）合成特性曲线

但流量不够。对于情形①,必须采用串联操作;对于情形②,应根据管路特性决定采用何种组合方式。

如图 2-68 所示,对于低阻输送管路,其管路特性曲线较平坦(图中曲线 1),泵并联操作的流量及压头大于泵串联操作的流量及压头;对于高阻输送管路,其管路特性曲线较陡峭(图中曲线 2),泵串联操作的流量及压头大于泵并联操作的流量及压头。因此,对于低阻输送管路,泵并联组合优于泵串联组合;而对于高阻输送管路,泵串联组合优于泵并联组合。

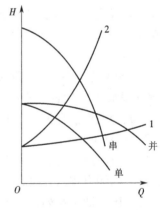

（五）离心泵的类型与选用

1. 离心泵的类型

选用离心泵必须了解各种类型的离心泵的特点及分类方法。根据实际生产的需要,离心泵有多种分类方法:按被输送液体的性质和使用条件不同,可分为清水泵、油泵、耐腐蚀泵、屏蔽泵、杂质泵、高温泵、高温高压泵、低温泵、液下泵、磁力泵

图 2-68　组合方式的选择

等;按叶轮数目不同,可分为单级泵和多级泵(高扬程);按吸液方式不同,可分为单吸泵(中、小流量)和双吸泵(大流量);按安装方式不同,可分为卧式泵、立式泵、液下泵、管道泵等。清水泵又包括单级单吸离心清水泵(IS 型)、多级离心清水泵(D 型)和双吸离心清水泵(S 型)。各种类型的离心泵按结构特点自成一个系列,同一系列中又有多种规格。为了选用方便,下面介绍几种主要类型的离心泵。

1）清水泵（IS 型、D 型、S 型,见图 2－69）

IS 型清水泵是化工厂生产中最常用的泵,适用于输送清水及类似于水的液体。这种泵是我国第一个按国际标准(ISO)设计、研制的产品,全系列共有 29 个品种,具有结构可靠、振动小、噪声低、效率高等特点,输送介质温度不超过 80 ℃,吸入压强不大于 0.3 MPa,全系列流量为 3.3 ~ 400 m^3/h,扬程为 5 ~ 125 m。同我国以前生产的老产品(B 型或 BA 型)相比,其效率提高了 3% ~ 6%,是理想的节能产品。此类泵只有一个叶轮,从泵的一侧吸液,中轮装在伸出轴承外的轴端处,好像伸出的手臂一样,又称为单级单吸悬臂式离心泵。

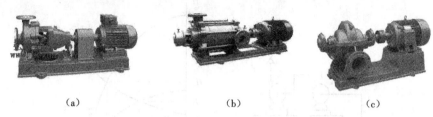

图 2-69　清水泵

(a)IS 型泵　(b)D 型泵　(c)S 型泵

IS 型泵的型号是以字母加数字组成的。例如 IS100 – 80 – 125 型泵,IS 代表泵的型号,单级单吸离心水泵;100 代表泵的吸入管内径为 100 mm;80 代表泵的排出管内径为 80 mm;125 代表泵的叶轮直径为 125 mm。

D 型清水泵为多级泵,用在生产所要求的压头较高而流量不太大时。这种泵实际上是将几个叶轮装在一个轴上,但却串联地工作。液体依次通过各个叶轮时,受离心力的作用,能量依次增大,所以扬程较高。多级泵的每一级都安装导轮,以有效提高液体的静压能。国产多级离心泵的叶轮多为 2 ~ 9 级,最多为 12 级。其全系列扬程为 14 ~ 351 m,流量为 10.8 ~ 850 m³/h。多级离心泵的系列代号为 D,如 D12 – 25 × 3 型泵,D 代表泵的型号;12 表示效率最高时流量为 12 m³/h;25 代表每一级的扬程是 25 m;3 表示级数为 3 级,即该泵在效率最高时扬程为 75 m。

S 型离心泵是双吸泵,即原 Sh 型泵,应用在泵送液体的流量较大而所需压头并不高时,如 100S90 型泵,100 代表泵的吸入口直径为 100 mm;S 代表双吸泵;90 代表效率最高时的扬程为 90 m。其全系列扬程为 9 ~ 140 m,流量为 120 ~ 12 500 m³/h。

2)油泵(Y 型)

输送石油产品的泵称为油泵。因为油品易燃、易爆,因而要求油泵有良好的密封性能。当输送高温(200 ℃以上)油品时,需采用具有冷却措施的高温泵。油泵有单吸与双吸、单级与多级之分。国产油泵系列代号单吸式为 Y,双吸式为 YS。如 50Y – 60A 型,50 代表泵的吸入口直径为 50 mm;Y 代表型号;60 代表该泵在效率最高时扬程为 60 m;A 代表装配的叶轮比该型号的基本型小一级。其全系列扬程为 5 ~ 670 m,流量为 5 ~ 1 270 m³/h。

3)防腐蚀泵(F 型)

输送酸、碱及浓氨水等腐蚀性液体时应采用防腐蚀泵,该类泵中所有与腐蚀性液体接触的部件都用抗腐蚀材料制造。F 型泵多采用机械密封装置,以保证高度密封的要求。其系列代号为 F,如 25F – 16A,25 代表吸入口直径为 25 mm;F 代表防腐蚀泵;16 代表泵在效率最高时扬程为 16 m;A 代表装配的叶轮比该型号的基本型小一级。F 型泵全系列扬程为 15 ~ 105 m,流量为 2 ~ 400 m³/h。

4)杂质泵(P 型)

输送悬浮液及稠厚的浆液时用杂质泵,其系列代号为 P。这类泵的特点是叶轮流道宽,叶片数目少,常采用半闭式或开式叶轮,泵的效率低。

5)屏蔽泵

屏蔽泵又称无密封泵,其将叶轮与电机连为一体,密封在同一壳体内,不需要轴封装置,可用于输送易燃、易爆、剧毒及具有放射性的液体。

G 系列低噪声管道屏蔽泵采用全封闭、无机械密封的独特结构。定转子采用不锈钢套分别屏蔽密封,被输送液体可进入电机内部冷却,从而解决了普通管道泵因采用机械密封而导致的被输送介质易泄漏、污染环境、运行可靠性差、维护困难等问题。转动部分采用石墨轴承支承,用被输送介质充当润滑剂,是低噪声绿色环保型升级换代产品。由于具有噪声低、无泄漏、运行可靠、免维修等优点,G 系列屏蔽泵主要用于暖通空调冷热水循环,工业、城市建筑给水,消防管道增压,远距离输水等场合。其扬程为 5~105 m,流量为 1~1 080 m³/h。

6) 磁力泵(C 型)

磁力泵是高效节能的特种离心泵。它采用永磁联轴驱动,无轴封装置,消除了液体渗漏,使用极为安全,运转时无机械摩擦,非常节能。其主要用于输送不含固体颗粒的酸、碱、盐溶液和挥发性、剧毒性液体等,特别适用于易燃、易爆液体的输送。C 型磁力泵全系列扬程为 1.2~100 m,流量为 0.1~100 m³/h。

2. 离心泵的选用

在掌握了当前所能供应的泵的类型、规格、性能、材料和价格等因素后,选用离心泵时,既要考虑被输送液体的性质、操作温度、压强、流量以及具体的管路所需的扬程,又要在满足工艺要求的前提下,力求做到经济、合理。

离心泵的具体选择步骤如下。

(1) 根据被输送液体的性质和操作条件,确定适宜的类型,并查询在输送系统的情况下其流量、扬程变化的范围是否在泵的最高效率附近。例如输送清水或性质与水相近的料液宜用清水泵;输送酸、碱等腐蚀性介质应使用耐腐蚀泵;输送石油产品则应使用油泵。

(2) 根据管路系统在最大流量 Q_e 下需要的外加压头 H_e 确定泵的型号。在选泵的型号时,要使所选泵所能提供的流量 Q 和压头 H 比工艺要求值稍大一点,$Q \geq Q_e$,$H \geq H_e$,或者让点 (Q_e, H_e) 处在 $Q-H$ 线下,还要保证所选泵在高效范围内运行。选出泵的型号后,列出泵的有关性能参数和转速。若有几种型号的泵都满足要求,应从经济及操作上考虑,选择效果最好的型号。

(3) 当单台泵的流量或扬程不能满足管路的要求时,要考虑泵的串联和并联,远距离输送流体时,应考虑在适当的位置增加泵,以增加输送能力和能量。

(4) 核准泵的轴功率。若被输送液体的密度大于水的密度,要核算泵的轴功率。泵的样本或铭牌上标注的性能参数都是以常温常压下的水在最高效率点的流量为依据的,但是实际工作流量不一定与其吻合,扬程等参数也可能比标注的大或小。特别是当被输送介质的密度比水大得较多时,必须校核轴功率以及泵所配用的电机是否够用,从而保证泵的运行安全、可靠。

【例 2-25】　某输液系统中欲安装一台离心泵,已知系统所要求的最大流量为 18 m³/h,根据系统能量衡算得出要求泵提供的外加压头为 33 m,料液的相对密度($d = \rho/\rho_{H_2O}$)为 1.1,其余性质与水相近,试选定合适的泵型。

解　(1) 确定泵的类型。

因为输送的是与水性质相近的液体,所以可选用清水泵,然后将系统所需的能量和外加压头与几种清水泵进行比较。通过比较可以看出,IS 型泵和 D 型泵均可满足其流量与压头的要求,但考虑到 D 型泵结构比较复杂,维修不便,价格较高,故选用 IS 型泵。

(2)根据要求提供的 Q 和 H 从附录中选定 IS65 – 50 – 160 型泵,其性能见下表。

$Q/(\text{m}^3/\text{h})$	H/m	N/kW	$N_电/\text{kW}$	$\eta/\%$	$\Delta h/\text{m}$
15	35	2.65	5.5	54	2.0
25	32	3.35	5.5	65	2.0
30	30	3.71	5.5	66	2.5

用插入法求得实际工作流量为 $Q = 18 \text{ m}^3/\text{s}$ 时的各项性能:$Q = 18 \text{ m}^3/\text{s}$;$H = 34.1 \text{ m}$;$N = 2.86 \text{ kW}$;$\eta = 0.573$;$\Delta h = 2.0 \text{ m}$。

在泵的实际运行过程中,要保证要求的输液量,必须将出口阀门关小,以增加系统的压头损失,也就是通过调节流量改变工作点,使实际需要的压头为 34.1 m,轴功率、效率等参数均有相应的变化。

(3)校核功率。

由 $\eta = \dfrac{N_e}{N}$ 及 $N_e = QH\rho g$ 得

$$N = \frac{QH\rho g}{\eta} = \frac{18 \times 34.1 \times 1\,100 \times 9.81}{3\,600 \times 0.573} = 3.2 \text{ kW}$$

由计算结果看出,实际消耗的轴功率小于该泵在最大流量(30 m³/h)下的轴功率(3.71 kW),若所需电机功率按 1.2 倍计算,则

$$N_电 = 1.2N = 1.2 \times 3.2 = 3.84 \text{ kW}$$

其值小于实际配置的电机功率(5.5 kW),因此所选的 IS65 – 50 – 160 型泵适合本题的工艺条件。

(六)离心泵的安装及操作

1.气蚀现象

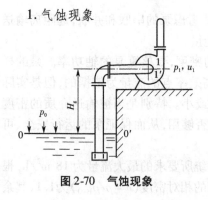

图 2-70　气蚀现象

在图 2-70 所示的 0—0′ 与 1—1′ 截面间无外加能量,离心泵是靠贮液槽液面与泵入口处之间的压强差($p_0 - p_1$)吸入液体的。当 p_0 一定时,泵安装的位置距液面的高度(即安装高度 H_g)越大、流量越大、吸入管路的各种阻力越大,p_1 越小,$p_0 - p_1$ 越大,但 p_1 下降是有限度的。若叶轮入口处的压强下降至被输送液体在工作温度下的饱和蒸气压,液体在该处部分汽化并产生气泡。含气泡的液体进入叶轮的高压区后,气泡在高压作用下迅速凝聚或破裂。气泡消失将产生局部真空,这时周围的液体以高速涌向气泡中心,产生压力极大、频率极高的冲击,致使叶轮表面损伤。此外,气泡中夹带少量氧气等活泼气体造成化学腐蚀,又加剧了叶轮的损伤。运转一定时间后,叶轮表面出现斑痕及裂缝,甚至呈海绵状脱落,使叶轮损坏。这种现象称为离心泵的气蚀。

离心泵一旦发生气蚀,泵体会强烈振动并发出噪声,液体的流量、压头(出口压强)及效率

明显下降,严重时甚至吸不上液体。为避免气蚀现象,泵的安装位置不能过高,以保证泵内最低压强大于操作温度下液体的饱和蒸气压。

由于在实际操作中不易测出压强最低的位置,通常按泵入口处 1—1′ 截面考虑。为防止气蚀现象发生,离心泵入口处液体的静压头与动压头之和必须大于操作温度下液体的饱和蒸气压头,超出部分称为离心泵的气蚀余量,用符号 Δh 表示,即

$$\Delta h = \frac{p_1}{\rho g} + \frac{u_1^2}{2g} - \frac{p_v}{\rho g} \tag{2-74}$$

式中　p_1——泵入口处的绝对压强,Pa;

　　　u_1——泵入口处的液体流速,m/s;

　　　p_v——操作温度下液体的饱和蒸气压,Pa。

前已指出,为避免气蚀现象的发生,离心泵入口处压强不能过低,应有一个最低允许值 $p_{1允}$,此时所对应的气蚀余量称为允许气蚀余量,即

$$\Delta h_允 = \frac{p_{1允}}{\rho g} + \frac{u_1^2}{2g} - \frac{p_v}{\rho g} \tag{2-75}$$

$\Delta h_允$ 一般由泵制造厂通过气蚀实验测定,作为离心泵的性能列于泵产品样本中。泵正常操作时,实际气蚀余量 Δh 必须大于允许气蚀余量 $\Delta h_允$,相关标准中规定应大 0.5 m 以上。

2. 离心泵的允许安装高度

离心泵的允许安装高度是贮槽液面与泵的吸入口之间所允许的竖直距离,以 H_g 表示。

对图 2-70,在 0—0′ 与 1—1′ 截面间列伯努利方程,可得允许安装高度

$$H_g = \frac{p_0 - p_{1允}}{\rho g} - \frac{u_1^2}{2g} - \sum h_{f(0-1)} \tag{2-76}$$

式中　p_0——贮槽液面上方的绝对压强(贮槽敞口时 $p_0 = p_a$),Pa;

　　　$\sum h_{f(0-1)}$——吸入管路的压头损失,m。

将式(2-75)代入式(2-76),整理得

$$H_g = \frac{p_0 - p_v}{\rho g} - \Delta h_允 - \sum h_{f(0-1)} \tag{2-77}$$

根据离心泵样本中提供的允许气蚀余量 $\Delta h_允$,即可确定离心泵的允许安装高度。实际安装时,为安全计,应再降低 0.5 ~ 1 m。也可以将现场实际安装高度与允许安装高度比较,判断安装高度是否合适:若 $H_{g实} < H_g$,说明安装合适,不会发生气蚀现象;否则,需调整安装高度。

离心泵样本中的 $\Delta h_允$ 是以 293 K 的清水为介质测定的。当输送其他液体时,应按式(2-78)进行校正。

$$\Delta h' = \varphi \Delta h_允 \tag{2-78}$$

式中　$\Delta h'$——输送某液体时的实际允许气蚀余量;

　　　φ——校正系数。

当输送液态烃时,其 φ 值可以根据它在操作温度下的密度与饱和蒸气压由 $\Delta h_允$ 校正图查得。当饱和蒸气压小于标准大气压时,$\varphi = 1$,即可不予校正。

必须指出,$\Delta h_允$ 与流量有关,随流量增大而增大,因此在计算泵的允许安装高度时,应以使用中可能出现的最大流量为依据。

由式(2-77)可知,欲提高泵的允许安装高度,必须设法减小吸入管路的阻力。泵在安装时

应选用较大的吸入管径,管路尽可能短,减少吸入管路中的弯头、阀门等管件,将调节阀安装在排出管线上。

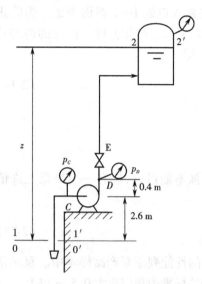

图 2-71　例 2-26 附图

【例 2-26】　如图 2-71 所示,利用 IS80 – 65 – 160 型($n = 2\ 900$ r/min)离心泵将池中 20 ℃ 的清水送至密闭的高位槽。槽内表压为 49.1 kPa。要求流量为 1.35×10^{-2} m³/s。吸入管直径为 80 mm,长度为 $l_1 = 11$ m(包括所有局部阻力的当量长度),摩擦系数 $\lambda_1 = 0.02$;排出管直径为 65 mm,长度为 $l_2 = 28$ m(包括除调节阀 E 以外的所有局部阻力的当量长度),摩擦系数 $\lambda_2 = 0.031$;阀门的局部阻力系数 $\zeta_E = 6.2$;两液面的高度差 $z = 10$ m。试求:(1)该泵能否满足管路对流量和压头的要求?(2)泵进、出口测压表 p_C、p_D 的读数为多少 kPa?(3)若让密闭高位槽中的清水以同样的流量沿同样的管路向下流,是否需要泵?

解　(1)管路要求的流量和压头。

流量

$$Q_e = 0.013\ 5\ \text{m}^3/\text{s} = 48.6\ \text{m}^3/\text{h}$$

管路要求的压头通过在 1—1′ 与 2—2′ 两截面间列伯努利方程计算(以池中水面为基准水平面):

$$H_e = z_2 - z_1 + \frac{\Delta u^2}{2g} + \frac{\Delta p}{\rho g} + H_{f,1-2}$$

式中

$$z_2 - z_1 = 10\ \text{m};\frac{\Delta p}{\rho g} = \frac{49.1 \times 10^3}{1\ 000 \times 9.81} = 5;\frac{\Delta u^2}{2g} \approx 0$$

$H_{f,1-2}$ 由吸入管路和排出管路分段计算。

$$u_{吸} = \frac{Q_e}{\frac{\pi}{4}d^2} = \frac{0.013\ 5}{0.785 \times 0.08^2} = 2.69\ \text{m/s}$$

$$H_{f,1} = \lambda_1 \frac{l_1}{d_1} \frac{u_{吸}^2}{2g} = 0.02 \times \frac{11}{0.08} \times \frac{2.69^2}{2 \times 9.81} = 1.01\ \text{m}$$

同理,

$$u_{排} = \frac{Q_e}{\frac{\pi}{4}d_2^2} = \frac{0.013\ 5}{0.785 \times 0.065^2} = 4.07\ \text{m/s}$$

$$H_{f,2} = \lambda_2 \frac{l_2}{d_2} \frac{u_{排}^2}{2g} + \zeta_E \frac{u_{排}^2}{2g} = \left(0.031 \times \frac{28}{0.065} + 6.2\right) \times \frac{4.07^2}{2 \times 9.81} = 16.51\ \text{m}$$

则

$$H_e = 10 + 5 + 1.01 + 16.51 = 32.52\ \text{m}$$

泵在设计点的性能参数为 $Q = 50$ m³/s,$H = 32$ m,故所安装的泵能满足管路对流量和压头的要求。

（2）两测压表的读数。

p_C 为真空表,其读数通过在 1—1′(基准面)与 C—C′两截面间列伯努利方程求算,即

$$p_C = -\rho g Z_C - \frac{\rho U_{吸}^2}{2} - \rho H_{f,1} = -1\,000 \times 9.81 \times 2.6 - \frac{1\,000 \times 2.69^2}{2} - 1\,000 \times 1.01$$

$$= -3.01 \times 10^4\ \text{Pa}$$

p_D 为压力表,其读数通过在 D—D′与 2—2′两截面间列伯努利方程求算,即

$$p_D = (z_2 - z_D)\rho g - \frac{\rho U_{排}^2}{2} + p_2 + \rho H_{f,2}$$

$$= (10 - 3) \times 1\,000 \times 9.81 - \frac{1\,000 \times 4.07^2}{2} + 49.1 \times 10^3 + 1\,000 \times 16.51$$

$$= 1.26 \times 10^5\ \text{Pa}$$

（3）沿同样的管路向下流动

在 2—2′与 1—1′两截面间列伯努利方程,得

$$H_{f,2\text{-}1} = 1.01 + 16.51 = 17.52\ \text{m}$$

2—2′截面上的总机械能

$$E_2 = z_2 + \frac{p_2}{\rho g} = 10 + \frac{49.1 \times 10^3}{1\,000 \times 9.81} = 15\ \text{m}$$

$$E_2 - H_{f,2\text{-}1} = 15 - 17.52 = -2.52\ \text{m}$$

由于高位槽的总机械能小于管路系统的总流动阻力,故需用泵来补充能量以克服管路阻力。

【例 2-27】 用一台 IS50-32-125 离心泵输送车间的冷凝水,已知水温大约为 343 K,压强为 2×10^{-4} MPa(表压)。设最大流量下吸入管路的损失压头为 4.6 m,试确定此泵的安装高度。当地大气压按标准大气压计。

解 从附录中查出 IS50-32-125 型泵在最大流量时的允许气蚀余量 $\Delta h_允 = 2$ m。又查得 343 K 时,水的密度 $\rho = 980$ kg/m³,饱和蒸气压 $p_v = 31.16 \times 10^{-3}$ MPa,贮槽液面上的压强为

$$p_0 = 101.3 \times 10^{-3} + 2 \times 10^{-4} = 101.5 \times 10^{-3}\ \text{MPa}$$

由于 $p_v < 0.1$ MPa,可取 $\varphi = 1$,故直接计算。将以上各值代入式(2-77),得

$$H_g = \frac{p_0 - p_v}{\rho g} - \Delta h_允 - \sum h_{f(0-1)}$$

$$= \frac{(101.5 - 31.16) \times 10^3}{980 \times 9.81} - 2 - 4.6 = 0.72\ \text{m}$$

故泵的实际安装高度应为 $0.72 - 1 = -0.28$ m。安装高度为负值,说明该泵应安装在贮槽液面下方至少 0.28 m 处。这种进液管处在贮槽液面下方的进液方式称为灌注,是化工生产中常见的离心泵吸液方式,广泛用在高温流体的输送中。

3. 离心泵的操作

在离心泵的安装与操作过程中,应当注意以下几点。

（1）工业生产中的用泵点,多数采用两台并联安装,一用一备。一方面便于检修及维护,另一方面一旦出现故障,可以保证生产正常运行。

（2）确保每台泵的安装高度均等于或小于允许安装高度。

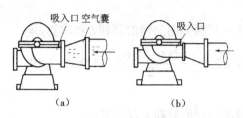

图 2-72　吸入口变径连接法
(a)错误示例　(b)正确示例

（3）为防止变径处积存空气而产生气缚现象，安装时应尽可能减小吸入管路中的能量损失，管路尽可能短而直。吸入口的直径不应小于入口的直径，如果采用的管径大于吸入口的直径，应当避免图 2-72(a)所示的错误连接方式。

（4）为了防止气缚现象的产生，在泵启动前必须向泵内灌满液体，直至泵壳顶部的排气嘴处在打开状态下有液体冒出为止。

（5）为了不致因泵启动时电流过大而烧坏电机，泵启动前应将泵出口阀完全关闭，待电机运转正常后再打开出口阀。

（6）在泵的使用过程中，由于生产任务的变化，有可能出现泵的额定流量与生产要求不相适应的情况，此时应及时调节出口阀的开度，以有效地满足生产要求。

（7）为了保证密封可靠和避免轴过度磨损，在泵的运转过程中还应经常检查密封处的泄漏和发热情况。当使用填料密封时，填料压得过紧就会造成轴磨损和发热，甚至将填料和轴烧坏。如果压得过松，则起不到密封作用。松紧程度通常以每秒钟泄漏 1 滴液体为宜。

（8）为了保护设备，停车前应首先关闭出口阀，再关闭电机。否则压出管中的高压液体可能反冲入泵内，造成叶轮高速反转以至损坏。若停车时间长，应将泵内和管路内的液体放尽，以免锈蚀或冬天被冻裂。

（9）在运转过程中，应当注意有无不正常的噪声，观察压强表是否正常，并定期检查。

4.离心泵工作中常见的故障

离心泵在运转的过程中，由于本身的机械原因，或工艺操作、高温、高压及物料腐蚀等原因，会产生故障。离心泵常见的故障有：泵灌不满；泵不能吸液，真空表指示高度真空；泵不吸液，压强表的指针剧烈跳动；压强表虽有压强，但排液管不出液；流量不足；填料函漏液过多；填料过热；泵振动；等等。因此，在泵运转的过程中，要注意泵的工作是否正常，对故障情况作具体分析，找出原因，采取措施，及时排除，从而保证生产的正常进行。表 2-5 为 IS 型卧式离心泵故障原因及解决方案。

表 2-5　IS 型卧式离心泵故障原因及解决方案

故障形式	产生原因	排除方法
1.不出水	进、出口阀门未打开，进、出管路阻塞，流道、叶轮阻塞	检查，去除阻塞物
	电机运行方向不对，电机缺相，转速很慢	调整电机运行方向，紧固电机接线
	吸入管漏气	拧紧各密封面，排出空气
	泵没灌满液体，泵腔内有空气	打开泵上盖或排气阀，排尽空气，灌满液体
	进口供水不足，吸程过高，底阀漏水	停机检查、调整
	管路阻力过大，泵选型不当	减少管路弯道，重新选泵

续表

故障形式	产生原因	排除方法
2.流量不足	先按1的原因检查	先按1的方法排除
	管道、泵流道、叶轮部分阻塞，水垢沉积，阀门开度不足	去除阻塞物，重新调整阀门开度
	电压偏低	稳压
	叶轮磨损	更换叶轮
3.功率过大	超过额定流量使用	调节流量，关小出口阀门
	吸程过高	降低吸程
	轴承磨损	更换轴承
4.有杂音、振动	管路支撑不稳	稳固管路
	液体中混有气体	增大吸入压强排气
	发生气蚀	降低真空度
	轴承损坏	更换轴承
	电机超载发热运行	调整，按5的方法排除
5.电机发热	流量过大，超载运行	关小出口阀门
	碰擦	检查、排除
	轴承损坏	更换轴承
	电压不足	稳压
6.漏水	机械密封磨损	更换
	泵体有砂孔或破裂	焊补或更换
	密封面不平整	修整
	安装螺栓松懈	紧固

二、其他类型的泵的选用与操作

(一)往复泵

往复泵是最早发明的提升液体的机械。目前，由于离心泵具有显著的优点，往复泵已逐渐被离心泵所取代，所以应用范围逐渐减小。但由于往复泵在压头剧烈变化时仍能维持几乎不变的流量特性，所以仍有所使用。它适用于在小流量、高扬程情况下输送高黏性液体。

1. 往复泵的结构和工作原理

单动往复泵的结构如图 2-73 所示，主要部件包括泵缸、活塞、活塞杆、吸入阀和排出阀。其中吸入阀和排出阀均为单向阀。

活塞由电动的曲柄连杆机构带动，把曲柄的旋转运动变为活塞的往复运动；或直接由蒸汽机驱动，使活塞做往复运动。当活塞从左向右运动时，泵缸容积增大而形成低压，吸入阀受泵外液体的压力作用而打开，将液体吸入泵缸，排出阀受排出管内液体的压力作用而关闭；当活塞从右向左运动时，因受活塞的挤压缸内液体压强增大，吸入阀受压关闭，排出阀打开向外排液。当活塞移到左端时，排液完毕，完成一个工作循环。如此活塞不断地做往复运动，液体就间歇地被吸入和排出。可见往复泵是一种容积式泵。

　　活塞在泵体内左右移动的顶点称为止点(或死点),两止点之间的活塞行程即活塞运动的距离,称为冲程。

　　如图2-73所示,活塞往复一次吸液、排液各一次,称为单动往复泵。图2-74为双动往复泵,此泵不采用活塞而用柱塞,柱塞两侧都有吸入阀(下方)和排出阀(上方)。柱塞向右移动时,左侧的吸液阀开启,右侧的吸液阀关闭,液体经左侧的吸入阀进入工作室;同时左侧的排出阀关闭,右侧的排出阀开启,液体从右侧的工作室排出。柱塞向左移动时,右侧的吸液阀开启吸液,而右侧的排出阀关闭;左侧的排出阀开启排液,而左侧的吸液阀关闭。如此往复循环。在一个工作循环中,吸液、排液各两次。对于三联泵,在一个工作循环中,吸液、排液各三次。

　　图2-75为往复泵的流量曲线,图2-75(a)为单动泵的流量曲线,在一个工作循环中只排液和吸液各一次,间断供液,且在一次供液过程中,流量由零到最大值,又由最大值到零,流量脉动且不均匀;图2-75(b)为双动泵的流量曲线,虽然流量的均衡性有所改善,但仍然不均匀;图2-75(c)为三联泵的流量曲线,流量比较均匀,但还是存在脉动现象。

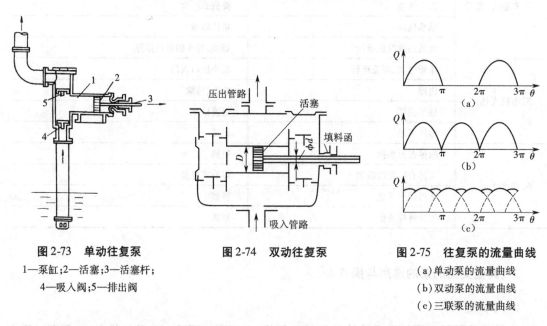

图2-73　单动往复泵　　　　图2-74　双动往复泵　　　　图2-75　往复泵的流量曲线
1—泵缸;2—活塞;3—活塞杆;　　　　　　　　　　　　　　　　(a)单动泵的流量曲线
4—吸入阀;5—排出阀　　　　　　　　　　　　　　　　　　　(b)双动泵的流量曲线
　　　　　　　　　　　　　　　　　　　　　　　　　　　　　(c)三联泵的流量曲线

　　往复泵的流量只与工作室的容积及活塞的往复频率有关,因此其流量是恒定的。这种特性称为正位移特性,它决定了往复泵不能像离心泵那样直接通过出口阀调节流量,但可以通过改变活塞的往复频率和冲程来改变往复泵的流量。

　　在实际生产中,为了提高流量的均匀性,可以增设空气室,利用空气的压缩和膨胀来存放和排出部分液体,从而提高流量的均匀性。采用多缸泵也是提高流量的均匀性的一个办法,多缸泵的瞬时流量等于同一瞬时各缸的流量之和,只要各缸曲柄的相对位置适当,就可使流量较为均匀。

　　2. 往复泵的性能参数与特性曲线

　　往复泵的主要性能参数也包括流量、扬程、功率与效率。

　　1)流量(输液量)

　　往复泵的流量取决于活塞扫过的体积,对于单缸单动往复泵,理论平均流量为

$$Q_T = ASn \tag{2-79}$$

式中　Q_T——往复泵的理论流量，m^3/min；

　　　A——活塞的截面积，m^2，$A = \dfrac{\pi}{4}D^2$，D 为活塞的内径，m；

　　　S——活塞的冲程，m；

　　　n——活塞的往复频率。

　　单缸双动往复泵的理论平均流量为

$$Q_T = (2A - a)Sn \tag{2-80}$$

式中 a 为活塞杆的截面积，m^2。

　　在实际操作中，由于活门启闭有滞后，活门、活塞、填料函等存在泄漏，实际平均流量为

$$Q = \eta Q_T \tag{2-81}$$

式中 η 为容积效率，一般在 70% 以上，大泵的效率高于小泵。

　　图 2-76 为往复泵的特性曲线。

　　2）扬程

　　往复泵的扬程与泵的几何尺寸及流量均无关系。只要泵的力学强度和原动机的功率允许，管路系统要求多大的压头，理论上往复泵就能提供多大的扬程。

　　3）功率与效率

　　往复泵的功率与效率的计算与离心泵相同。其效率比离心泵高，通常为 0.72 ~ 0.93，蒸汽往复泵的效率可达 0.83 ~ 0.88。

　　3. 往复泵的工作点

　　往复泵的工作点原则上仍是往复泵的特性曲线与管路特性曲线的交点，如图 2-77 所示。可以看出，往复泵的工作点随管路特性曲线不同在几乎竖直的方向上变动，即输液量不发生变化。压头的限度主要取决于电机的功率和泵的力学强度。

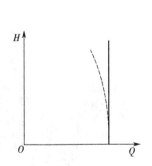

图 2-76　往复泵的特性曲线

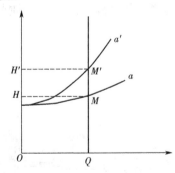

图 2-77　往复泵的工作点

　　4. 往复泵的使用与维护

　　由以上分析可知，往复泵的主要特点是流量固定而不均匀，但扬程高、效率高。往复泵可用于输送黏度很大的液体，但由于泵内的阀门、活塞易受腐蚀或被颗粒磨损、卡住，因而不宜用于输送腐蚀性液体和有固体颗粒的悬浮液；另外，由于可用蒸汽直接驱动，特别适宜输送易燃、易爆的液体。

　　往复泵有自吸作用，启动前不需要灌泵。与离心泵类似，往复泵也是靠压差吸入液体的，因此安装调试也受到限制。往复泵的流量调节，理论上可通过改变活塞的截面积、冲程和转速

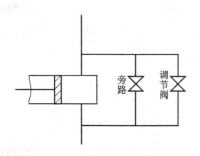

图 2-78　往复泵旁路调节流量示意

来实现。但由于其流量是固定的,绝不允许像离心泵那样直接用出口阀门调节流量,否则会造成泵的结构损坏。生产中一般采用安装回流支路的调节(旁路调节)法来调节流量,如图 2-78 所示。旁路调节法虽然简单,但会造成一定的能量损失。

　　往复泵的操作应注意:检查压强表的读数及润滑等情况是否正常;盘车检查是否有异常;先打开放空阀、进口阀、出口阀及旁路阀等,再启动电机,然后关闭放空阀;通过调节旁路阀使流量符合任务要求;做好运行中的检查,确保压强、阀门、润滑、温度、声音等均处在正常状态,发现问题及时处理;严禁在超压、超转速及排空状态下运行。

（二）计量泵

工业生产中普遍使用的计量泵是往复泵的一种,其结构如图 2-79 所示。它是利用往复泵流量固定这一特点发展起来的。它可以用电动机带动偏心轮,从而实现柱塞的往复运动。偏心轮的偏心度调整,柱塞的冲程就发生变化,由此实现流量的调节。

计量泵主要应用在一些要求精确地输送液体至某一设备,或将几种液体按精确的比例输送的场合。如化学反应器中一种或几种催化剂的投放,后者是靠分别调节多缸计量泵中每个活塞的行程实现的。

（三）隔膜泵

隔膜泵也是往复泵的一种,其结构如图 2-80 所示。它用弹性薄膜(耐腐蚀橡胶或弹性金属片)将泵分隔成互不相通的两部分,分别是被输送液体和活柱存在的区域。这样,活柱不与被输送的液体接触。活柱的往复运动通过同侧的介质传递到隔膜上,使隔膜亦做往复运动,从而实现被输送液体经球形活门吸入和排出。

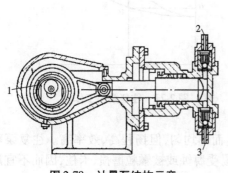

图 2-79　计量泵结构示意
1—偏心轮;2—吸入口;3—排出口

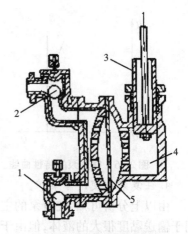

图 2-80　隔膜泵结构示意
1—吸入活门;2—压出活门;3—活柱;
4—水(或油);5—隔膜

隔膜泵内与被输送液体接触的唯一部件就是球形活门,这样易于制成不受液体侵害的形式。因此,在工业生产中,隔膜泵主要用于输送腐蚀性液体或含有固体悬浮物的液体。

（四）齿轮泵

齿轮泵的结构如图 2-81 所示。泵壳内有两个齿轮,一个由电动机带动着旋转,另一个被啮合着向相反的方向旋转。吸入腔内两轮的齿相互拨开,于是形成低压而吸入液体;被吸入的液体被齿嵌住,随齿轮转动而到达排出腔。排出腔内的两齿相互合拢,于是形成高压而排出液体。

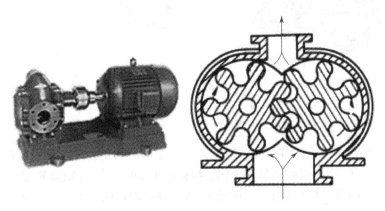

图 2-81　齿轮泵外形及结构示意

齿轮泵的压头较高而流量较小,可用于输送黏稠液体以至膏状物料（如封油）,但不能用于输送含有固体颗粒的悬浮液。

（五）螺杆泵

螺杆泵由泵壳和一个或一个以上螺杆构成,结构如图 2-82 所示。在单螺杆泵中,螺杆在具有内螺旋的壳内运动,使液体沿轴向推进,挤压到排出口。在双螺杆泵中,一个螺杆转动时带动另一个螺杆,螺纹互相啮合,液体被拦截在啮合室内沿轴杆前进,从螺杆两端被挤向中央排出。此外还有多螺杆泵,其转速高,螺杆长,因而排出的液体可以达到很高的压强。三螺杆泵排出液体压强可达 10 MPa 以上。

螺杆泵效率高,噪声小,适用于在高压下输送黏稠性液体,并可以输送带颗粒的悬浮液。

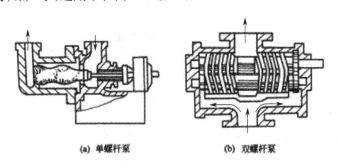

(a) 单螺杆泵　　　　　(b) 双螺杆泵

图 2-82　螺杆泵

（六）旋涡泵

旋涡泵是一种特殊类型的离心泵,如图 2-83 所示,其主要构件为泵壳和叶轮。泵壳呈圆形,叶轮是一个圆盘,四周有许多径向叶片,叶片间形成凹槽,泵壳与叶轮间有同心的流道,泵的吸入口与排出口由间壁隔开。

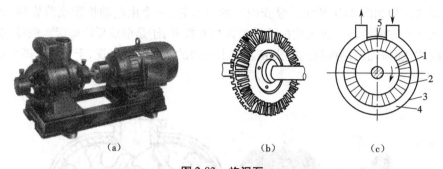

（a）　　　　　　　　　（b）　　　　　　　（c）

图2-83　旋涡泵

（a）外形　（b）叶轮形状　（c）内部示意

1—叶轮;2—叶片;3—泵壳;4—引水道;5—吸入口与排出口的间壁

在充满液体的旋涡泵内,当叶轮高速旋转时,由于离心力的作用,叶片凹槽中的液体被以一定的速度抛向流道,在截面较宽的流道内,液体流速减小,一部分动能转变为静压能。与此同时,叶片凹槽内侧因液体被抛出而形成低压,因而流道内压强较高的液体又可重新进入叶片凹槽,再度受离心力的作用而压强继续增大。这样,液体由吸入口吸入,在叶片凹槽和流道间反复做旋涡形运动,到达出口时,就获得了较高的压强。

液体在流道内反复迁回运动是靠离心力的作用,故旋涡泵在启动前也要灌液。它的流量与扬程之间的关系与离心泵相仿,但流量减小时扬程增大很快,功率也增大,这是与一般的离心泵不同的地方。因此,旋涡泵的调节应采用同往复泵一样的办法,借助回流支路来调节,同时,泵启动前不能将出口阀关闭。

旋涡泵的流量小,扬程高,体积小,结构简单,但效率一般很低(不超过40%),通常为35%～38%。与离心泵相比,在同样大小的叶轮和转速下所产生的扬程,旋涡泵比离心泵高2～4倍。与转子泵相比,在同样的扬程下,它的尺寸小得多,结构也简单得多,所以旋涡泵在化工生产中广为应用,适用于流量小、扬程高的情况。旋涡泵适宜输送无悬浮颗粒及黏度不高的液体。各类泵的比较见表2-6。

表2-6　各类泵的比较

类型	离心泵	往复泵	旋转泵	旋涡泵	流体作用泵
流量	均匀、量大、范围广,随管路情况而变	不均匀、恒定、范围较小,不随压头变化	比较均匀、量小、恒定	均匀、量小,随管路情况而变	量小,间断输送
压头	不易达高压头	高压头	高压头	压头较高	压头较高
效率	最高为70%左右,偏离设计点越远效率越低	在80%左右,不同扬程时效率都很高	较高,扬程高时效率降低(因有泄漏)	较低(25%～50%)	仅15%～20%
结构造价	结构简单,造价低	结构复杂,振动大,体积庞大,造价高	零件少,结构紧凑,制造精度高,造价稍高	结构简单紧凑,加工要求稍高	无活动部件,结构简单,造价低

续表

类型	离心泵	往复泵	旋转泵	旋涡泵	流体作用泵
操作	小范围调节用出口阀,简便易行;大范围一次性调节可调节转速或切削叶轮	小范围调节用回流支路阀;大范围一次性调节可调节转速、冲程等	用回流支路阀	用回流支路阀	流量难以调节
自吸作用	没有	有	有	部分型号有	没有
启动	出口阀关闭,灌泵	出口阀全开	出口阀全开	出口阀全开	出口阀全开
维修	简便	麻烦	较简便	简便	简便
适用范围	流量、压头、使用范围广泛,除高黏度液体外,可输送各种料液	适合流量不大、压头高的输送过程	适宜小流量、压头较高的输送任务,尤其适合输送高黏度液体	高压头、小流量的清洁液体	适用于强腐蚀性液体的输送

☆学习上述内容时可进行离心泵单元仿真操作、液位控制单元仿真操作、离心泵的拆装、离心泵特性曲线的测定、往复泵的拆装等实训操作。

测 试 题

一、填空题

1. 液体输送机械实质上就是_____,统称为_____。

2. 叶轮是离心泵的_____,为离心泵的_____,具有不同的结构形式。按叶片两侧有无盖板,叶轮可分为_____、_____和_____。

3. 离心泵的泵壳制成_____,它具有_____和_____的双重功能。

4. 离心泵_____能力,在启动之前,必须向泵内_____,并将泵的出口阀_____。

5. 若叶轮入口处的压强低于操作温度下液体的饱和蒸气压,将发生_____。

6. 由于泵内_____而造成离心泵启动时_____的现象称为气缚。

7. 输送的流体是清水及类似于水的液体时,宜选用_____;若为含杂质的污水,则宜选用_____;若为石油及其产品,宜选用_____;输送硫酸或碱液,则选用_____。

8. 往复泵有_____作用,启动前不需要灌泵。

9. 活塞往复运动一次,即一个工作循环,吸液、排液各一次,称为_____;在一个工作循环中,吸液、排液各两次,称为_____;在一个工作循环中,吸液、排液各三次,称为_____。

10. _____、_____都属于往复泵,而_____则属于离心泵。

二、单选题

1. 离心泵的扬程的意义是(   )。

A.泵实际的升扬高度

B.泵的吸液高度

C. 液体出泵和进泵的压差换算成的液柱高度

D. 单位重量的液体出泵和进泵的机械能差值

2. 下列化工用泵中不属于正位移型的为( )。

A. 离心泵　　　　B. 螺杆泵　　　　C. 隔膜泵　　　　D. 齿轮泵

3. 离心泵的工作点取决于( )。

A. 管路特性曲线

B. 离心泵的特性曲线

C. 管路特性曲线和离心泵的 $H - Q$ 特性曲线

D. 与管路特性曲线和离心泵的特性曲线无关

4. 某管路要求输液量 $Q = 80$ m³/h, 压头 $H = 18$ m, 有以下四个型号的离心泵, 可提供一定的流量 Q 和压头 H, 则宜选用( )。

A. $Q = 88$ m³/h, $H = 28$ m 　　　　　　　B. $Q = 90$ m³/h, $H = 28$ m

C. $Q = 88$ m³/h, $H = 20$ m 　　　　　　　D. $Q = 88$ m³/h, $H = 16$ m

5. 调节幅度不大、经常需要改变流量时采用的方法为 ( )。

A. 改变离心泵出口管路上调节阀的开度　　　B. 改变离心泵的转速

C. 车削叶轮　　　　　　　　　　　　　　　D. 离心泵并联或串联操作

6. 离心泵的轴功率( )。

A. 在流量为零时最大　　　　　　　　　　　B. 在压头最大时最大

C. 在流量为零时最小　　　　　　　　　　　D. 在工作点处最小

7. 离心泵的效率 η 与流量 Q 的关系为 ( )。

A. Q 增大, η 增大　　　　　　　　　　B. Q 增大, η 减小

C. Q 增大, η 先增大后减小　　　　　　D. Q 增大, η 先减小后增大

8. 离心泵停止操作时, 宜( )。

A. 先关出口阀后停电　　　　　　　　　　　B. 先停电后关出口阀

C. 先关出口阀或先停电均可　　　　　　　　D. 单级泵先停电, 多级泵先关出口阀

9. 离心泵的气蚀余量越小, 其抗气蚀能力( )。

A. 越强　　　　B. 越弱　　　　C. 无关　　　　D. 不确定

10. 若被输送液体的黏度增大, 离心泵的轴功率( )。

A. 增大　　　　B. 减小　　　　C. 不变　　　　D. 不定

11. 离心泵的实际安装高度应略小于计算值, 以避免产生( )现象。

A. 气缚　　　　B. 液泛　　　　C. 漏液　　　　D. 气蚀

12. 采用两台离心泵串联操作, 通常是为了增大( )。

A. 流量　　　　B. 扬程　　　　C. 效率　　　　D. 上述三者

13. 往复泵适用于( )。

A. 流量大且要求流量均匀的场合　　　　B. 介质腐蚀性强的场合

C. 流量较小、压头较高的场合　　　　　D. 投资较小的场合

14. 在离心泵的操作中, 能导致泵出口压力过高的原因是( )。

A. 润滑油不足　　　B. 密封损坏　　　C. 排出管路堵塞　　　D. 冷却水不足

15. 离心泵装置中( )的滤网可以阻拦液体中的固体颗粒被吸入而堵塞管道和泵壳。

A. 吸入管路   B. 排出管路   C. 调节管路   D. 分支管路

16. 启动往复泵前其出口阀必须(　　)。

A. 关闭   B. 打开   C. 微开   D. 无所谓

三、多选题

1. 液体输送设备根据工作原理不同,可分为(　　)。

A. 重力式   B. 离心式   C. 容积式   D. 流体作用式

2. 关于离心泵的性能参数,以下描述中正确的有(　　)。

A. 流量表征泵的输液能力

B. 离心泵的扬程大小取决于泵的结构、转速及流量

C. 离心泵的有效功率指单位时间内液体自泵得到的功率

D. 离心泵的效率指有效功率与轴功率之比

3. 离心泵在工作过程中不可避免地出现能量损失,这些损失来源于(　　)。

A. 外界损失   B. 容积损失   C. 水力损失   D. 机械损失

4. 影响离心泵的特性曲线的因素有(　　)。

A. 液体的密度   B. 液体的黏度   C. 泵的转速   D. 叶轮直径

5. 离心泵的组合操作有(　　)。

A. 双桥操作   B. 串联操作   C. 单桥操作   D. 并联操作

6. 关于离心泵的安装和操作,以下说法中正确的有(　　)。

A. 气蚀现象会加剧叶轮的损伤

B. 泵的安装高度均等于或小于允许安装高度

C. 为了避免气缚现象,安装时管路尽可能短而直

D. 在工业生产中,多数采用两台泵并联安装,一用一备

7. 关于离心泵的故障防护排查,以下说法中错误的有(　　)。

A. 为了避免气缚现象,泵的安装位置不能太高

B. 为了避免气蚀现象,启动泵前要进行灌泵

C. 为了不因启动时电流过大而烧坏电机,启动泵前要关闭出口阀

D. 在泵的使用中,应经常检查泵密封处的泄漏和发热状况

8. 往复泵的使用条件有(　　)。

A. 杂质多   B. 流量小   C. 扬程高   D. 黏性大

9. 往复泵的主要部件包括(　　)。

A. 泵缸   B. 活塞   C. 活塞杆   D. 吸入阀和排出阀

10. 往复泵的流量调节方法有(　　)。

A. 改变泵缸的容积   B. 改变活塞的频率

C. 改变发动机的功率   D. 改变活塞的冲程

四、计算题

1. 用密度为 $1\,000\ kg/m^3$ 的水测定某台离心泵的性能时,流量为 $12\ m^3/h$,泵入口处真空表的读数为 $26.66\ kPa$,泵出口处压力表的读数为 $3.45 \times 10^2\ kPa$,压力表与真空表之间的竖直距离为 $0.4\ m$,泵的轴功率为 $2.3\ kW$,叶轮的转速为 $2\,900\ r/min$,压出管的直径和吸入管相等。试求泵的扬程和效率。[答:38.3 m,54.4%]

2. 已知一台离心泵的流量为 10.2 L/s,扬程为 20 m,抽水时功率为 2.5 kW,试计算这台泵的总效率。[答:80%]

3. 某离心泵的流量为 1 200 L/min,扬程为 11 m,已知该泵的总效率为 80%,试求该泵的轴功率。[答:2.7 kW]

4. 用油泵从密闭容器里送出 30 ℃的丁烷。容器里丁烷液面上的绝对压强为 0.35 MPa。液面降到最低时,在泵入口中心线以下 2.8 m。丁烷在 30 ℃时的密度为 580 kg/m³,饱和蒸气压为 0.31 MPa。泵吸入管路的全部阻力损失为 1.5 m,所选用的泵允许气蚀余量为 3 m。问这台泵能否正常操作?[答:不能正常操作]

5. 如图 2-84 所示,用离心泵将水池中的水送至密闭的高位槽中,高位槽液面与水池液面的高度差为 15 m,高位槽中的气相表压为 49.1 kPa。要求水的流量为 15~25 m³/h,吸入管长 24 m,压出管长 60 m(均包括局部阻力的当量长度),管道尺寸均为 ϕ68 mm×4 mm,摩擦系数为 0.021。试选用一台离心泵,并确定安装高度。(设水温为 20 ℃,密度以 1 000 kg/m³ 计,当地大气压为 101.3 kPa)[答:5.5 m]

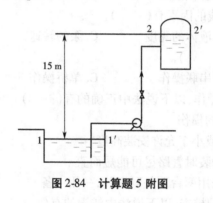

图 2-84　计算题 5 附图

任务六　气体输送机械的选择、安装及操作

一、概述

输送和压缩气体的设备统称为气体输送机械,其作用与液体输送设备颇为类似,都是对流体做功,以提高流体的压强。

气体输送机械在工业生产中应用十分广泛,主要用于以下几个方面。

(1)输送气体。为了克服管路的阻力,需要提高气体的压强。这纯粹是因为输送的目的而对气体加压,压强一般都不高。但气体的输送量往往很大,需要的动力也相当大。

(2)产生高压气体。化学工业中的一些化学反应过程需要在高压下进行,如合成氨反应、乙烯的本体聚合反应等;一些分离过程也需要在高压下进行,如气体的液化与分离。这些在高压下进行的过程对相关气体输送机械的出口压强提出了相当高的要求。

(3)产生真空。相当多的单元操作是在低于常压的情况下进行的,这时就需要真空泵从设备中抽出气体以产生真空。

由于气体的密度比液体的密度小得多,同时气体具有压缩性,当压强变化时,其体积和温度随之变化,从而使气体输送设备具有下列特点。

(1)动力消耗大。对一定的质量流量,由于气体的密度小,体积流量很大,因此气体输送管中的流速比液体大得多,前者的适宜流速(15~25 m/s)约为后者(1~3 m/s)的10倍。以各自的适宜流速输送同样质量流量的流体,经过相同的管长后气体的阻力损失约为液体的10倍。因而气体输送机械的动力消耗往往很大。

(2)气体输送机械体积一般都很庞大,出口压强高的机械更是如此。

(3)由于气体的可压缩性,在输送气体的压强变化的同时,体积和温度也随之变化。这些变化对气体输送机械的结构、形状有很大的影响。

气体输送机械按结构和工作原理分为离心式、旋转式、往复式以及喷射式等;按出口压强(终压)或压缩比(出口与进口气体的绝对压强之比)可分为以下几类。

(1)通风机:终压不大于15 kPa(表压),压缩比为1~1.15。

(2)鼓风机:终压为15~300 kPa(表压),压缩比小于4。

(3)压缩机:终压在300 kPa(表压)以上,压缩比大于4。

(4)真空泵:在设备内造成负压,终压为大气压或略高于大气压,压缩比由真空度决定。

二、离心式通风机

工业上常用的通风机有轴流式和离心式两种。轴流式通风机的风量大,但产生的压头小,一般只用于通风换气;离心式通风机则多用于输送气体。

1. 离心式通风机的工作原理与结构

离心式通风机的工作原理与离心泵相同,但结构简单得多,图2-83是离心式通风机的简图,它由蜗形机壳和叶轮组成。蜗壳的作用是收集由叶轮抛出的气体,并将部分动能转化为静压能,壳内逐渐扩大的气体通道及出口截面有方形(矩形)和圆形两种;叶轮的直径和宽度比离心泵大得多,叶片数目较多且长度较短,形状有前弯、径向及后弯三种。在不追求高效率,仅要求大风量时,常采用前弯叶片。若要求高效率和高风压,则采用后弯叶片。叶轮由电机直接带动高速旋转,蜗壳的气体流道一般为矩形截面。

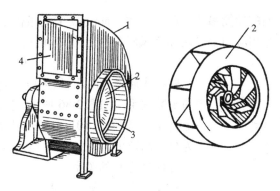

图2-85　离心式通风机

1—机壳;2—叶轮;3—吸入口;4—排出口

2. 离心式通风机的性能参数和特性曲线

1)性能参数

(1)风量Q。风量Q是单位时间内通风机输送的气体体积,以通风机进口处气体的状态计,单位为 m³/s 或 m³/h。

（2）全风压 p_t。全风压 p_t 是单位体积的气体流经通风机后获得的能量,单位为 J/m³或 Pa。

以单位质量的气体为基准,在通风机的进、出口截面之间列伯努利方程,气体的密度取其平均值,可得

$$z_1 g + \frac{u_1^2}{2} + \frac{p_1}{\rho} + W_e = z_2 g + \frac{u_2^2}{2} + \frac{p_2}{\rho} + \sum h_f$$

式中各项的单位均为 J/kg。将上式中的各项同乘以 ρ,整理可得

$$p_t = \rho W_e = (z_2 - z_1)\rho g + \frac{\rho}{2}(u_2^2 - u_1^2) + p_2 - p_1 + \rho \sum h_f \qquad (2\text{-}82)$$

式中各项的单位均为 J/m³ = N·m/m³ = N/m² = Pa,各项的意义均为单位体积的气体所具有的机械能。对于气体,$z_2 - z_1$ 与 ρ 均较小,故 $(z_2 - z_1)\rho g$ 项可以忽略;因进、出口管段很短,$\rho \sum h_f$ 项亦可忽略;当气体直接由大气进入通风机时,$u_1 = 0$,则式(2-82)变为

$$p_t = \frac{\rho u_2^2}{2} + p_2 - p_1 = p_k + p_s \qquad (2\text{-}83)$$

式中:$p_2 - p_1$ 称为静风压,以 p_s 表示;$\rho u^2/2$ 称为动风压,以 p_k 表示。

在离心泵中,泵进、出口处的动能差很小,可以忽略。但对离心通风机而言,气体出口速度很大,动风压不仅不能忽略,而且由于通风机的压缩比很低,动风压在全风压中所占的比例较高。离心式通风机的全风压 p_t 为静风压 p_s 与动风压 p_k 之和,又称为风压。

（3）轴功率和效率。轴功率表示为

$$N = \frac{p_t Q}{1\,000 \eta} \qquad (2\text{-}84)$$

式中　N——轴功率,kW;

　　　Q——风量,m³/s;

　　　p_t——全风压,Pa;

　　　η——效率。

风机的性能表中所列的性能参数一般都是在 1 atm、20 ℃的条件下测定的,在此条件下空气的密度 $\rho_0 = 1.2$ kg/m³,相应的全风压和静风压分别记为 p_{t0} 和 p_{s0}。

2）特性曲线

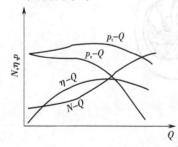

图2-86　离心式通风机的特性曲线

离心式通风机的风量、风压、轴功率和效率之间也有一定的函数关系。如图 2-86 所示,它表示某种型号的风机在一定转速下,压强为 101.3 kPa、温度为 20 ℃的条件下以空气为介质测定出的风量 Q 与风压 p_t、静风压 p_s、轴功率 N、效率 η 四者之间的关系。

3. 离心式通风机的选型

（1）根据管路布置和工艺条件,计算输送系统所需的实际风压 p_t,并按式(2-85)换算成实验条件下的风压 p_{t0}。

$$p_{t0} = p_t \frac{\rho_0}{\rho} = p_t \frac{1.2}{\rho} \qquad (2\text{-}85)$$

（2）根据所输送气体的性质(如清洁空气,易燃、易爆或腐蚀性气体以及含尘气体等)和风

压范围,确定风机类型。若输送的是清洁空气或与其性质相近的气体,可选用一般类型的离心式通风机,常用的有 8-18 型、9-27 型和 4-72 型。前两类属高压通风机,后一类属中、低压通风机。

(3)根据实际风量 Q(以风机进口状态计)与实验条件下的风压 p_{t0},从风机样本或产品目录中的特性曲线或性能表中选择合适的风机型号,选择的原则与离心泵相同。

每一台离心式通风机又有不同直径的叶轮,因此离心式通风机的型号是在类型之后加机号表示,如 4-72No.12,4-72 表示类型,No.12 表示机号,其中 12 表示叶轮的直径为 12 dm(分米)。

(4)若所输送气体的密度大于 1.2 kg/m³,需按式(2-86)核算轴功率。

$$N' = N \frac{\rho'}{1.2} \tag{2-86}$$

【例 2-28】 已知空气的最大输送量为 1.6×10^4 kg/h,在最大风量下输送系统所需的风压为 2 100 Pa,空气进口温度为 40 ℃,当地大气压为 98.7×10^3 Pa。试选用一台合适的离心式通风机。

解 按式(2-85)将输送系统的风压换算成实验条件下的风压,即

$$p_{t0} = p_t \frac{1.2}{\rho}$$

输送条件下空气的密度为

$$\rho = \frac{pM}{RT} = \frac{98.3 \times 10^3 \times 29}{8.314 \times 10^3 \times 313} = 1.1 \text{ kg/m}^3$$

故

$$p_{t0} = 2 100 \times \frac{1.2}{1.1} = 2 291 \text{ Pa}$$

风量(按进口状态计)为

$$Q = \frac{1.6 \times 10^4}{1.1} = 1.45 \times 10^4 \text{ m}^3/\text{h}$$

根据风量 $Q = 1.45 \times 10^4$ m³/h 和风压 $p_{t0} = 2 291$ Pa,在附录或有关手册中查得 4-72-11 No.6C 离心式通风机可满足要求。该机的性能为:转速, 2 240 r/min;风压,2 432.1 Pa;风量,1.58×10^4 m³/h;效率,91%;轴功率,14.1 kW。

三、离心式鼓风机

离心式鼓风机又称透平鼓风机,其主要构造和工作原理与离心式通风机类似,由于单级叶轮所产生的压头很低,故一般采用多级叶轮。气体从吸入管吸入,依次通过各级的叶轮和导轮,最后由排气口排出。

离心式鼓风机的送气量大,但所产生的风压不高,其出口压强一般不超过 294×10^3 Pa。由于离心式鼓风机压缩比不高,所以不需冷却装置。各级叶轮的大小大体上相等。离心式鼓风机的选型方法与离心式通风机相同。

我国目前生产的离心式鼓风机的型号,如 D1200-22,其中 D 表示鼓风机的吸风形式为单吸(S 表示双吸,指第一级),1200 表示鼓风机的进口流量为 1 200 m³/min,22 中的第一个"2"表示鼓风机的叶轮数,第二个"2"表示第二次设计。

四、离心式压缩机

1. 离心式压缩机的构造和特点

离心式压缩机常称为透平式压缩机,其主要构造和工作原理与离心式鼓风机相同,只是叶轮更多,可达 10 级以上,故能产生较高的压强。由于气体的压强逐级增大,体积相应缩小,因而叶轮逐渐变小。当气体经过多级压缩后,温度显著上升,因而压缩机分为 n 段,每段包括若干级,段与段间设置中间冷却器,以降低气体的温度。气体的压缩比越大,气体的温度升高得越多,越需要中间冷却。

我国离心式压缩机的型号与离心式鼓风机相同,仅增加一个"A"字以示区别。例如:DA350 - 61 型离心式压缩机表示单吸式离心式压缩机,流量为 350 m^3/min,6 级叶轮,第一次设计。与往复式压缩机相比,离心式压缩机具有排气量大、体积小、结构紧凑、维护方便、运转平稳可靠、机器利用率高、供气均匀、气体洁净、动力利用好、投资小、操作费用低等优点;缺点是不易获得大压缩比,同时流量小,当要求的流量偏离设计流量时效率下降较快,稳定工作流量范围比较窄,效率低,加工要求高。随着离心式压缩机在设计、制造方面不断采用新技术、新结构和新工艺,上述缺点正在不断被克服,因此离心式压缩机在石油化工生产中的应用越来越广泛。例如,目前已为超高压聚乙烯装置试制成功压强为 2.4×10^5 kPa 的超高压离心式压缩机。

2. 离心式压缩机的喘振与堵塞

离心式压缩机在工作中,当流量减小到某一较小值时,气流进入叶轮时将与叶片发生严重的冲击,在叶片间的流道中引起严重的边界层分离,形成旋涡,使得气流的压强突然下降,以至于排气管内压强较高的气体倒流回级里。瞬间,倒流回级中的气体补充了级的不足流量,叶轮又恢复正常工作,重新将倒流回的气体压出去。这样又使级中的流量减小,于是压强又突然下降,级后的气体又倒流回级中,如此周而复始,就出现了叶道内周期性的气流脉动,这就是喘振。发生喘振时,压缩机级和其后连接的储气罐中会产生一种低频高振幅的压力脉动,引起叶轮的应力增大,噪声严重,进而整个机器强烈振动,甚至无法工作。因此,离心式压缩机的工作流量必须大于喘振发生时的流量。

离心式压缩机在工作中,当流量增大到某一值时,摩擦损失、冲击损失都很大,气体所获得的能量全部消耗在流动损失上,使气体的压强得不到提高,同时气流的速度达到声速,再提高是不可能的,这种现象称为堵塞。发生堵塞时流量不可能再增大了,这时的流速是压缩机可达到的最大流速。

由此可见,离心式压缩机的工作只能在喘振工况和堵塞工况之间进行,此区域称为稳定工况区。

3. 离心式压缩机的调节

在生产过程中,装置的阻力系数或者流量要求经常变化,为适应这些变化,保证装置对压强或流量的要求,就需要对压缩机进行调节。离心式压缩机的性能调节与离心泵基本相同,常用的调节方法有以下几种。

1) 出口节流调节法

这是通过调节出口管路中调节阀的开度来改变管路特性曲线,从而实现流量或压强的调节的。此种调节的特点是方法简单,经济性差。

2）进口节流调节法

这是通过调节进口管路中节流阀的开度来改变离心式压缩机的特性曲线,从而实现流量或压强的调节的。此种调节的特点是比较简单,经济性比较好,但也有一定的节流损失。

3）采用可转动的进口导叶

这是通过改变叶轮进口前安装的导向叶片的角度,使进入叶片中的气流产生一定的旋转,从而改变压缩机的特性曲线实现调节的。此种方法经济性较好,但结构复杂。

4）改变压缩机的转速

改变压缩机的转速,其特性曲线也发生变化,因而可改变压缩机的工作点,实现性能调节。此种方法调节范围大,经济性好,但设备复杂,价格昂贵。

五、罗茨鼓风机

罗茨鼓风机的工作原理与齿轮泵类似。如图 2-87 所示,机壳内有两个腰形或三星形转子(又称风叶),两转子之间、转子与机壳之间缝隙很小,使转子能自由运动而无过多泄漏,两转子的旋转方向相反,使气体从一侧吸入,从另一侧排出。改变转子的旋转方向,可使其吸入口和排出口互换。

罗茨鼓风机的风量与转速成正比,在转速一定时,出口压强改变,风量可保持大体不变,故又名定容式鼓风机。这一类型的鼓风机的特点是风量变化范围大、效率高。

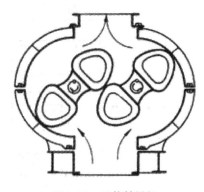

图 2-87　罗茨鼓风机

罗茨鼓风机的出口处安装稳压气柜和安全阀,流量用支路调节,出口阀不能完全关闭。操作时温度不能超过 85 ℃,否则会引起转子受热膨胀而发生碰撞。

六、往复式压缩机

(一)往复式压缩机的工作原理

往复式压缩机的基本构造和工作原理与往复泵相似,主要部件有汽缸、活塞、吸气阀和排气阀,依靠活塞的往复运动将气体吸入和压出。由于往复式压缩机的工作流体为气体,密度比液体小得多,且可压缩,压缩后气体温度升高,体积变小,因此往复式压缩机又有其特殊性。为了便于分析往复式压缩机的工作过程,以单动往复式压缩机为例,并假定被压缩气体为理想气体,气体流经气阀时的阻力可以忽略不计,在压缩过程中没有泄漏,因此在吸气过程中汽缸内的气体压强恒等于入口处的压强;在排气过程中汽缸内的气体压强恒等于出口处的压强。

图 2-88 所示是单动往复式压缩机的工作过程,其中图 2-88(a)、(b)、(c)、(d)为各阶段活塞的位置,图 2-88(e)为活塞的循环工作过程示意。当活塞在汽缸内运动至最左端时,如图 2-88(a)所示,活塞与汽缸盖之间留有很小的空隙,称为余隙,以免活塞受热膨胀后与汽缸相撞。由于余隙的存在,在气体排出之后,汽缸内仍残存一部分压强为 p_2 的高压气体,其状态为图 2-88(e)中的 A 点。当活塞向右运动时,余隙内的高压气体不断膨胀,直至活塞运动到图 2-88(b)所示

的位置,汽缸内的压强降至 p_1,气体状态为图 2-88(e)中的 B 点,此阶段为余隙气体膨胀阶段。活塞再向右运动时,汽缸内的压强下降到稍低于 p_1,于是吸入阀开启,压强为 p_1 的气体被吸入缸内,直至活塞移至最右端,其位置如图 2-88(c)所示,气体状态为图 2-88(e)中的 C 点,此阶段为吸气阶段。此后,活塞改为向左运动,缸内气体被压缩而升压,吸入阀关闭,气体继续被压缩,直至活塞到达图 2-88(d)所示的位置,压强增大到稍高于 p_2,气体状态为图 2-88(e)中的 D 点,此阶段为压缩阶段。此时排出阀开启,在恒定的压强 p_2 下气体从汽缸中排出,直至活塞回到最左端如图 2-88(a)所示的位置,此阶段为排气阶段。

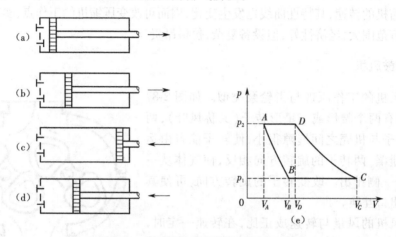

图 2-88　单动往复式压缩机的工作过程
(a)位置 1　(b)位置 2　(c)位置 3　(d)位置 4　(e)工作过程示意

由此可见,压缩机的一个工作过程由膨胀、吸气、压缩和排气四个阶段组成。

(二)往复式压缩机的主要性能参数

1. 排气量

往复式压缩机的排气量又称压缩机的生产能力,是压缩机在单位时间内排出的气体的体积换算成吸入状态的数值。若没有余隙,往复式压缩机的理论吸气量为

$$V' = \frac{\pi}{4}D^2 Sn \tag{2-87}$$

式中　V'——理论吸气体积,m^3/min;

D——活塞的直径,m;

S——活塞的冲程,m;

n——活塞每分钟往复的次数。

实际上由于压缩机有余隙,实际吸气体积较理论吸气体积为小,即

$$V = \lambda_0 V' = \lambda_0 \frac{\pi}{4}D^2 Sn \tag{2-88}$$

式中　V——实际吸气体积,m^3/min;

λ_0——容积系数。

$$\lambda_0 = 1 - \varepsilon \left[\left(\frac{p_2}{p_1} \right)^{\frac{1}{\kappa}} - 1 \right] \tag{2-89}$$

式中 ε 为压缩机的余隙系数(余隙容积 V_A 与一个行程活塞扫过的体积 $V_C - V_A$ 之比),通常大、中型压缩机低压汽缸的 ε 值在 0.08 以下,高压汽缸的 ε 值可到 0.12 左右。

2.轴功率和效率

假定压缩机内气体的压缩过程为绝热压缩过程,则其理论功率为

$$N_a = \frac{\kappa}{\kappa - 1} p_1 \left[\left(\frac{p_2}{p_1} \right)^{\frac{\kappa-1}{\kappa}} - 1 \right] \tag{2-90}$$

式中 κ 为绝热压缩指数,是气体的定压比热容与定容比热容之比。单原子气体其值约为 5/3;双原子气体其值约为 7/5;三原子气体其值约为 9/7。

压缩机所需的实际轴功率大于理论功率,若总效率为 η(一般取 $\eta = 0.7 \sim 0.9$,大型压缩机的总效率大于 0.8),则轴功率 N 为

$$N = \frac{N_a}{\eta} \tag{2-91}$$

3.压缩比和多级压缩

压缩比是压缩机的出口压强和进口压强之比。当生产过程的压缩比大于 8 时,因压缩造成的升温会导致吸气无法完成,或润滑失效,或润滑油燃烧,因此,当压缩比较大时,常采用多级压缩。所谓多级压缩是气体连续依次经过若干汽缸的多次压缩,两级之间设置冷却器,从而安全地达到最终压强。多级压缩的优点:①避免排出的气体温度过高;②提高汽缸的容积利用率;③减少功率消耗;④压缩机的结构更合理,从而提高了压缩机的经济效益。但若级数过多,会使整个压缩系统结构复杂,能耗加大。

(三)往复式压缩机的类型和选用步骤

1.往复式压缩机的类型

压缩机的形式很多,分类方法也很多:按所压缩气体的种类分为空气压缩机、氧压缩机、氢压缩机、氨压缩机以及石油气压缩机等;按活塞在往复一次的过程中吸、排气的次数分为单动、双动和多动;按气体受压次数分为单级、双级和多级等;按压缩机的生产能力分为小型(10 m³/min 以下)、中型(10~30 m³/min)和大型(30 m³/min 以上)三种;按压缩机出口压强分为低压(1 MPa 以下)、中压(1~10 MPa)、高压(10~100 MPa)以及超高压(100 MPa 以上)四种;按汽缸在空间中的位置分为立式、卧式、角度式和平衡式等。

我国制造的往复式压缩机,其型号均以拼音字母代表结构形式。如立式往复式压缩机,其代号为 Z,由于汽缸的中心线与地面垂直,活塞上下运动,对汽缸的作用力小,磨损小,振动小,基础小,整机占地面积也小;可是机身较高,操作、检修不便,仅适用于中、小型压缩机。卧式往复式压缩机,其代号为 P,由于汽缸的中心线是水平的,故机身较长,水平方向惯性力大,占地面积大,对基础要求较高;但操作、检修方便,适用于大型压缩机。角度式往复式压缩机,其代号根据汽缸的配置形式分为 L 型、V 型、W 型等,主要优点是活塞往复运动的惯性力有可能被转轴上的平衡重量所平衡,基础比立式还小;因汽缸是倾斜的,维修不方便,也仅适用于中、小型压缩机。对称平衡式往复式压缩机,其代号为 H、M 等,此种形式的压缩机平衡性能好,运行平稳,整机高度较低,便于操作、维修,通常用于大型压缩机。与型号并用的数字分别表示汽缸列数、活塞推力、排气量和排气压强。例如 2D6.5 – 7.2/150 型压缩机,表示汽缸为 2 列,对称平衡型(D 型),活塞推力为 6.5 t,排气量为 7.2 m³/min,排气压强为 150 atm(14 709.975 kPa)

(表压)。

2. 往复式压缩机的选用步骤

(1)根据所输送气体的性质确定压缩机的类型,如空压机、氨压机等;

(2)根据生产任务和厂房的具体条件选定压缩机的结构形式,如立式、卧式、角度式等;

(3)根据生产所需的排气量(即生产能力)和排气压强(或压缩比)两个指标,在压缩机样本或产品目录中选择合适的型号。

(四)往复式压缩机的安装与运转

1. 安装

往复式压缩机的气流脉动给压缩机装置造成了排气不连续、压力不均匀、气体出口管路振动大等危害。减小气流脉动的最有效的方法是在靠近压缩机的排气口处安装贮气柜(缓冲缸),以减小气流脉动,使排气连续、均匀。贮气柜可使气体中夹带的水沫和油沫沉降下来,但要注意定期排放。为确保操作安全,贮气柜上要安装压强表和安全阀。

为防止吸入压缩机的气体中夹带灰尘、铁屑等固体杂物,应在压缩机吸入口前安装过滤器,以确保汽缸内壁和滑动部件不被磨损和划伤。在操作中应经常检查过滤器的工作是否正常,如被过滤物增加,会使吸入管路阻力损失太大,故应定期清洗或更换过滤元件。

2. 运转

往复式压缩机是一个系统庞大、结构复杂的运转设备,要使压缩机运行得好,除机器本身的性能和安装质量等良好以外,还必须精心操作、正确地开停车,并在运行中加强巡检和管理。

压缩机在运行中,汽缸和活塞间有相对摩擦,温度较高,需保证其具有良好的冷却和润滑。冷却水的出口温度不应高于 313 K,否则应清洗汽缸水夹套和压缩机中间冷却器中的污垢。冬季停车时,应将汽缸夹套、中间冷却器中的水全部排放掉,防止因结冰破坏汽缸、水夹套和造成管路堵塞。

在运行中还应防止气体带液,因汽缸余隙很小,而液体又是不可压缩的,即使少量液体进入汽缸,也可能造成压强太大而使机器被损坏。操作时要时常检查压缩机的各运动部件是否正常,若发现异常声响及噪声,应采取相应的措施予以消除,必要时立即停车检查。开车时不允许关闭出口阀,以防止压强过高而造成事故。

(五)往复式压缩机排气量的调节

1. 节流进气调节

节流进气调节是在压缩机的进气管路上安装节流阀,调节时节流阀逐渐关闭,使进气受到节流,压强降低,使排气量减少。该调节法的调节结构简单,但经济性较差,常用于不频繁调节的中、大型压缩机中。

2. 旁路回流调节

旁路回流调节是将吸气管和排气管用普通管路和旁通阀加以连通,以达到调节排气量的目的。调节时只要部分或全部打开旁通阀,排出的气体便又回到进气管中,从而减小了压缩机的排气量。此法可连续调节排气量,不足的是排气量减小而功耗不降低,故经济性很差。此法调节结构简单,常用于短期不经常调节或调节幅度很小的场合和在稳定各中间压强时采用。

3. 顶开吸气阀调节

在吸气阀内安装一个压叉,当需要降低排气量时,压叉强行顶开吸气阀的阀片,使部分或全部已吸入汽缸内的气体流回进气管中,从而实现排气量的调节。该法结构简单,功耗小,能连续调节排气量,较经济;缺点是会缩短阀片的寿命。

4. 补充余隙容积调节

常在汽缸盖或汽缸侧面连通一个补充余隙调节器,借助增大余隙容积使汽缸吸入的气体量减少,从而减少排气量。该法基本上没有功率消耗,只是增加了余隙气的膨胀过程,不会影响零件的寿命,故是一种既经济又可靠的方法,多用于大型压缩机。其缺点是结构复杂。

除以上四种调节方法外,还可以通过改变原动机的转速实现流量的调节,适用于汽轮机、燃气机或变频电动机。若生产中使用的压缩机台数较多,可根据生产需要改变工作台数,以减少排气量。

七、真空泵

从设备或系统中抽出气体使其中的绝对压强低于大气压的机械称为真空泵。从原则上讲,真空泵就是在负压下吸气、一般在大气压下排气的输送机械。在真空技术中,通常把真空状态按绝对压强高低划分为低真空、中真空、高真空、超高真空和极高真空五个真空区域。为了产生和维持不同真空区域的压强,设计出多种类型的真空泵。真空泵可分为干式和湿式两大类。干式真空泵只能从设备中抽出干燥气体,其真空度高达96% ~99%;湿式真空泵在抽气的同时,允许带走较多的液体,只能产生85% ~90%的真空度。

化工生产中用来产生低、中真空的真空泵有往复式真空泵、旋转真空泵(包括液环真空泵、旋片真空泵)和喷射真空泵等。

1. 往复式真空泵

往复式真空泵属于干式真空泵,其构造和工作原理与往复式压缩机基本相同,只是目的不同而已。压缩机是为了提高气体的压强;真空泵是为了降低气体的压强。由于真空泵所抽吸气体的压强很小,且其压缩比很大(通常大于20),因而真空泵的吸入和排出阀门必须更加轻巧、灵活,余隙容积必须更小。为了减小余隙的不利影响,真空泵的汽缸设有连通活塞左右两侧的平衡气道。若气体具有腐蚀性,可采用隔膜真空泵。

2. 液环真空泵

用液体做工作介质的粗抽泵称为液环真空泵。其中,用水做工作介质的叫水环真空泵,还可用油、硫酸及乙醇等做工作介质。工业上水环真空泵应用居多,其结构如图2-89所示。

水环真空泵的外壳内偏心地安装有叶轮,叶轮上有辐射状叶片,泵壳内约充有一半容积的水。当叶轮旋转时,由于离心力的作用,水被甩至壳壁形成水环。此水环具有液封作用,使叶片间的空隙形成许多大小不同的密封小室。当小室的容积增大时,气体通过吸入口被吸入;当小室变小时,气体从排出口排出。水环真空泵运转时,要不断补充水,以维持泵内的液封。水环真空泵属于湿式真空泵,所吸气中允许夹带少量液体。当被抽吸的气体不宜与水接触时,泵内可充以其他液体。

水环真空泵结构简单、紧凑,没有阀门,制造容易,维修方便,但效率低,一般为30% ~50%,最高真空度可达85%,适于抽吸有腐蚀性、易爆炸的气体。真空泵所产生的真空度受泵内水温的限制,一般不大于700 mmHg。

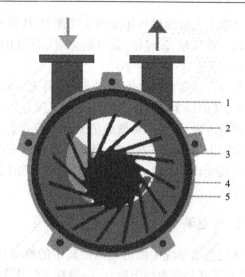

图 2-89　水环真空泵简图
1—泵盖;2—液环;3—吸气口;4—排气口;5—叶轮

3. 旋片真空泵

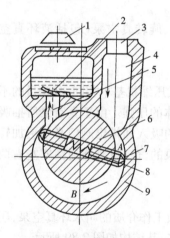

图 2-90　单级旋片真空泵
1—排气口;2—排气阀片;3—吸气口;
4—吸气管;5—排气管;6—转子;
7—旋片;8—弹簧;9—泵体

旋片真空泵是获得低、中真空的主要真空泵种之一,它可分为油封泵和干式泵。根据所要求的真空度,可采用单级泵(极限压强为 4 Pa,通常为 50 ~ 200 Pa)和双级泵(极限压强为 0.01 ~ 0.06 Pa),其中以双级真空泵应用更普遍。

图 2-90 所示为单级旋片真空泵。当带有两个旋片 7 的偏心转子按图中箭头的方向旋转时,旋片在弹簧 8 的压力及自身的离心力作用下,紧贴着泵体 9 的内壁滑动,吸气工作室的容积不断扩大,被抽气体流经吸气口 3 和吸气管 4 进入其中,直到旋片偏转到垂直位置时完成一次吸气过程,吸入的气体被旋片隔离。转子继续旋转,被隔离的气体逐渐被压缩,压力增大。当压力超过排气阀片 2 上的压力时,气体从排气口 1 排出。转子每旋转一周有两次吸气和排气过程。

旋片真空泵具有使用方便、结构简单、工作压力范围宽、可在大气压下直接启动等优点,应用比较广泛。但旋片真空泵不适用于抽除含氧过高、有爆炸性、有腐蚀性、对油起化学反应及含颗粒尘埃的气体。

4. 喷射真空泵

喷射泵是利用流体流动时静压能与动压能相互转化的原理来吸送流体的。它可用于吸送气体,也可吸送液体。在化工生产中,喷射泵常用于抽真空,故又称喷射真空泵。喷射泵的工作流体可以为蒸汽,也可以是水或其他液体。

图 2-91 所示为单级蒸汽喷射泵。工作蒸汽以很高的速度从喷嘴喷出,在喷射过程中,蒸汽的静压能转变为动压能,产生低压,将气体吸入。吸入的气体与蒸汽混合后进入扩散管,部分动能转变为静压能,而后从压出口排出。

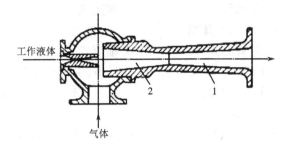

图 2-91 单级蒸汽喷射泵
1—扩散室;2—混合室;3—压出口;4—混合室;5—气体吸入口

单级蒸汽喷射泵仅能达到 90% 的真空度,要获得更高的真空度可采用多级蒸汽喷射泵。

喷射泵构造简单,制造容易,可用各种耐腐蚀性材料制成,不需基础工程和传动设备。但由于喷射泵的效率低,只有 10% ~ 25%,故一般多用于抽真空,而不作输送用。水喷射泵所能产生的真空度比蒸汽喷射泵低,一般只能达到 700 mmHg(93 325.4 kPa)左右的真空度,但是由于结构简单,能源普遍,且兼有冷凝蒸汽的能力,故在真空蒸发设备中广泛应用。

喷射泵的缺点是产生的压头小,效率低,所输送的液体要与工作流体混合,因而应用范围受到限制。

☆学习上述内容时可进行压缩机单元仿真实训操作。

测 试 题

一、填空题

1.输送和压缩气体的设备统称为＿＿＿＿＿＿＿,其作用与＿＿＿＿＿＿＿＿＿,都是＿＿＿＿＿＿＿＿,以提高流体的＿＿＿＿＿。

2.气体输送机械的作用:＿＿＿＿＿＿＿、＿＿＿＿＿＿＿、＿＿＿＿＿＿＿。

3.离心式通风机的性能参数为:＿＿＿＿＿、＿＿＿＿＿、＿＿＿＿＿。

4.离心式压缩机在工作过程中易发生＿＿＿＿和＿＿＿＿现象。

5.往复式压缩机的主要部件:＿＿＿＿＿、＿＿＿＿＿、＿＿＿＿和＿＿＿＿＿。

6.真空泵主要有＿＿＿＿＿＿、＿＿＿＿＿和＿＿＿＿＿。

二、单选题

1.往复式压缩机的压缩过程是( )过程。

A.绝热 B.等热

C.多变 D.体积减小、压力增大的

2.下列压缩过程中耗功最大的是( )。

A.等温压缩 B.绝热压缩 C.多变压缩 D.一般压缩

3.当离心式压缩机的操作流量小于规定的最小流量时,即可能发生( )现象。

A.喘振 B.气蚀 C.气塞 D.气缚

4.被压缩气体易燃、易爆时,在启动往复式压缩机前,应该采用( )将缸内、管路和附属容器内的空气或其他非工作介质置换干净,并达到合格标准,杜绝爆炸和设备事故的发生。

A. 氮气　　　　　　　B. 氧气　　　　　　　C. 水蒸气　　　　　　D. 过热蒸汽

5. 透平式压缩机属于(　　)压缩机。

A. 往复式　　　　　　B. 离心式　　　　　　C. 轴流式　　　　　　D. 流体作用式

6. 压缩机在运行过程中机体振动及产生巨大的噪声,工艺原因是由于(　　)造成喘振。

A. 温度波动　　　　　B. 压力过高　　　　　C. 流量不稳　　　　　D. 油路不通

7. 选择离心式通风机应根据(　　)。

A. 实验条件下的风压,实际风量　　　　　　B. 实验条件下的风压,实验条件下的风量

C. 实际风压,实验条件下的风量　　　　　　D. 实际风压,实际风量

8. 离心式压缩机的稳定工况为(　　)。

A. 喘振工况　　　　　　　　　　　　　　　B. 堵塞工况

C. 喘振工况与堵塞工况之间　　　　　　　　D. 喘振工况与气缚工况之间

9. 对于已知余隙系数 ε 的值的往复式压缩机,随着压缩比提高,容积系数 λ_0 将(　　)。

A. 增大　　　　　　　B. 减小　　　　　　　C. 不变　　　　　　　D. 不确定

10. 离心式通风机的风压是(　　)。

A. 静风压　　　　　　B. 动风压　　　　　　C. 全风压　　　　　　D. 不确定

三、多选题

1. 压缩机的一个工作过程是由(　　)步骤完成的。

A. 膨胀　　　　　　　B. 吸气　　　　　　　C. 压缩　　　　　　　D. 排气

2. 离心式通风机的特性曲线包括(　　)曲线。

A. $Q - p_t$　　　　　B. $Q - p_s$　　　　　C. $Q - N$　　　　　　D. $Q - H$

E. $Q - \eta$

3. 往复式压缩机的主要性能有(　　)。

A. 排气量　　　　　　B. 流量　　　　　　　C. 轴功率和效率　　　D. 压缩比和多级压缩

E. 全风压　　　　　　F. 风量

4. 往复式压缩机排气量的调节方法有(　　)。

A. 节流进气调节　　　　　　　　　　　　　B. 旁路回流调节

C. 顶开吸气阀调节　　　　　　　　　　　　D. 补充余隙容积调节

5. 气体输送机械按出口压强或压缩比可分为(　　)。

A. 通风机　　　　　　B. 鼓风机　　　　　　C. 压缩机　　　　　　D. 真空泵

E. 离心式　　　　　　F. 往复式

四、计算题

1. 现从一个气柜向某设备输送密度为 1.36 kg/m³ 的气体,气柜内的压强为 650 Pa(表压),设备内的压强为 102.1 kPa(绝压)。通风机输出管路中的流速为 12.5 m/s,管路的压强损失为 500 Pa。试计算管路所需的全风压。设大气压为 101.3 kPa。[答:756.3 Pa]

2. 某往复式压缩机的余隙系数为 0.05,压缩过程的绝热指数为 1.4。如将空气从 101.3 kPa、283 K 绝热压缩至 506.5 kPa,求容积系数,并求此压缩机的最大压缩比。[答:容积系数为 0.68,最大压缩比为 45]

3. 用一台离心式通风机抽送 308 K、97 kPa 的空气,已知空气输送量为 1.5×10^4 kg/h,输送系统所需的风压为 1.7 kPa。试选用一台合适的离心式通风机。

学习情境三　非均相物系的分离

知识目标

（1）了解非均相物系分离的主要方法、主要特点与工业应用；

（2）掌握沉降（包括重力沉降和离心沉降）过程的基本原理、影响因素分析及强化措施；

（3）掌握过滤操作的原理、影响因素分析及强化措施、恒压过滤的计算及过滤常数测定的方法；

（4）熟悉降尘室的设计，了解和认识旋风分离器的工作原理、操作及选型；

（5）熟悉板框过滤机的操作，认识叶滤机、离心机等过滤设备；

（6）掌握非均相物系分离方法的选择。

重点

（1）沉降速度，降尘室的结构，离心机的工作原理及操作；

（2）恒压过滤基本方程，板框过滤机的结构、工作原理及操作要点。

难点

（1）沉降速度的计算，降尘室的结构及生产能力；

（2）恒压过滤基本方程的应用，板框过滤机的结构及操作；

（3）非均相物系分离设备的选用。

能力目标

（1）能正确进行碳酸钙悬浮液的分离，掌握固－液非均相混合物的典型分离方法；

（2）能正确进行板框过滤机的操作及离心机的选择；

（3）能熟练进行重力沉降、离心沉降的相关计算；

（4）能运用沉降、过滤的相关知识，解决生产和生活中的实际问题。

素质目标

（1）培养学生认真科学的学习态度，熟练掌握过滤、沉降这两种非均相物系的分离方法；

（2）培养学生应用理论知识解决实际问题的能力；

（3）学会如何对复杂的工程问题进行简化处理，使之变成现有理论可以解决的问题。

概　　述

通过中学化学的学习，我们知道往澄清的石灰水溶液中通入二氧化碳，石灰水变浑浊，生成了碳酸钙,如果要将生成的碳酸钙从中分离出来,在实验室可以采用静置或过滤(如图 3-1 所示)的方法,而且过滤效果更好一些。这就涉及混合物的分离。而化工生产中的原料、半成品、排放的废物等大多数为混合物,为了进行加工并得到纯度较高的产品以及环保的需要等,常常要对混合物进行分离。

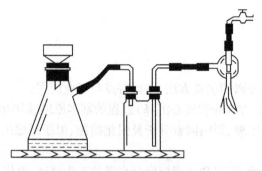

图 3-1 减压抽滤装置

混合物可分为均相(混合)物系和非均相(混合)物系。均相物系是指由不同组分的物质混合形成一个相的物系,如不同组分气体组成的混合气体、能相互溶解的液体组成的各种溶液、气体溶解于液体得到的溶液等。非均相物系是指存在两个或两个以上相的混合物,如雾(气相 - 液相)、烟尘(气相 - 固相)等气体非均相物系;悬浮液(液相 - 固相)、乳浊液(两种不同的液相)等液体非均相物系;还有两种不同固体构成的固体非均相物系等。在非均相物系中,有一相处于分散状态,称为分散相(或分散质),如雾中的小水滴、烟尘中的尘粒、悬浮液中的固体颗粒、乳浊液中分散成小液滴的那个液相等;另一相包围分散相而处于连续状态,称为连续相(或分散介质),如雾和烟尘中的气相、悬浮液中的液相、乳浊液中处于连续状态的那个液相。非均相物系的分离,即是将非均相物系中的分散相和连续相分离开。由于两相存在明显的物性差别,只要根据某一性质的差异,造成两相相对移动,就可以实现其分离了。

一、非均相物系分离在化工生产中的应用

图 3-2 为碳酸氢铵生产流程示意。氨水和二氧化碳在碳化塔中进行反应,生成含有碳酸氢铵的悬浮液,然后通过离心机和过滤机将液体和固体分离开,再通过气流干燥器将水分进一步除去,干燥后的气固混合物由旋风分离器和袋滤器进行分离,得到最终产品。在此生产过程中,多处用到非均相物系的分离操作,包括气固分离和液固分离,使用的离心机、过滤机、旋风分离器以及袋滤器均是常用的非均相物系分离设备。

工业生产和生活中,燃烧产生的烟道气中存在着大量的粉尘,我们通常采用烟囱来进行分离。烟道气中主要为气固体系,气体和固体密度不同,因此采用重力原理进行分离。图 3-3(a)为合格的工业烟囱,多为圆柱体,高度通常在 50 m 以上,为下粗上细结构,排放出来的气体才能满足环保要求,图 3-3(b)、(c)为高度不符合要求的工业烟囱,因此排放出来的气体不符合环保要求。

由上述分析可知,非均相物系的分离在化工生产中的主要作用有如下几个方面。

(1)满足对连续相或分散相进一步加工的需要,如上例中从悬浮液中分离出碳酸氢铵。

(2)回收有价值的物质,如上例中由旋风分离器分离出的最终产品。

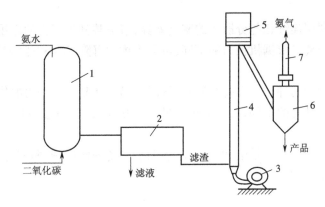

图 3-2　碳酸氢铵生产流程示意

1—碳化塔;2—离心机;3—风机;4—气流干燥器;5—缓冲器;6—旋风分离器;7—袋滤器

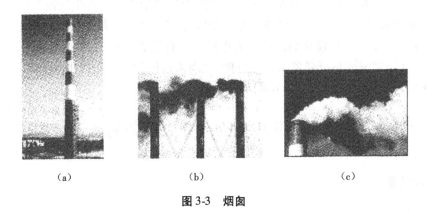

（a）　　　　　　　（b）　　　　　　　（c）

图 3-3　烟囱

　　（3）除去对下一工序有害的物质,如气体在进压缩机前,必须除去其中的液滴或固体颗粒,在离开压缩机后也要除去油沫或水沫;

　　（4）减少对作业区的污染,如上例中通过旋风分离器,已将产品基本上回收了,但为了不造成对作业区的污染,在废气最终排放前,还要由袋滤器除去其中的粉尘。

　　在化工生产中,非均相物系的分离操作常常是从属的,但几乎遍及所有化工厂。因此它是非常重要的,有时甚至是非常关键的。要正确选用非均相物系的分离方法、操作及设备,应该具备如下知识和能力。

　　（1）了解常见非均相物系的分离方法及适用场合。

　　（2）弄清沉降、过滤分离的过程原理与影响因素。

　　（3）学会选用和操作典型非均相分离设备。

二、常见非均相物系的分离方法

　　由于非均相物系中分散相和连续相具有不同的物理性质,故工业生产中多采用机械方法对两相进行分离。其方法是设法造成分散相和连续相之间的相对运动,其分离规律遵循流体力学基本规律。常见方法有如下几种。

1. 沉降分离法

沉降分离法是利用连续相与分散相的密度差异,借助某种机械力的作用,使颗粒和流体发生相对运动而得以分离。根据机械力的不同,可分为重力沉降、离心沉降和惯性沉降。

2. 过滤分离法

过滤分离法是利用两种相对多孔介质穿透性的差异,在某种推动力的作用下,使非均相物系得以分离。根据推动力的不同,可分为重力过滤、加压(或真空)过滤和离心过滤。

3. 静电分离法

静电分离法是利用两相所带电性的差异,借助于电场的作用,使两相得以分离。属于此类的操作有电除尘、电除雾等。

4. 湿洗分离法

湿洗分离法是使气固混合物穿过液体,固体颗粒黏附于液体中而被分离出来。工业上常用的此类分离设备有泡沫除尘器、湍球塔、文氏管洗涤器等。

此外,还有声波除尘和热除尘等方法。声波除尘是利用声波使含尘气流产生振动,细小颗粒相互碰撞而团聚变大,再由离心分离等方法加以分离。热除尘是使含尘气体处于一个温度场(其中存在温度差)中,颗粒在热迁移力的作用下从高温处迁移至低温处而被分离。在实验室内,已应用此原理制成热沉降器来采样分析,但尚未运用到工业生产中。

这里主要讨论沉降和过滤两类分离方法。

任务一　非均相物系分离设备的认识

一、沉降设备

(一)重力沉降设备

1. 降尘室

图3-4　降尘室示意

1)结构和工作原理

借重力沉降从气流中除去尘粒的设备称为降尘室,也称除尘室。如图3-4所示。它实际上是一个尺寸较大的空室,含尘气体从入口进入后,由于容积突然扩大,流速降低,只要颗粒能够在气体通过降尘室的时间内降至室底,就可以从气流中分离出来。为了提高气-固分离的能力,可在气体通道中可加设若干块折流挡板,延长气流在气道中的行程,增加气流在降尘室的停留时间,提高分离效率。折流挡板的加设,还可以促使颗粒在运动时与器壁碰撞,而后落入器底或积尘斗内。

2)特点

降尘室结构简单、操作成本低廉、对气流的阻力小、动力消耗少,但体积及占地面积较为庞大,分离效果低。为了提高降尘室的处理能力,可在其中设置多层水平降尘隔板(图3-5)。这种多层降尘室为尘粒沉降提供的有效水平面积包括底面积和各层降尘隔板面积。即使采用多层结构可提高分离效果,降尘室也有清灰不便等问题,通常只能作为预除尘设备使用,一般只能除去粒径大于 50 μm 的颗粒。

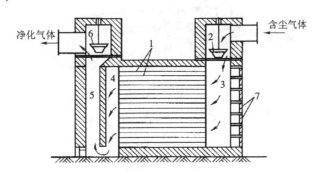

图 3-5　多层降尘室
1—隔板;2,6—调节闸阀;3—气体分配道;4—气体集聚道;5—气道;7—出灰口

2. 降尘气道

1)结构与工作原理

降尘气道也是用以分离气体非均相物系的重力沉降设备,常用于含尘气体的预分离,结构如图 3-6 所示,其外形呈扁平状,下部设集灰斗,内设折流挡板。

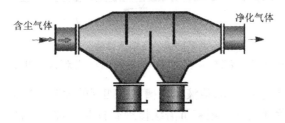

图 3-6　降尘气道

含尘气体进入降尘气道后,因流道截面扩大而流速减小,增加了气体的停留时间,使尘粒有足够的时间沉降到集灰斗内,即可达到分离要求。气道中折流挡板的作用有两个:第一增加了气体在气道中的行程,从而延长气体在设备中的停留时间;第二对气流形成干扰,使部分尘粒与挡板发生碰撞后失去动能,直接落入器底或集尘斗内。

2)特点

构造简单,可直接安装在气体管道上,所以无需专门的操作,但分离效率不高。

3. 沉降槽

1)结构与工作原理

用来处理悬浮液以提高其浓度或得到澄清液的重力沉降设备,称为沉降槽或增稠器或澄清器,通常用于分离颗粒不是很小的悬浮液。沉降槽可间歇操作也可连续操作。间歇沉降槽常用建筑材料砌成,为或圆或方或椭圆等几何形状,也可以用金属材料加工成底部呈锥形的形状。生产中,将待处理的悬浮液放入间歇沉降槽中,静置一定时间后,沉降达到规定指标抽出上层清液和下层稠厚的沉渣层,重复进行下一次操作。

连续沉降槽是底部略成锥状的大直径浅槽,如图 3-7 和图 3-8 所示。

悬浮液经中央进料口送到液面以下 0.3～1.0 m 处,在尽可能减小扰动的情况下,迅速分

图 3-7　沉降槽

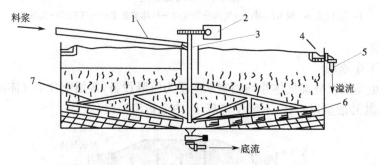

图 3-8　连续沉降槽

1—进料槽道;2—转动机构;3—料井;4—溢流槽;5—溢流管;6—叶片;7—转耙

散到整个横截面上,液体向上流动,清液经由槽顶端四周的溢流堰连续流出,称为溢流;固体颗粒下沉至底部,槽底有徐徐旋转的耙将沉渣缓慢地聚拢到底部中央的排渣口连续排出。排出的稠浆称为底流。

连续沉降槽的直径,小者为数米,大者可达数百米;高度为 $2.5 \sim 4$ m。有时将数个沉降槽垂直叠放,共用一根中心竖轴带动各槽的转耙。这种多层沉降槽可以节省地面,但操作控制较为复杂。

沉降槽有澄清液体和增稠悬浮液的双重功能。为了获得澄清液体,沉降槽必须有足够大的横截面积,以保证任何瞬间液体向上的速度小于颗粒的沉降速度。为了把沉渣增浓到指定的稠度,要求颗粒在槽中有足够的停留时间。所以沉降槽的加料口以下的增浓段必须有足够的高度,以保证压紧沉渣所需要的时间。在沉降槽的增浓段中,大都发生颗粒的干扰沉降,所进行的过程称为沉聚过程。

为了在给定尺寸的沉降槽内获得最大可能的生产能力,应尽可能提高沉降速度。向悬浮液中添加少量电解质(如 $AlCl_3$、$FeCl_3$ 等)或表面活性剂(聚丙烯酰胺、聚乙烯等),使颗粒发生"凝聚"或"絮凝";改变一些物理条件(如加热、冷冻或振动),使颗粒的粒度或相界面积发生变化,都有利于提高沉降速度;沉降槽中的装置搅拌耙,除能把沉渣导向排出口外,还能降低非牛顿型悬浮物物系的表观黏度,并能促使沉淀物压紧,从而加速沉聚过程。搅拌耙的转速应选择适当,通常小槽耙的转速为 1 r/min,大槽耙约为 0.1 r/min。

2）特点

沉降槽构造简单,生产能力大,劳动条件好,但设备庞大,占地面积大,稠浆的处理量大,一般用于大流量、低浓度、较粗颗粒悬浮液的处理。工业上大多数污水处理都采用连续沉降槽。经沉降槽处理后的沉渣内仍有约 50% 的液体。

4. 分级器

利用不同粒径或不同密度的颗粒在流体中的沉降速度不同这一原理来实现分离的设备称为分级器。

将沉降速度不同的两种颗粒倾倒在向上流动的水流中,若水的速度调整到在两者的沉降速度之间,则沉降速度较小的那部分颗粒便被漂走分出。若有密度不同的 a、b 两种颗粒要分离,且两种颗粒的直径范围都很大,则由于密度大而直径小的颗粒与密度小而直径大的颗粒可能具有相同的沉降速度,使两者不能完全分离,如下式所示。

$$\frac{d_a^2(\rho_a - \rho)g}{18\mu} = \frac{d_b^2(\rho_b - \rho)g}{18\mu}$$

$$\frac{d_b}{d_a} = \left(\frac{\rho_a - \rho}{\rho_b - \rho}\right)^{1/2} \tag{3-1}$$

上式表明,不同直径的颗粒因为密度不同而具有相同的沉降速度,该式反映了具有相同沉降速度的两种颗粒的直径比。

（二）离心沉降设备

颗粒在重力场或离心力场中都可以沉降。利用离心力比利用重力要有效得多,因为颗粒的离心力由旋转产生,转速越大,则离心力越大;而颗粒所受的重力却是固定的。因此,利用离心力作用的分离设备不仅可以分离出比较小的颗粒,而且设备的体积也可缩小很多。

1. 旋风分离器

1）构造与工作原理

旋风分离器是利用离心沉降原理从气流中分离出颗粒的设备。如图 3-9 所示,标准旋风分离器上部为圆筒形,下部为圆锥形。含尘气体以 20～30 m/s 的流速从圆筒上侧的矩形进气管以切线方向进入,受器壁的约束向下作螺旋运动。如图 3-10 所示,气体在分离器内按螺旋形路线向器底旋转,到达底部后折而向上,成为内层上旋的气流,称为气芯,然后从顶部的中央排气管排出。气体中所夹带的尘粒在随气流旋转的过程中,由于密度较大,受离心力的作用逐渐沉降到器壁,碰到器壁后落下,滑向出灰口。旋风分离器各部分的尺寸都有一定的比例,只要规定出其中一个主要尺寸,如圆筒直径 D 或进气口宽度 B,则其他各部分的尺寸也就相应确定。

2）评价旋风分离器性能的主要指标

（1）临界粒径 d_c。临界粒径是指理论上能够完全被旋风分离器分离下来的最小颗粒直径,其大小是判定旋风分离器分离效率高低的依据,可用下式估算。

$$d_c = \sqrt{\frac{9\mu B}{\pi N \rho_s u}} \tag{3-2}$$

式中　d_c——临界粒径,m;

B——进口管宽度,m;

N——气体在旋风分离器中的旋转圈数,对标准旋风分离器,可取 $N=5$;

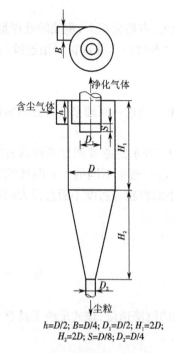

$h=D/2; B=D/4; D_1=D/2; H_1=2D;$
$H_2=2D; S=D/8; D_2=D/4$

图 3-9　标准型旋风除尘器

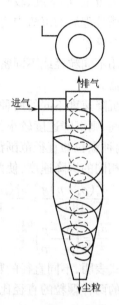

图 3-10　旋风分离示意图

u——气体作螺旋运动的切向速度,通常可取气体在进口管中的流速,m/s。

上式表明,气速增大、设备尺寸减小,临界粒径都将减小,分离效率随之提高。但气速过大,会将已沉降颗粒卷起,反而降低分离效率,同时使流动阻力急剧上升。工业生产中,当处理气量很大时,可以并联多个旋风分离器操作,以维持较高的分离效率。

(2)分离效率。旋风分离器的分离效率通常有两种表示方法,即

总效率

$$\eta_0 = \frac{C_1 - C_2}{C_1} \tag{3-3}$$

式中　C_1、C_2 为旋风分离器进、出口气体的含尘质量浓度,g/m³;

粒级效率

$$\eta_i = \frac{C_{1i} - C_{2i}}{C_{1i}} \tag{3-4}$$

$$\eta_0 = \sum \eta_i x_i \tag{3-5}$$

式中　C_{1i}、C_{2i}——进、出口气体粒径在第 i 段范围内颗粒质量浓度,g/m³;

x_i——第 i 段粒径范围内的颗粒占全部颗粒的质量分数。

总效率 η_0(进入旋风分离器的全部粉尘中实际上能被分离出来的总质量分数,称为总效率)是工程计算中常用的,也是最容易测定的分离效率,但是它却不能准确代表该分离器的分离性能。因为含尘气体中颗粒粒径通常是大小不均的,不同粒径的颗粒通过旋风分离器分离的百分率是不同的(按颗粒大小分别表示出各自被分离的质量分数,即粒级效率),因此,只有对相同粒径范围内的颗粒分离效果进行比较,才能得知该分离器分离性能的好坏。特别是对

细小颗粒的分离,这时用粒级效率更有意义。

(3)压降。气体经过旋风分离器时,由于进气管和排气管及主体器壁所引起的摩擦阻力、流动时的局部阻力以及气体旋转运动所产生的能量损失等,都将造成气体的压强降。通常压降用入口气体动能的倍数来表示:

$$\Delta p = \zeta \frac{\rho u_i^2}{2} \tag{3-6}$$

其中阻力系数 ζ 决定于旋风分离器的结构和各部分尺寸的比例,与筒体直径大小无关,一般由经验式计算或实验测取得到。对于标准型旋风分离器,可取 $\zeta = 8$。

旋风分离器的压降大小是评价其性能好坏的重要指标。受整个工艺过程对总压降的限制及节能降耗的需要,气体通过旋风分离器的压降应尽可能低。压降的大小除了与设备的结构有关外,还取决于气体的速度,气体速度越小,压降越低,但气速过小,又会使分离效率降低,因而要选择适宜的气速以满足对分离效率和压降的要求。一般进口气速以 10 ~ 25 m/s 为宜,最高不超过 35 m/s,同时压降应控制在 2 kPa 以下。

3)选型

除了前面提到的标准旋风分离器,还有一些其他形式的旋风分离器,如 CLT、CLT/A、CLP/A、CLP/B 以及扩散式旋风分离器,其结构及主要性能可查阅有关资料。

选用旋风分离器时,通常先确定其类型,然后根据气体的处理量和允许压降选定具体型号。如果气体处理量较大,可以采用多个旋风分离器并联操作。

4)特点

旋风分离器的结构简单,操作不受温度和压力的限制,分离效率可以高达 70% ~ 90%,可以分离出小到 5 的颗粒,对 5 μm 以下的细微颗粒分离效率较低,可用后接袋滤器或湿法除尘器的方法来捕集。其缺点是气体在器内的流动阻力较大,对器壁的磨损较严重,分离效率对气体流量的变化较为敏感等。

2.旋液分离器

1)结构与工作原理

旋液分离器又称水力旋流器,是利用离心沉降原理从悬浮液中分离固体颗粒的设备,它与旋风分离器结构相似,原理相同,设备的主体由直径较小的圆筒和较长的圆锥两部分组成,如图 3-11所示。直径小的圆筒有利于增加惯性离心力,提高沉降速度。加长的圆锥部分可增大悬浮液的行程,增加了其在分离器内的停留时间,有利于分离。

悬浮液经入口管沿切向进入圆筒,向下作螺旋形运动,形成下旋流。固体颗粒受惯性离心力作用被甩向器壁,随下旋流降至锥底的出口,由底部排出的增浓液称为底流;清液或含有微细颗粒的液体则成为上升的内旋流,从顶部的中心管排出,称为溢流。内层旋流中心有一个处于负压的气柱。气柱中的气体是由料浆中释放出来的,或者是由溢流管口暴露于大气中时将空气吸入器内的。

2)特点

旋液分离器不仅用于悬浮液的增浓,还用于不同粒径的颗粒

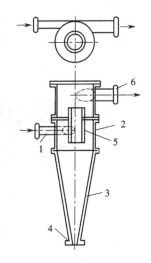

图 3-11　旋液分离器

1—悬浮液入口管;2—圆管;
3—锥形筒;4—底流出口;
5—中心溢流管;6—溢流出口管

的分级,也可用于不互溶液体的分离、气－液分离以及传热、传质和雾化等操作中,广泛应用于工业领域。

在旋液分离器中,颗粒沿器壁快速运动时产生严重磨损,为了延长使用期限,应采用耐磨材料制造或采用耐磨材料做内衬。

二、过滤设备

过滤设备种类繁多,结构各异,按过滤推动力,可将过滤设备分为常压过滤机、加压过滤机和真空过滤机三类。常压过滤效率低,仅适用于易分离的物料,加压和真空过滤设备在生物工业中被广泛采用。按产生压差的方式不同可分为重力式、压(吸)滤式和离心式三类,其中重力过滤设备较为简单,下面主要介绍压(吸)滤设备和离心过滤设备。

(一)压(吸)滤设备

压(吸)滤设备主要分为三种,即板框过滤机、叶滤机和转筒真空过滤机。

1.板框过滤机

1)结构和工作原理

板框过滤机是一种古老的,却仍在广泛使用的间歇过滤设备,其过滤推动力为外加压力。它是由多块带凹凸纹路的滤板和滤框交替排列组装于机架而构成的。如图 3-12 所示。滤板和滤框的数量可在机座长度内根据需要自行调节,过滤面积一般为 $2 \sim 80 \ m^2$。板和框一般制成方形,其四个角端均开有圆孔,这样板、框装合,压紧后即构成供滤浆、滤液或洗涤液流动的通道。组装时将框的两侧覆以滤布,再利用手动、电动或液压传动压紧板和框。图 3-12 中(b)称为滤框,中间空,起积存滤渣作用,滤框右上角圆孔中有暗孔与框中间相同,滤浆由此进入框内;图 3-12 中(a)和(c)称为滤板,但结构有所不同,其中(a)为非洗涤板,(c)为洗涤板,洗涤板左上角圆孔中有侧孔与洗涤板两侧相通,洗涤液由此进入滤板,非洗涤板则无此暗孔,洗涤液只能通过而不能进入滤板。滤板两面均匀地开有纵横交错的凹槽,可使滤液或洗涤液在其中流动。为了将三者加以区别,一般在板和框的外侧铸上小纽之类的记号,例如一个纽表示洗涤板,两个纽表示滤框,三个纽表示非洗涤板。组装时板和框的排列顺序为非洗涤板－滤框－洗涤板－滤框－非洗涤板……按钮的个数即为 32123……两端用非洗涤板做机头压紧。

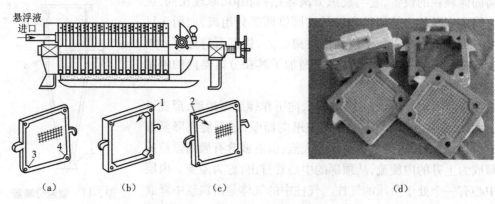

图 3-12　板框过滤机装置图与实物

(a)非洗涤板　(b)滤框　(c)洗涤板　(d)实物

1—滤浆通道;2—洗涤液入口通道;3—滤液通道;4—洗涤液出口通道

　　过滤时,悬浮液在压差作用下经滤浆通道 1 由滤框角端的暗孔进入滤框内,滤液分别穿过两侧滤布,再经相邻板的凹槽汇集进入滤液通道 3 排走,固相则被截留在框内,当框内滤饼量达到要求或过滤速率降到规定值以下时停止过滤。洗涤时,关闭进料阀和滤液排放阀,然后将洗涤液压入洗涤液入口通道 2,经洗涤板角端侧孔进入两侧板面,之后穿过一层滤布和整个滤饼层,对滤饼进行洗涤,再穿过一层滤布,由非洗涤板的凹槽汇集进入洗涤液出口通道排出。洗涤完毕后,旋开压紧装置,卸渣、洗布、重装,进入下一轮操作。

　　说明:①板框过滤机的操作是间歇的,每个操作循环由装合、过滤、洗涤、卸渣、整理五个阶段组成;②上面介绍的洗涤方法称为横穿洗涤法,其洗涤面积为过滤面积的 1/2,洗涤液穿过的滤饼厚度为过滤终了时滤液穿过厚度的 2 倍,若采用置换洗涤法,则洗涤液的行程和洗涤面积与滤液完全相同。

　　2)特点

　　板框过滤机构造简单,过滤面积大并可根据生产任务任意改变,允许压差大,适应范围广,便于用耐腐蚀材料制造,操作灵活。主要缺点是间歇操作,劳动强度大,洗涤不均匀,生产效率低。因此,适用于中、小规模的生产及有特殊要求的场合。

　　近年来大型板框过滤机自动化和机械化的发展很快,滤板和滤框可由液压装置自动压紧或拉开,全部滤布连成传送带式,运转时可将滤饼从滤框中带出使之受重力作用而自行落下。

　　2. 叶滤机

　　1)结构和工作原理

　　叶滤机是在板框过滤机的基础上改进的一种产品,由许多滤叶组成。滤叶是由金属多孔板或多孔网制造的扁平框架,内有空间,外包滤布,将滤叶装在密闭的机壳内,为滤浆所浸没。滤浆中的液体在压力作用下穿过滤布进入滤叶内部,成为滤液后从其一端排出。过滤完毕,机壳内改充清水,水循着与滤液相同的路径通过滤饼进行洗涤,故为置换洗涤。最后,可用振动器使滤饼脱落,或用压缩空气将其吹下。

　　滤叶可以水平放置也可以垂直放置,滤浆可用泵压入也可用真空泵抽入。

　　2)特点

　　叶滤机也是间歇操作设备。它具有过滤推动力大、过滤面积大、滤饼洗涤较充分等优点。其生产能力比压滤机还大,而且机械化程度高,较省劳动力。缺点是构造较为复杂,造价较高,更换滤布较麻烦,粒度差别较大的颗粒可能分别聚集于不同的高度,故洗涤不均匀。

　　3. 转筒真空过滤机

　　1)结构和工作原理

　　转筒真空过滤机(见图 3-13、3-14、3-15 所示)是一种连续操作的过滤设备,其主体是一个卧式转筒,直径为 0.3~5 m,长为 0.3~7 m,表面有一层金属丝网,网上覆盖滤布,圆筒内沿径向被分隔成若干个扇形格,每个扇形格都以单独孔道与分配头相通。凭借分配头的作用,转筒在旋转一周的过程中,每个扇形格可按顺序完成过滤、洗涤、卸渣等操作。

　　分配头是转筒真空过滤机的关键部件,如图 3-16 所示,它由固定盘和转动盘构成,固定盘开有 5 个

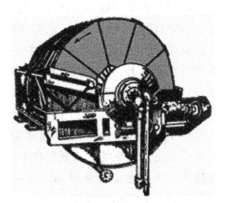

图 3-13　转筒真空过滤机

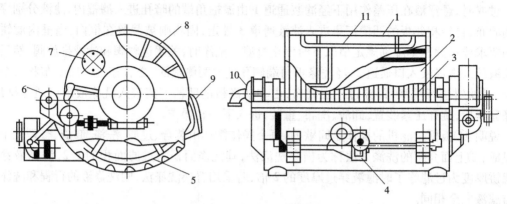

图 3-14　转筒真空过滤机

1—转鼓;2—滤布;3—金属网;4—搅拌器传动;5—摇摆式搅拌器;6—传动装置;

7—手孔;8—过滤室;9—刮刀;10—分配阀;11—滤渣管路

槽(或孔),槽 1 和槽 2 分别与真空滤液相通,槽 3 和真空洗涤液罐相通,孔 4 和孔 5 分别与压缩空气管相连。转动盘固定在转筒上与其一起旋转,它的孔数、孔径均与转筒端面的小孔相对应,转动盘上的任一小孔旋转一周,都将与固定盘上的 5 个槽(孔)连通一次,从而完成过滤、洗涤、卸渣等操作。固定盘与转动盘借弹簧压力紧密贴合。

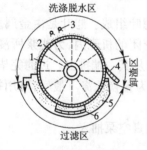

图 3-15　转筒真空过滤机操作示意图

1—转筒;2—分配头;3—洗涤液喷嘴;

4—刮刀;5—滤浆槽;6—摇摆式搅拌器

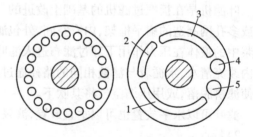

图 3-16　分配头示意图

1,2—与真空滤液罐相通的槽;3—与真空洗涤液罐相通的槽;

4,5—与压缩空气管相通的圆孔

当转筒中的某一扇形格转入滤浆中时,与之相通的转动盘上的小孔也与固定盘上的槽 1 相通,在真空状态下抽吸滤液,滤布外侧则形成滤饼;当转至与槽 2 相通时,该格的过滤面积已离开滤浆槽,槽 2 的作用是将滤饼中的滤液进一步吸出;当转至与槽 3 相通时,该格上方有洗涤液喷淋在滤饼上,并由槽 3 吸至洗涤液罐。当转至与孔 4 相通时,压缩空气将由内向外吹松滤饼,迫使滤饼与滤布分离,随后由刮刀将滤饼刮下,刮刀与转筒表面的距离可调;当转至与孔 5 相通时,压缩空气吹落滤布上的颗粒,疏通滤布孔隙,使滤布再生。然后进入下一周期的操作。操作中,形成滤饼层的厚度通常为 3 ~ 6 mm,最大可达 100 mm。

转筒真空过滤机的过滤面积有 1 m^2、5 m^2、20 m^2 及 40 m^2 等不同规格,目前国产转筒真空过滤机的最大过滤面积约 50 m^2,型号有 GP 及 GP-x 型,GP 型为刮刀卸料,GP-x 型为绳索卸料,直径 0.3 ~ 4.5 m,长度 0.3 ~ 6 m。滤饼厚度一般保持在 40 mm 以内,对于难于过滤的胶状料液,厚度可小于 10 mm。对于菌丝体发酵液,过滤前在滚筒面上预涂一层 50 ~ 60 mm 厚的硅藻土。过滤时,可调节滤饼刮刀将滤饼连同一薄层硅藻土一起刮去,每转一圈,硅藻土约刮去 0.1 mm,这样可使过滤面不断更新。

2)特点

转筒真空过滤机可实现吸滤、洗涤、卸饼、再生连续化、自动化操作,允许料液浓度变化大,生产能力大,劳动强度小,对处理量大且容易过滤的料浆特别适宜。在化工、医药、制碱、造纸、制糖、采矿等工业中均有应用。其缺点是转筒体积庞大而过滤面积相比之下较小,辅助设备多,投资大,且由于真空过滤,推动力小,最大真空度不超过 8×10^4 Pa,一般为 $2.7 \times 10^2 \sim 6.7 \times 10^4$ Pa,滤饼湿度大,常达 20% ~30%,能耗高,不适宜处理高温悬浮液。

除转筒真空过滤机外,还有转盘真空过滤机、真空翻斗式过滤机等。转盘真空过滤机及其转盘的结构、操作原理与转筒真空过滤机类似,每个转盘相当于一个转筒,过滤面积可以达到 85 m^2。

4. 带式真空过滤机

1)结构和工作原理

带式真空过滤机(见图 3-17)是自动连续运转并能按工艺要求进行无级调速的操作方便、动力消耗低的新型高效脱水设备。如法国的奥桑厂采用该机分离谷氨酸效果极佳,不但可减轻体力劳动,并能连续性生产,是一种较理想的过滤设备。它的工作原理见图 3-18,工艺流程见图 3-19。

图 3-17 带式真空过滤机外观

2)特点

(1)进料→过滤→滤饼洗涤→吸干→卸料→滤布清洗连续进行,配有 PLC 控制,自动化程度高。

(2)真空过滤盘分段设计,可满足不同物料过滤、洗涤、吸干的工艺要求,滤带运行速度采用变频无级调速,对不同物料有广泛的适应性。

(3)在同一设备上可采用多次逆流洗涤得到高浓度的滤液,也可采用并流洗涤或顺流洗涤获得高纯度的滤饼。

(二)离心过滤设备

离心过滤机的主要部件是转鼓,转鼓上开有许多小孔,鼓内壁敷以滤布,悬浮液加入鼓内并随之旋转,液体受离心力的作用被甩出而固体颗粒被截留在鼓内。

离心过滤也可分为间歇操作与连续操作两种,间歇操作又分为人工卸料和自动卸料两种。

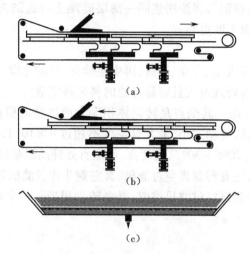

图 3-18 带式真空过滤机工作原理

(a)带盘机前进 (b)带盘机后退 (c)带盘横截面

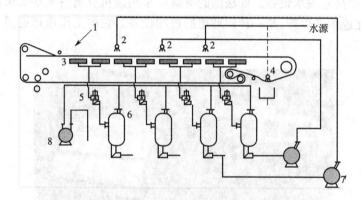

图 3-19 DI 型连续水平带式真空过滤机工艺流程图

1—加料装置;2—洗涤装置;3—纠偏装置;4—洗布装置;
5—切换阀;6—排液分离器;7—返水泵;8—真空泵

1. 三足式离心机

1)结构和工作原理

图 3-20 为一种常用的人工卸料的间歇式离心机。其主要部件为一个蓝式转鼓,整个机座和外罩通过三根拉杆弹簧悬挂于三足支柱上,以减轻运转时的振动,故称三足式离心机。操作分三个主要步骤,即加料、离心过滤、卸料,有时,在卸料前还进行洗涤操作。具体地说,将料浆加入转鼓达到一定高度后,启动,在离心力的作用下滤液穿过滤布和转鼓集中于机座底部排出,滤渣则沉积于转鼓内壁,待一批料液过滤完毕,或转鼓内滤渣量达到设备允许的最大值时,可不再加料,并继续运转一段时间以沥干滤液或减少滤饼含液量。必要时可进行洗涤,然后停车卸料,清洗设备。再重复下一次操作。

2)特点

三足式离心机是过滤离心机中应用最广泛、适应性最好的一种设备,可用于分离固体从10 的小颗粒至数毫米的大颗粒,甚至纤维状或成件的物料。

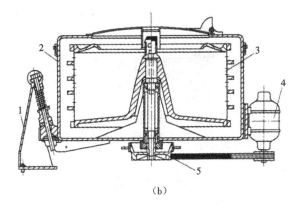

（a）　　　　　　　　　　　　　　　　　（b）

图 3-20　三足式离心机

（a）外观　（b）结构

1—支架;2—外壳;3—转鼓;4—电机;5—皮带轮

三足式离心机结构简单,操作平稳,占地面积小,运转周期可掌握,多用于小批量物料的处理,颗粒破损较轻。但由于三足式离心机需从上部人工卸除滤饼,劳动强度较大;且离心机的转动机构和轴承等都在机身的下部,操作检修均不方便;易因液体漏入轴承而使其受到腐蚀。

2.卧式刮刀卸料离心机

1)结构和工作原理

图 3-21 所示的卧式刮刀卸料离心机是一种自动卸料的间歇离心机。主要由转鼓、机壳、刮刀、斜槽、液压缸等组成。

操作时进料阀门自动定时开启,悬浮液经加料管进入,均匀地分布在全速运转的转鼓内壁;滤液经滤网和转鼓上的小孔被甩到鼓外,固体颗粒则被截留在鼓内;当滤饼达到一定厚度时,停止加料,进行洗涤、甩干;然后刮刀在液压传动下上移,将滤饼刮入卸料斗卸出;最后清洗转鼓和滤网,完成一个周期的操作,每一工作周期为 35 ~ 90 s。其特点是在转鼓连续全速运转下,能按序自动进行加料、过滤分离、洗涤、甩干、卸料、洗网等工序的操作,各工序的操作时间可在一定范围内根据实际需要进行调整,并实现自动控制。

2)特点

卧式刮刀卸料离心机操作简便,生产能力大,适用于大规模生产,目前已较广泛地用于石油、化工行业,如硫铵、尿素的脱水。但在刮刀卸料时,颗粒会有一定程度的破损,对于必须保持晶粒完整的物料不宜采用。

3.活塞推料离心机

1)结构和工作原理

活塞推料离心机是一种自动卸料连续操作的离心机。如图 3-22 所示,加料、过滤、洗涤、沥干、卸料等操作同时在转鼓内的不同部位进行,这些部位主要由转鼓、活塞推送器、进料斗等组成。

操作时料液经旋转的锥形料斗连续地进入转鼓底部(左侧),在一小段内进行过滤,转鼓底部有一个与转鼓一起旋转的推料盘,推料盘与料斗一起作往复运动(其冲程约为转鼓长的1/10,往复次数约为 30 次/分),将底部得到的滤渣沿轴向逐步推至卸料口(右侧)卸出。滤饼在被推移过程中可进行洗涤、沥干。

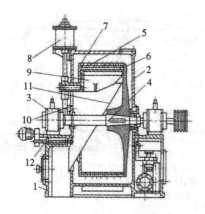

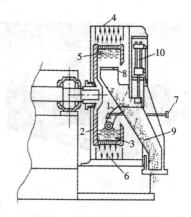

图 3-21　卧式刮刀卸料离心机

1—机座;2—机壳;3—轴承;4—轴;5—转鼓;
6—底板;7—拦液板;8—油缸;9—刮刀;
10—加料管;11—斜槽;12—振动器

图 3-22　活塞推料离心机

1—转鼓;2—滤网;3—进料管;4—滤饼;
5—活塞推进器;6—进料斗;7—滤液出口;
8—冲洗管;9—固体排出;10—洗水出口

2)特点

活塞推料离心机生产能力大,颗粒破损程度小,和卧式刮刀卸料离心机相比,控制系统较为简单,功率消耗较均匀,主要用于浓度适中并能很快脱水和失去流动性的悬浮液。但对悬浮液的浓度较为敏感,若料浆太稀,则来不及过滤,料浆直接流出转鼓,若料浆太稠,则流动性差,使滤渣分布不均,引起转鼓振动。其在食盐、硫胺、尿素等生产中均有应用。

三、其他除尘设备

1.惯性除尘器

惯性除尘器是利用颗粒或液滴的惯性分离气体非均相混合物的装置。在气体流动的路径上设置障碍物(比如挡板),当含尘气流遇到并绕过障碍物时,颗粒或液滴便撞击在障碍物上被捕集下来。

其工作原理与旋风分离器相近,颗粒的惯性愈大,气流转折的曲率半径愈小,则其分离效率愈高。所以颗粒的密度与直径愈大,则愈易分离;适当增大气流速度及减小转折处的曲率半径也有利于提高分离效率。惯性除尘器的分离效率比降尘室略高,可作为除尘器使用。

2.静电除尘器

静电除尘(雾)器是利用高压不均匀直流电场的作用分离气体非均相物系的装置。操作中,让含有悬浮尘粒或雾滴的气体通过高压不均匀直流静电场(通常在 20 kV 以上),处在电场强度大的区域的分子发生电离,产生正负电荷,这些电荷附着于悬浮尘粒或液滴上使之带电(称之为荷电),荷电后的粒子或液滴在电场力的作用下,向着电性相反的电极运动,到达电极后恢复中性,吸附在电极上,经振动或冲洗落入灰斗,从而实现含尘或含雾气体的分离。

静电除尘器的分离效率极高,可达99.99%,处理量大,阻力较小。但设备费和运转费都相对较高,安装、维护、管理要求严格。当对气体的除尘(雾)要求提高时,可用静电除尘器进行分离。

3.文丘里除尘器

文丘里除尘器是一种湿法除尘设备。其结构与文丘里流量计相似,由收缩管、喉管及扩散管三部分组成,不同的是喉管四周均匀地开有若干径向小孔,这些小孔通过管子与某种液体(通常是水)相通,有时扩散管内设置有可调锥,以适应气体负荷的变化。操作中,含尘气体以50~100 m/s的速度通过喉管时,把液体吸入喉管,并喷成很细的雾滴,于是,尘粒被湿润并聚结变大,随后引入旋风分离器或其他分离设备进行分离。

文丘里除尘器具有结构简单紧凑、造价较低、操作简便等特点,分离也比较彻底。但其阻力较大,压强降一般为2 000~5 000 Pa,必须与其他分离设备联合使用,另外,产生的废液(水)也必须妥善处理。

4.泡沫除尘器

泡沫除尘器也是湿法除尘设备。除尘器外壳为圆形或方形筒体,中间设有水平筛板,此板将除尘器分为上下两室。液体从上室的一侧靠近筛板处进入并水平流过筛板,气体由下室进入,穿过筛孔与板上液体接触,在筛板上形成一泡沫层,泡沫层内气液混合剧烈,泡沫不断破灭和更新,从而创造良好的捕尘条件。气体中的一部分颗粒(较大尘粒)被从筛板泄漏下来的液体带出,并由器底排出,另一部分(微小尘粒)则在通过筛板后被泡沫层所截留,并随泡沫液经溢流板流出。

泡沫除尘器具有分离效率高、构造简单、阻力较小等优点,但对设备的安装要求严格,特别是筛板的水平度对操作影响很大。同时,产生的污水也必须妥善处理。

5.袋滤器

袋滤器是利用含尘气体穿过做成袋状而由骨架支撑起来的滤布,以滤除气体中尘粒的设备。袋滤器的形式有多种,含尘气体可以由滤袋内向外过滤,也可以由外向内过滤。图3-23为一种袋滤器的结构示意。含尘气体由下部进入袋滤器,气体由外向内穿过支撑于骨架上的滤袋,洁净气体汇集于上部由出口管排出,尘粒被截留在滤袋外表面。清灰操作时,开启压缩空气以及反吹系统,使尘粒落入灰斗。

袋滤器具有除尘效率高、适应性强、操作弹性大等优点,可除去1 μm以下的尘粒,常用做最后一级的除尘设备。但其占用空间较大,受滤布耐温、耐腐蚀的限制,不适宜于高温(>300 ℃)的气体,也不适宜带电荷的尘粒和黏结性、吸湿性强的尘粒的捕集。

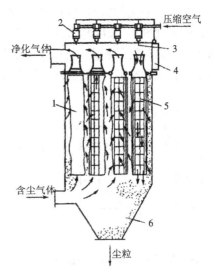

图3-23　袋滤器

1—滤袋;2—电磁阀;3—喷嘴;
4—自控器;5—骨架;6—灰斗

四、沉降离心机

沉降离心机的主体为一无孔的转鼓,悬浮液自转鼓中心进入后,被转鼓带动作高速运转,在离心力场中,固体颗粒沉至转鼓内壁,清液自转鼓端部溢出,固体被定期清除以达到固液的分离。

1.管式离心机

如图3-24所示,悬浮液由离心机的空心轴下端进入,在转鼓带动下,密度小的液体最终由顶端溢流而出,固体颗粒则被甩向器壁实现分离。管式离心机有实验室型和工业型两种。实验室型的转速大,处理能力小;工业型的转速较小,但处理能力大,是工业分离效率最高的沉降离心机。

管式离心机的结构简单,长度和直径比大(一般为 4～8),转速高,通常用来处理固体质量分数低于 1% 的悬浮液,可以避免过于频繁的除渣和清洗。高速管式离心机还可以用来分离乳浊液,但分离机顶端应分别有轻液和重液溢出口,可以进行连续操作。

2. 无孔转鼓沉降离心机

这种离心机的外形与管式离心机很相像,但长度和直径比较小。因为转鼓澄清区长度比进料区短,因此分离效率较管式离心机低。转鼓离心机按设备轴的方位分为立式和卧式,图3-25 所示为立式无孔转鼓离心机。这种离心机的转速为 450～3 500 r/min,处理能力大于管式离心机,适于处理固体质量分数为 3%～5% 的悬浮液,主要用于泥浆脱水及从废液中回收固体,常用于间歇操作。

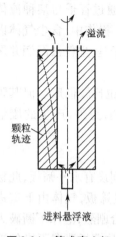

图 3-24 管式离心机

3. 螺旋型沉降离心机

这种离心机的特点是可以连续操作。如图 3-26 所示,转鼓可分为柱锥形或圆锥形,长度与直径比 1.5～3.5。悬浮液由轴心进料管连续进入,鼓中螺旋卸料器的转动方向与转鼓相同,但转速相差 5～100 r/min。当固体颗粒在离心机作用下被甩向转鼓内壁并沉积下来后,被螺旋卸料器推至锥端排渣口排出。

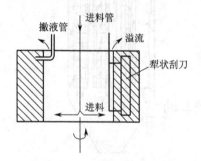

图 3-25 无孔转鼓离心机示意图

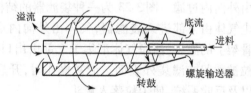

图 3-26 螺旋型沉降离心机

螺旋型沉降离心机转速可达 1 600～6 000 r/min,可从固体质量分数为 2%～50% 的悬浮液中分离中等和较粗颗粒,对粒径小于 2 μm 的颗粒分离效果不佳。它广泛用于工业上回收晶体和聚合物,城市污泥及工业污泥的脱水等方面。

离心机必须水平安装,必须由专业人员操作,容量不得超过额定量,严禁超速运转,以免影响机械质量。开动后,若有异常声响必须停车检查,必须时予以拆洗、修理。因转速较高,必须 3 个月检修保养 1 次,腐蚀严重的半个月检查加油 1 次。机器使用完毕,应做好清洁工作,保持整洁。

五、分离方法和设备的选用

非均相物系的分离是化工生产中常见的单元操作,既要能够满足生产工艺提出的分离要求,又要考虑其经济合理性。因此,选择适宜的分离方法和分离设备是达到较高分离效率的关键。

1. 气－固非均相物系

生产中,可根据被除去颗粒的大小选择分离气体非均相物系的方法。通常,当粒径大于 50 μm 时用降尘室;粒径大于 5 μm 时用旋风分离器;若分离的粒子直径在 5 μm 以下,可考虑用湿法除尘、静电除尘和袋滤器等。其中文丘里除尘器可除去 1 μm 以上的颗粒,袋滤器可除去 0.1 μm 以上的颗粒,电除尘器可除去 0.01 μm 以上的颗粒,可根据分离要求选用。

2. 液－固非均相物系

生产中,可根据分离目的的不同选择分离液体非均相物系的方法。通常,如果分离目的是获得固体产品,且颗粒体积分数小于 1% ,宜用连续沉降槽、旋液分离器、离心沉降机等;若颗粒体积分数大于 10% ,粒径大于 50 μm 宜用离心过滤机,粒径小于 50 μm,宜用压差式过滤机;若颗粒体积分数大于 5% 宜采用转筒真空过滤机;若颗粒体积分数很低,可采用板框压滤机。如果分离目的是获得澄清液体,本着节能、高效的原则,根据颗粒大小分别选用连续沉降槽、过滤机、过滤离心机等设备进行分离。为提高澄清效率,可在料液中加入助滤剂或絮凝剂,若澄清度要求非常高,可用深层过滤作为澄清操作的最后一道工序。

任务二　沉降和过滤的基本知识

一、沉降

沉降是借助于某种外力的作用,使两相发生相对运动而实现分离的操作。根据外力的不同,沉降分为重力沉降、离心沉降和惯性沉降。

(一)重力沉降

重力沉降是分散相颗粒在重力作用下,与周围流体发生相对运动,实现分离的过程。其实质是借助分散相和连续相有较大密度差异而实现分离的。密度相差越大,分离越完全。重力沉降既可分离含尘气体,也可分离悬浮液。

1. 重力沉降速度

重力沉降速度是指颗粒相对于连续相流体的沉降运动速度。根据颗粒在沉降过程中是否受到其他粒子、流体运动及器壁的影响,可将沉降分为自由沉降和干扰沉降。颗粒在沉降过程中不受周围颗粒、流体运动及器壁影响的沉降称为自由沉降,否则称为干扰沉降。很显然,自由沉降是一种理想的沉降状态,实际生产中的沉降几乎都是干扰沉降。但研究自由沉降可使问题简单化。

将直径为 d_s、密度为 ρ_s 的光滑球形颗粒置于密度为 ρ 的静止流体中,由于颗粒与流体介质密度的差异,颗粒将在流体中降落。此时,在垂直方向上,颗粒将受到三个力的作用,即向下的重力、向上的浮力及与颗粒运动方向相反的阻力。对于一定的流体和颗粒,重力与浮力是恒定的,而阻力却随颗粒的下降速度而变化。三个力的大小为:重力 $= \dfrac{\pi}{6} d_s^3 \rho_s g$;浮力 $= \dfrac{\pi}{6} d_s^3 \rho g$;阻力 $= \zeta A \dfrac{\rho u^2}{2}$。在阻力式中 ζ 为阻力系数,无量纲;A 为颗粒在相对运动方向上的投影面积,m^2;对球形颗粒,$A = \dfrac{\pi}{4} d_s^2$;u 为颗粒相对于流体的运动速度,m/s。

根据牛顿第二定律:重力 - 浮力 - 阻力 = 颗粒质量×加速度,即

$$\frac{\pi}{6}d_s^3\rho_s g - \frac{\pi}{6}d_s^3\rho g - \zeta\frac{\pi}{4}d_s^2\frac{\rho u^2}{2} = ma \tag{3-7}$$

在颗粒下降过程中,阻力随运动速度的增大而增大,直至达到某一数值后,阻力、浮力与重力达到平衡,即合力为零。此时,加速度为零,颗粒便开始作匀速沉降运动。可见,颗粒的沉降可分为两个阶段,即加速沉降阶段和恒速沉降阶段。恒速阶段的运动速度 u 称为颗粒的沉降速度,对于自由沉降,则称为自由沉降速度,用 u_t 表示。

式(3-7)中,当 $a = 0$ 时,有

$$\frac{\pi}{6}d_s^3\rho_s g - \frac{\pi}{6}d_s^3\rho g - \zeta\frac{\pi}{4}d_s^2\frac{\rho u_t^2}{2} = 0$$

即 $$u_t = \sqrt{\frac{4d_s(\rho_s - \rho)g}{3\rho\zeta}} \tag{3-8}$$

式中 u_t——颗粒的自由沉降速度,m/s;

      ζ——阻力系数。

式(3-8)中阻力系数 ζ 是颗粒对流体作相对运动时的的雷诺数的函数,即 $\zeta = f(Re_t)$,而

$$Re_t = \frac{du_t\rho}{\mu} \tag{3-9}$$

式中 μ 为流体的黏度,Pa·s。

实际生产中的颗粒并非都是球形颗粒。由于非球形颗粒的比表面积大于光滑球星颗粒的比表面积,沉降所受到的阻力就会增大,其实际沉降速度大于球形颗粒的沉降速度。因此,非球形颗粒的阻力系数 ζ 不仅受 Re_t 的影响,同时还与颗粒的球形度有关。

颗粒的球形度表示实际颗粒的形状与球形颗粒的差异程度。其表示式为

$$\phi_s = \frac{S}{S_P} \tag{3-10}$$

式中 ϕ_s——实际颗粒的球形度或形状系数;

      S——与实际颗粒体积相等的球形颗粒表面积,m^2;

      S_P——实际颗粒的表面积,m^2。

对非球形颗粒在计算 Re 时,应以当量直径 d_e(与实际颗粒具有相同体积的球形颗粒直径)代替 d。

$$d_e = \sqrt[3]{\frac{6V_P}{\pi}} \tag{3-11}$$

式中 V_P——实际颗粒的体积,m^3;

      d_e——当量直径,m。

由上述介绍可知,沉降速度不仅与雷诺数有关,还与颗粒的球形度有关。实际颗粒的球形度通过实验来测定,显然,球形颗粒的球形度为1。图3-27 表达了颗粒在不同球形度 ϕ_s 下的 ζ 和 Re_t 的函数关系。

对于球形颗粒($\phi_s = 1$),根据雷诺数大小可将上图分为三个区域,将不同区域的阻力系数的计算式代入式(3-8),可得到球形颗粒在不同区域中自由沉降速度计算式,如下所示。

(1)层流区($10^{-4} < Re_t < 2$),$\zeta = \dfrac{24}{Re_t}$,$u_t = \dfrac{d_s^2(\rho_s - \rho)g}{18\mu}$。   (3-12)

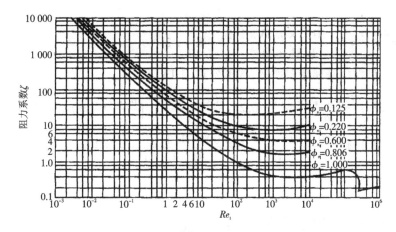

图 3-27　不同球形度 ϕ_s 下 $\zeta - Re_t$ 的关系

（2）过渡区（$2 < Re_t < 10^3$），$\zeta = \dfrac{18.5}{Re_t^{0.6}}$，$u_t = 0.27 \sqrt{\dfrac{d_s(\rho_s - \rho)g}{\rho} Re_t^{0.6}}$。 （3-13）

（3）湍流区（$10^3 \leqslant Re_t < 2 \times 10^5$），$\zeta = 0.44$，$u_t = 1.74 \sqrt{\dfrac{d_s(\rho_s - \rho)g}{\rho}}$。 （3-14）

式（3-12）、式（3-13）及式（3-14）分别称为斯托克斯公式、艾伦公式和牛顿公式。

以上三式可用于计算球形颗粒的沉降速度 u_t。显然，要确定使用哪一个公式，必须先确定沉降区域，但由于 u_t 待求，则 Re_t 未知，沉降区域无法确定，必须采用试差法，即先假设颗粒处于某一沉降区，按相应区的公式求得 u_t，然后算出 Re_t，若算出的 Re_t 在所设范围内，则假设成立，结果有效；否则，须另选一区域重新计算，直至算得的 Re_t 与所设范围相符为止。由于沉降操作中所处理的颗粒一般粒径较小，沉降过程大多属于层流区，因此，进行试差时，通常先假设在层流区。

【例 3-1】　试计算直径 d_s 为 90 μm，密度 ρ_s 为 3 000 kg/m³ 的固体颗粒分别在 20 ℃ 的水和空气中的自由沉降速度。

解　（1）在 20 ℃ 水中的沉降速度。

假设颗粒在层流区沉降，故应用式（3-12）试算。

查得 20 ℃ 水的物性：$\rho = 998.2$ kg/m³，$\mu = 1.005 \times 10^{-3}$ Pa·s，则

$$u_t = \frac{d_s^2(\rho_s - \rho)g}{18\mu} = \frac{(9 \times 10^{-5})^2 \times (3\,000 - 998.2) \times 9.81}{18 \times 1.005 \times 10^{-3}} = 8.79 \times 10^{-3} \text{ m/s}$$

校核流型

$$Re_t = \frac{d_s u \rho}{\mu} = \frac{9 \times 10^{-5} \times 8.79 \times 10^{-3} \times 998.2}{1.005 \times 10^{-3}} = 0.785\,7 < 2$$

故原设层流区正确，求得 u_t 有效。

（2）在 20 ℃ 空气中的沉降速度。

查得 20 ℃ 空气的物性：$\rho = 1.21$ kg/m³，$\mu = 1.81 \times 10^{-5}$ Pa·s，则

$$u_t = \frac{d_s^2(\rho_s - \rho)g}{18\mu} = \frac{(9 \times 10^{-5})^2 \times (3\,000 - 1.21) \times 9.81}{18 \times 1.81 \times 10^{-5}} = 0.73 \text{ m/s}$$

校核流型

$$Re_t = \frac{d_s u_t \rho}{\mu} = \frac{9 \times 10^{-5} \times 0.73 \times 1.21}{1.81 \times 10^{-5}} = 4.4 > 2$$

原假设不成立。再设沉降属于过渡区,根据公式(3-13)有

$$u_t = 0.27 \sqrt{\frac{d_s(\rho_s - \rho)g}{\rho} Re_t^{0.6}} = 0.27 \left[\frac{d_s(\rho_s - \rho)g}{\rho}\right]^{\frac{1}{2}} \left(\frac{d_s u_t \rho}{\mu}\right)^{0.3} = 0.154 \frac{d_s^{1.14}(\rho_s - \rho)^{0.71} g^{0.71}}{\rho^{0.29} \mu^{0.43}}$$

$$= 0.154 \times \frac{(9 \times 10^{-5})^{1.14} \times (3\ 000 - 1.21)^{0.71} \times 9.81^{0.71}}{1.21^{0.29} \times (1.81 \times 10^{-5})^{0.43}}$$

$$= 0.58\ \text{m/s}$$

校核流型

$$Re_t = \frac{d_s u_t \rho}{\mu} = \frac{9 \times 10^{-5} \times 0.58 \times 1.21}{1.81 \times 10^{-5}} = 3.49 > 2$$

过渡区假设成立,求得的 u_t 有效。

由以上计算可知,同一颗粒在不同介质中沉降时,具有不同的沉降速度,且属于不同的流型,所以沉降速度由颗粒特性和介质的综合因素决定。

【例3-2】 某厂拟用重力沉降的方法净化河水。河水密度为 1 000 kg/m³,黏度为 1.1×10^{-3} Pa·s,其中颗粒可近似视为球形,粒径为 0.1 mm,密度为 2 600 kg/m³。求颗粒的沉降速度。

解 假设沉降处于层流区,由斯托克斯公式,有

$$u_t = \frac{d_s^2(\rho_s - \rho)g}{18\mu} = \frac{(10^{-4})^2 \times (2\ 600 - 1\ 000) \times 9.81}{18 \times 1.1 \times 10^{-3}} = 7.93 \times 10^{-3}\ \text{m/s}$$

校核流型

$$Re_t = \frac{d_s u_t \rho}{\mu} = \frac{10^{-4} \times 7.93 \times 10^{-3} \times 1\ 000}{1.1 \times 10^{-5}} = 0.721 < 2$$

假设成立,所以沉降速度 u_t 有效。

2. 实际沉降及其影响因素

实际沉降即为干扰沉降,如前所述,颗粒在沉降过程中将受到周围颗粒、流体、器壁等因素的影响,一般来说,实际沉降速度小于自由沉降速度。各因素的影响如下。

(1)颗粒含量的影响。实际沉降中,颗粒含量较高,周围颗粒的存在和运动将相互影响,使颗粒的沉降速度较自由沉降时小。例如,由于大量颗粒下降,将置换下方流体并使之上升,从而使沉降速度减小。颗粒含量越高,这种影响越大,达到一定沉降要求所需的时间越长。

(2)颗粒形状的影响。对于同种颗粒,球形颗粒的沉降速度要大于非球形颗粒的沉降速度。这是因为非球形颗粒的表面积相对较大,沉降时受到的阻力也较大。

(3)颗粒大小的影响。在其他条件相同时,粒径越大,沉降速度越快,越容易分离。如果粒径大小不一,大颗粒将对小颗粒产生撞击,其结果是大颗粒的沉降速度减小,而对沉降起控制作用的小颗粒的沉降速度加快,甚至因撞击导致颗粒聚集而进一步加快沉降。

(4)流体性质的影响。流体密度与颗粒密度相差越大,沉降速度越快;流体黏度越大,沉降速度越慢。因此,对于高温含尘气体的沉降,通常需先散热降温,以便获得更好的沉降效果。

(5)流体流动的影响。流体的流动会对颗粒的沉降产生干扰,为了减少干扰,进行沉降时

要尽可能控制流体流动处于稳定的低速。因此,工业上的重力沉降设备通常尺寸很大,其目的之一就是降低流速,消除流动干扰。

(6)器壁的影响。器壁的影响是双重的,一是摩擦干扰,使颗粒的沉降速度下降;二是吸附干扰,使颗粒的沉降距离缩短。

为简化计算,实际沉降可近似按自由沉降处理,由此引起的误差在工程上是可以接受的。只有当颗粒含量很高时,才需要考虑颗粒之间的相互干扰。

3. 降尘室生产能力的计算

借重力沉降从气流中除去尘粒的设备称为降尘室,也称除尘室。如图3-4所示。它实际上是一个尺寸较大的空室,含尘气体从入口进入后,由于容积突然扩大,流速降低,只要颗粒能够在气体通过降尘室的时间内降至室底,就可以从气流中分离出来。为了提高气-固分离的能力,在气体通道中可加设若干块折流挡板,延长气流在气道中的行程,增加气流在降尘室的停留时间,提高分离效率。折流挡板的加设,还可以促使颗粒在运动时与器壁碰撞,而后落入器底或积尘斗内。

含尘气体进入降尘室后,在垂直于流向的截面上的分布是不均匀的,因此停留时间也存在分布情况,从而使降尘室的设计必须作一些简化或假设。如图3-28所示,假设含尘气体沿水平方向缓慢通过降尘室,气流中的颗粒除了与气体一样具有水平速度 u 外,受重力作用还具有向下的沉降速度 u_t,设含尘气体的流量为 V,降尘室的高为 H,长为 L,

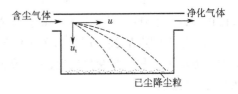

图3-28 尘粒在降尘室中的运动情况

宽为 B。若气流在整个流动截面上分布均匀,则流体在降尘室的平均停留时间 τ_r(从进入降尘室到离开降尘室的时间)为

$$\tau_r = \frac{L}{u} = \frac{L}{\dfrac{V}{BH}} = \frac{BHL}{V} \tag{3-15}$$

直径为 d_s 的颗粒从顶部降到底部所需要的时间 τ_t 为

$$\tau_t = \frac{H}{u_t} \tag{3-16}$$

要达到沉降要求,停留时间必须大于等于沉降时间,即

$$\tau_t \leqslant \tau_r \tag{3-17}$$

或

$$\frac{H}{u_t} \leqslant \frac{BHL}{V} \tag{3-18}$$

整理得

$$V \leqslant BLu_t \tag{3-19}$$

从式(3-19)可以看出,降尘室的生产能力(在一定沉降要求下,降尘室单位时间内所能处理的含尘气体量)只取决于粒子的沉降速度 u_t 和降尘室的沉降面积(BL),而与其高度 H 无关。这就是工业降尘室常设计成扁平形状的原因。但必须注意控制气流的速度不能过大,一般应使气流速度小于 1.5 m/s,以免干扰颗粒的沉降或将已沉降的粒尘重新卷起。

【例3-3】 用一个长4 m、宽2.6 m、高2.5 m的降尘室处理某含尘气体,要求处理的含尘气体量为 3 m³/s，气体密度为 0.8 kg/m³，黏度为 3×10^{-5} Pa·s，尘粒可视为球形颗粒，其密度为 2 300 kg/m³。试求：（1）能 100% 沉降下来的最小颗粒的直径；（2）若将降尘室改为间距为 500 mm 的多层降尘室，隔板厚度忽略不计，其余参数不变，若要达到同样的分离效果，所能处理的最大气量为多少？（提示：工业生产中，为防止流动干扰和重新卷起，气速不大于 1.5 m/s）

解 （1）由式（3-19）可得，题中所给处理量对应的最小沉降速度为

$$u_t = \frac{V}{BL} = \frac{3}{2.6 \times 4} = 0.288 \text{ m/s}$$

假设沉降处于层流区，由式（3-12）得

$$d = \sqrt{\frac{18\mu u_t}{(\rho_s - \rho)g}} = \sqrt{\frac{18 \times 3 \times 10^{-5} \times 0.288}{(2\ 300 - 0.8) \times 9.81}} = 8.3 \times 10^{-5} \text{ m}$$

于是

$$Re_t = \frac{d_s u_t \rho}{\mu} = \frac{8.3 \times 10^{-5} \times 0.288 \times 0.8}{3 \times 10^{-5}} = 0.637 < 2$$

假设正确，即能 100% 沉降下来的最小颗粒的直径为 8.3×10^{-5} m 或 83 μm。

（2）改成多层结构后，层数为 2.5/0.5 = 5 层，即降尘室的沉降面积为原来单层的 5 倍，若不考虑流动干扰和重新卷起灰尘，则达到同样的分离效果，处理能力为单层处理能力的 5 倍。此时，流体流速

$$u_t = \frac{V}{BH} = \frac{5 \times 3}{2.6 \times 2.5} = 2.31 > 1.5 \text{ m/s}$$

因此，应以 $u_t = 1.5$ m/s 来计算降尘室所能处理的最大气体量，即

$$V_{max} = BHu_{max} = 2.6 \times 2.5 \times 1.5 = 9.75 \text{ m}^3/\text{s}$$

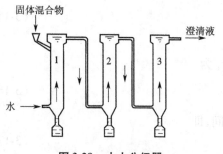

图 3-29　水力分级器

【例题 3-4】 石英和方铅矿的混合球形颗粒在如图 3-29 所示的水力分级器中进行分离（分级器的直径依次增大）。两者的密度分别为 $\rho_{s1} = 2\ 650$ kg/m³ 和 $\rho_{s2} = 7\ 500$ kg/m³，且粒度范围均为 20 ~ 100 μm，水温为 20 ℃。假设颗粒在分级器中均作自由沉降。试计算能够得到纯石英和纯方铅矿的粒度范围及三个分级器中的水流速度。

解 1、2、3 号分级器直径逐渐增大，而三者中上升水流量均相同，所以水在三者中流速逐渐减小。水在 1 号分级器中的速度最大，可将密度小的石英颗粒全部带走，于是 1 号分级器底部可得到纯方铅矿。但是，也有部分小颗粒的方铅矿随同全部石英被带走。在 2 号分级器中，控制水流速度，将方铅矿全部沉降下来，但也有部分大颗粒石英会沉降下来。在 3 号分级器中，控制水流速度，可将全部小石英粒子沉降下来。

综上所述，1 号分级器的作用在于带走所有大的石英粒子（最大为 100 μm），因此 1 号的水流速度应该等于 100 μm 石英的沉降速度；2 号的作用在于截下全部方铅矿（最小为 20 μm），因此 2 号的水流速度应该等于 20 μm 方铅矿的沉降速度；3 号的作用在于截下全部石英粒子（最小为 20 μm），因此 3 号的水流速度应该等于 20 μm 石英的沉降速度。

1 号分级器中的水流速度：

$$u_1 = \frac{d_{s1}^2(\rho_{s1}-\rho)g}{18\mu} = \frac{(100\times10^{-6})^2\times(2\,650-998.2)\times9.81}{18\times1.005\times10^{-3}} = 8.96\times10^{-3}\ \text{m/s}$$

校核流型

$$Re_1 = \frac{d_{s1}u_1\rho}{\mu} = \frac{100\times10^{-6}\times8.96\times10^{-3}\times998.2}{18\times1.005\times10^{-3}} = 0.89 < 2$$

可认为处于层流区。

在 1 号中能够被分离出来的方铅矿的最小直径为

$$d_{1\min} = d_{s1}\left(\frac{\rho_{s1}-\rho}{\rho_{s2}-\rho}\right)^{\frac{1}{2}} = 100\times\left(\frac{2\,650-998.2}{7\,500-998.2}\right)^{\frac{1}{2}} = 50.4\ \mu\text{m}（该值也可由水流速度反算$$

得到）

所以，在 1 号分级器中得到纯方铅矿的粒度为 50.4～100 μm。

2 号分级器中的水流速度为

$$u_2 = \frac{d_{s2}^2(\rho_{s2}-\rho)g}{18\mu} = \frac{(20\times10^{-6})^2\times(7\,500-998.2)\times9.81}{18\times1.005\times10^{-5}} = 1.41\times10^{-3}\ \text{m/s}$$

在该速度下能够在 2 号中被沉降下来的最小石英粒子的直径为

$$d_{2\min} = d_{s2}\left(\frac{\rho_{s2}-\rho}{\rho_{s1}-\rho}\right)^{1/2} = 20\times\left(\frac{7\,500-998.2}{2\,650-998.2}\right)^{1/2} = 39.7\ \mu\text{m}$$

因此，在 2 号中，能得到的纯方铅矿的粒度为 20～50.4 μm；石英的粒度为 39.7～100 μm。

3 号分级器中的水流速度为

$$u_3 = \frac{d_{s2}^2(\rho_{s1}-\rho)g}{18\mu} = \frac{(20\times10^{-6})^2\times(2\,650-998.2)\times9.81}{18\times1.005\times10^{-5}} = 3.583\times10^{-3}\ \text{m/s}$$

在 3 号中能被截下的是粒度为 20～39.7 μm 的石英。

(二)离心沉降

离心沉降是依靠惯性离心力的作用而实现的沉降。在重力沉降的讨论中已经得知，颗粒的重力沉降速度 u_t 与颗粒的直径 d_s 及两相的密度差 $(\rho_s-\rho)$ 有关，d_s 越大，两相密度差越大，则 u_t 越大。若 d_s、ρ_s、ρ 一定，则颗粒的重力沉降速度 u_t 一定，换言之，对一定的非均相物系，其重力沉降速度是恒定的，其大小无法改变。当分离要求较高时，重力沉降很难达到要求。此时，若采用离心沉降，则可大大提高沉降速度，使分离效率提高，设备尺寸减小。

当流体围绕某一中心轴作圆周运动时，便形成惯性离心力场。在与中心轴距离为 R，切向速度为 u_T 的位置上，离心加速度为 u_T^2/R。离心加速度不是常数，随位置及切向速度而变，其方向沿旋转半径从中心指向外周。当流体带着颗粒旋转时，由于颗粒密度大于流体密度，则惯性离心力将会使颗粒在径向上与流体发生相对运动而飞离中心，达到分离的目的。

与在重力场中相似，颗粒在离心力场中也受到三个力的作用，即惯性离心力、向心力（与重力场中的浮力相当，其方向为沿半径指向旋转中心）和阻力（与颗粒径向运动方向相反，沿半径指向中心）。若为球形颗粒，其直径为 d_s，密度为 ρ_s，旋转半径为 R，切向速度为 u_T，流体密度为 ρ，且 $\rho_s > \rho$。则上述三个力分别为：离心力 $= \dfrac{\pi}{6}d_s^3\rho_s\dfrac{u_T^2}{R}$；向心力 $= \dfrac{\pi}{6}d_s^3\rho\dfrac{u_T^2}{R}$；阻力 $=$

$\zeta \dfrac{\pi}{4}d_s^2 \dfrac{\rho u_r^2}{2}$,式中的 u_r 为颗粒与流体在径向上的相对速度,单位是 m/s。

和重力沉降类似,在三个力的作用下,颗粒将沿径向发生离心沉降,其沉降速度即是颗粒与流体的相对速度 u_r。离心沉降也可用式(3-12)~式(3-14)计算,只要把计算公式中的重力加速度 g 改为离心加速度 u_T^2/R 即可,比如,在层流区,可用式(3-12)计算,则

$$u_r = \frac{d_s^2(\rho_s - \rho)}{18\mu} \times \frac{u_T^2}{R} \qquad (3-20)$$

由于重力场强度是恒定的,而离心力场强度却随半径和切向速度而变,即可以控制和改变,故可以通过选择合适的转速与半径,提高离心分离的强度和效果。

通常用离心分离因数反映离心分离效果,它是粒子在离心场中所受离心力与其在重力场中所受重力之比,用 K_c 表示,即

$$K_c = \frac{u_T^2/R}{g} = \frac{u_T^2}{Rg} \qquad (3-21)$$

K_c 是离心分离设备的重要性能指标。K_c 值越高,离心沉降效果越好。

与重力沉降相比,离心分离沉降速度大、分离效率高,但设备复杂,投资费用大,消耗的能量大,操作严格且费用较高。因此,选用时需综合考虑,不能认为采用离心沉降一定比重力沉降好。

【例 3-5】 采用离心沉降方法,拟旋转半径为 0.1 m,旋转线速度为 3 m/s,试计算直径为 50×10^{-6} m、密度为 2 650 kg/m³ 的球形石英颗粒在 20 ℃水中的沉降速度。

解 由于颗粒的 Re_t 与沉降区未知,计算沉降速度需试差。

查得 20 ℃水的密度为 998.2 kg/m³,黏度为 1.01×10^{-3} Pa·s。

假设沉降属于层流区,将已知数据代入式(3-20),得

$$u_r = \frac{d_s^2(\rho_s - \rho)}{18\mu} \times \frac{u_T^2}{R} = \frac{(50 \times 10^{-6})^2 \times (2\,650 - 998.2)}{18 \times 1.01 \times 10^{-3}} \times \frac{3^2}{0.1} = 20.44 \times 10^{-3} \ \text{m/s}$$

校核流型

$$Re_t = \frac{d_s u_r \rho}{\mu} = \frac{50 \times 10^{-6} \times 20.44 \times 10^{-3} \times 998.2}{1.01 \times 10^{-3}} = 1.01 < 2$$

故原设层流区正确,求得的 u_r 有效。

【例 3-6】 用一个筒体直径为 0.8 m 的标准型旋风分离器处理从气流干燥器中出来的含尘气体,含尘气体流量为 2 m³/s,气体密度为 0.65 kg/m³,黏度为 3×10^{-5} Pa·s,尘粒可视为球形,其密度为 2 500 kg/m³。求:(1)临界粒径;(2)气体通过旋风分离器的压降。

解 (1)进口气速。

$$u = \frac{V}{BH} = \frac{2}{\dfrac{0.8}{4} \times \dfrac{0.8}{2}} = 25 \ \text{m/s}$$

临界直径

$$d_c = \sqrt{\frac{9\mu B}{\pi N \rho_s u}} = \sqrt{\frac{9 \times 3 \times 10^{-5} \times 0.2}{\pi \times 5 \times 2\,500 \times 25}} = 7.42 \times 10^{-6} \ \text{m} = 7.4 \ \mu\text{m}$$

（2）压降。

$$\Delta p = \zeta \frac{\rho u_\mathrm{i}^2}{2} = 8 \times \frac{0.65 \times 25^2}{2} = 1\,625 \text{ Pa}$$

二、过滤

过滤是在外力(重力、离心力或压力差)作用下,使悬浮液中的液体通过多孔介质的孔道,而悬浮液中的固体颗粒被截留在介质上,从而实现固、液分离的操作。与沉降分离相比,过滤操作可使悬浮液的分离更迅速、更彻底。

（一）过滤的基本知识

1. 过滤过程与过滤方式

如图 3-30 所示,在过滤操作中,待分离的悬浮液称为滤浆或料浆,被截留下来的固体颗粒称为滤渣或滤饼,透过固体过滤介质后的液体称为滤液。

过滤操作的目的是获得清净的液体产品或得到固体产品。

洗涤的作用则是回收滤饼中残留的滤液或除去滤饼中的可溶性盐。

过滤方式有滤饼过滤(又称表面过滤)、深层过滤和动态过滤。

（1）滤饼过滤。滤饼过滤是利用滤饼本身作为过滤隔层的一种过滤方式(如图 3-30 所示)。由于滤浆中固体颗粒的大小往往很不一致,其中一部分颗粒的直径可能小于所用过滤介质的孔径,因而在过滤开始阶段,会有一小部分细小颗粒从介质孔道中通过而使得滤液浑浊(此部分应送回滤浆槽重新过滤)。但随着过滤的进行,颗粒便会在介质的孔道中和孔道上发生"架桥"现象(如图 3-31 所示),从而使得尺寸小于孔道直径的颗粒也能被拦截,随着被拦截的颗粒在介质上逐步堆积,形成了一个颗粒层,称为滤饼。在滤饼形成之后,滤液也慢慢变得澄清。从这一点看,只有在滤饼形成后,过滤操作才真正有效,因此,在滤饼过滤中,起主要作用的是滤饼而不是过滤介质。滤饼过滤要求能够迅速形成滤饼,常用于分离固体含量高(固体体积分数大于 1%)的悬浮液。

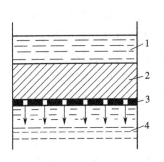

图 3-30　过滤示意图

1—滤浆;2—滤饼;3—过滤介质;4—滤液

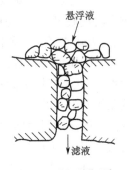

图 3-31　"架桥"现象

（2）深层过滤。当过滤介质为一定厚度的床层(如一定厚度的石英砂)且形成的孔径大时(如纯净水生产中用活性炭过滤水),固体颗粒通过在床层内部的"架桥"现象被截留或被吸附在介质的毛细孔道中,在过滤介质的表面并不形成滤饼。在这种过滤方式中,起截留作用的是介质内部曲折而细长的通道(如图 3-32 所示)。可以说,深层过滤是利用介质床层内部通道作

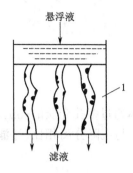

图 3-32　深层过滤
1—过滤介质

为过滤介质的过滤操作。在深层过滤中,介质内部体积会因截留颗粒的增多逐渐减少和变小,因此,过滤介质必须定期更换或清洗再生。深层过滤常用于处理固体含量很少(固体体积分数小于0.1%)且颗粒直径较小(小于5 μm)的悬浮液。

(3)动态过滤。动态过滤是1977年蒂勒(Tiller)提出的一种新的过滤方式,是让料浆沿着过滤介质平面高速流动,使大部分滤饼得以在剪切力的作用下移去,从而维持较高的过滤速率。在滤饼过滤中,随着过滤的进行,滤饼的厚度不断增加,导致过滤速率不断下降。动态过滤很好地解决了这一问题。动态过滤也称为无滤饼过滤。

2.过滤介质

过滤介质起着支撑滤饼的作用,并能让滤液通过,对其基本要求是具有足够的力学强度和适宜的孔径,使液体的流动阻力尽可能小,同时,还应具有相应的耐腐蚀性和耐热性。工业上常见的过滤介质有如下几种。

(1)织物介质。又称滤布,是用棉、毛、丝、麻等天然纤维及合成纤维织成的织物以及由玻璃丝或金属丝织成的网。这类介质能截留颗粒的粒径为5~65 μm。织物介质造价低,清洗和更换方便,在工业上的应用最为广泛。

(2)粒状介质。又称堆积介质,由各种固体颗粒(砂、木炭、石棉、硅藻土)或非纺织纤维等堆积成一定厚度的床层,多用于深层过滤中,如城市和工厂给水的粗滤。

(3)多孔固体介质。多孔固体介质是具有很多微细孔道的固体材料,如多孔陶瓷、多孔塑料、由纤维制成的深层多孔介质、多孔金属制成的管或板,能拦截1~3 μm的微细颗粒。此类介质孔隙小、耐腐蚀、过滤效率高,但过滤阻力大,仅适用于处理含少量微粒的腐蚀性悬浮液及其他特殊场合。

(4)多孔膜。多孔膜是用于膜过滤的各种有机高分子膜和无机材料膜。广泛使用的是醋酸纤维素和芳香酰胺系两大类有机高分子膜,可用于截留1 μm以下的微小颗粒。

3.滤饼的可压缩性和助滤剂

滤饼是由被截留下来的颗粒积聚而形成的固体床层。随着操作的进行,滤饼的厚度逐渐增加,流动阻力随之增大。若构成滤饼的颗粒为不易变形的坚固固体(如硅藻土、碳酸钙等),则当滤饼两侧的压差增大时,颗粒的形状和床层的空隙都基本不变,故单位厚度滤饼的流动阻力可认为恒定,此类滤饼称为不可压缩滤饼。反之,若滤饼由较易变形的物质(如某些氢氧化物之类的胶体)构成,当压差增大时,颗粒的形状和床层的空隙都会有不同程度的改变,使单位厚度的滤饼的流动阻力增大,此类滤饼称为可压缩滤饼。

在过滤过程中,可压缩滤饼会被压缩,使滤饼的孔道变窄,甚至堵塞,或因滤饼黏嵌在滤布中而不易卸渣,使过滤周期变长,生产效率下降,介质使用寿命缩短。为了改善滤饼结构,解决以上问题,通常使用助滤剂。助滤剂为质地坚硬的细小颗粒,如硅藻土、石棉、炭粉等。可将助滤剂加入悬浮液中,在形成滤饼时便能均匀地分散在滤饼中间,改善滤饼结构,使液体得以畅通,或预敷于过滤介质表面以防止介质孔道堵塞。对助滤剂的基本要求为:①在过滤操作压差范围内,具有较好的刚性,能与滤渣形成多孔床层,使滤饼具有良好的渗透性和较低的流动阻力;②具有良好的化学稳定性,不与悬浮液反应,也不溶解于液相中。助滤剂一般不宜用于滤饼需要回收的过滤过程。

(二)过滤基本方程

1. 过滤速度的定义

过滤速度指单位时间内通过单位过滤面积的滤液体积,即

$$u = \frac{\mathrm{d}V}{A_0 \mathrm{d}\tau} \tag{3-22}$$

式中　u ——瞬时过滤速度,$\mathrm{m^3/(s \cdot m^2)}$,$\mathrm{m/s}$;

　　　V ——滤液体积,$\mathrm{m^3}$;

　　　A_0 ——饼层孔隙的平均截面积,$\mathrm{m^2}$;

　　　τ ——过滤时间,s。

说明:①随着过滤过程的进行,滤饼逐渐加厚,如果过滤压强不变,即恒压过滤时,过滤速度将逐渐减小,因此上述定义为瞬时过滤速度;②过滤过程中,若要维持过滤速度不变,即维持恒速过滤,则必须逐渐增加过滤压强或压差。

2. 过滤基本方程

液体通过饼层(包括滤饼和过滤介质)空隙的流动与普通管内的流动相仿。由于过滤操作所涉及的颗粒的尺寸一般很小,形成的通道呈不规则网状结构。孔道很细小,流动类型可认为在层流范围内。

仿照圆管中层流流动时压降的哈根 - 泊谡叶公式,有 $\Delta p_\mathrm{f} = \frac{32\mu l u}{d^2}$,在过滤操作中,$\Delta p_\mathrm{f}$ 就是液体通过饼层克服流动阻力的压强差 Δp。由于过滤通道曲折多变,可将滤液通过饼层的流动看成液体以速度 u 通过许多平均直径为 d_0、长度等于饼层厚度 $L + L_\mathrm{e}$ 的小管的流动(L 为滤饼厚度,L_e 为过滤介质的当量滤饼厚度),则液体通过饼层的瞬间平均速度为

$$u = \frac{\mathrm{d}V}{A_0 \mathrm{d}\tau}$$
$$A_0 = \varepsilon A \tag{3-23}$$

式中　A ——过滤面积,$\mathrm{m^2}$;

　　　ε ——饼层空隙率,对不可压缩滤饼为定值;

　　　$\dfrac{\mathrm{d}V}{\mathrm{d}\tau}$ ——单位时间获得的滤液体积,$\mathrm{m^3}$滤液$/\mathrm{s}$。

于是,哈根 - 泊谡叶公式可变成

$$\Delta p = \frac{32\mu(L + L_\mathrm{e})\dfrac{\mathrm{d}V}{\mathrm{d}\tau}}{d_0^2 \varepsilon A}$$

式中 μ 为滤液黏度,$\mathrm{Pa \cdot s}$。

整理上式,得

$$\frac{\mathrm{d}V}{A\mathrm{d}\tau} = \frac{\varepsilon d_0^2 \Delta p}{32\mu(L + L_\mathrm{e})} \tag{3-24}$$

令 $r = \dfrac{32}{\varepsilon d_0^2}$,则

$$\frac{\mathrm{d}V}{A\mathrm{d}\tau} = \frac{\Delta p}{r\mu(L + L_\mathrm{e})} \tag{3-24a}$$

式中 r 为滤饼比阻,是反映滤饼结构特征的参数,m^{-2}。

将滤饼体积与滤液体积的比值用 v 表示,意义为每获得 1 m^3 滤液所形成滤饼的体积,即

$$v = AL/V \tag{3-25}$$

所以

$$L = vV/A$$

$$L_e = vV_e/A \tag{3-26}$$

式中 V_e 为过滤介质的当量滤液体积,m^3。

代入式(3-24a)得

$$\frac{dV}{d\tau} = \frac{A^2 \Delta p}{r\mu v(V + V_e)} \tag{3-27}$$

式(3-27)称为过滤基本方程式,表示过滤过程中任一瞬间的过滤速率与有关因素的关系,是过滤计算及强化过滤操作的基本依据。该式适用于不可压缩滤饼,对于大多数可压缩滤饼,式中

$$r = r' \Delta p^s$$

r' 为单位压强差下滤饼比阻;s 为滤饼的压缩性指数,一般在 $0 \sim 1$,可从有关资料中查取。对于不可压缩滤饼,$s = 0$。

过滤操作有两种典型方式,即恒压过滤和恒速过滤。恒压过滤时维持压强差不变,但过滤速率将逐渐下降;恒速过滤则保持过滤速率不变,逐渐加大压强差,但对于可压缩滤饼,随着过滤时间的延长,压强差会增加许多,因此恒速过滤无法进行到底。有时为了避免过滤初期压强差过高而引起滤液浑浊,可采用先恒速后恒压的操作方式,即开始时以较低的恒定速率操作,当表压升至给定值后,转入恒压操作。也有既非恒速又非恒压的过滤操作,如用离心泵向过滤机输送料浆的情况,在此不予讨论。工业上大多数过滤属于恒压过滤。

3. 恒压过滤基本方程

在恒压过滤中,压强差 Δp 为定值。对于一定的悬浮液和过滤介质,r、μ、v、V_e 也可视为定值,对式(3-27)进行积分

$$\int_0^V (V + V_e) dV = \frac{A^2 \Delta p}{r\mu v} \int_0^\tau d\tau$$

$$V^2 + 2VV_e = \frac{2A^2 \Delta p}{r\mu v}\tau$$

令 $K = \dfrac{2\Delta p}{r\mu v}$,则

$$V^2 + 2VV_e = KA^2\tau \tag{3-28}$$

令 $q = V/A, q_e = V_e/A$,则上式变为

$$q^2 + 2q_e q = K\tau \tag{3-28a}$$

式(3-28)及式(3-28a)均为恒压过滤方程,表示过滤时间 τ 与获得滤液体积 V 或单位过滤面积上获得的滤液体积 q 的关系。式中 K、q_e 均为一定过滤条件下的过滤常数。K 与物料特性及压强差有关,单位为 m^2/s;q_e 与过滤介质阻力大小有关,单位为 m^3/m^2,两者均可由实验测定。

当滤饼阻力远大于过滤介质阻力时,过滤介质可忽略,于是式(3-28)、式(3-28a)可简化为

$$V^2 = KA^2\tau \tag{3-29}$$

$$q^2 = K\tau \tag{3-29a}$$

4. 过滤常数测定

根据式(3-28),在恒压条件下,测得时间 τ_1、τ_2 下获得的滤液体积 V_1、V_2,则可联立方程

$$\begin{cases} V_1^2 + 2V_eV_1 = KA^2\tau_1 \\ V_2^2 + 2V_eV_2 = KA^2\tau_2 \end{cases}$$

估算出 K、V_e、q_e 值。实验测定过滤常数时,通常要求测得多组 $\tau - V$ 数据,并由 $q = V/A$ 计算得到一系列 $\tau - q$ 数据。将式(3-28a)整理为以下形式

$$\frac{\tau}{q} = \frac{1}{K}q + \frac{2q_e}{K} \tag{3-28b}$$

在直角坐标系中以 τ/q 为纵轴、q 为横轴,可得到一条以 $1/K$ 为斜率,以 $2q_e/K$ 为截距的直线,并由此求出 K 和 q_e 值。

为了使实验测得的数据能用于工业过滤装置,实验中尽可能采用与实际情况相同的悬浮液和操作温度及压强。

【例3-7】　采用过滤面积为 0.2 m^2 的过滤机,对某悬浮液进行过滤常数的测定。操作压强差为 0.15 MPa,温度为 20 ℃,过滤进行到 5 min 时,共得滤液 0.034 m^3;进行到 10 min 时,共得滤液 0.050 m^3。试估算:(1)过滤常数 K 和 q_e;(2)求过滤进行到 1 h 时的滤液总量。

解　(1)过滤时间 $\tau_1 = 5$ min $= 300$ s 时

$$q_1 = \frac{V_1}{A} = \frac{0.034}{0.2} = 0.17 \ m^3/m^2$$

$\tau_2 = 10$ min $= 600$ s 时

$$q_2 = \frac{V_2}{A} = \frac{0.050}{0.2} = 0.25 \ m^3/m^2$$

根据式(3-28a)得

$$\begin{cases} 0.17^2 + 2 \times 0.17q_e = 300\,K \\ 0.25^2 + 2 \times 0.25q_e = 600\,K \end{cases}$$

联立解得

$$\begin{cases} K = 1.26 \times 10^{-4} \ m^2/s \\ q_e = 2.61 \times 10^{-2} \ m^3/m^2 \end{cases}$$

(2) $V_e = Aq_e = 0.2 \times 2.61 \times 10^{-2} = 5.22 \times 10^{-3}$ m^3

由式(3-28)

$$V^2 + 2 \times 5.22 \times 10^{-3}V = 1.26 \times 10^{-4} \times 0.2^2 \times 3\ 600$$

解得

$$V = 0.130 \ m^3$$

计算以上各式时,应注意单位的一致性。

【例3-8】　在恒定压强差 9.81×10^3 Pa 下过滤某悬浮液,已知水的黏度 1.0×10^{-3} Pa·s,过滤介质可忽略。过滤时形成不可压缩滤饼,其空隙率为 60%,滤饼过滤通道的平均直径为 6.33×10^{-5} m,若获得 1 m^3 滤液可得滤饼 0.333 m^3,试求:(1)每平方米过滤面积上获得 1.5 m^3 的滤液所需的过滤时间;(2)若将该时间延长一倍,可再得多少滤液。

解　(1)由题意知,比阻

$$r = \frac{32}{\varepsilon d_0^2} = \frac{32}{0.6 \times (6.33 \times 10^{-5})^2} = 1.33 \times 10^{10}$$

$$v = 0.333 \text{ m}^3/\text{m}^3$$

所以过滤常数

$$K = \frac{2\Delta p}{r\mu v} = \frac{2 \times 9.81 \times 10^3}{1.33 \times 10^{10} \times 1.0 \times 10^{-3} \times 0.333} = 4.43 \times 10^{-3} \text{ m}^2/\text{s}$$

由式(3-23a)

$$\tau = \frac{q^2}{K} = \frac{1.5^2}{4.43 \times 10^{-3}} = 508 \text{ s}$$

(2)因为 $\tau' = 2\tau = 2 \times 508 = 1\ 016$ s

由式(3-23a)

$$q' = \sqrt{K\tau'} = \sqrt{4.43 \times 10^{-3} \times 1\ 016} = 2.12 \text{ m}^3/\text{m}^2$$

$$q' - q = 2.12 - 1.5 = 0.62 \text{ m}^3/\text{m}^2$$

即将时间延长一倍后,每平米过滤面积可再获得 0.62 m³ 的滤液。

5. 过滤速率及其影响因素

1)过滤速率与过滤速度

过滤速率是指过滤设备单位时间所能获得的滤液体积,表明了过滤设备的生产能力;过滤速度是指单位时间单位过滤面积所能获得的滤液体积(单位 m/s),表明了过滤设备的生产强度及设备性能的优劣,实际上是滤液通过过滤面的表观速度。同其他过程类似,过滤速率与过滤推动力成正比,与过滤阻力成反比。在压差过滤中,推动力就是压差,阻力则与滤饼的结构、厚度以及滤液的性质等诸多因素有关,比较复杂。在同样情况下,可压缩滤饼的阻力大于不可压缩滤饼的阻力。

2)影响过滤速率的因素

如上所述,过滤速率与过滤推动力和过滤阻力有关,下面具体介绍各方面的影响因素以及在实际生产中如何利用好这些影响因素。

(1)悬浮液的性质。悬浮液的黏度对过滤有较大的影响。黏度越小,过滤速率越大。因此,对热料浆不应在冷却后再过滤,有时还可先将滤浆适当预热;由于滤浆浓度越大,其黏度也越大,为了降低滤浆的黏度,某些情况下也可以将滤浆加以稀释再进行过滤,但这样会使过滤容积增加,同时稀释滤浆也只能在不影响滤液的前提下进行。

(2)过滤推动力。要使过滤操作得以进行,必须保持一定的推动力,即在滤饼和介质的两侧之间保持有一定的压差。如果压差是靠悬浮液自身重力作用形成的,则称为重力过滤,如化学实验中常见的过滤;如果压差是通过在介质上游加压形成的,则称为加压过滤;如果压差是在过滤介质下游抽真空形成的,则称为减压过滤(或真空过滤);若压差是利用离心力的作用形成的,则称为离心过滤。重力过滤设备简单,但推动力小,过滤速率小,一般仅用来处理固体含量少且容易过滤的悬浮液;加压过滤可获得较大的推动力,过滤速率大,并可根据需要控制压差大小,但压差越大,对设备的密封性和强度要求越高,即使设备强度允许,也还受到滤布强度、滤饼的压缩性等因素的限制,因此,加压操作的压强不能太大,以不超过 500 kPa 为宜。真空过滤也能获得较大的过滤速率,但操作的真空度受到液体沸点等因素的限制,不能过高,一般在 85 kPa 以下。离心过滤的过滤速率大,但设备复杂。一般来说,对不可压缩滤饼,增大推动力可提高过滤速率,但对可压缩滤饼,加压却不能有效地提高过滤速率。

(3)过滤介质与滤饼的性质。过滤介质的影响主要表现在对过程的阻力和过滤效率上,金属网与棉毛织品的空隙率大小相差很大,生产能力和滤液的澄清度的差别也就很大。因此,应根据悬浮液中颗粒的大小来选择合适的过滤介质。滤饼的影响因素主要有颗粒的形状、大小、滤饼紧密度和厚度等,显然,颗粒越细,滤饼越紧密、越厚,其阻力越大。当滤饼厚度增大到一定程度,过滤速率会变得很小,操作再进行下去是不经济的,这时只有将滤饼卸去,进行下一个周期的操作。

6. 过滤操作周期

过滤操作可以连续进行,但以间歇操作更为常见,不管是连续过滤还是间歇过滤,都存在一个操作周期。过滤过程的操作周期主要包括过滤、洗涤、卸渣、清理等几个步骤,对于板框过滤机等需装拆的过滤设备,还包括组装,有效操作步骤只是"过滤"这一步,其余均属辅助步骤,但却是必不可少的。例如,在过滤后,滤饼空隙中还存有滤液,为了回收这部分滤液,或者因为滤饼是有价值的产品,不允许被滤液所玷污时,都必须将这部分滤液从滤饼中分离出来,因此,就需要用水或其他溶剂对滤饼进行洗涤。对间歇操作,必须合理安排一个周期中各步骤的时间,尽量缩短辅助时间,以提高生产效率。

任务三　沉降和过滤设备的操作

一、操作方法

(一)板框式过滤机

板框式过滤机有就地操作和远程操作两种方式。就地操作可以在现场单机操作,方便检查、调整过滤机;远程操作由 DCS 系统控制与上下游设备及附属设备连锁动作。

1. 开车前的检查和准备

(1)在滤框两侧先铺好滤布,将滤布上的孔对准滤框角上的进料孔,滤布如有折叠,操作时容易产生泄漏。

(2)板框装好后,压紧活动机头上的螺旋。

(3)检查滤浆进口阀及洗涤水进口阀是否关闭。

(4)检查确认电气、仪表正常,油压系统的油压正常,润滑系统油位正常。

(5)确认挤压、滤布洗涤、滤饼洗涤系统正常,在控制盘上检查确认指示灯正常。

(6)开启空气压缩机,将压缩空气送入贮浆罐,注意压缩空气压力表的读数,待压力达到规定值,准备开始过滤。

(7)若采用螺杆泵输送滤浆,开车前的准备工作还需参见螺杆泵运行注意事项。

2. 过滤操作

(1)开启过滤压力调节阀,注意观察过滤压力表读数,过滤压力达到规定值后,调节维持过滤压力的稳定。

(2)开启滤液贮槽出口阀,接着开启过滤机滤浆进口阀,将滤浆送入过滤机,过滤开始。

(3)观察滤液,若滤液为清液时,表明过滤正常。发现滤液有浑浊或带有滤渣,说明过滤过程中出现问题,应停止过滤,检查滤布安装情况,滤板、滤框是否变形,有无裂纹,管路有无泄漏等。

（4）定时记录过滤压力,检查板与框的接触面是否有滤液泄漏。

（5）当出口处滤液量变得很小时,说明板框中已充满滤渣,过滤阻力增大使过滤速度减小,这时可以关闭滤浆进口阀,停止过滤。

（6）开启洗水出口阀,再开启过滤机洗涤水进口阀,向过滤机内送入洗涤水,在相同压力下洗涤滤渣,洗涤直至符合要求。

3. 停车

关闭过滤压力表前的调节阀及洗水进口阀,松开活动机头上的螺旋,将滤板、滤框拉开,卸出滤饼,并将滤板和滤框清洗干净,以备下一循环使用。

4. 紧急停车

当可能出现人身安全事故或设备事故时必须进行紧急停车。

在控制室内 DCS 上有紧急停车按钮,只要将其按下,包括板框式过滤机在内的所有设备将进行紧急停车。

5. 注意事项与日常维护

（1）经常检查滤饼情况,通过滤饼判断板框式过滤机的运行状况。

（2）过滤机停止使用时,应冲洗干净,转动机构应保持整洁,无油污油垢。

（3）滤布每次清洗时应清洗干净,避免滤渣堵塞滤孔。

（4）注意仪表、键盘、按钮等的防潮、防热、防尘工作。

（5）停车时仔细检查,发现问题及时处理,以便下次开车时顺利进行。

（二）转筒真空过滤机

以图3-33所示的转筒真空过滤机说明其操作。

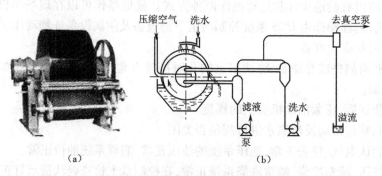

图3-33　转筒真空过滤机及工艺流程
(a)外观　(b)工艺流程示意

1. 开车前的准备工作

（1）检查滤布,滤布应清洁无缺损,不能有干浆。

（2）检查滤浆,滤浆槽内不能有沉淀物或杂物。

（3）检查转鼓与刮刀之间的距离,一般为 1～2 mm。

（4）检查真空系统真空度和压缩空气系统压力是否符合要求。

（5）给分配头、主轴瓦、压辊系统、搅拌器和齿轮等传动机构加润滑油和润滑脂,检查和补充减速机的润滑油。

2. 开车

(1)开车启动,观察各传动机构运转情况,如平稳、无振动、无碰撞声,可试空车和洗车 15 min。

(2)开启进滤浆阀门向滤槽中注入滤浆,当液面上升到滤槽高度的 1/2 时,再打开真空、洗涤、压缩空气等阀门开始正常生产。

(3)经常检查滤槽内的液面高低,保持液面高度,高度不够会影响滤饼厚度。

(4)经常检查各管路、阀门是否有渗漏,如有渗漏应停车修理。

(5)定期检查真空度、压缩空气压力是否达到规定值,洗涤水分布是否均匀。

(6)定时分析过滤效果,如滤饼的厚度、洗涤水是否符合要求。

3. 停车

(1)关闭滤浆入口阀门,再依次关闭洗涤水阀门、真空和压缩空气阀门。

(2)洗车,除去转鼓和滤槽内的物料。

4. 日常维护

(1)要保持各转动部位有良好的润滑状态,不可缺油。

(2)随时检查紧固件的工作情况,发现松动,及时拧紧;发现振动,及时查明原因。

(3)滤槽内部允许有物料沉淀和杂物。

(4)备用过滤机应定期转动一次。

(三)三足式离心机

1. 开车前检查准备

(1)检查机内有无异物,主轴螺母有无松动,制动装置是否灵敏可靠,滤液出口是否通畅。

(2)试空车 3~5 min,检查转动是否均匀正常,转鼓转动方向是否正确,转动的声音有无异常,不能有冲击声和摩擦声。

(3)检查确无问题,将洗净备用的滤布均匀铺在转鼓内壁上。

2. 开车

(1)物料要放置均匀,不能超过额定体积和质量。

(2)启动前盘车,检查制动装置是否拉开。

(3)接通电源启动时,要站在侧面,不要面对离心机。

(4)密切注意电流变化,待电流稳定在正常参数范围内,转鼓转动正常时,进入正常运行。

(5)注意转动是否正常,有无杂音和振动,注意电流是否正常。

(6)保持滤液出口通畅。

(7)严禁用手接触外壳或脚踏外壳,机壳上不得放置任何杂物。

(8)当滤液停止排出 3~5 min 后,可进行洗涤。洗涤时,加洗涤水要缓慢均匀,取滤液,分析合格后停止洗涤。待洗涤水出口停止排液 3~5 min 后方可停机。

3. 停车

(1)停机,先切断电源,待转鼓减速后再使用制动装置,经多次制动,到转鼓转动缓慢时,再拉紧制动装置,完全停车,使用制动装置时不可面对离心机。

(2)完全停车后,方可卸料,卸料时注意保护滤布。

(3)卸料后,将机内外检查、清理,准备进行下一次操作。

4. 日常维护

(1)运转时注意检查有无杂音和振动,轴承温度是否低于65 ℃,电机温度是否低于90 ℃,密封状况是否良好,地脚螺丝有无松动。

(2)严格执行润滑规定,经常检查油箱、油位、油质,润滑是否正常,是否按"三过滤"的要求注油。

(3)定期洗鼓,转鼓要按时清洗,清洗时先停止进料,将自动改为手动;打开冲洗水阀门,至将整个转鼓洗净;不要停机冲洗,以免水漏进轴承室。

(4)卧式自动离心机停车时,让其自然停止,不得轻易使用紧急制动装置。不要频繁启动离心机。

二、故障分析及处理

1. 板框式过滤机

板框式过滤机常见异常现象与处理方法见表3-1。

表 3-1　板框式过滤机常见异常现象与处理方法

常见故障	原因	处理方法
局部泄漏	①滤框有裂纹或穿孔缺陷,滤框和滤板边缘磨损 ②滤布未铺好或破损 ③物料内有障碍物	①更换新滤布和滤板 ②重新铺平或更换新滤布 ③清除干净
压紧程度不够	①滤框不合格 ②滤框、滤板和传动件之间有障碍物	①更换合格滤布 ②清除障碍物
滤液浑浊	滤布破损	检查滤布,如有破损,及时更换
顶杠弯曲	①顶紧中心偏斜 ②导向架装配不正 ③顶紧力过大	①更换顶杠或调正 ②调整校正 ③适当降低压力

2. 转鼓真空过滤机

转鼓真空过滤机常见异常现象及处理方法见表3-2。

表 3-2　转鼓真空过滤机操作常见异常现象及处理方法

常见故障	原因	处理方法
滤饼厚度达不到要求	①真空度达不到要求 ②滤槽内滤浆液面低 ③滤布长时间未清洗或清洗不干净	①检查真空管路有无漏气 ②增加进料量 ③清洗滤布
真空度过低	①分配头磨损漏气 ②真空泵效率低或管路漏气 ③滤布有破损 ④错气窜风	①修理分配头 ②检修真空泵和管路 ③更换滤布 ④调整操作区域

3. 三足式离心机

三足式离心机的常见异常现象及处理方法见表3-3。

表3-3　三足式离心机的常见异常现象及处理方法

常见故障	原因	处理方法
振动大	①安装不水平或供料不均匀 ②主轴拼帽松动 ③减振弹簧折断	①调整,使之均匀 ②拧紧主轴拼帽 ③拆换减振弹簧
离心机电流过高	①滤液出口管堵塞 ②机械故障,负荷过大	①检查处理 ②减少加料
轴承温度过高	①回流小,前后轴回流量不均 ②机械故障,轴承磨损或安装不正确	①调节回流量 ②维修检查
电机温度过高	①加料负荷过大 ②轴承故障 ③电机故障 ④外界气温过高	①减少加料 ②维修检查 ③电工检查 ④采取降温措施
拦液板跑液	①装料过多 ②超过额定转速	①按额定量装料 ②控制不要超过额定转速
滤液中常有滤渣或外观浑浊	滤布损坏	及时更换滤布

测 试 题

一、填空题

1. 描述单个非球形颗粒的形状和大小的主要参数为＿＿＿＿、＿＿＿＿。

2. 固体颗粒在静止流体中自由沉降时所受的力有＿＿＿＿、＿＿＿＿、＿＿＿＿。固体颗粒的沉降分为＿＿＿＿阶段和＿＿＿＿阶段。

3. 沉降速度是指＿＿＿＿。

4. 常见的过滤介质:＿＿＿＿、＿＿＿＿、＿＿＿＿、＿＿＿＿。

5. 降尘室的设计原则是＿＿＿＿时间必须大于等于＿＿＿＿时间。

6. 从理论上讲,降尘室的生产能力与＿＿＿＿和＿＿＿＿有关,而与其高度＿＿＿＿关。

7. 板框过滤机由 810 mm×810 mm×25 mm 的20个框组成,则其过滤面积为＿＿＿＿。

8. 用来处理＿＿＿＿以提高其＿＿＿＿或得到＿＿＿＿的重力沉降设备,称为沉降槽。其具有＿＿＿＿和＿＿＿＿双重功能。

9. 过滤过程的操作周期主要包括＿＿＿＿、＿＿＿＿、＿＿＿＿、＿＿＿＿等步骤。

10. 如果颗粒在离心力场内作圆周运动,其旋转半径为 0.2 m,切线速度为 20 m/s,则其分离因数为＿＿＿＿。

11. 过滤操作有两种典型方式:＿＿＿＿和＿＿＿＿。

二、单选题

1. 下列(　　)分离过程不属于非均相物系的分离过程。

A. 沉降　　　　　　　B. 结晶　　　　　　　C. 过滤　　　　　　　D. 离心

2. 颗粒的球形度越(　　　),说明颗粒越接近于球形。

A. 接近 0　　　　　　B. 接近 1　　　　　　C. 大　　　　　　　　D. 小

3. 过滤操作中滤液流动遇到的阻力是(　　　)。

A. 过滤介质阻力　　　　　　　　　　　　B. 滤饼阻力

C. 过滤介质和滤饼阻力之和　　　　　　　D. 无法确定

4. 现有一乳浊液要进行分离操作,可采用(　　　)。

A. 沉降器　　　　　　B. 三足式离心机　　　C. 蝶式离心机　　　D. 板框过滤机

5. 欲提高降尘室的生产能力,主要措施是(　　　)。

A. 提高降尘室的高度　　　　　　　　　　B. 延长沉降时间

C. 增大沉降面积　　　　　　　　　　　　D. 都可以

6. 密度为 1 030 kg/m³、直径为 400 μm 的球形颗粒在 150 ℃ 的热空气中降落,假设沉降在层流区,则其沉降速度为(　　　)。

A. 3. 72 m/s　　　　B. 4. 56 m/s　　　　C. 6 m/s　　　　　　D. 1. 6 m/s

7. 含尘气体通过边长为 4 m、宽为 2 m、高为 1 m 的降尘室,若颗粒的沉降速度为 0. 2 m/s,则降尘室的生产能力为(　　　)。

A. 4 m³/s　　　　　B. 2. 4 m³/s　　　　C. 6 m³/s　　　　　D. 1. 6 m³/s

8. 旋风分离器的切向进口气速不变,当其圆筒直径减小时,旋风分离器的临界粒径(　　　),离心分离因数(　　　)。

A. 增加　　　　　　B. 减小　　　　　　　C. 不变　　　　　　　D. 不确定

9. 多层降尘室是根据(　　　)原理而设计的。

A. 含尘气体处理量与降尘室的层数无关　　B. 含尘气体处理量与降尘室的高度无关

C. 含尘气体处理量与降尘室的直径无关　　D. 含尘气体处理量与降尘室的大小无关

10. 有一高温含尘气流,尘粒的平均直径在 2 ~ 3 μm,现要达到较好的除尘效果,可采用(　　　)。

A. 降尘室　　　　　　B. 旋风分离器　　　　C. 湿法除尘　　　　　D. 袋滤器

三、多选题

1. 在非均相物系中,存在的两相为(　　　)。

A. 杂相　　　　　　B. 分散相　　　　　　C. 连续相　　　　　　D. 纯净相

2. 沉降分离法根据外力的不同,可以分为(　　　)。

A. 重力沉降　　　　B. 加压沉降　　　　　C. 离心沉降　　　　　D. 惯性沉降

3. 混合物可以分为(　　　)。

A. 气相混合　　　　B. 均相物系　　　　　C. 液固相混合物　　　D. 非均相物系

4. 影响沉降的因素有(　　　)。

A. 颗粒的影响　　　B. 流体性质的影响　　C. 流体流动的影响　　D. 器壁影响

5. 过滤分离法根据推动力不同,可以分为(　　　)。

A. 重力过滤　　　　B. 加压过滤　　　　　C. 离心过滤　　　　　D. 机械过滤

6. 降尘室的生产能力与(　　　)有关。

A. 颗粒的沉降速度　　　　　　　　　　　B. 降尘室的面积

C.流体在降尘室的停留时间　　　　　D.降尘室的高度 H

7.连续沉降槽适合于(　　　)的悬浮液。

A.处理量大　　　　　　　　　　　B.浓度不高

C.颗粒不太细　　　　　　　　　　D.沉渣内仍含有约50%的液体

E.浓度高　　　　　　　　　　　　F.颗粒细小

8.评价旋风分离器性能的主要指标(　　　)。

A.临界粒径　　　　B.分离效率　　　　C.压降　　　　D.离心分离因数

E.气体处理量

9.除尘设备除了降尘室、旋风分离器外,还有(　　　)。

A.惯性除尘器　　　B.静电除尘器　　　C.文丘里除尘器　　　D.泡沫除尘器

E.袋滤器　　　　　F.沉降槽

10.非均相物系分离方法的选择主要应从(　　　)方面考虑。

A.生产要求　　　B.物系性质　　　C.生产成本　　　D.被除去颗粒的大小

E.分离目的　　　F.离心分离因数

四、计算题

1.求密度为 2 150 kg/m³ 的烟灰球粒在 20 ℃ 空气中作层流沉降时的最大直径。[答:77.3 μm]

2.密度为 2 500 kg/m³ 的玻璃球在 20 ℃ 的水中和空气中以相同的速度沉降,求在这两种介质中的沉降的颗粒直径之比值。假设沉降处于斯托克斯区。[答:5.77]

3.用一长 4 m、宽 2 m、高 1.5 m 的降尘室净化气体,处理量为 2.4 m³/s,气体密度为 0.78 kg/m³,黏度为 3.5×10^{-5} Pa·s,尘粒可视为球形颗粒,其密度为 2 200 kg/m³。试求: (1)能 100% 沉降下来的最小颗粒的直径;(2)若降尘室改为间距为 500 mm 的三层降尘室,隔板厚度不计,其余参数不变,若要达到同样的分离效果,所能处理的最大气量为多少(为防止流动干扰和重新卷起,要求气流速度不大于 1.5 m/s)?[答:(1)9.38×10^{-5} m;(2)4.5 m³/s]

4.黏度为 2.5×10^{-5} Pa·s,密度为 0.8 kg/m³ 的气体中,含有密度为 2 800 kg/m³ 的粉尘,现采用筒体直径为 500 mm 的标准旋风分离器除尘。若要求除去 6 μm 以上的尘粒,试求其生产能力和相应的压降。[答:0.55 m³/s,1 014 Pa]

5.有一过滤面积为 0.093 m² 的小型板框过滤机,恒压过滤含有碳酸钙颗粒的水悬浮液。过滤时间为 50 s,共得 2.27×10^{-3} m³ 的滤液;过滤时间为 100 s,共得 3.35×10^{-3} m³ 的滤液。试求当过滤时间为 200 s 时,可得多少滤液?[答:4.86×10^{-3} m³]

学习情境四　换热操作

知识目标

(1)了解换热的基本方式与特点、工业换热类型；

(2)掌握三种换热方式的基本原理，并能用其解决实际问题；

(3)掌握换热器的传热速率、热负荷、平均温度差、传热系数的计算方法；

(4)理解导热系数、对流传热膜系数的概念及与总传热系数的关系；

(5)熟悉列管式换热器的结构、选型、简单设计及操作要点。

重点

(1)傅里叶定律、牛顿冷却定律、斯蒂芬－玻尔兹曼定律、克希霍夫定律等传热的基本定律；

(2)热负荷、对数平均温度差及传热系数的计算；

(3)列管式换热器的结构、选型及操作要点。

难点

(1)传热过程的计算；

(2)列管式换热器的选型。

能力目标

(1)熟悉常见换热器的结构特点、主要性能及应用场合；

(2)能正确进行传热速率、热负荷、传热系数等有关传热过程的计算；

(3)能用实验方法获取传热系数，并学会用经验数据估算传热系数；

(4)熟悉强化传热与削弱传热的措施，应用传热知识解决实际问题；

(5)能根据具体的生产任务提出合理的换热方案，并选定合适的换热器；

(6)熟悉列管式换热器的操作方法。

素质目标

(1)培养追求知识、勤于钻研、一丝不苟、勇于创新的科学态度；

(2)培养爱岗敬业、服从安排、严格遵守操作规程的职业道德；

(3)培养应用所学知识解决问题的能力及协作团结、积极进取的能力。

概　述

一、传热在化工生产中的应用

传热是指由于温度差引起的能量转移,又称热传递,是自然界和工程技术领域中普遍存在的一种现象。无论在化工、医药、能源、动力、冶金等工业部门,还是在农业、环境保护等部门都涉及许多传热问题。在日常生活中,也存在着许多传热现象。

由热力学第二定律可知,热量总是自动地从温度较高的物体传给温度较低的物体。因此,只要物体内部或物体之间有温度差,就必然发生热量的传递。

化学工业与传热的关系尤为密切。无论是生产中的化学过程(单元反应)还是物理过程(单元操作),几乎都伴有热量的传递。归纳起来,传热在化工生产过程中的应用主要有以下几方面。

1. 化学反应中的供热、移热

化学反应是化工生产的核心,化学反应都要求有一定的温度条件。例如,合成氨的操作温度为 470 ~ 520 ℃。为了达到要求的反应温度,必须对原料进行加热;若反应是放热反应,为了保持最佳反应温度,又必须及时移走放出的热量(若是吸热反应,要保持反应温度,则必须及时补充热量)。

2. 化工单元操作中的供热、移热

在某些单元操作(例如蒸馏、干燥等)中,需要输入或输出热量,才能使这些单元操作正常地进行。例如,在蒸馏操作中,为了使塔釜内的液体不断汽化从而得到操作所必需的上升蒸汽,就需要向塔釜内的液体输入热量,同时,为了使塔顶出来的蒸气冷凝得到回流液和液体产品,就需要从塔顶冷凝器中移出热量。

3. 化工生产中热能的综合利用和余热的回收

化工生产中的化学反应大都为放热反应,其放出的热量可以被回收利用,以降低消耗。例如,合成氨的反应气温度很高,有大量的余热需要回收,通常可设置余热锅炉生产蒸汽甚至发电。

4. 隔热与节能

为了减少热量(或冷量)的损失,以降低生产成本,改善劳动条件,往往需要对设备和管道进行保温。

因此,传热设备在化工厂的设备投资中占有很大的比例。据统计,在一般的石油化工企业中,换热设备的费用占总投资的 30% ~ 50%,在提倡节能减排的今天,研究传热及传热设备具有很重要的意义。

二、传热基本方式与传热过程的类型

1. 传热方式

热的传递是由于物体内部或物体之间的温度不同而引起的。根据传热机理的不同,热量的传递有三种基本方式,即传导传热(热传导)、对流传热(热对流)和辐射传热(热辐射)。传热可依靠其中的一种或几种方式进行。

1)热传导

热传导又称导热,是借助物质的分子、原子或自由电子的运动将热量从物体温度较高的部位传递到温度较低的部位的过程。热传导可发生在物体内部或直接接触的物体之间。在热传导过程中,物体中的分子并不发生相对位移,是静止物体内的一种传热方式。对于金属固体而言,是由于自由电子的运动而产生的,因此金属的导热能力更为显著。

2)热对流

热对流简称对流,是指利用流体质点在传热方向上的相对运动,将热量由一处传递至另一处的操作。热对流仅发生在流体中,热对流中总是伴有热传导。根据引起流体质点相对运动的原因不同,又可分为强制对流和自然对流。若相对运动是由外力作用(如泵、风机、搅拌器等)而引起的,称为强制对流;若相对运动是由流体内部各处的温度不同而产生密度的差异,使轻者上浮、重者下沉,流体质点发生相对运动的,则称为自然对流。流动的原因不同,对流传热的规律也不同。应予指出,在同一种流体中,有可能同时发生自然对流和强制对流。

在化工传热过程中,常遇到的并非单纯对流方式,而是流体流过固体表面时发生的对流和热传导联合作用的传热过程,即是热由流体传到固体(或反之)的过程,通常将它称为对流传热(又称给热)。

3)热辐射

热能以电磁波的形式通过空间的传播称为热辐射。具体地说,物体将热能转变成辐射能,以电磁波的形式在空中进行传播,当遇到另一个能吸收辐射能的物体时,即被其部分或全部吸收并转变为热能。辐射传热就是不同物体间相互辐射和吸收能量的总结果。由此可知,辐射传热不仅是能量的传递,同时还伴有能量形式的转换。热辐射不需要任何媒介,这是热辐射不同于其他传热方式的另一特点。应予指出,只有物体温度较高时,辐射传热才能成为主要的传热方式。任何物体(固体、气体和液体)都能以辐射的方式传热,而不借助任何传递介质。

2.传热过程的类型

化工生产过程中常遇到的传热问题,通常可分为两种类型:一种是强化传热,如各种换热设备中的传热,要求传热速率快,传热效果好,这样可使完成某一换热任务时所需的设备紧凑,从而降低设备费用;另一种是削弱传热,如高温设备和管道的保温、低温设备及管道的隔热等,要求传热速率慢,以减少热量(或冷量)的损失。学习传热的目的,主要是能够分析影响传热速率的因素,掌握控制热量传递速率的一般规律,以便能根据生产任务的要求来强化和消弱传热,正确地选择适宜的传热设备和保温(隔热)方法。

化工传热过程既可连续进行也可间歇进行。若传热系统中的温度仅与位置有关而与时间无关,此种传热称为稳态传热,其特点是系统中不积累能量(即输入的能量等于输出的能量),传热速率(单位时间传递的热量)为常数。若传热系统中各点的温度不仅与位置有关也与时间有关,此种传热称为非稳态传热。化工生产中的传热大多可视为稳态传热。这里只讨论稳态传热。

三、载热体及其选择

生产中的热量交换通常发生在两流体之间。在换热过程中,参与换热的流体称为载热体。温度较高、放出热量的流体称为热载热体,简称为热流体;温度较低、吸收热量的流体称为冷载热体,简称为冷流体。同时,根据换热目的的不同,载热体又有其他的名称。若换热的目的是将冷流体加热,此时热流体称为加热剂;若换热的目的是将热流体冷却(或冷凝),此时冷流体称为冷却剂(或冷凝剂)。

工业中常用的加热剂有热水(40~100 ℃)、饱和水蒸气(100~180 ℃)、矿物油或联苯或二苯醚混合物等低熔混合物(180~540 ℃)、烟道气(500~1 000 ℃)等;除此之外还可用电来加热。当要求温度低于180 ℃时,常用饱和水蒸气作为加热剂。其优点是饱和水蒸气的压强和温度——对应,调节其压强就可以控制加热温度,并且使用方便;饱和水蒸气冷凝释放出潜热,潜热远大于显热,因此所需的蒸汽量小。其缺点是饱和水蒸气冷凝传热能达到的温度受压强的限制。

常用的冷凝剂有水(20~30 ℃)、空气、冷冻盐水、液氨(-33.4 ℃)等。水的来源广泛,热容量大,应用最为普遍。从资源节约角度看,应让冷却水最大限度地循环使用。在水资源缺乏的地区,宜采用空气冷却,但空气传热速度慢。

四、工业换热方法

在工业生产中,要实现热量的交换,需要用到一定的设备,这种用于交换热量的设备称为换热器。根据换热器的换热原理不同,工业换热分为以下几种方法。

1. 间壁式换热

需要进行换热的两流体被固体壁面分开,互不接触,热量由热流体(放出热量)通过壁面传给冷流体(吸收热量)的换热方法称为间壁式换热。间壁式换热使用的换热器称为间壁式换热器,又称表面式换热器或间接式换热器。

2. 直接式换热

两流体直接混合进行的换热方法称为直接式换热。使用的设备称直接接触式换热器,又称混合式换热器。

3. 蓄热式换热

借助于热容量较大的固体蓄热体,将热量由热流体传给冷流体的换热方法称为蓄热式换热。使用的设备称蓄热式换热器,又称回流式换热器或蓄热器。操作时,让冷、热流体交替进入换热器,热流体将热量贮存在蓄热体中,然后由冷流体取走,从而达到换热的目的。

任务一　换热流程与换热设备的认识

一、换热流程

图4-1 所示为一列管换热器的工艺流程图。

图4-2 所示为生产硫酸过程中,SO_2 氧化为 SO_3 的多段中间换热式转化器。在转化器中,催化剂分段放置,段间气体被降温后进入下一段催化剂反应。图4-2(a)、(b)、(c)、(d)分别示出了采用内部间接换热、外部间接换热、冷激、部分冷激的方式使反应后的气体降温。为了合理利用余热,可以用反应后的气体预热反应前的气体,从而达到各自所需的温度。

二、换热设备

(一)换热器的分类

由于物料的性质和传热的要求各不相同,因此,换热器种类繁多,结构形式多样。换热器可按多种方式进行分类。

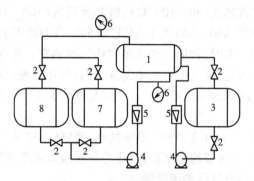

图 4-1 列管换热器的工艺流程

1—换热器;2—截止阀;3—冷水储罐;4—泵;5—流量计;6—压强表;
7—热水储罐;8—热油储罐

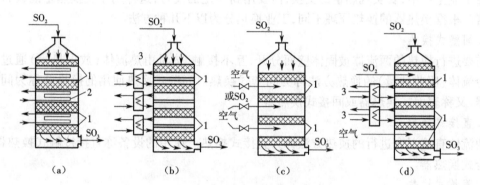

图 4-2 多段中间换热式转化器

(a)内部间接换热式 (b)外部间接换热式 (c)冷激式 (d)部分冷激式

1—催化剂床层;2—内部换热器;3—外部换热器

1. 按换热器的用途分类

对换热器按用途分类见表 4-1。

表 4-1 换热器的用途分类

名称	应用
加热器	用于把流体加热到所需的温度,被加热流体在加热过程中不发生相变
预热器	用于流体的预热,以提高整套工艺装置的效率
过热器	用于加热饱和蒸气,使其达到过热状态
蒸发器	用于加热液体,使之蒸发汽化
再沸器	是蒸馏过程的专用设备,用于加热塔底液体,使之受热汽化
冷却器	用于冷却流体,使之达到所需的温度
冷凝器	用于冷凝饱和蒸汽,使之放出潜热而凝结液化

2. 按换热器的作用原理分类

对换热器按作用原理分类见表 4-2。

表 4-2　换热器的用途分类

名称	特点	应用
间壁式换热器	两流体被固体壁面分开,互不接触,热量由热流体通过壁面传给冷流体,避免了因换热带来的污染	适用于在换热过程中不允许两流体混合的场合。应用最广,形式多样
混合式换热器	两流体直接接触,相互混合进行换热。结构简单,设备及操作费用均较低,传热效率高	适用于允许两流体混合的场合,常见的设备有混合式蒸汽冷凝器、凉水塔、洗涤塔、文氏管及喷射冷凝器等
蓄热式换热器	借助蓄热体将热量由热流体传给冷流体。结构简单,可耐高温,其缺点是设备体积庞大,传热效率低,且不能完全避免两流体的混合	煤制气过程的汽化炉、回转式空气预热器、蓄热式裂解炉等
中间载热体式换热器	将两个间壁式换热器由在其中循环的载热体(又称热媒)连接起来,载热体在高温流体换热器中从热流体吸收热量后,带至低温流体换热器传给冷流体	多用于核能工业、冷冻技术及余热利用中。热管式换热器即属此类

3. 按换热器传热面形状和结构分类

(1)管式换热器。管式换热器通过管子壁面进行传热,按传热管的结构不同,可分为列管式换热器、套管式换热器、蛇管式换热器和翅片管式换热器等几种。管式换热器应用最广。

(2)板式换热器。板式换热器是通过板面进行传热的,按传热板的结构形式,可分为平板式换热器、螺旋板式换热器、板翅式换热器和板式换热器等几种。

(3)特殊形式换热器。这类换热器是指根据特殊工艺要求而设计的具有特殊结构的换热器,如回转式换热器、热管式换热器、同流式换热器等。

4. 按换热器所用材料分类

(1)金属材料换热器。金属材料换热器是由金属材料制成的,常用金属材料有碳钢、合金钢、铜及铜合金、铝及铝合金、钛及钛合金等。金属材料的导热系数大,故该类换热器的传热效率较高,生产中用到的主要是金属材料换热器。

(2)非金属材料换热器。非金属材料换热器是由非金属材料制成的,常用非金属材料有石墨、玻璃、塑料以及陶瓷等。这类换热器主要用于具有腐蚀性的物料。非金属材料的导热系数较小,所以其传热效率较低。

(二)间壁式换热器的结构形式

1. 列管式换热器

列管式换热器又称管壳式换热器,是一种通用的标准换热设备。它具有结构简单、坚固耐用、用材广泛、清洗方便、适用性强等优点,在生产中得到广泛应用,在换热设备中占主导地位。列管式换热器根据结构特点分为以下几种,见表 4-3。

表4-3　列管式换热器的分类

名称	结构	特点	应用
固定管板式换热器 (图4-3)	由壳体、封头、管束、管板等部件构成,管束两端固定在两管板上,如图4-3所示	优点是结构简单、紧凑、管内便于清洗;缺点是壳程不能进行机械清洗,且当壳体与换热管的温差较大(大于50℃)时产生的温差应力(又叫热应力)具有破坏性,须在壳体上设置膨胀节,因而壳程压力受膨胀节强度限制不能太高	适用于壳程流体清洁且不结垢、两流体温差不大或温差较大但壳程压力不高的场合
浮头式换热器 (图4-4)	结构如图4-4所示,其结构特点是一端管板不与壳体固定连接,可以在壳体内沿轴向自由伸缩,该端称为浮头	优点是当换热管与壳体有温差存在,壳体或换热管膨胀时,互不约束,消除了热应力;管束可以从管内抽出,便于管内和管间的清洗。其缺点是结构复杂,用材量大,造价高	应用十分广泛,适用于壳体与管束温差较大或壳程流体容易结垢的场合
U形管式换热器 (图4-5)	结构如图4-5所示。其结构特点是只有一个管板,管子呈U形,管子两端固定在同一管板上。管束可以自由伸缩,解决了热补偿问题	优点是结构简单,运行可靠,造价低;管间清洗较方便。缺点是管内清洗较困难;管板利用率低	适用于管、壳程温差较大或壳程介质易结垢而管程介质不易结垢的场合
填料函式换热器 (图4-6)	结构如图4-6所示。其结构特点是管板只有一端与壳体固定,另一端采用填料函密封。管束可以自由伸缩,不会产生热应力	优点是结构较浮头式换热器简单,造价低;管束可以从壳体内抽出,管、壳程均能进行清洗,维修方便。其缺点是填料函耐压不高,一般低于4.0 MPa;壳程介质可能通过填料函外漏	适用于管壳程温差较大或介质易结垢需要经常清洗且壳程压力不高的场合
釜式换热器 (图4-7)	结构如图4-7所示。其结构特点是在壳体上部设置蒸发空间。管束可以为固定管板式、浮头式或U形管式	清洗方便,并能承受高温、高压	适用于液-气式换热(其中液体沸腾汽化),可作为简单的废热锅炉

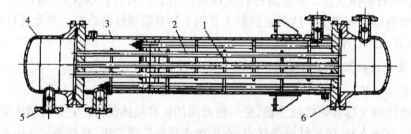

图4-3　固定管板式换热器
1—折流挡板;2—管束;3—壳体;4—封头;5—接管;6—管板

　　为改善换热器的传热效果,工程上常用多程换热器。若流体在管束内来回流过多次,则称为多管程,一般除单管程外,管程数为偶数,有二、四、六、八程等,但随着管程数的增加,流动阻力迅速增大,因此管程数不宜过多,一般为二、四管程。在壳体内,也可在与管束轴线平行的方向设置纵向隔板使壳程分为多程,但是由于制造、安装及维修上的困难,工程上较少使用,通常

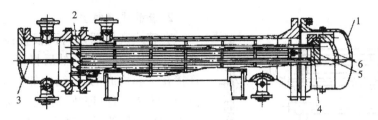

图 4-4　浮头式换热器

1—壳体;2—固定管板;3—隔板;4—浮头勾圈法兰;5—浮动管板;6—浮头盖

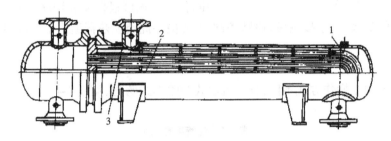

图 4-5　U 形管式换热器

1—U 形管;2—中间挡板;3—内导流筒

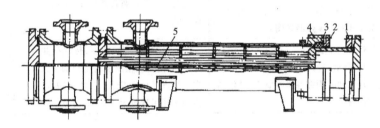

图 4-6　填料函式换热器

1—活动管板;2—填料压盖;3—填料;4—填料函;5—纵向隔板

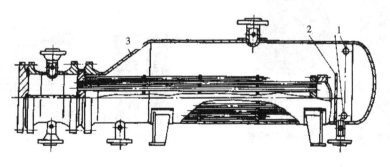

图 4-7　釜式换热器

1—液面计接口;2—堰板;3—偏心锥壳

采用折流挡板,以改善壳程传热。

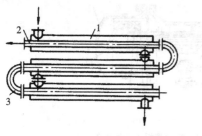

图 4-8　套管换热器

1—外管;2—内管;3—肘管

2.套管式换热器

套管式换热器是将两根直径不同的直管套在一起组成同心套管,然后将若干段这样的套管连接在一起构成的,其结构如图 4-8 所示。每一段套管称为一程,程数可根据所需传热面积的大小而增减。换热时一种流体走内管,另一种流体走环隙,传热面为内管壁。

套管式换热器的优点是结构简单,能耐高压,传热面积可根据需要增减。其缺点是单位传热面积的金属耗量大,管子接头多,检修、清洗不方便。此类换热器适用于高温、高压及流量较小的场合。

3.蛇管换热器

蛇管换热器根据操作方式不同,分为沉浸式和喷淋式两类,见表 4-4。

表 4-4　蛇管换热器

名称	结构	特点	应用
沉浸式蛇管换热器	以金属管弯绕而成,制成适应容器的形状,沉浸在容器内的液体中。管内流体与容器内液体隔着管壁进行换热。几种常用的沉浸式蛇管换热器如图 4-9 所示	结构简单、造价低廉、便于防腐、能承受高压。为改善传热效果,常需加搅拌装置	沉浸在容器内的液体中,冷、热流体分别在管内、外进行换热
喷淋式蛇管换热器	各排蛇管均垂直地固定在支架上,结构如图 4-10 所示,冷却水由蛇管上方的喷淋装置均匀地喷洒在各排蛇管上,并沿着管外表面淋下	优点是检修、清洗方便,传热效果好,蛇管的排数根据所需传热面积来定。缺点是体积庞大,占地面积大;冷却水耗用量较大,喷淋不均匀	置于室外通风处,常用于冷却管内热流体

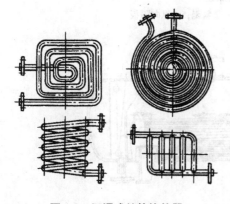

图 4-9　沉浸式蛇管换热器

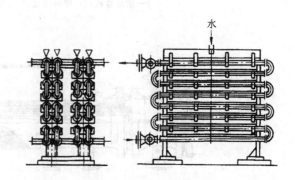

图 4-10　喷淋式蛇管换热器

4.夹套换热器

夹套换热器的结构如图 4-11 所示,主要用于反应器的加热或冷却。它由一个装在容器外部的夹套构成,与反应器或容器构成一个整体,器壁就是换热器的传热面。其优点是结构简单,容易制造。其缺点是传热面积小,器内流体处于自然对流状态,传热效率低;夹套内部清洗困难。夹套内的加热剂和冷却剂一般只能使用不易结垢的水蒸气、冷却水和氨等。夹套内通蒸汽时,应从上部进入,冷凝水从底部排出;夹套内通液体载热体时,应从底部进入,从上部流出。

（三）其他类型换热器

其他类型换热器见表4-5。

表4-5　其他类型换热器

名称	结构	特点及应用
螺旋板式换热器	结构如图4-12所示,由焊在中心隔板上的两块金属薄板卷制而成,两薄板之间形成螺旋形通道,两板之间焊有定距柱以维持通道间距,螺旋板的两端焊有盖板。两流体分别在两通道内流动,通过螺旋板进行换热	优点是结构紧凑;单位体积传热面积大;流体在换热器内作严格的逆流流动,可在较小的温差下操作,能充分利用低温能源;由于流向不断改变,且允许选用较高流速,故传热效果好;又由于流速较高,同时有惯性离心力的作用,污垢不易沉积。其缺点是制造和检修都比较困难;流动阻力较大;操作压强和温度不能太高,一般压强在2 MPa以下,温度则不超过400 ℃
翅片式换热器	在换热管的外表面或内表面或在内外表面同时装有许多翅片,常用翅片有纵向和横向两类,如图4-13所示	用于气体的加热或冷却,当换热的另一方为液体或发生相变时,在气体一侧设置翅片,即可增大传热面积,又可增加气体的湍动程度,提高传热效率
平板式换热器	结构如图4-14所示。它是由若干块长方形薄金属板叠加排列,夹紧组装于支架上构成的。两相邻板的边缘衬有垫片,压紧后板间形成流体通道。板片是板式换热器的核心部件,常将板面冲压成各种凹凸的波纹状	优点是结构紧凑,单位体积传热面积大;组装灵活方便;有较高的传热效率,可随时增减板数;利于清洗和维修。其缺点是处理量小;受垫片材料性能的限制,操作压强和温度不能过高。适用于需要经常清洗、工作环境要求十分紧凑,操作压强在2.5 MPa以下,温度在-35～200 ℃的场合
板翅式换热器	基本单元体由翅片、隔板及封条组成,如图4-15(a)所示。翅片上下放置隔板,两侧边缘由封条密封,即组成一个单元体。将一定数量的单元体组合起来,并进行适当排列,然后焊在带有进出口的集流箱上,如图4-15(b)、(c)、(d)所示。一般用铝合金制造	是一种轻巧、紧凑、高效的换热装置,优点是单位体积传热面积大,传热效果好;操作温度范围较广,适用于低温或超低温场合;允许操作压强较高,可达5 MPa。其缺点是易堵塞,流动阻力大;清洗、检修困难,故要求介质洁净。其应用领域已从航空、航天、电子等少数部门逐渐发展到石油化工、天然气液化、气体分离等工业部门

三、列管式换热器的型号与系列标准

列管式换热器应用广泛,为便于设计、制造和选用,有关部门已制定了列管式换热器的系列标准。

1. 基本参数

列管式换热器的基本参数主要有:①公称换热面积 SN;②公称直径 DN;③公称压力 PN;④换热管规格;⑤换热管长度 L;⑥管子数量 n;⑦管程数 N_p。

2. 型号表示方法

列管式换热器的型号由五部分组成。

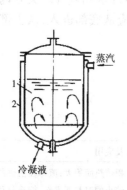

图 4-11　夹套换热器
1—容器;2—夹套

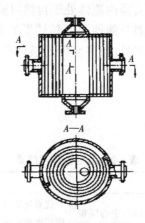

图 4-12　螺旋板式换热器

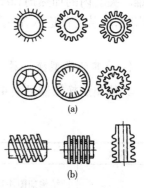

图 4-13　常用翅片的类型
(a)纵向切片　(b)横向切片

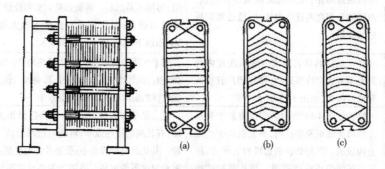

图 4-14　平板式换热器
(a)水平波纹板　(b)人字形波纹板　(c)圆弧形波纹板

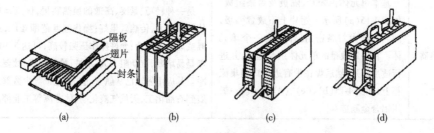

图 4-15　板翅式换热器
(a)板束结构　(b)逆流式　(c)错流式　(d)错逆流式

$$
\underset{1}{\times} \quad \underset{2}{\times\times\times\times} \quad \underset{3}{\times} \quad \underset{4}{-\times\times} \quad \underset{5}{-\times\times\times}
$$

其中　1——换热器代号;

2——公称直径 DN,mm;

3——管程数 N_p,Ⅰ、Ⅱ、Ⅳ、Ⅵ;

4——公称压力 PN,MPa;

5——公称换热面积 SN,m^2。

例如,公称直径为 600 mm,公称压力为 1.6 MPa,公称换热面积为 55 m^2,双管程固定管板式换热器的型号为:G600Ⅱ-1.6-55,其中 G 为固定管板式换热器的代号。

3.列管式换热器的系列标准

固定管板式换热器、浮头式换热器及 U 形管式换热器的系列标准列于附录中,其他形式的列管式换热器的系列标准可参阅有关手册。

测　试　题

一、填空题

1._____,即热量传递,是自然界和工程技术领域中普遍存在的一种现象。

2.传热过程的类型有两种,分别为_____和_____。

3.在换热过程中,参与换热的流体称为_____。

4.在化工生产中将用于交换热量的设备统称为_____。

二、单选题

1.下列不属于工业上常见的加热剂有(　　　)。

A.饱和蒸汽　　　　　B.烟道气　　　　　　C.热水　　　　　　　D.空气

2.下列不属于工业上常见的冷却剂有(　　　)。

A.冷水　　　　　　　B.空气　　　　　　　C.冷冻盐水　　　　　D.饱和蒸汽

3.下列各种方法中,属于削弱传热的方法是(　　　)。

A.增加流体密度

B.管内加插入物增加流体扰动

C.设置肋片

D.采用导热系数较小的材料使导热热阻增加

4.翅片式换热器一般用于(　　　)。

A.两侧均为液体　　　　　　　　　B.一侧为气体,一侧为蒸汽冷凝

C.两侧均为气体　　　　　　　　　D.一侧沸腾,一侧冷凝

5.工业采用翅片状的暖气管代替圆钢管,其目的是(　　　)。

A.增加热阻,减少热量损失　　　　B.节约钢材

C.增加传热面积,提高传热效果　　D.增加美观

三、多选题

1.传热在化工生产中的应用有(　　　)。

A.化学反应中的供热、移热

B.化工单元操作中的供热、移热

C.化工生产中热能的综合利用和余热的回收

D.隔热与节能

2.列管式换热器的特点有(　　　)。

A.结构简单,坚固耐用,用材方便　　　B.能耐高压

C.清洗方便,适用性强　　　　　　　　D.传热面积可根据需要增减

3.工业换热的方法有(　　　)。

A. 间壁式换热　　　　B. 列管式换热　　　C. 直接接触式换热　　D. 蓄热式换热

4. 列管式换热器包括(　　　)。

A. 固定管板式换热器　　　　　　　　B. 浮头式换热器

C. U 形管式换热器　　　　　　　　　D. 填料函式换热器

E. 釜式换热器　　　　　　　　　　　F. 夹套式换热器

5. 其他类型换热器包括(　　　)。

A. 螺旋板式换热器　　　　　　　　　B. 翅片式换热器

C. 喷淋式蛇管换热器　　　　　　　　D. 平板式换热器

E. 板翅式换热器　　　　　　　　　　F. 夹套式换热器

任务二　传热基本知识

一、传热的三种基本方式

(一) 热传导

1. 物体的导热规律

1807 年,傅里叶通过实验得到了导热的基本规律——傅立叶定律,表明导热速率与温度梯度以及垂直于热流方向的导热面积成正比,表达式为

$$Q = -\lambda A \frac{\mathrm{d}t}{\mathrm{d}x} \tag{4-1}$$

式中　Q——导热速率,J/s 或 W;

　　　λ——导热系数,W/(m·K);

　　　A——垂直于导热方向的导热面积,m^2;

　　　$\mathrm{d}t/\mathrm{d}x$——温度梯度,是导热方向上温度的变化率。

负号表示热流方向与温度梯度方向相反。

在物体内部,凡在同一瞬间、温度相同的点所组成的面,称为等温面。两相邻等温面的温度差与其垂直距离之比的极限称为温度梯度。

2. 导热系数

导热系数是表征物质导热性能的一个物性参数,λ 越大,导热性能越好。导热性能的大小与物质的组成、结构、密度、温度及压力等有关。一般金属的导热系数最大,非金属的固体次之,液体的较小,而气体的最小。

各种物质的导热系数都由实验测定,在一般手册中可以查到。现分述如下。

1) 固体的导热系数

固体的导热系数随着组成和结构的不同而有很大差别。金属是良好的导热体,这是由于金属中自由电子作用的缘故。金属纯度越高,则导热系数越大。固体的导热系数随温度而变,绝大多数均匀的固体,导热系数与温度近似成线性关系,可用下式表示:

$$\lambda = \lambda_0 (1 + at) \tag{4-2}$$

式中　λ——固体在温度为 t ℃时的导热系数,W/(m·℃);

　　　λ_0——固体在 0 ℃时的导热系数,W/(m·℃);

a——温度系数,$1/℃$,对大多数金属材料为负值,而对大多数非金属材料为正值。

在热传导过程中,物体内不同位置的温度各不相同,因而导热系数也随之而异。在工程计算中,导热系数可取固体两侧面温度的算术平均值下的 λ 值。常用固体材料的导热系数见表4-6所示。

表4-6 常用固体材料的导热系数

固体	温度/℃	导热系数/[W/(m·℃)]	固体	温度/℃	导热系数/[W/(m·℃)]
铝	300	230	石棉	100	0.19
镉	18	94	石棉	200	0.21
铜	100	377	高铝砖	430	3.10
熟铁	18	61	建筑砖	20	0.69
铸铁	53	48	镁砂	200	3.80
铅	100	33	棉毛	30	0.05
镍	100	57	玻璃	30	1.09
银	100	412	云母	50	0.43
钢(1% C)	18	45	硬橡皮	0	0.15
船舶用金属	30	113	锯屑	20	0.052
青铜	—	189	软木	30	0.043
不锈钢	20	16	玻璃毛	—	0.041
石棉板	50	0.17	85% 氧化镁	—	0.070
石棉	0	0.16	石墨	0	151

2)液体的导热系数

一般液体的导热系数较小,水和水溶液的导热系数相对稍大,液态金属的导热系数比水的要高出一个数量级。除水和甘油外,绝大多数液体的导热系数随温度的升高略有减小。总的来讲,液体的导热系数大于固体绝热材料。表4-7所示为几种液体的导热系数。

表4-7 几种液体的导热系数

液体	温度/℃	导热系数/[W/(m·℃)]	液体	温度/℃	导热系数/[W/(m·℃)]
醋酸(50%)	20	0.35	甘油(40%)	20	0.45
丙酮	30	0.17	正庚烷	30	0.14
苯胺	0~20	0.17	水银	28	8.36
苯	30	0.16	硫酸(90%)	30	0.36
氯化钙盐水(30%)	30	0.55	硫酸(60%)	30	0.43
乙醇(80%)	20	0.24	水	30	0.62
甘油(60%)	20	0.38			

3)气体的导热系数

气体的导热系数比液体更小,对导热不利,但有利于保温、绝热。固体绝热材料如软木、玻璃棉等的导热系数之所以很小,就是因为在其空隙中存在大量空气。气体的导热系数随温度的升高而增大,随压强的变化很小,可以忽略不计。表4-8所示为某些气体在常压下的导热系数和温度的关系。

表4-8　某些气体在常压下的导热系数和温度的关系

温度/K	$\lambda \times 10^3 / [\text{W}/(\text{m} \cdot \text{K})]$									
	空气	氮	氧	水蒸气	一氧化碳	二氧化碳	氢	氨	甲烷	乙烯
273	24.4	24.3	24.7	16.2	21.5	14.7	174.5	16.3	30.2	17.7
323	27.9	26.8	29.1	19.8	24.4	18.6	186	18.7	36.1	24.4
373	32.5	31.5	32.9	24.0	27.9	22.8	216	21.1	44.2	31.6
473	39.3	38.5	40.7	33.0	33.2	30.9	258	25.8	61.6	47.5
573	46.0	44.9	48.1	43.4	39.0	39.1	300	30.5	82.3	62.8
673	52.2	50.7	55.1	55.1	43.0	47.3	342	34.9	102.3	79.1
773	57.5	55.8	61.5	68.0	47.3	54.9	384	39.2		94.2
873	62.2	60.4	67.5	82.3	51.4	62.1	426	43.4		
973	66.5	64.2	72.8	98.0	55.0	68.9	467	47.4		
1 073	70.5	67.5	77.7	115.0	58.7	75.2	510	51.2		
1 173	74.1	70.2	82.0	133.1	62.0	81.0	551	54.8		
1 273	77.4	72.4	85.9	152.4	65.1	86.4	593	58.3		

3.导热速率的计算
1)平壁的导热速率。

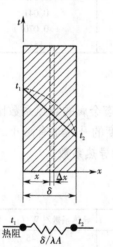

图4-16　单层平壁的热传导

(1)单层平壁的导热速率。

如图4-16所示,设单层平壁的导热系数为常数(取平均温度下的值),其面积与厚度相比是很大的,则边缘处的散热可以忽略,壁内温度只沿垂直于壁面的 x 方向发生变化,即所有等温面是垂直于 x 轴的平面,且壁面的温度不随时间变化。这种情况下壁内传热是一维稳态传热,导热速率 Q 与导热面积 A 均为常数。当 $x = 0$ 时,$t = t_1$;当 $x = \delta$ 时,$t = t_2$;且 $t_1 > t_2$,对式(4-1)进行积分,并整理得

$$Q = \frac{\lambda}{\delta} A(t_1 - t_2) \tag{4-3}$$

或

$$Q = \frac{t_1 - t_2}{\dfrac{\delta}{\lambda A}} = \frac{\Delta t}{R} \tag{4-3a}$$

$$q = \frac{Q}{A} = \frac{t_1 - t_2}{\dfrac{\delta}{\lambda}} \tag{4-3b}$$

式中　δ——平壁厚度,m;

$\Delta t = t_1 - t_2$——导热推动力,K(或℃);

R——导热热阻,K/W(℃/W);

q——单位时间内单位传热面积的传热速率,也称热通量或热流强度,W/m²。

【例4-1】　普通砖平壁厚度为500 mm,一侧温度为300 ℃,另一侧温度为30 ℃,已知平壁的导热系数为0.9 W/(m·℃)。试求:(1)通过平壁的热通量;(2)平壁内距离高温侧300 mm处的温度。

解　（1）由式（4-3b）得

$$q = \frac{t_1 - t_2}{\dfrac{\delta}{\lambda}} = \frac{300 - 30}{\dfrac{0.5}{0.9}} = 486 \ W/m^2$$

（2）由式（4-3b）得

$$t = t_1 - q\frac{\delta}{\lambda} = 300 - 486 \times \frac{0.3}{0.9} = 168.8 \ ℃$$

（2）多层平壁的导热速率。

工程上常常遇到多层不同材料组成的平壁，例如工业用的窑炉，其炉壁通常由耐火砖、保温转以及普通建筑砖由里向外构成，这种导热称为多层平壁导热。下面以图4-17 所示的三层平壁为例，说明多层平壁的导热计算方法。

假定各层间接触良好，相互接触的表面上温度相等，各层材质均匀且导热系数可视为常数。对于一维稳态热传导，热量在平壁内没有积累，因而单位时间内数量相等的热量依次通过各层平壁，即在热流方向上传热速率保持相等，这是一个典型的串联热传递过程（相当于电路中三个电阻的串联）。由式（4-3a）知

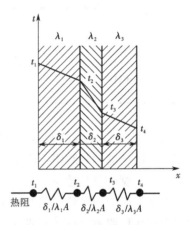

图 4-17　三层平壁的热传导

$$Q = \frac{t_1 - t_2}{\dfrac{\delta_1}{\lambda_1 A}} = \frac{t_2 - t_3}{\dfrac{\delta_2}{\lambda_2 A}} = \frac{t_3 - t_4}{\dfrac{\delta_3}{\lambda_3 A}} \tag{4-4}$$

由等比定律可得

$$Q = \frac{t_1 - t_4}{\dfrac{\delta_1}{\lambda_1 A} + \dfrac{\delta_2}{\lambda_2 A} + \dfrac{\delta_3}{\lambda_3 A}} = \frac{\sum\limits_{i=1}^{3} \Delta t_i}{\sum\limits_{i=1}^{3} R_i} \tag{4-5}$$

对 n 层平壁，其导热速率方程式为

$$Q = \frac{\sum\limits_{i=1}^{n} \Delta t_i}{\sum\limits_{i=1}^{n} R_i} = \frac{t_1 - t_{n+1}}{\sum\limits_{i=1}^{n} \dfrac{\delta_i}{\lambda_i A}} \tag{4-6}$$

式中下标 i 为平壁的序号。

【**例 4-2**】　某炉壁由内向外依次为耐火砖、保温转和普通建筑砖（参见图4-17）。耐火砖：$\lambda_1 = 1.4 \ W/(m \cdot K)$，$\delta_1 = 220 \ mm$；保温砖：$\lambda_2 = 0.15 \ W/(m \cdot K)$，$\delta_2 = 120 \ mm$；建筑砖：$\lambda_3 = 0.8 \ W/(m \cdot K)$，$\delta_3 = 230 \ mm$。已测得炉壁内、外表面温度分别为 900 ℃ 和 60 ℃，求单位面积的热损失和各层间接触面的温度。

解　将式（4-5）变形得到单位面积损失的热量

$$q = \frac{Q}{A} = \frac{t_1 - t_4}{\dfrac{\delta_1}{\lambda_1} + \dfrac{\delta_2}{\lambda_2} + \dfrac{\delta_3}{\lambda_3}} = \frac{900 - 60}{\dfrac{0.22}{1.4} + \dfrac{0.12}{0.15} + \dfrac{0.23}{0.8}} = 675 \ W/m^2$$

由式(4-4)可得

$$t_2 = t_1 - q\frac{\delta_1}{\lambda_1} = 900 - 675 \times \frac{0.22}{1.4} = 900 - 106 = 794 \text{ ℃}$$

$$t_3 = t_2 - q\frac{\delta_2}{\lambda_2} = 794 - 675 \times \frac{0.12}{0.15} = 794 - 540 = 254 \text{ ℃}$$

将计算结果列表分析如下：

炉壁	温度降/℃	热阻 $\frac{\delta}{\lambda}$/(K·m²/W)
耐火砖	106	0.157
保温砖	540	0.800
建筑砖	194	0.287
总计	840	1.244

可见，在多层平壁稳态导热过程中，各层壁的温差与其热阻成正比，哪层热阻大，哪层温差一定大。这与电学中欧姆定律用于串联电阻类似。

2）圆筒壁的导热速率

工业生产中的导热问题大多是圆筒壁中的导热问题，它与平壁的不同之处在于圆筒壁的传热面积和热通量不再是常数，而是随半径而变，同时温度也随半径而变，但传热速率在稳态时依然是常数。

（1）单层圆筒壁的导热速率。

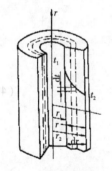

如图 4-18 所示，设圆筒的内、外半径分别为 r_1 和 r_2，内、外表面维持恒定的温度 t_1 和 $t_2(t_1 > t_2)$，且管长 l 足够大，导热系数 λ 为常数，可以认为温度只沿半径方向变化，则圆筒壁内的传热也属于一维稳态热传导。

在半径 r 处取一厚度为 dr 的薄层，则此处传热面积为 $A = 2\pi rl$。根据傅里叶定律分离变量积分，并整理得

$$Q = 2\pi l\lambda \frac{t_1 - t_2}{\ln\frac{r_2}{r_1}} \tag{4-7}$$

图 4-18　单层圆筒壁的热传导

为了便于理解和对比，将式(4-7)进行如下变形

$$Q = \frac{2\pi l(r_2 - r_1)\lambda(t_1 - t_2)}{(r_2 - r_1)\ln\frac{r_2}{r_1}} = \frac{\lambda}{r_2 - r_1}2\pi l\frac{r_2 - r_1}{\ln\frac{r_2}{r_1}}(t_1 - t_2) = \frac{t_1 - t_2}{\frac{\delta}{\lambda} \times \frac{1}{2\pi l r_m}} = \frac{t_1 - t_2}{\frac{\delta}{\lambda A_m}} \tag{4-7a}$$

式中　δ——圆筒壁的厚度，$\delta = r_2 - r_1$，m；

r_m——对数平均半径，$r_m = \dfrac{r_2 - r_1}{\ln\dfrac{r_2}{r_1}}$，m；

A_m——平均导热面积，$A_m = 2\pi l r_m$，m²。

当 $\dfrac{r_2}{r_1} < 2$ 时，可用算术平均值 $r_m = \dfrac{r_1 + r_2}{2}$ 近似计算。

式(4-7)为单层圆筒壁的导热速率方程式。其中 $R = \dfrac{\delta}{\lambda A_\mathrm{m}} = \dfrac{\ln \dfrac{r_2}{r_1}}{2\pi l\lambda}$，即为单层圆筒壁的导热热阻。

由式(4-7)可以看出,在温度差一定时,提高传热速率的关键在于减小导热热阻。导热壁面越厚、导热面积和导热系数越小,热阻越大。

【例 4-3】 已知 $\phi 32$ mm×3.5 mm,长 6 m 的钢管,内壁温度为 100 ℃,外壁温度为 90 ℃,试求该管在单位时间内的散热量。

解 已知 $r_1 = 0.012\,5$ m, $r_2 = 0.016$ m, $t_1 = 100$ ℃, $t_2 = 90$ ℃, $l = 6$ m,查得钢材的导热系数 $\lambda = 45$ W/(m·K),则

$$Q = 2\pi l\lambda \frac{t_1 - t_2}{\ln \dfrac{r_2}{r_1}} = 2\pi \times 6 \times 45 \times \frac{100 - 90}{\ln \dfrac{0.016}{0.012\,5}} = 68\,690 \text{ W}$$

应用圆筒壁的导热速率公式可以确定导热速率、壁面温度及估算壁面厚度。

(2)多层圆筒壁的导热速率。

在工程上,多层圆筒壁的导热情况也比较常见,例如在高温或低温管道的外部包上一层乃至多层保温材料,以减少热量损失(或冷量损失);在反应器或其他容器中内衬以工程塑料或其他材料,以减小腐蚀;在换热器换热管的内、外表面形成污垢等。

以三层圆筒壁为例,如图 4-19 所示,假设各层间接触良好,各层的导热系数分别为 λ_1、λ_2 和 λ_3,厚度分别为 $\delta_1 = r_2 - r_1$、$\delta_2 = r_3 - r_2$ 和 $\delta_3 = r_4 - r_3$,根据串联导热过程的规律,可写出三层圆筒壁的导热速率方程式为

$$Q = \frac{\Delta t_1 + \Delta t_2 + \Delta t_3}{R_1 + R_2 + R_3} = \frac{t_1 - t_4}{\dfrac{\ln(r_2/r_1)}{2\pi l\lambda_1} + \dfrac{\ln(r_3/r_2)}{2\pi l\lambda_2} + \dfrac{\ln(r_4/r_3)}{2\pi l\lambda_3}} \tag{4-8}$$

或

$$Q = \frac{t_1 - t_4}{\dfrac{\delta_1}{\lambda_1 A_1} + \dfrac{\delta_2}{\lambda_2 A_2} + \dfrac{\delta_3}{\lambda_3 A_3}} \tag{4-8a}$$

对 n 层圆筒壁,有

$$Q = \frac{t_1 - t_{n+1}}{\sum\limits_{i=1}^{n} \dfrac{\ln \dfrac{r_{i+1}}{r_i}}{2\pi l\lambda_i}} = \frac{t_1 - t_{n+1}}{\sum\limits_{i=1}^{n} \dfrac{\delta_i}{\lambda_i A_i}} \tag{4-9}$$

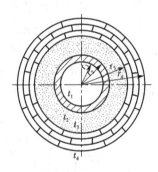

图 4-19 三层圆筒壁的热传导

4.保温

在化工生产中,当设备、管路与外界环境存在一定温差,特别是在温差较大时,就要在其外壁上加设一层隔热材料,阻碍热量在设备环境之间传递,这种措施称为保温,也称绝热。进行保温的主要目的在于使物料保持化工过程所要求的适宜温度及物态;保证安全,改善劳动环境;防止热损失,节能降耗。

1)保温材料

对保温材料的要求是导热系数小、密度小、吸湿性小、力学强度大、膨胀系数小、化学稳定性好、经济、耐用、施工方便。保温材料的选择可参考表4-9。

表4-9　常见的保温隔热材料

材料名称	主要成分	密度 /(kg/m³)	导热系数 /[W/(m·K)]	特性
碳酸镁石棉	85%石棉纤维、15%碳酸镁	180	50℃,0.09~0.12	保温用涂抹材料,耐温300℃
碳酸镁砖	碳酸镁、氧化镁	280~360	50℃,0.07~0.12	泡花碱黏结剂,耐温300℃
碳酸镁管	85%石棉纤维、15%碳酸镁石棉	280~360	50℃,0.07~0.12	泡花碱黏结剂,耐温300℃
硅藻土材料	SiO_2,Al_2O_3,Fe_2O_3	280~450	<0.23	耐温800℃
泡沫混凝土	SiO_2,Al_2O_3	300~570	<0.23	耐温250~300℃,大规模保温
矿渣棉	高炉渣制成棉	200~300	<0.08	耐温700℃,大面积保温
膨胀蛭石	镁铝铁含水硅酸盐	60~250	<0.07	耐温<1 000℃
蛭石水泥管	复杂的铁镁含水硅铝酸盐类矿物	430~500	0.09~0.14	耐温<800℃
蛭石水泥板	复杂的铁镁含水硅铝酸盐类矿物	430~500	0.09~0.14	耐温<800℃
沥青蛭石管	镁铝铁含水硅酸盐	350~400	0.08~0.1	保冷材料
超细玻璃棉	石英砂、长石、硅酸钠、硼酸等	18~30	0.032	-120~400℃
软木	常绿树木栓层	120~200	0.035~0.058	保冷材料

2)保温结构

保温层主要由绝热层及保护层组成,如图4-20所示。有的保温结构中还装有伴热管,如图4-21所示。绝热层是保温层的内层,由各种保温材料构成,是起绝热作用的主体部分。保护层是保温层的外层,具有固定、防护、美观等作用;保冷时还需要在保护层的内侧加防潮层。伴热管是在对保温条件要求较高时使用,在主管的管壁旁加设1或2根伴热管,内通蒸汽,在保温时将主管和伴热管一起包住。

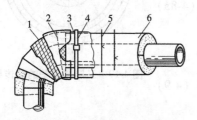

图4-20　保温层结构示意图
1—金属丝网;2—保护层;3—金属薄板;4—箍带;
5—铁丝;6—绝热层

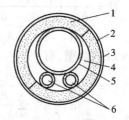

图4-21　伴热管
1—绝热层;2—薄铝片;3—保护层;4—间隙;
5—主管道;6—蒸汽伴热管

3)保温层厚度

保温层越厚,热损失就越小,但费用也随之增加。确定保温层厚度时,应从技术、经济的角度综合考虑。

保温后的热损失不得超过表4-10和表4-11所规定的允许值,这是选择隔热材料和确定保温层厚度的基本依据。

表4-10　常年运行设备或管路的允许热损失

设备或管路的表面温度/℃	50	100	150	200	250	300
允许热损失/(W/m^2)	58	93	116	140	163	186

表4-11　季节运行设备或管路的允许热损失

设备或管路的表面温度/℃	50	100	150	200	250	300
允许热损失/(W/m^2)	116	163	203	244	279	308

【例4-4】　在 $\phi76\ mm \times 3\ mm$ 的钢管外包一层 30 mm 厚的软木后,又包一层 30 mm 厚的石棉。软木和石棉的导热系数分别为 0.04 W/(m·K) 和 0.16 W/(m·K),钢管的导热系数为 45 W/(m·K)。已知管内壁的温度为 -110 ℃,最外侧的温度为 10 ℃。试求:(1)每米管路损失的冷量;(2)在其他条件不变的情况下,将两种保温材料交换位置后,每米管路损失的冷量;(3)何种材料放在内层保温效果会更好。

解　(1)每米管路损失的冷量。

$r_1 = 35\ mm$　$\lambda_1 = 45\ W/(m·K)$

$r_2 = 38\ mm$　$\lambda_2 = 0.04\ W/(m·K)$

$r_3 = 68\ mm$　$\lambda_3 = 0.16\ W/(m·K)$

$r_4 = 98\ mm$　$l = 1\ m$

根据三层圆筒壁的热传导方程式计算每米管路损失的冷量

$$Q = \frac{2\pi l(t_1 - t_4)}{\frac{1}{\lambda_1}\ln\frac{r_2}{r_1} + \frac{1}{\lambda_2}\ln\frac{r_3}{r_2} + \frac{1}{\lambda_3}\ln\frac{r_4}{r_3}} = \frac{2 \times 3.14 \times 1 \times (-110 - 10)}{\frac{1}{45}\ln\frac{38}{35} + \frac{1}{0.04}\ln\frac{68}{38} + \frac{1}{0.16}\ln\frac{98}{68}} = -45\ W$$

(2)在其他条件不变的情况下,将两种保温材料交换位置后,每米管路损失的冷量将会发生相应的变化。

$r_1 = 35\ mm$　$\lambda_1 = 45\ W/(m·K)$

$r_2 = 38\ mm$　$\lambda_2 = 0.16\ W/(m·K)$

$r_3 = 68\ mm$　$\lambda_3 = 0.04\ W/(m·K)$

$r_4 = 98\ mm$　$l = 1\ m$

$$Q = \frac{2\pi l(t_1 - t_4)}{\frac{1}{\lambda_1}\ln\frac{r_2}{r_1} + \frac{1}{\lambda_2}\ln\frac{r_3}{r_2} + \frac{1}{\lambda_3}\ln\frac{r_4}{r_3}} = \frac{2 \times 3.14 \times 1 \times (-110 - 10)}{\frac{1}{45}\ln\frac{38}{35} + \frac{1}{0.16}\ln\frac{68}{38} + \frac{1}{0.04}\ln\frac{98}{68}} = -59\ W$$

(3)计算结果表明:将导热系数较小的材料放在内层保温效果更好。此结论具有普遍意义,通常用于指导实际生产。

(二)热对流

1.对流传热的分析

我们已经知道,当流体沿壁面作湍流流动时,在靠近壁面处总有一层流内层存在,在层流

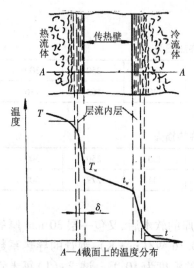

图 4-22　对流传热的分析

内层和湍流主体之间有一过渡层,如图 4-22 所示。在湍流主体内,由于流体质点湍动剧烈,所以在传热方向上,流体的温度差极小,各处的温度基本相同,热量传递主要依靠涡流传热,其热阻很小,传热速度极快。而在层流内层中,流体仅沿壁面平行流动,在传热方向上没有质点位移,所以热量传递主要依靠热传导进行,由于流体的导热系数很小,故热阻主要集中在层流内层中,因此温度差也主要集中在该层内。因此,减小层流内层的厚度是强化对流传热的重要途径。

2. 对流传热基本方程——牛顿(Newton)冷却定律

对流传热与流体的流动情况及流体的性质等有关,影响的因素很多,其传热速率可用牛顿冷却定律表示。

$$Q = \alpha A \Delta t = \frac{\Delta t}{\frac{1}{\alpha A}} = \frac{\Delta t}{R} \qquad (4\text{-}10)$$

式中　Q——对流传热速率,W;

　　　α——对流传热膜系数(或对流传热系数、给热系数),W/(m² · K);

　　　A——对流传热面积,m²;

　　　Δt——流体与壁面间温度差的平均值,K,当流体被加热时,$\Delta t = t_w - t$,当流体被冷却时,$\Delta t = T - T_w$;

　　　R——对流传热热阻,$R = 1/\alpha A$,K/W。

牛顿冷却定律是将复杂的对流传热问题用一简单的关系式来表达,实质上是将矛盾集中在参数 α 上,因此,研究 α 的影响因素及其求取方法,便成为解决对流传热问题的关键。

3. 对流传热膜系数

对流传热膜系数 α 反映了对流传热的强度,α 越大,说明对流强度越大,对流传热热阻越小。

α 是受诸多因素影响的一个参数,表 4-12 列出了几种对流传热情况下的 α 值,从中可以看出,气体的 α 值最小,载热体发生相变时的 α 值最大,且比气体的 α 值大得多。

表 4-12　α 值的经验范围

对流传热类型(无相变)	$\alpha/[\text{W}/(\text{m}^2 \cdot \text{K})]$	对流传热类型(有相变)	$\alpha/[\text{W}/(\text{m}^2 \cdot \text{K})]$
气体加热或冷却	5 ~ 100	有机蒸气冷凝	500 ~ 2 000
过热蒸汽加热或冷却	23 ~ 110	水蒸气冷凝	5 000 ~ 15 000
油加热或冷却	60 ~ 1 700	水沸腾	2 500 ~ 25 000
水加热或冷却	200 ~ 15 000		

1)影响对流传热膜系数的因素

影响对流传热膜系数 α 的因素有以下方面。

(1)对流的形成原因。自然对流与强制对流的流动原因不同,其传热规律也不相同。一般强制对流传热时的 α 值较自然对流传热时的大。

（2）流体的性质。影响对流传热系数的物理性质有导热系数、比热容、黏度和密度等。对同种流体，这些物性又是温度的函数，有些还与压强有关。

（3）流体的种类及相变情况。流体的相态不同，如液体、气体和蒸气，它们的对流传热系数各不相同。流体有无相变，对传热有不同的影响，一般流体有相变时的对流传热系数较无相变时的大。

（4）流体的运动状态。流体的 Re 值越大，湍动程度越高，层流内层的厚度越小，对流传热系数越大；反之，则越小。当流体呈层流时，流体在传热方向上无质点位移，故其对流传热系数较湍流时小。

（5）传热面的形状、位置及长短等。传热面的形状（如管内、管外、板、翅片等）、传热壁面的方位、布置（如水平或垂直放置、管束的排列方式等）及传热面的尺寸（如管径、管长、板高等）都对 α 有直接的影响。

2）对流传热系数特征关联式

由于影响对流传热系数的因素很多，要建立一个通式求各种条件下的 α 是不可能的。目前，常采用影响分析法，将众多的影响因素（物理量）组合成若干无量纲数群（特征数），再通过实验确定各特征数之间的关系，即得到各种条件下的 α 关联式。

表 4-13 列出了有关各特征数的名称、符号及意义。

表 4-13　特征数的名称及意义

特征数名称	符号	特征数表达式	意　义
努塞尔数	Nu	$\alpha l/\lambda$	表示对流传热系数的特征数
雷诺数	Re	$lu\rho/\mu$	确定流动状态的特征数
普朗特数	Pr	$c_p\mu/\lambda$	表示物性影响的特征数
格拉晓夫数	Gr	$l^3\rho^2\beta g\Delta t/\mu^2$	表示自然对流影响的特征数

由于特征关联式是一种经验公式，在使用 α 关联式时应注意以下几个方面。

①要根据处理对象的具体特点，选择适当的公式。例如，是层流还是湍流，是强制对流还是自然对流。②要注意所选公式的应用范围、特征尺寸的选择和定性温度的确定，以及在必要时进行修正的方法。③应注意不同情况下哪些物理量对 α 的值有影响，从中也可分析强化对流传热的可能措施。④正确使用各物理量的单位。⑤重视数量级概念，有助于对计算结果正确性的判断和分析。

随不同的条件，α 的关联式有多种。每一个 α 关联式对上述三个方面都有明确的规定和说明。

（1）无相变流体在圆形直管内强制湍流时的对流传热系数。

在对流传热中，层流、湍流的 Re 值区间为

层流　$Re < 2\,300$

湍流　$Re > 10\,000$

过渡区　$2\,300 \leqslant Re \leqslant 10\,000$

低黏度（小于 2 倍常温水的黏度）流体：

$$Nu = 0.023Re^{0.8}Pr^{\,n} \tag{4-11}$$

或

$$\alpha = 0.023\,\frac{\lambda}{d}\left(\frac{du\rho}{\mu}\right)^{0.8}\left(\frac{c_p\mu}{\lambda}\right)^n \tag{4-11a}$$

式中 n 为 Pr 准数的指数,当流体被加热时,$n = 0.4$;当流体被冷却时,$n = 0.3$。

该式的应用范围:$Re > 10\,000$,$0.7 < Pr < 120$;管长与管径之比 $l/d \geqslant 60$。若 $l/d < 60$,将由式(4-11a)算得的 α 乘以 $[1 + (d/l)^{0.7}]$ 加以修正。

特征尺寸 l 取管内径 d。定性温度取流体进、出口温度的算术平均值。

高粘度液体:

$$Nu = 0.027Re^{0.8}Pr^{\,0.33}\left(\frac{\mu}{\mu_w}\right)^{0.14} \tag{4-12}$$

或

$$\alpha = 0.027\,\frac{\lambda}{d}\left(\frac{du\rho}{\mu}\right)^{0.8}\left(\frac{c_p\mu}{\lambda}\right)^{0.33}\left(\frac{\mu}{\mu_w}\right)^{0.14}$$

式中 μ——液体在主体平均温度下的黏度;

μ_w——液体在壁温下的黏度。

在壁温数据未知的情况下,可采用下列近似值计算。

当液体被加热时 $\left(\dfrac{\mu}{\mu_w}\right)^{0.14} = 1.05$;当液体被冷却时 $\left(\dfrac{\mu}{\mu_w}\right)^{0.14} = 0.95$。

式(4-12)或(4-12a)的应用范围和特征尺寸与式(4-11)相同。

定性温度取流体进、出口温度的算术平均值。

【例 4-5】 有一列管式换热器,由 60 根 $\phi25$ mm × 2.5 mm 的钢管组成。通过该换热器,用饱和水蒸气加热苯。苯在管内流动,由 20 ℃被加热到 80 ℃,苯的流量为 13 kg/s。试求苯在管内的对流传热系数。若苯的流量提高 80%,假设仍维持原来的出口温度,问此时的对流传热系数又为多少?

解 定性温度为

$$t = \frac{t_1 + t_2}{2} = \frac{20 + 80}{2} = 50 \text{ ℃}$$

查得苯在 50 ℃时的物性:$\rho = 860$ kg/m³,$c_p = 1.80$ kJ/(kg·℃),$\mu = 0.45 \times 10^{-3}$ Pa·s,$\lambda = 0.14$ W/(m·℃)。

加热管内苯的流速为

$$u = \frac{W_s}{n\,\dfrac{\pi}{4}d^2\rho} = \frac{13}{60 \times 0.785 \times 0.02^2 \times 860} = 0.8 \text{ m/s}$$

$$Re = \frac{du\rho}{\mu} = \frac{0.02 \times 0.8 \times 860}{0.45 \times 10^{-3}} = 3.06 \times 10^4 \text{(湍流)}$$

$$Pr = \frac{c_p\mu}{\lambda} = \frac{1.80 \times 10^3 \times 0.45 \times 10^{-3}}{0.14} = 5.79$$

可见,Re、Pr 均在式(4-11)的应用范围内。管长未知,但一般列管式换热器的 l/d 均大于 60,故可用式(4-11)计算。

$$\alpha = 0.023 \frac{\lambda}{d} Re^{0.8} Pr^{0.4} = 0.023 \times \frac{0.14}{0.02} \times (3.06 \times 10^4)^{0.8} \times (5.79)^{0.4}$$

$$= 1\ 260\ \text{W}/(\text{m}^2 \cdot \text{°C})$$

当苯的流量提高80%时，

$$\alpha' = \alpha \left(\frac{Re'}{Re} \right)^{0.8} = \alpha \left(\frac{u'}{u} \right)^{0.8} = 1\ 260 \times 1.8^{0.8} = 2\ 016\ \text{W}/(\text{m}^2 \cdot \text{°C})$$

提高流速是提高对流传热系数的重要手段。

（2）流体在圆形直管内强制层流时的对流传热系数。

在管径较小和温差不大的情况下，即 $Gr < 25\ 000, Re < 2\ 300, 0.6 < Pr < 6\ 700, RePrd/l > 10$ 的情况下，

$$Nu = 1.86 \left(RePr \frac{d}{l} \right)^{1/3} \left(\frac{\mu}{\mu_\text{w}} \right)^{0.14} \tag{4-13}$$

当 $Gr > 25\ 000$ 时，若忽视自然对流的影响，会造成较大的误差，此时可将式（4-13）乘以校正因子 f。

$$f = 0.8(1 + 0.015Gr^{1/3}) \tag{4-14}$$

式（4-14）的定性温度、特征尺寸以及 $\left(\frac{\mu}{\mu_\text{w}} \right)$ 的近似计算方法同式（4-12）。

（3）流体在圆形直管内呈过渡流时的对流传热系数。

当 $2\ 300 \leqslant Re \leqslant 10\ 000$ 时，属于过渡区，对流传热系数可先按湍流计算，然后将计算结果乘以校正系数 ϕ。

$$\phi = 1 - \frac{6 \times 10^5}{Re^{1.8}} \tag{4-15}$$

（4）无相变流体在管外强制对流时的对流传热系数。

当管外装有割去25%（直径）的圆缺形折流挡板时，可按下式计算对流传热系数。

$$Nu = 0.36 Re^{0.55} Pr^{1/3} \left(\frac{\mu}{\mu_\text{w}} \right)^{0.14} \tag{4-16}$$

或

$$\alpha = 0.36 \frac{\lambda}{d_\text{e}} \left(\frac{d_\text{e} u_\text{o} \rho}{\mu} \right)^{0.55} \left(\frac{c_p \mu}{\lambda} \right)^{1/3} \left(\frac{\mu}{\mu_\text{w}} \right)^{0.14} \tag{4-16a}$$

式（4-16）的应用范围为 $Re = 2 \times 10^3 \sim 1 \times 10^6$。式中除 μ_w 取壁温下的流体黏度外，其余物性的定性温度均取流体进、出口温度的算术平均值。当量直径 d_e 的数值要依据管子排列方式而定。应当注意，这里当量直径的定义是

$$d_\text{e} = \frac{4 \times 流体流动截面积}{传热周边} \tag{4-17}$$

管子为正方形排列时，

$$d_\text{e} = \frac{4 \left(t^2 - \frac{\pi}{4} d_\text{o}^2 \right)}{\pi d_\text{o}} \tag{4-18}$$

正三角形排列时，

$$d_\text{e} = \frac{4 \left(\frac{\sqrt{3}}{2} t^2 - \frac{\pi}{4} d_\text{o}^2 \right)}{\pi d_\text{o}} \tag{4-19}$$

式中　t——相邻两管的中心距,m;

　　　d_o——管外径,m。

式(4-16)中的壳侧流速根据流体流过的最大面积 A 计算。

$$A = hD\left(1 - \frac{d_o}{t}\right) \tag{4-20}$$

式中　h——两折流挡板间的距离,m;

　　　D——换热器壳的内径,m。

若换热器的管间不用折流挡板,管外流体基本上沿管束平行流动,可用管内强制对流公式计算,但式中的特征尺寸改用管间当量直径。

这里只介绍了几种常用情况下对流传热系数的计算方法,其他情况下的对流传热系数计算方法可查阅相关化工设计手册。

(三)热辐射

1. 热辐射的基本概念

辐射是一种以电磁波形式传递能量的现象。任何物体,只要其温度高于绝对零度,都会不停地向外界的其他物体辐射能量,同时,又不断地吸收来自其他物体的辐射能。

理论上讲,物体可同时发射从 $0 \sim \infty$ 的各种电磁波。但是,在工业上所遇到的温度范围内,有实际意义的热辐射波长为 $0.38 \sim 1\,000$ μm,而且大部分集中在红外线区段的 $0.76 \sim 20$ μm。

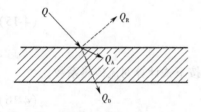

图 4-23　辐射能的吸收、反射和透射

和可见光一样,来自外界的辐射能投射到物体表面时,会发生吸收、反射和透射现象,如图 4-23 所示。

假设某一物体发射的辐射能为 Q,该辐射能辐射到另一物体表面时,有部分能量 Q_A 被吸收,部分能量 Q_R 被反射,部分能量 Q_D 被透射。

根据能量守恒定律:$Q = Q_A + Q_R + Q_D$

1)物体的吸收率

$A = Q_A/Q$,表示物体吸收辐射能的能力,A 称为吸收率。

$A = 1$,表示落在物体表面上的辐射能全部被物体吸收,这种物体称为绝对黑体,简称黑体。如纯黑的煤和黑丝绒接近于黑体,其吸收率最高可达 97% ($A = 0.97$);霜吸收率可达 0.985。值得注意的是,黑体并非黑色物体。

2)物体的反射率

$R = Q_R/Q$,表示物体反射辐射能的能力,R 称为反射率。

$R = 1$,表示落在物体表面上的辐射能全部被反射出去。此时,若是正常反射(即入射角等于反射角),该物体称为镜体;若是漫反射,该物体称为绝对白体,简称白体。如磨光的铜表面接近于镜体,其反射率可达 97% ($R = 0.97$)。

3)物体的透射率

$D = Q_D/Q$,表示物体透射辐射能的能力,D 称为反射率。

$D = 1$,表示落在物体表面上的辐射能全部穿透物体,这种物体称为绝对透热体,简称透热体。单原子和对称的双原子气体,可视为透热体,其透射率为 1($D = 1$)。

在自然界中没有绝对黑体、绝对白体和绝对透热体。物体的吸收率、反射率和透射率的大小取决于物体的性质、表面状况、温度和辐射的波长。一般固体和液体都是不透热体,即 $D = 0$, $A + R = 1$。把这种介于白体和黑体之间的物体称为灰体。一般的气体 $R = 0$, $A + D = 1$。

2. 基本定律

物体的辐射能力是指一定温度下,单位时间内单位物体表面向外界发射的全部波长的总能量。黑体及灰体的辐射能力用以下定律表示。

1)斯蒂芬 – 玻尔兹曼定律

斯蒂芬 – 玻尔兹曼定律表达了黑体的辐射能力与其表面绝对温度的四次方成正比,即

$$E_0 = C_0 \left(\frac{T}{100} \right)^4 \tag{4-21}$$

式中 E_0——黑体的辐射能力,W/m^2;

T——黑体表面的绝对温度,K;

C_0——黑体的辐射系数,$C_0 = 5.67\ W/(m^2 \cdot K^4)$。

由斯蒂芬 – 玻尔兹曼定律可得实际物体(灰体)的辐射能力与其表面温度的关系

$$E = C \left(\frac{T}{100} \right)^4 = \varepsilon C_0 \left(\frac{T}{100} \right)^4 \tag{4-22}$$

$$\varepsilon = \frac{E}{E_0} = \frac{C}{C_0} \tag{4-23}$$

式中 C——实际物体的辐射系数,$W/(m^2 \cdot K^4)$;

ε——实际物体的黑度,表示实际物体的辐射能力接近于黑体的程度,其值由实验测定。

T——实际物体表面的绝对温度,K。

2)克希霍夫定律

克希霍夫定律揭示了灰体的辐射能力与其吸收率之间的关系:一切灰体的辐射能力与其吸收率的比值均相等,且等于同温度下绝对黑体的辐射能力,即

$$\frac{E_1}{A_1} = \frac{E_2}{A_2} = \frac{E_3}{A_3} = \cdots = E_0 \tag{4-24}$$

$$A = \frac{E}{E_0} = \varepsilon \tag{4-25}$$

式(4-25)说明一定温度下,同一物体的吸收率和黑度在数值上是相等的。常用工业材料的黑度见表4-14。

表4-14   常用工业材料的黑度 ε 值

材料	温度/℃	黑度	材料	温度/℃	黑度
红砖	20	0.93	铜(氧化的)	200 ~ 600	0.57 ~ 0.87
耐火砖	—	0.8 ~ 0.9	铜(磨光的)	—	0.03
钢板(氧化的)	200 ~ 600	0.8	铝(氧化的)	200 ~ 600	0.11 ~ 0.19
钢板(磨光的)	940 ~ 1 100	0.55 ~ 0.61	铝(磨光的)	225 ~ 575	0.039 ~ 0.057
铸铁(氧化的)	200 ~ 600	0.64 ~ 0.78			

3. 两固体间的辐射传热

工业上常遇到两固体间的相互辐射,可以近似地按灰体处理。在两灰体的相互辐射中,最

终结果总是辐射能由温度高的物体传向温度低的物体,其过程是一个反复辐射、反复吸收的过程。

两固体间的辐射传热可用下式计算

$$Q_{1-2} = C_{1-2}\varphi A\left[\left(\frac{T_1}{100}\right)^4 - \left(\frac{T_2}{100}\right)^4\right]$$ (4-26)

式中　Q_{1-2}——两固体间的辐射传热速率,W;

　　　C_{1-2}——总辐射系数,W/(m² · K⁴);

　　　A——辐射面积,m²;

　　　T_1、T_2——高、低温物体的绝对温度,K;

　　　φ——几何因数(角系数),其值与物体的形状、大小、距离及排列等因素有关。

物体在放热时,热能变为辐射能,以电磁波的形式发射而在空间传播,当遇到另一物体,则部分地或全部地被吸收,又转变为热能。因而辐射不仅是能量的转移,而且伴有能量形式的转化,这是热辐射区别于热传导和热对流的特点之一。此外,辐射能可以在真空中传播,不需要任何物质做媒介。物体(固体、液体和某些气体)虽能以辐射的方式传递热量,但是,只有在高温下辐射才能成为主要的传热方式。

4. 辐射和对流的联合传热

化工生产中设备的外壁温度常高于周围环境的温度,因此热量会由壁面以对流和辐射两种形式散失。设备热损失应为对流与辐射两部分之和。

由对流散失的热量为

$$Q_C = \alpha_C A_W(T_W - T_f)$$ (4-27)

由辐射散失的热量为

$$Q_R = C_{1-2}\varphi A_W\left[\left(\frac{T_W}{100}\right)^4 - \left(\frac{T_f}{100}\right)^4\right]$$ (4-28)

为了简化起见,可将式(4-28)也写成与对流方程类似的形式,即

$$Q_R = \alpha_R A_W(T_W - T_f)$$ (4-29)

则壁面总的散失热量为

$$Q = Q_C + Q_R = (\alpha_C + \alpha_R)A_W(T_W - T_f) = \alpha_T A_W(T_W - T_f)$$ (4-30)

式中　A_W——壁面面积,m²;

　　　T_W——壁面温度,K;

　　　α_C——对流传热系数,W/(m² · K);

　　　α_R——辐射传热系数,W/(m² · K);

　　　α_T——辐射对流联合传热总系数,W/(m² · K);

　　　T_f——周围大气的温度,K。

实际上,上述三种传热方式,很少单独存在,而往往是相互伴随着同时出现。

测 试 题

一、填空题

1. 热传导发生在＿＿＿＿＿或＿＿＿＿＿的物体之间。

2. _____是表征物质导热性能的一个物性参数,其值越大,导热性能越好。

3. 对保温材料的要求是_____、_____、_____、_____、膨胀系数小、化学稳定性好、经济、耐用、施工方便等。

4. 根据流体质点相对运动的原因不同,热对流又分为_____和_____。

5. 工程上所说的对流传热包括_____和_____。

6. _____是一种以电磁波形式传递能量的现象。

二、单选题

1. 将保温瓶的双层玻璃中间抽成真空,其目的是(　　)。

A. 减少导热　　　　　　　　　　　　B. 减少导热与对流换热

C. 减少对流与辐射换热　　　　　　　D. 减小对流换热

2. 热量传递的三种基本方式是(　　)。

A. 热对流、导热、辐射　　　　　　　B. 复合换热、热辐射、传热过程

C. 对流换热、导热、传热过程　　　　D. 复合换热、热辐射、导热

3. 在冬季,人们喜欢穿棉衣,这是因为(　　)。

A. 棉花的导热系数大　　　　　　　　B. 棉花的导热系数小

C. 棉花的温度较高　　　　　　　　　D. 棉花较柔软

4. 空气、水、金属固体的导热系数分别为 λ_1、λ_2、λ_3,其大小顺序为(　　)。

A. $\lambda_2 < \lambda_3 < \lambda_1$　　　B. $\lambda_1 < \lambda_2 < \lambda_3$　　　C. $\lambda_2 > \lambda_3 > \lambda_1$　　　D. $\lambda_1 > \lambda_2 > \lambda_3$

5. 在空调系统的金属送风管上包裹玻璃棉,是为了(　　)。

A. 透气　　　　B. 隔声　　　　C. 绝热　　　　D. 美观

6. 流体在壁面一侧湍流流过并与壁面对流传热,若流速增加一倍,其他条件不变,则对流传热系数为原来的(　　)。

A. 2 倍　　　　B. 1/2　　　　C. 0.57　　　　D. 1.74

7. 在通常操作条件下的同类换热器中,设空气的对流传热系数为 α_1,水的对流传热系数为 α_2,蒸汽冷凝的传热系数为 α_3,则(　　)。

A. $\alpha_1 > \alpha_2 > \alpha_3$　　　B. $\alpha_2 > \alpha_3 > \alpha_1$　　　C. $\alpha_1 < \alpha_2 < \alpha_3$　　　D. $\alpha_2 > \alpha_1 > \alpha_3$

8. 对流传热的热阻主要集中在(　　)。

A. 滞流内层　　　B. 湍流区　　　C. 壁面　　　D. 不能确定

9. (　　)是在相同温度条件下辐射能力最强的物体。

A. 灰体　　　　B. 磨光玻璃　　　C. 涂料　　　D. 黑体

10. 物体能够发射热辐射的基本条件是(　　)。

A. 温度大于 0 K　　　B. 具有传播介质　　　C. 具有较高温度　　　D. 表面较黑

三、多选题

1. 以下对导热系数,叙述正确的是(　　)。

A. 导热系数是表征物质导热性能的一个物理参数,导热系数越大,导热性能越好

B. 导热系数大小:金属 > 一般固体 > 液体 > 气体

C. 所有液体的导热系数随温度的升高而升高

D. 金属纯度越大,导热系数越大

2. 保温结构主要由(　　)组成。

A. 隔离层　　　　　　B. 绝热层　　　　　　C. 保护层　　　　　　D. 伴热管

3. 影响对流传热膜系数的因素有(　　　)。

A. 对流的形成原因　　　　　　　　　B. 流体的性质

C. 流体的种类及相变情况　　　　　　D. 流体的运动状态

E. 传热面的形状、位置及长短　　　　F. 流体的组成、结构

4. 对流传热系数特征关联式有(　　　)。

A. 努塞尔数　　　　B. 雷诺数　　　　C. 普朗特数　　　　D. 格拉晓夫数

E. 牛顿数　　　　　F. 克希霍夫数

5. 热辐射中涉及的基本概念有(　　　)。

A. 吸收率　　　　　B. 折射率　　　　C. 黑体　　　　　D. 镜体

E. 透过率　　　　　F. 灰体

四、计算题

1. 红砖平壁墙,厚度为 500 mm,一侧温度为 200 ℃,另一侧为 30 ℃。设红砖的平均导热系数取 0.57 W/(m·℃)。试求:(1)单位时间、单位面积传导的热量;(2)距离高温侧 350 mm 处的温度。[答:(1)194 W/m²;(2)81 ℃]

2. 某燃烧炉的平壁由下列三种砖依次砌成:

耐火砖　　导热系数 $\lambda_1 = 1.05$ W/(m·℃),每块厚度 $b_1 = 0.23$ m;

绝热砖　　导热系数 $\lambda_2 = 0.151$ W/(m·℃),每块厚度 $b_2 = 0.23$ m;

普通砖　　导热系数 $\lambda_3 = 0.93$ W/(m·℃),每块厚度 $b_3 = 0.24$ m。

若已知耐火砖内侧温度为 1 000 ℃,耐火砖与绝热砖接触处温度为 940 ℃,而绝热砖与普通砖接触处的温度不得超过 138 ℃。试问:(1)绝热层需几块绝热砖? (2)此时普通砖外侧温度为多少?[答:(1)2;(2)34.6 ℃]

3. 有一套管换热器,内管为 $\phi38$ mm × 2.5 mm,外管为 $\phi57$ mm × 3 mm。甲苯在其环隙中由 72 ℃ 冷却至 38 ℃。已知甲苯的流量为 2 730 kg/h,试求甲苯的对流传热系数。[答:1 410 W/(m²·℃)]

4. 常压空气在内径为 68 mm、长度为 5 m 的管内由 30 ℃ 被加热到 68 ℃,空气的流速为 4 m/s。试求:(1)管壁对空气的对流传热系数;(2)空气流速增加一倍,其他条件均不变时的对流传热系数。[答:(1)18.7 W/(m²·℃);(2)32.6 W/(m²·℃)]

任务三　传热过程的计算

传热的计算有两种类型:一类是设计型计算,即根据生产要求的热负荷,设计换热器的传热面积;另一类是操作型计算,即换热器已定,核算其传热量、流体的流量或流体进、出口温度等。传热速率方程式和换热器的热量衡算式为传热计算的基础关系式。

一、传热基本方程

在间壁式换热器中,热流体通过换热器的间壁,将其热量传递给冷流体,这一传热过程包括了热对流、热传导的过程。该过程的传热规律用以下方程表示,即

$$Q = KA\Delta t_m = \frac{\Delta t_m}{\dfrac{1}{KA}} = \frac{\Delta t_m}{R} \tag{4-31}$$

式中　Q——冷、热流体在单位时间内所能交换的热量，即传热速率，W；

　　　K——总传热系数，$W/(m^2 \cdot K)$；

　　　A——传热面积，m^2；

　　　Δt_m——换热器的推动力，或称冷、热流体的传热平均温度差，K；

　　　R——换热器的总热阻，K/W。

式(4-31)称为传热基本方程，又称传热速率方程。传热系数、传热面积和传热平均温度差是传热过程的三要素。

二、传热速率

1. 传热速率与热负荷

传热速率是换热器单位时间能够传递的热量，是换热器的生产能力，主要由换热器本身的性能决定。热负荷是生产上要求换热器单位时间传递的热量，是换热器的生产任务。为保证换热器完成传热任务，换热器的传热速率应大于或至少等于其热负荷。

在换热器的选型(或设计)中，计算所需传热面积时，需要先知道传热速率，但当换热器还未选定或设计出来之前，传热速率是无法确定的，而其热负荷可由生产任务求得。所以，在换热器的选型(或设计)中，一般按如下方式处理：先用热负荷代替传热速率，求得传热面积后，再考虑一定的安全余量。这样选择(或设计)出来的换热器，就一定能够按要求完成传热的任务。

2. 热负荷的确定

1)能量衡算

对于间壁式换热器，以单位时间为基准，换热器中热流体放出的热量(或称热流体的传热量)等于冷流体吸收的热量(或称冷流体的传热量)加上散失到空气中的热量(即热量损失)，即

$$Q_h = Q_c + Q_l \tag{4-32}$$

式中　Q_h——热流体放出的热量，kJ/h 或 kW；

　　　Q_c——冷流体吸收的热量，kJ/h 或 kW；

　　　Q_l——热量损失，kJ/h 或 kW。

2)热负荷的确定

当换热器保温性能良好，热损失可以忽略不计时，在单位时间内热流体放出的热量等于冷流体吸收的热量，即

$$Q_h = Q_c \tag{4-33}$$

此时，热负荷取 Q_h 或 Q_c 均可。而当换热器的热量损失不能忽略时，热负荷取 Q_h 或 Q_c 需根据具体情况而定。

3)传热量的计算

(1)焓差法。由于工业换热器中流体的进、出口压强差不大，故可近似为恒压过程。根据热力学定律，恒压过程热等于物系的焓差，若能够得知流体进、出口状态时的焓，则不需要考虑

流体在换热过程中是否发生相变,其传热量均可按下式计算。

$$Q_h = W_{sh}(I_{h1} - I_{h2}) \tag{4-34}$$

$$Q_c = W_{sc}(I_{c2} - I_{c1}) \tag{4-34a}$$

式中　W_{sh}、W_{sc}——热、冷流体的质量流量,kg/s;

　　I_{h1}、I_{h2}——热流体的进、出口焓,J/kg;

　　I_{c1}、I_{c2}——冷流体的进、出口焓,J/kg。

焓差法较为简单,但仅适用于流体的焓可查取的情况,本书附录中列出了空气、水及水蒸气的焓,可供读者参考。

(2)显热法。流体在相态不变的情况下,因温度变化而放出或吸收的热量称为显热。若流体在换热过程中没有相变化,且流体的比热容可视为常数或可取为流体进、出口平均温度下的比热容时,其传热量可按下式计算。

$$Q_h = W_{sh}c_{ph}(T_1 - T_2) \tag{4-35}$$

$$Q_c = W_{sc}c_{pc}(t_2 - t_1) \tag{4-35a}$$

式中　c_{ph}、c_{pc}——热、冷流体的定压比热容,kJ/(kg·K);

　　T_1、T_2——热流体的进、出口温度,K;

　　t_1、t_2——冷流体的进、出口温度,K。

注意 c_p 的求取:一般由流体换热前后的平均温度(即流体进出换热器的平均温度)$(T_1 + T_2)/2$ 或 $(t_1 + t_2)/2$ 查得。本书附录中列有关于比热容的图(表),可供读者使用。

必须指出,在 SI 单位制中,温度的单位是 K,但就温度差而言,其单位用 K 或℃是等效的,两者均可使用。

(3)潜热法。流体在温度不变、相态发生变化的过程中吸收或放出的热量称为潜热。

若流体在换热过程中仅仅发生相变(饱和蒸汽变为饱和液体或反之),而没有温度的变化,其传热量可按下式计算。

$$Q_h = W_{sh}r_h \tag{4-36}$$

$$Q_c = W_{sc}r_c \tag{4-36a}$$

式中 r_h、r_c 为热、冷流体的汽化潜热(或比汽化焓),kJ/kg。

【例4-6】　试计算压强为 140 kPa,流量为 1 500 kg/h 的饱和水蒸气冷凝后并降温至50 ℃时放出的热量。

解　可分两步计算:一是饱和水蒸气冷凝成水放出的潜热;二是水温降至 50 ℃时所放出的显热。

蒸气冷凝成水所放出的潜热为 Q_1。

查水蒸气表知:$p = 140$ kPa 下水的饱和温度为 $t_s = 109.2$ ℃;汽化潜热 $r_h = 2\,234.2$ kJ/kg。

$$Q_1 = W_{sh}r_h = (1\,500/3\,600) \times 2\,234.2 = 931 \text{ kW}$$

水由 109.2 ℃降至 50 ℃放出的显热为 Q_2。

查得平均温度为 79.6 ℃水的比热容 $c_p = 4.192$ kJ/(kg·K)。

$$Q_2 = W_{sh}c_{ph}(T_1 - T_2) = (1\,500/3\,600) \times 4.192 \times (19.2 - 50) = 103.4 \text{ kW}$$

该过程所放出的总热量

$$Q = Q_1 + Q_2 = 931 + 103.4 = 1\,034.4 \text{ kW}$$

【例4-7】　某换热器中用 110 kPa 的饱和水蒸气加热苯,苯的流量为 10 m³/h,由 293 K 加热到 343 K。若设备的热损失估计为总热量的 8%,试求热负荷及蒸汽用量。

解　由题知 $Q_h = Q_c + Q_1$。

查得平均温度$(293 + 343)/2 = 318$ K 时苯的定压比热容 $c_p = 1.756$ kJ/(kg·K),苯的密度 $\rho = 840$ kg/m^3。110 kPa 的饱和水蒸气的比汽化焓 $r_h = 2\,251$ kJ/kg。

苯吸收的热量

$$Q_c = W_{sc}c_{pc}(t_2 - t_1) = (10/3\,600) \times 840 \times 1.756 \times (343 - 293) = 204.9 \text{ kW}$$

热量损失

$$Q_1 = 204.9 \times 8\% = 16.4 \text{ kW}$$

热负荷

$$Q_h = Q_c + Q_1 = 204.9 + 16.4 = 221.3 \text{ kW}$$

水蒸气用量

$$W_{sh} = \frac{Q_h}{r_h} = \frac{221.3}{2\,251} = 0.098\,3 \text{ kg/s}$$

三、传热推动力

在传热基本方程中,Δt_m 为换热器的传热温度差,代表整个换热器的传热推动力。但大多数情况下,换热器在传热过程中各传热截面的传热温度差是不相同的,各截面温差的平均值就是整个换热器的传热推动力,此平均值称为传热平均温度差(或称传热平均推动力)。

随着冷、热两流体在传热过程中的温度变化情况、相互流动方向的不同,传热平均温度差的大小及计算也不同。

换热器中两流体间有不同的流动形式。若两流体的流动方向相同,称为并流[图 4-24(a)];若两流体的流动方向相反,称为逆流[图 4-24(b)];若两流体的流动方向垂直交叉,称为错流[图 4-24(c)];若一流体沿一方向流动,另一流体发生反向流动,称为简单折流[图 4-24(d)];若两流体均作折流,或既有折流,又有错流,称为复杂折流。

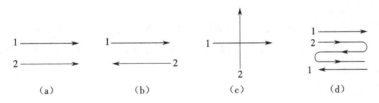

图 4-24　换热器中流体流向示意图
(a)并流　(b)逆流　(c)错流　(d)简单折流

就换热器中冷、热流体的温度变化情况而言,有恒温传热与变温传热两种,现分别予以讨论。

1. 恒温传热时的平均温度差

当两流体在换热过程中均发生相变时,热流体温度 T 和冷流体温度 t 始终保持不变,称为恒温传热。如蒸发器中,饱和蒸汽和沸腾液体间的传热过程。此时,冷、热流体的温度均不随位置变化,两者间的温度差处处相等。因此,换热器的传热推动力可取任一传热截面上的温度差,即

$$\Delta t_m = T - t \tag{4-37}$$

2. 变温传热时的平均温度差

当换热器中间壁一侧或两侧流体的温度沿换热器管长而变化,称为变温传热,如图4-25、4-26 所示。变温传热时,各传热截面的传热温度差各不相同。由于两流体的流向不同,对平均温度差的影响也不相同。

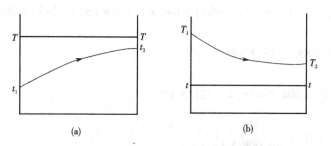

图 4-25 一侧变温传热过程的温差变化
(a)用饱和蒸汽加热冷流体 (b)用烟道气加热沸腾的液体

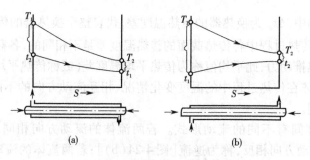

图 4-26 两侧变温传热过程的温差变化
(a)逆流 (b)并流

1)一侧流体变温传热

例如,用饱和蒸汽加热冷流体,蒸汽冷凝温度不变,而冷流体的温度不断上升,如图4-25(a)所示;用烟道气加热沸腾的液体,烟道气温度不断下降,而沸腾的液体温度始终保持在沸点不变,如图4-25(b)所示。

2)两侧流体变温传热

冷、热流体的温度均沿着传热面发生变化,即两流体在传热过程中均不发生相变,其传热温度差显然也是变化的,并且流动方向不同,传热平均温度差也不同,即平均温度差的大小与两流体间的相对流动方向有关,如图4-26 所示。

套管换热器中可实现完全的并流或逆流。

3)并、逆流时的传热平均温度差

由能量衡算和传热基本方程联立,即可导出传热平均温度差计算式如下。

$$\Delta t_m = \frac{\Delta t_1 - \Delta t_2}{\ln \dfrac{\Delta t_1}{\Delta t_2}} \tag{4-38}$$

式中 Δt_m——换热器中热、冷两流体的对数平均温度差,K;

Δt_1、Δt_2——换热器两端冷、热两流体的温差,K。

式(4-38)是并流和逆流时传热平均温度差的计算通式,对于各种变温传热都适用。当一侧变温时,不论逆流或并流,平均温度差相等;当两侧变温传热时,并流和逆流平均温度差不同。并流时 $\Delta t_1 = T_1 - t_1$,$\Delta t_2 = T_2 - t_2$;逆流时 $\Delta t_1 = T_1 - t_2$,$\Delta t_2 = T_2 - t_1$。

当 $\Delta t_1/\Delta t_2 < 2$ 时,可近似用算术平均值$(\Delta t_1 + \Delta t_2)/2$ 代替对数平均值,其误差不超过4%。

【例4-8】　在套管换热器内,热流体温度由 180 ℃降至 140 ℃,冷流体温度由 60 ℃上升到 120 ℃。试分别计算:(1)两流体逆流和并流时的平均温度差;(2)若操作条件下,换热器的热负荷为 585 kW,其传热系数 K 为 300 W/(m² · K),两流体逆流和并流时所需的换热器的传热面积。

解　(1)传热平均推动力。

逆流时

热流体温度 T　180 ℃→140 ℃

冷流体温度 t　120 ℃←60 ℃

两端温度差分别为 60 ℃和 80 ℃,所以

$$\Delta t_m = \frac{\Delta t_1 - \Delta t_2}{\ln \dfrac{\Delta t_1}{\Delta t_2}} = \frac{80 - 60}{\ln \dfrac{80}{60}} = 69.5 \text{ ℃}$$

并流时

热流体温度 T　180 ℃→140 ℃

冷流体温度 t　60 ℃→120 ℃

两端温度差分别为 120 ℃和 20 ℃,所以

$$\Delta t_m = \frac{\Delta t_1 - \Delta t_2}{\ln \dfrac{\Delta t_1}{\Delta t_2}} = \frac{120 - 20}{\ln \dfrac{120}{20}} = 55.8 \text{ ℃}$$

(2)所需传热面积。

逆流时

$$A = \frac{Q}{K\Delta t_m} = \frac{585 \times 10^3}{300 \times 69.5} = 28.06 \text{ m}^2$$

并流时

$$A = \frac{Q}{K\Delta t_m} = \frac{585 \times 10^3}{300 \times 55.8} = 34.95 \text{ m}^2$$

4)错、折流时的传热平均温度差

在列管式换热器中,为了强化传热,两流体并非作简单的并流和逆流,而是比较复杂的折流或错流。对于错流和折流时传热平均温度差的求取,由于其复杂性,不能像并、逆流那样直接推导出其计算式。通常先按逆流计算对数平均温度差 $\Delta t'_m$,再乘以一个恒小于1的校正系数 $\psi_{\Delta t}$,即

$$\Delta t_m = \psi_{\Delta t} \Delta t'_m \tag{4-39}$$

式中 $\psi_{\Delta t}$ 为温度差校正系数,其大小与冷、热两流体的温度变化有关。定义

$$R = \frac{T_1 - T_2}{t_2 - t_1}$$

$$P = \frac{t_2 - t_1}{T_1 - t_1}$$

根据 P 和 R 这两个参数,可从相应的图中查出 $\psi_{\Delta t}$ 值。

图 4-27 给出了几种常见流动形式的温差校正系数与 P、R 的关系。对于列管式换热器,流体走完换热器管束或管壳的一个全长称为一个行程。管内流动的行程称为管程,流体流过一次为单管程,往返多次为多管程;管外流动的行程称为壳程,流体流过壳体一次为单壳程,往返多次为多壳程。

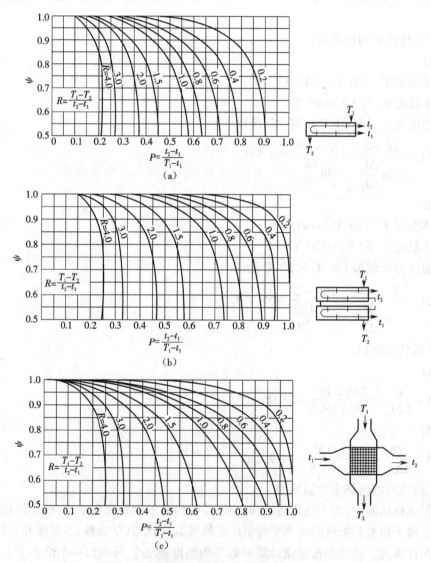

图 4-27 温差校正系数图
(a)单壳程、两管程或两管程以上 (b)双壳程、四管程或四管程以上 (c)错流(两流体之间不混合)

由于校正系数 $\psi_{\Delta t}$ 恒小于 1,故折流、错流时的平均温度差总小于逆流的平均温度差。设

计时要注意使 $\psi_{\Delta t}$ 大于 0.8,否则经济上不合理,也影响换热器操作的稳定性,因为此时若操作温度有变动(P 略增大),将会使 $\psi_{\Delta t}$ 值急剧下降。所以,当计算得出的 $\psi_{\Delta t}$ 小于 0.8 时,应改变流动方式后重新计算。

【例 4-9】　在一单壳程、二管程的列管换热器中,用水冷却热油。水走管程,进口温度为 20 ℃,出口温度为 40 ℃,热油走壳程,进口温度为 100 ℃,出口温度为 50 ℃。试求传热平均温度差。

解　先按逆流计算,即

$$\Delta t'_m = \frac{\Delta t_1 - \Delta t_2}{\ln \dfrac{\Delta t_1}{\Delta t_2}} = \frac{(100 - 40) - (50 - 20)}{\ln \dfrac{100 - 40}{50 - 20}} = 43.3 \text{ ℃}$$

$$R = \frac{T_1 - T_2}{t_2 - t_1} = \frac{100 - 50}{40 - 20} = 2.5$$

$$P = \frac{t_2 - t_1}{T_1 - t_1} = \frac{40 - 20}{100 - 20} = 0.25$$

由图 4-27 查得: $\psi_{\Delta t} = 0.89$,所以

$$\Delta t_m = \psi_{\Delta t} \Delta t'_m = 0.89 \times 43.3 = 38.5 \text{ ℃}$$

四、总传热系数

(一)总传热系数的获取方法

总传热系数是描述传热过程强弱的物理量,传热系数越大,传热热阻越小,则传热效果越好。在工程上总传热系数是评价换热器传热性能的重要参数,也是对传热设备进行工艺计算的依据。影响传热系数 K 值的因素主要有换热器的类型、流体的种类、性质以及操作条件等。获取传热系数的方法主要有以下几种。

1. 现场测定

对于已有换热器,可以测定有关的数据,如设备的尺寸、流体的流量和进出口温度等,然后求得传热速率 Q、传热温度差 Δt_m 和传热面积 A,再由传热基本方程计算 K 值。这样得到的 K 值可靠性较高,但是其使用范围受到限制,只有与所测情况相一致的场合(包括设备的类型、尺寸、流体性质、流动状况等)才准确。但若使用情况与测定情况相似,所测 K 值仍有一定参考价值。

实测 K 值,不仅可以为换热器计算提供依据,而且可以帮助分析换热器的性能,以便寻求提高换热器传热能力的途径。

2. 取经验值

在换热器的工艺设计过程中,由于换热器的尺寸未知,因此传热系数 K 无法通过实测或计算公式来确定。此时,通常借助工具手册选取 K 值。表 4-15 列出了列管式换热器对于不同流体在不同情况下的传热系数的大致范围,供读者参考。

表 4-15　列管式换热器中 K 值的大致范围

热流体	冷流体	传热系数 $K/[W/(m^2 \cdot K)]$	热流体	冷流体	传热系数 $K/[W/(m^2 \cdot K)]$
水	水	850 ~ 1 700	水蒸气冷凝	水沸腾	2 000 ~ 4 250
清油	水	340 ~ 910	水蒸气冷凝	轻油沸腾	455 ~ 1 020
重油	水	60 ~ 280	水蒸气冷凝	重油沸腾	140 ~ 425
气体	水	17 ~ 280	低沸点烃类蒸气冷凝(常压)	水	455 ~ 1 140
水蒸气冷凝	水	1 420 ~ 4 250	高沸点烃类蒸气冷凝(常压)	水	60 ~ 170
水蒸气冷凝	气体	30 ~ 300			

3. 公式计算

1)计算公式

前已述及,间壁式换热器中,热、冷流体通过间壁的传热由热流体的对流传热、固体壁面的导热及冷流体的对流传热三步串联构成。

热流体对壁面的对流传热

$$Q = \frac{\Delta t_1}{R_1} = \frac{(T - T_W)_m}{\dfrac{1}{\alpha_i A_i}}$$

壁面内的导热

$$Q = \frac{\Delta t_2}{R_2} = \frac{(T_W - t_W)_m}{\dfrac{\delta}{\lambda A_m}}$$

壁面对两流体的对流传热

$$Q = \frac{\Delta t_3}{R_3} = \frac{(t_W - t)_m}{\dfrac{1}{\alpha_o A_o}}$$

对于稳定传热过程,各串联环节传热速率相等,总推动力等于各分推动力之和,总热阻等于各分热阻之和(热阻叠加原理),联立传热基本方程和上面三式,可得到如下计算式。

$$Q = \frac{\Delta t_m}{\dfrac{1}{KA}} = \frac{(T - T_W)_m + (T_W - t_W)_m + (t_W - t)_m}{\dfrac{1}{\alpha_i A_i} + \dfrac{\delta}{\lambda A_m} + \dfrac{1}{\alpha_o A_o}}$$

可知

$$\frac{1}{KA} = \frac{1}{\alpha_i A_i} + \frac{\delta}{\lambda A_m} + \frac{1}{\alpha_o A_o} \tag{4-40}$$

式(4-40)即为计算传热系数 K 值的基本公式。计算时,等式左边的传热面积 A 可分别选择传热面(管壁面)的外表面积 A_o 或内表面积 A_i 或平均表面积 A_m,但传热系数 K 必须与所选传热面积相对应。

若 $A = A_o$,则有

$$\frac{1}{K_o A_o} = \frac{1}{\alpha_i A_i} + \frac{\delta}{\lambda A_m} + \frac{1}{\alpha_o A_o} \tag{4-41}$$

即

$$K_o = \cfrac{1}{\cfrac{A_o}{\alpha_i A_i} + \cfrac{\delta A_o}{\lambda A_m} + \cfrac{1}{\alpha_o}} \tag{4-41a}$$

或

$$K_o = \cfrac{1}{\cfrac{A_o}{\alpha_i A_i} + \cfrac{\delta d_o}{\lambda d_m} + \cfrac{1}{\alpha_o}} \tag{4-41b}$$

同理,若 $A = A_i$,则有

$$K_i = \cfrac{1}{\cfrac{1}{\alpha_i} + \cfrac{\delta A_i}{\lambda A_m} + \cfrac{A_i}{\alpha_o A_o}} \tag{4-42}$$

或

$$K_i = \cfrac{1}{\cfrac{1}{\alpha_i} + \cfrac{\delta d_i}{\lambda d_m} + \cfrac{d_i}{\alpha_o d_o}} \tag{4-42a}$$

若 $A = A_m$,则有

$$K_m = \cfrac{1}{\cfrac{A_m}{\alpha_i A_i} + \cfrac{\delta}{\lambda} + \cfrac{A_m}{\alpha_o A_o}} \tag{4-43}$$

或

$$K_m = \cfrac{1}{\cfrac{d_m}{\alpha_i d_i} + \cfrac{\delta}{\lambda} + \cfrac{d_m}{\alpha_o d_o}} \tag{4-43a}$$

式中　α_i、α_o——换热管内、外侧的对流传热系数,$W/(m^2 \cdot K)$;

A_i、A_o、A_m——换热管内、外侧及平均表面积,m^2;

K_i、K_o、K_m——基于 A_i、A_o、A_m 的传热系数,$W/(m^2 \cdot K)$。

在传热计算中,选择何种面积作为计算基准,结果完全相同。但工程上,大多以外表面积作为基准,除了特别说明外,手册中的 K 值都是基于外表面积的传热系数,换热器标准系列中的传热面积也是指外表面积。因此,传热系数 K 的通用计算式为

$$\frac{1}{K} = \cfrac{A_o}{\alpha_i A_i} + \cfrac{\delta A_o}{\lambda A_m} + \cfrac{1}{\alpha_o} \tag{4-44}$$

$$K = \cfrac{1}{\cfrac{A_o}{\alpha_i A_i} + \cfrac{\delta A_o}{\lambda A_m} + \cfrac{1}{\alpha_o}} \tag{4-44a}$$

$$K = \cfrac{1}{\cfrac{d_o}{\alpha_i d_i} + \cfrac{\delta d_o}{\lambda d_m} + \cfrac{1}{\alpha_o}} \tag{4-44b}$$

2)污垢热阻的影响

换热器在实际操作中,传热壁面常有污垢形成,对传热产生附加热阻,该热阻称为污垢热阻。通常污垢热阻比传热壁面的热阻大得多,因而在传热计算中应考虑污垢热阻的影响。

影响污垢热阻的因素很多,主要有流体的性质、传热壁面的材料、操作条件、清洗周期等。

由于污垢热阻的厚度及导热系数难以准确地估计,因此通常选用经验值,表4-16列出了一些常见流体的污垢热阻 R_s 的经验值。

表4-16 常见流体的污垢热阻

流体	$R_s/[(m^2 \cdot K)/kW]$	流体	$R_s/[(m^2 \cdot K)/kW]$
水(>50 ℃)		水蒸气	
蒸馏水	0.09	优质不含油	0.052
海水	0.09	劣质不含油	0.09
清净的河水	0.21	液体	
未处理的凉水塔用水	0.58	盐水	0.172
已处理的凉水塔用水	0.26	有机物	0.172
已处理的锅炉用水	0.26	熔盐	0.086
硬水、井水	0.58	植物油	0.52
气体		燃料油	0.172~0.52
空气	0.26~0.53	重油	0.86
溶剂蒸气	0.172	焦油	1.72

设管内、外壁面的污垢热阻分别为 R_{si}、R_{so},根据串联热阻叠加原理,则式(4-44)可写为

$$\frac{1}{K} = \frac{A_o}{\alpha_i A_i} + R_{si}\frac{A_o}{A_i} + \frac{\delta A_o}{\lambda A_m} + R_{so} + \frac{1}{\alpha_o} \qquad (4\text{-}45)$$

上式表明,间壁两侧流体间传热总热阻等于两侧流体的对流传热热阻、污垢热阻及管壁导热热阻之和。

若传热壁面为平壁或薄管壁时,A_i、A_o、A_m 相等或近似相等,则式(4-45)可简化为

$$\frac{1}{K} = \frac{1}{\alpha_i} + R_{si} + \frac{\delta}{\lambda} + R_{so} + \frac{1}{\alpha_o} \qquad (4\text{-}46)$$

当使用金属薄壁管时,管壁热阻可忽略;若为清洁流体,污垢热阻也可忽略,则

$$\frac{1}{K} \approx \frac{1}{\alpha_i} + \frac{1}{\alpha_o} \qquad (4\text{-}47)$$

【例4-10】 有一用 $\phi 25\,mm \times 2\,mm$ 无缝钢管[$\lambda = 46.5\,W/(m \cdot K)$]制成的列管式换热器,管内通以冷却水,$\alpha_i = 400\,W/(m^2 \cdot K)$,管外为饱和水蒸气冷凝,$\alpha_o = 10\,000\,W/(m^2 \cdot K)$,污垢热阻可以忽略。试计算:(1)传热系数 K 及各热阻占总热阻的比例;(2)将 α_i 提高一倍,其他条件不变,求 K 值;(3)将 α_o 提高一倍,其他条件不变,求 K 值。

解 (1)由于壁面很薄,可按平壁近似计算。根据题意 $R_{si} = R_{so} = 0$,由式(4-46)得

$$K = \frac{1}{\dfrac{1}{\alpha_i} + \dfrac{\delta}{\lambda} + \dfrac{1}{\alpha_o}} = \frac{1}{\dfrac{1}{400} + \dfrac{0.002}{46.5} + \dfrac{1}{10\,000}} = 378.4\,W/(m^2 \cdot K)$$

各热阻及所占比例的计算直观而简单,故省略计算过程,直接将结果列于下表。

热阻名称	热阻值/[×10³(m²·K)/W]	比例/%
总热阻 $1/K$	2.64	100.0
管内对流热阻 $1/\alpha_i$	2.50	94.7
管外对流热阻 $1/\alpha_o$	0.10	3.8
壁面导热热阻 δ/λ	0.04	1.5

从各热阻所占比例可以看出,管内对流热阻占主导地位。

(2)将 α_i 提高一倍,即 $\alpha_i' = 800$ W/(m² · K),

$$K' = \frac{1}{\frac{1}{\alpha_i'} + \frac{\delta}{\lambda} + \frac{1}{\alpha_o}} = \frac{1}{\frac{1}{800} + \frac{0.002}{46.5} + \frac{1}{10\ 000}} = 717.9 \text{ W/(m}^2 \cdot \text{K)}$$

增幅为

$$\frac{717.9 - 378.4}{378.4} \times 100\% = 89.7\%$$

(3)将 α_o 提高一倍,即 $\alpha_o' = 20\ 000$ W/(m² · K),

$$K'' = \frac{1}{\frac{1}{\alpha_i} + \frac{\delta}{\lambda} + \frac{1}{\alpha_o'}} = \frac{1}{\frac{1}{400} + \frac{0.002}{46.5} + \frac{1}{20\ 000}} = 385.7 \text{ W/(m}^2 \cdot \text{K)}$$

增幅为

$$\frac{385.7 - 378.4}{378.4} \times 100\% = 1.9\%$$

上述计算结果表明:①要有效地提高 K 值,就必须设法减小主要热阻,本例中应设法增大传热系数小的一侧的对流传热系数;②传热系数 K 总是小于两侧流体的对流传热系数,而且总是接近 α 较小的一侧的传热系数。

(二)壁温的计算

在热损失和某些对流传热系数的计算,以及选择换热器类型和换热管材料时,需知道壁温,对于稳定传热过程,有

$$Q = \frac{(T - T_W)_m}{\frac{1}{\alpha_i A_i} + R_{si}} = \frac{(T_W - t_W)_m}{\frac{1}{\lambda A_m}} = \frac{(t_W - t)_m}{\frac{1}{\alpha_o A_o} + R_{so}} = KA\Delta t_m \qquad (4\text{-}48)$$

【例4-11】 有一换热器,管内通 90 ℃的热流体,对流传热系数 α_1 为 1 100 W/(m² · ℃),管外有某种液体沸腾,沸点为 50 ℃,对流传热 α_2 系数为 5 800 W/(m² · ℃)。试求以下两种情况下的壁温:(1)管壁清洁无垢;(2)外侧有污垢产生,污垢热阻为 0.005 m² · ℃/W。设管壁热阻可以忽略。

解 因管壁热阻可以忽略,故换热管内、外侧的壁温相等,设为 T_W。

(1)当壁很薄时,$R_{si} \approx R_{so}$,又管壁清洁,由式(4-48)得

$$\frac{T - T_W}{\frac{1}{\alpha_1}} = \frac{T_W - t}{\frac{1}{\alpha_2}}$$

$$\frac{90 - T_W}{\frac{1}{1\ 100}} = \frac{T_W - 50}{\frac{1}{5\ 800}}$$

则 $T_W = 56.4$ ℃

(2)同理,当外侧有污垢时

$$\frac{T - T_W}{\frac{1}{\alpha_1}} = \frac{T_W - t}{\frac{1}{\alpha_2} + R_{so}}$$

$$\frac{90 - T_W}{\dfrac{1}{1\,100}} = \frac{T_W - 50}{\dfrac{1}{5\,800} + 0.005}$$

则　　　$T_W = 84\ ℃$

由此可知壁温总是比较接近热阻小的一侧流体的温度。当不计污垢热阻时,壁温接近 α 较大一侧流体的温度。

五、强化与削弱传热

(一)强化传热的途径

所谓强化传热,就是设法提高换热器的传热速率。从传热速率方程 $Q = KA\Delta t_m$ 不难看出,增大传热面积 A、提高传热推动力 Δt_m 以及提高总传热系数 K 都可提高传热速率 Q。但是,实际效果却因具体情况而异。下面分别予以讨论。

1. 增大传热面积 A

增大传热面积可以提高换热器的传热速率,但是增大传热面积不能只靠简单地增大设备的尺寸来实现,因为这样会使设备的体积增大,金属耗材增加,设备费用增大。实践证明,从改进设备的结构入手,增加单位体积的传热面积,可以使设备更加紧凑,结构更加合理。例如翅片管换热器,就是换热管的内表面、外表面带有各种形状的翅片。或者以各种波纹管代替光管。这样不仅增加传热面积,同时也增加流体的湍动程度,从而提高热流量 Q。目前出现的一些新型换热器,如螺旋板式、板式换热器等,其单位体积的传热面积大大超过了列管式换热器。

2. 提高传热推动力 Δt_m

增大传热平均温度差可以提高换热器的传热速率。传热平均温度差的大小主要由冷、热两种流体的温度条件及流动形式决定。一般来说,物料的温度由工艺条件决定,不能随意变动,而加热剂或冷却剂的温度,可以通过选择不同介质和流量加以改变。例如,用饱和水蒸气作为加热剂时,增加蒸汽压强可以提高其温度;在水冷器中增大冷却水流量或以冷冻盐水代替普通冷却水,可以降低冷却剂的温度。从节流的观点出发,应尽可能在低温的条件下进行传热。当两边流体均为变温的情况时,应尽可能考虑从结构上采用逆流或接近于逆流的流向以得到较大的 Δt_m 值。

3. 提高传热系数 K

提高传热系数可以提高换热器的传热速率。提高传热系数实际上就是降低换热器的热阻。因为热阻是各分热阻的串联,各分热阻所占比例不同(可参考例 4-10),影响结果也不相同。若为对流传热控制,当 $\alpha_1 = \alpha_2$ 时,应同时提高 α_1 和 α_2;当 $\alpha_1 < \alpha_2$ 时,应设法提高 α_1 的值;而当 $\alpha_1 > \alpha_2$ 时,则应设法提高 α_2 的值。提高对流传热系数 α 的途径主要有增大流体流和湍动程度。例如,列管式换热器中增加管程数,壳体内设置折流挡板,管内放入麻花铁、金属丝等添加物;板式换热器的板片表面压制成各种凹凸不平的沟、槽等,均可增大 α 的值,但流动阻力会增加。尽量采用有相态变化的载热体,可得到较大的 α 值。若为污垢控制,污垢热阻很大时,欲提高传热系数值,则必须设法减缓污垢的形成,同时及时清除污垢。减小污垢热阻的具体措施有:提高流体的流速和扰动,以减弱污垢层的沉积;控制冷却水出口温度,加强水质的处理,尽量采用软化水;加入阻垢剂,防止和减缓污垢层的形成;定期采用机械或化学的方法清除污垢。

（二）削弱传热

削弱传热就是降低传热速率,减少热量的传递。在化工生产中,只要设备及管道与周围空气存在温度差,就会有热损失(或冷损失)出现,温差越大,热损失也就越大。为了提高热能的利用率,节约能源,就要设法降低换热设备与环境之间的传热速率,即削弱传热。凡是表面温度在50℃以上的设备或管道及制冷系统的设备和管道,都必须进行保温或保冷,具体方法是在设备或管道的表面上包裹导热系数较小的材料,以增加热阻,达到降低传热速率、削弱传热的目的。

保温材料、保温结构及保温层的厚度等参见任务二的相关内容。

测 试 题

一、填空题

1. 根据生产要求的热负荷,设计换热器的传热面积,属于_____。

2. 若换热器已定,核算其传热量、流体的流量或流体进、出口温度等的计算属于_____。

3. 传热过程三要素是指_____、_____、_____。

4. 换热器设计时要注意使 $\psi_{\Delta t}$ 大于_____,以保证经济上合理,换热器操作的稳定性。

5. 总传热系数的获取主要有_____、_____、_____。

二、单选题

1. 有一套管换热器,在内管中空气从20℃被加热到50℃,环隙中用120℃的水蒸气冷凝,此换热器对数平均温度差为(　　)℃。

A.85.0　　　　　　B.77.3　　　　　　C.84.1　　　　　　D.不能确定

2. 冷、热流体在间壁换热器中换热,热气体进口温度 $T_1 = 400$ ℃,出口温度 $T_2 = 200$ ℃,冷气体进口温度 $t_1 = 50$ ℃,两股气体的质量流量相同,物料数据可视为相同,若不计热损失,冷气体出口温度为(　　)℃。

A.250　　　　　　B.150　　　　　　C.200　　　　　　D.不能确定

3. 两种流体通过一层壁面进行换热,该过程最多共有几层热阻(　　)。

A.3　　　　　　　B.4　　　　　　　C.5　　　　　　　D.6

4. 高温换热器采用下述(　　)方式布置更安全。

A.逆流　　　　　B.并流和逆流均可　　C.无法确定　　　　D.并流

5. 某套管换热器,管间用饱和水蒸气将湍流流动的空气加热至指定温度,若需进一步提高空气出口温度,拟将加热管管径增加一倍(管长、流动状态及其他条件均不变),你认为此措施是(　　)。

A.不可行的　　　　　　　　　　　B.可行的

C.可能行,也可能不行　　　　　　D.视具体情况而定

6. 冷、热水通过间壁换热器换热,热水进口温度为90℃,出口温度为50℃,冷水进口温度为15℃,出口温度为53℃,冷、热水的流量相同,且假定冷、热水的物性为相同,则热损失占传热量的(　　)。

A.5%　　　　　　B.6%　　　　　　C.7%　　　　　　D.8%

7. 传热过程中当两侧流体的对流传热系数都较大时,影响传热过程的将是(　　)。

A. 管壁热阻　　　　　　　　　　　　　　B. 污垢热阻

C. 管内对流传热热阻　　　　　　　　　　D. 管外对流传热热阻

8. 在相同的进出口温度条件下,逆流和并流的平均温差的关系为(　　)。

A. 逆流大于并流　　　B. 并流大于逆流　　　C. 两者相等　　　D. 无法比较

9. 利用水在逆流操作的套管换热器中冷却某物料。要求热流体的进、出口温度及流量不变。今因冷却水进口温度升高,为保证完成生产任务,提高冷却水的流量,其结果使 K(　　)。

A. 不变　　　　　　B. 下降　　　　　　C. 增大　　　　　　D. 不确定

10. 下述(　　)方法可以强化传热。

A. 夹层抽真空　　　B. 增大当量直径　　　C. 增大流速　　　D. 加遮热板

三、多选题

1. 热负荷的计算方法有(　　)。

A. 焓差法　　　　　B. 显热法　　　　　C. 潜热法　　　　　D. 熵变法

2. 强化传热的方法有(　　)。

A. 增大传热面积　　B. 提高传热推动力　　C. 保温或者保冷　　D. 增大传热系数

3. 两流体在换热器中进行换热时,其流向包括(　　)。

A. 并流　　　　　　B. 逆流　　　　　　C. 顺流　　　　　　D. 错流

E. 折流　　　　　　F. 平流

4. 错流、折流时平均温度差的计算包括(　　)。

A. 计算并流对数平均温度差　　　　　　B. 计算逆流对数平均温度差

C. 乘以一个恒小于 1 的校正系数　　　　D. 乘以一个恒大于 1 的校正系数

E. 计算并流算数平均温度差　　　　　　F. 计算逆流算数平均温度差

四、计算题

1. 在逆流换热器中,用初温为 20 ℃的水将 1.25 kg/s 的苯(比热容为 1.9 kJ/(kg·℃)、密度为 850 kg/m³)由 80 ℃冷却至 30 ℃,换热器的列管直径为 $\phi25$ mm × 2.5 mm,导热系数为 46.5 W/(m·K),水在管内流动,水侧和苯侧的对流传热系数分别为 0.85 kW/(m²·℃)和 1.7 kW/(m²·℃),污垢热阻忽略不计,若水的出口温度不高于 50 ℃,试求换热器的传热面积和冷却水消耗量。[答:13.9 m²,0.95 kg/s]

2. 在一列管换热器中,用初温为 30 ℃的原油将重油由 180 ℃冷却到 120 ℃,已知重油和原油的流量分别为 9.8 × 10⁴ kg/h 和 13.7 × 10⁴ kg/h。比热容分别为 2.2 kJ/(kg·℃)和 1.9 kJ/(kg·℃),传热系数 $K = 419$ kJ/(m²·h·℃)。试分别计算并流和逆流时换热器所需的传热面积。[答:36.9 m²,32.6 m²]

3. 一列管式换热器,管子直径为 $\phi25$ mm × 2.5 mm,管内流体的对流传热系数为 100 W/(m²·℃),管外流体的对流传热系数为 2 000 W/(m²·℃),已知两流体均为湍流换热,取钢管的导热系数为 45 W/(m·℃),管内、管外两侧的污垢热阻均为 0.001 18 m²·K/W。试求:(1)传热系数及各部分热阻的分配;(2)若管内流体流量提高一倍,传热系数有何变化?(3)若管外流体流量提高一倍,传热系数有何变化?[答:(1)63.6 W/(m²·℃);(2)K' = 1.51 K;(3)K'' = 1.01 K]

4. 某换热器的传热面积为 30 m²,用 100 ℃的饱和水蒸气加热物料,物料的进口温度为

30 ℃,流量为 2 kg/s,平均比热容为 4 kJ/(kg·℃),换热器的传热系数为 125 W/(m²·℃)。试求:(1)物料的出口温度;(2)水蒸气的冷凝量,kg/h。[答:(1)56.2 ℃;(2)334 kg/h]

任务四　换热器的选用与操作

一、换热器的选用

换热器的选用问题实质是换热方案的选取和评价问题。在分析和选用换热方案过程当中,流体的处理量和物性是已知的,其进、出口温度已给定或由工艺要求确定。然而,冷、热两流体的流动通道或流动路线,即哪一种流体应该走哪一种通道或路线以及所选用的该换热器的一些参数等尚待确定,而这些因素又直接影响对流传热系数、总传热系数和平均推动力的数值,所以选用换热器时总是根据生产实际情况,选定一些参数,通过试算初选换热器的类型和型号以及换热器的大致尺寸,然后再进一步校核计算,直到符合工艺要求。然后参考国家系列化标准,尽可能选用已有的定型产品。

【例 4-12】　某炼油厂拟用原油在列管式换热器中回收柴油的热量。已知原油流量为 44 000 kg/h,进口温度为 70 ℃,要求其出口温度不高于 110 ℃;柴油流量为 34 000 kg/h,进口温度为 175 ℃。试选一适当型号的换热器,已知物性数据如下表所示。

物料	密度/(kg/m³)	比热容/[kJ/(kg·℃)]	黏度/(Pa·s)	导热系数/[W/(m·℃)]
原油	815	2.20	3×10^{-3}	0.418
柴油	715	2.48	0.64×10^{-3}	0.133

(一)分析

此换热过程的要求是用原油回收柴油的热量,根据介质的性质和生产要求,此生产过程不能采用混合式换热,也不宜采用蓄热式换热,应该采用间壁式换热。而与其他间壁式换热器相比较,列管式换热器单位体积的设备所能提供的传热面积要大得多,传热效果也较好,并且结构紧凑、坚固,而且能选用多种材料来制造。故选用列管式换热器。

在列管式换热器的选用(或设计)中,应考虑到以下的问题。

1. 冷、热流体流动通道的选择

在列管式换热器内,冷、热流体流动通道可根据以下原则进行选择。

(1)不洁净和易结垢的液体宜走管程,因管内清洗方便。

(2)腐蚀性流体宜走管程,以免管束和壳体同时受腐蚀,且管子便于维修和更换。

(3)压强高的流体宜走管程,以免壳体承受压力,以节省壳体金属消耗量。

(4)饱和蒸气宜走壳程,因饱和蒸气比较清净,对流传热系数与流速无关,而且冷凝液容易排出。

(5)被冷却的流体宜走壳程,便于散热,增强冷却效果。

(6)若两流体温差较大,对于刚性结构的换热器,宜将对流传热系数大的流体通入壳程,可减少热应力。

(7)流量小而黏度大的流体一般以走壳程为宜,因在壳程 $Re > 100$ 即可达到湍流。但这不是绝对的,如流动阻力损失允许,将这种流体通入管内并采用多管程结构,反而能得到更大的对流传热系数。

(8)有毒害的流体宜走管程,以减少泄漏量。

(9)有相变的流体宜走壳程,如冷凝传热过程,让蒸气走壳程有利于及时排出冷凝液,从而增大冷凝传热系数。

以上各点不可能同时满足,有时会产生矛盾,因此需根据具体情况而作恰当的选择。

2.流体进、出口温度的确定

如果换热器以冷却为目的,热流体的进、出口温度已由工艺条件确定,而冷却介质的出口温度需要选择。若选择较高的出口温度,可选小换热器,但冷却介质的流量要加大;反之,若选择低的出口温度,冷却介质流量减小了,但要选大的换热器。因此冷却介质出口温度要权衡操作费用与投资费用后以总费用最低的原则来确定。

如果换热器以加热为目的,为确保换热器在所有气候条件下均能满足工艺要求,加热剂的进口温度应按所在地的冬季状况确定,冷却剂的进口温度应按所在地夏季的状况确定。若综合利用系统流体作加热剂(或冷却剂)时,因流量、入口温度确定,故可由热量衡算直接求其出口温度。用蒸气作加热剂时,为加快传热,通常宜控制为恒温冷凝过程,蒸气入口温度的确定要考虑蒸气的来源、锅炉压强等。在用水作冷却剂时,为便于循环操作、提高传热推动力,冷却水的进、出口温度差一般宜控制在 5 ~ 10 ℃。

3.换热器内管子的规格和排列方式的选择

换热管直径越小,换热器单位容积的传热面积越大。因此,对于洁净的流体,可选择小管径;对于不洁净及易结垢的流体,可选择大管径换热器,以免堵塞。考虑到制造和维修的方便,加热管的规格不宜过多。目前我国试行的系列标准规定采用 $\phi25$ mm $\times 2.5$ mm 或 $\phi25$ mm $\times 2$ mm)和 $\phi19$ mm $\times 2$ mm 两种规格。管长的选择是以清洗方便和合理使用管材为准。我国生产的钢管长多为 6 m,故系列标准中管长常为 3 的某一倍数,有 1.5 m、3 m 和 6 m 几种,其中以 3 m 和 6 m 更为普遍。此外,管长与壳内径的比例应适当,一般为 4 ~ 6。

管子在管板上常用的排列方式有正三角形、正方形直列和正方形错列三种,如图 4-28 所示。与正方形排列相比,正三角形排列比较紧凑,管外流体湍动程度高,对流传热系数大。正方形直列比较松散,传热效果也较差,但管外清洗方便,对易结垢的流体更为适用。如将正方形直列的管束斜转 45°安装成正方形错列,传热效果则介于二者之间。

系列标准中,固定管板式换热器采用正三角形排列;U 形管换热器与浮头式换热器 $\phi19$ 的管子按正三角形排列,$\phi25$ 的管多采用正方形错列。管中心距 t 与管子及管板的连接方法有关,通常胀管法连接时 $t = (1.3 \sim 1.5)d_0$,焊接连接时 $t = 1.25d_0$。对 $\phi19$ 的管子,t 常取 25.4 mm;$\phi25$ 的管子,t 常取 32 mm。

4.管、壳程流体流速的选择

增加流速不但可加大对流传热系数而且能减少污垢热阻从而使总传热系数加大。但提高流速后,流体流动阻力增大,动力消耗增多,此外还要从结构上考虑其对传热的影响。列管式换热器中常用的流速范围在表 4-17 ~ 4-19 中列出。

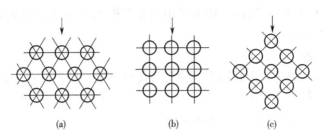

图 4-28　管子的排列方式

（a）正三角形　　（b）正方形直列　　（c）正方形错列

表 4-17　列管式换热器中常用的流速范围

流体种类		一般液体	易结垢液体	气体
流速/(m·s⁻¹)	管程	0.5 ~ 3	>1	5 ~ 30
	壳程	0.2 ~ 1.5	>0.5	3 ~ 15

表 4-18　列管式换热器中易燃、易爆液体的安全允许速度

液体名称	乙醚、二氧化碳、苯	甲醇、乙醇、汽油	丙酮
安全允许速度/(m·s⁻¹)	<1	2 ~ 3	<10

表 4-19　列管式换热器中不同黏度液体的常用流速

液体黏度/(Pa·s)	>1.5	0.5 ~ 1.5	0.1 ~ 0.5	0.035 ~ 0.1	0.001 ~ 0.035	<0.001
最大流速/(m·s⁻¹)	0.6	0.75	1.1	1.5	1.8	2.4

5. 列管类型的选择

热、冷流体的温差在 50 ℃以内时，不需要热补偿，可选用结构简单、价格低廉且易清洗的固定管板式换热器。热、冷流体的温差超过 50 ℃时，需要考虑热补偿。在温差校正系数 $\psi_{\Delta t}$ 小于 0.8 的前提下，若管程流体较为洁净时，宜选用价格相对便宜的 U 形管式换热器；反之，应选用浮头式换热能。

6. 管程与壳程数的确定

当流体的流量较小而所需的传热面积较大时，需要管数很多，这可能会使流速降低，对流传热系数减小。为提高流速可采用多管程，但这样会增大流动阻力，降低流体的平均温度差，同时由于隔板占据一定面积，使管板上可利用的面积减少，设计时应综合考虑。采用多管程时，每程管数应大致相等。

管程数 N 按下式计算，即

$$N = \frac{u}{u'} \tag{4-49}$$

式中　u——管程内流体的适宜流速，m/s；

　　　u'——管程内流体的实际流速，m/s。

当列管式换热器的温差校正系数 $\psi_{\Delta t}$ 低于 0.8 时可采用壳方多程。但由于壳程隔板在制造、安装和检修等方面都有困难,故一般不采用壳方多程,而是将几个换热器串联使用,以代替壳方多程,如图4-29所示。

7.折流挡板的选择

安装折流挡板的目的是增大壳程流体的对流传热系数。其形式有弓形折流板、圆盘形折流板以及螺旋形折流板等。常用形式为弓形折流板。折流板的形状和间距对壳程流体的流动和传热具有影响。挡板切除对流动的影响见图4-30。

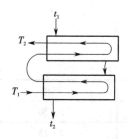

图4-29　串联列管换热器

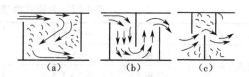

图4-30　挡板切除对流动的影响
(a)切除过少　(b)切除适当　(c)切除过多

通常弓形缺口的高度为壳体直径的10% ~40%,一般取20% ~25%。两相邻折流板的间距也需选择适当,间距过大,不能保证流体垂直流过管束,流速降低,对流传热系数减小;间距过小,则流动阻力增大,也不利于制造和检修。一般折流板的间距取为壳体内径的20% ~100%。我国系列标准中采用的挡板间距为:固定管板式有150 mm、300 mm、600 mm 三种;浮头式有150 mm、200 mm、300 mm、480 mm、600 mm 五种。

8.壳径的确定

壳体的内径应等于或稍大于(对浮头式换热器而言)管板的直径。可按计算出的实际管数、管径、管中心距及管子的排列方法等用作图法确定内径。一般,在初步设计中可按下式计算。

$$D = t(n_c - 1) + 2b' \tag{4-50}$$

式中　t——管中心距,m;

n_c——横过管束中心线的管数;

b'——管束中心线上最外层管的中心至壳体内壁的距离,一般 $b' = (1 \sim 1.5)d_0$,m。

n_c 值按下式计算:

管子按正三角形排列时,

$$n_c = 1.1\sqrt{n} \tag{4-51}$$

管子按正方形排列时,

$$n_c = 1.19\sqrt{n} \tag{4-52}$$

式中　n——换热器的总管数。

按上述方法计算得到的壳内径应圆整,标准尺寸见表4-20。

表 4-20 壳体标准尺寸

壳体外径/mm	325	400 500 600 700	800 900 1 000	1 100 1 200
最小壁厚/mm	8	10	12	14

9. 主要附件

主要附件有封头、缓冲挡板、导流筒、放气孔、排液孔、接管等。

10. 材料选用

列管式换热器的材料应根据操作压强、温度以及流体的腐蚀性等来选用。在高温下一般材料的力学性能及耐腐蚀性能要下降，同时具有耐热性、高强度及耐腐蚀性的材料是很少有的。列管式换热器各部件的常用材料可参阅有关手册。

11. 流体流动阻力(压降)的计算

列管式换热器是一局部阻力装置，流动阻力的大小将直接影响动力的消耗。当流体在换热器中的流动阻力过大时，有可能导致系统流量低于工艺规定的流量要求。对选用合理的换热器而言，管、壳程流体的压强降一般应控制在 $10.13 \sim 101.3$ kPa。

1) 管程流动阻力的计算

流体通过管程的阻力包括各程的直管阻力、回弯阻力以及换热器进、出口阻力等。通常进、出口阻力较小，可以忽略不计。因此，管程阻力可按下式进行计算，即

$$\sum \Delta p_i = (\Delta p_1 + \Delta p_2) f_i N_P \qquad (4\text{-}53)$$

式中 Δp_1——因直管阻力引起的压强降，$\Delta p_1 = \lambda \dfrac{l}{d_i} \times \dfrac{\rho_i u_i^2}{2}$，Pa；

Δp_2——因回弯阻力引起的压强降，$\Delta p_2 = \sum \zeta \dfrac{\rho_i u_i^2}{2} \approx 3 \dfrac{\rho_i u_i^2}{2}$，Pa；

f_i——管程结垢校正系数，对 $\phi 25$ mm $\times 2.5$ mm 管子，取 1.4；对 $\phi 19$ mm $\times 2$ mm 的管子，取 1.5；

u_i——管内流速，m/s；

l、d_i——单根管长与管内径，m；

N_P——管程数。

则有

$$\Delta p_i = \left(\lambda \frac{l}{d_i} + 3 \right) f_i N_P \frac{\rho_i u_i^2}{2} \qquad (4\text{-}54)$$

2) 壳程阻力的计算

壳程流体的流动状况较管程更为复杂，计算壳程阻力的公式很多，不同公式计算的结果差别较大。下面是一个较简单的计算式，即

$$\sum \Delta p_o = \lambda_o \frac{D(N_B + 1)}{d_e} \frac{\rho_o u_o^2}{2} \qquad (4\text{-}55)$$

式中 D——壳内径，m；

N_B——折流挡板数，$N_B \approx \dfrac{l}{h} - 1$，$h$ 为折流挡板间距，m；

λ_o——壳程流体摩擦阻力系数，$\lambda_o = 1.72 Re^{-0.19}$；

d_e——壳程当量直径,m;

u_o——壳程流体流速,m/s。

壳程阻力基本上反比于折流挡板间距的三次方,若挡板间距减小一半,对流传热系数约为原来的 1.46 倍,而阻力则约为原来的 8 倍。因此,选择挡板间距时,也要综合考虑。表 4-21 列出了列管式换热器中工艺物流最大允许的压强降数值,可供参考。一般来说,对液体,其压降常在 $10^4 \sim 10^5$ Pa,对气体,为 $10^3 \sim 10^4$ Pa。

表 4-21 列管式换热器允许的压降范围

液体压强(绝压)/MPa	真空	0.1 ~ 0.17	0.17 ~ 1.1	1.1 ~ 3.1
允许压降/MPa	10	0.005 ~ 0.035	0.035	0.1 ~ 0.17

(二)计算与选用

在已知热流体流量 W_{sh},进口温度 T_1、出口温度 t_2,冷却介质进口温度 t_1 的条件下,可按下列步骤选用列管式换热器。

1. 计算传热量(即热负荷)和对数平均温度差

(1)由已知 W_{sc}、t_1、t_2,按 $Q = W_{sc}c_{pc}(t_2 - t_1)$ 计算传热量 Q。

(2)按总费用最低的原则,选择冷却介质出口温度 t_2。

(3)按冷、热流体为纯逆流计算 $\Delta t'_m$。

(4)初步选择换热器内流体的流动方式,由热、冷流体进、出口温度计算流体流动方向上的温度校正系数 $\psi_{\Delta t}$,$\psi_{\Delta t}$ 应大于 0.8,否则改变流动方式,重新计算。

(5)按 $\Delta t_m = \psi_{\Delta t}\Delta t'_m$ 计算此时的对数平均温度差。

2. 初选换热器的尺寸规格及型号

(1)选定换热器形式。

(2)确定冷、热流体的流动通道。

(3)选择冷、热流体的合适流速。

(4)根据流速,确定管、壳程数和折流挡板间距。

(5)根据经验公式或表 4-15 估计总传热系数 $K_{估}$,按 $Q = KA\Delta t_m$ 计算传热面积 $A_{估}$。

(6)根据 $A_{估}$ 的数值参照系列标准选定换热管直径、长度、排列形式,进而选择适当的换热器型号。

3. 计算管程的压降和对流传热系数

(1)管程阻力可按一般摩擦阻力公式求得。

(2)比较 Δp_i 与允许压降 $\Delta p_{i允}$,若 $\Delta p_i < \Delta p_{i允}$,必须调整管程数目,重新计算至 $\Delta p_i > \Delta p_{i允}$。

(3)计算管内对流传热系数 α_i。

(4)比较 α_i 与 $K_{估}$,若 $\alpha_i < K_{估}$,则应改变管程数重新计算。若改变管程数不能同时满足 $\Delta p_i > \Delta p_{i允}$、$\alpha_i > K_{估}$ 的要求,则应重新估计 $K_{估}$,另选一换热器型号进行试算,直至满足要求。

4. 计算壳程压降和对流传热系数

(1)壳程流动阻力可用前述公式计算。

(2)比较 Δp_o 与 $\Delta p_{o允}$,若 $\Delta p_o > \Delta p_{o允}$,可增大挡板间距。

（3）计算壳程对流传热系数 α_o，如 α_o 太小则可减小挡板间距。

5. 计算总传热系数，校核传热面积

（1）根据流体的性质选择适当的污垢热阻 R_s，由 R_s 和对流传热系数 α_i、α_o，根据式（4-44）计算总传热系数 $K_{计}$。

（2）由传热速率基本方程式（4-31）计算所需传热面积 $A_{计}$。

（3）比较 $A_{计}$ 与实际换热器所具有的传热面积 $A_{实}$，若 $A_{计} < A_{实}$，原则上上述的选用及计算均可行，否则需重新估计一个 $K_{估}$。考虑到计算及选用的准确性和其他未预料到的因素，一般应使换热器的传热面积比需要的传热面积 $A_{计}$ 大 $10\% \sim 25\%$。

（三）确定例题所选换热器

1. 试算和初选换热器的规格

当不计热损失时，换热器的热负荷为

$$Q = W_{sc}c_{pc}(t_2 - t_1) = 44\ 000 \times 2.2 \times 10^3 \times (110 - 70)/3\ 600 = 1.08 \times 10^6\ \text{W}$$

柴油的出口温度为

$$T_2 = T_1 - \frac{Q}{W_{sh}c_{ph}} = 175 - \frac{1.08 \times 10^6}{34\ 000 \times 2.48 \times 10^3/3\ 600} = 129\ ℃$$

逆流平均温度差为

$$\Delta t'_m = \frac{\Delta t_2 - \Delta t_1}{\ln \dfrac{\Delta t_2}{\Delta t_1}} = \frac{(175 - 110) - (129 - 70)}{\ln \dfrac{175 - 110}{129 - 70}} = 61.9\ ℃$$

$$P = \frac{t_2 - t_1}{T_1 - t_1} = \frac{110 - 70}{175 - 70} = 0.381$$

$$R = \frac{T_1 - T_2}{t_2 - t_1} = \frac{175 - 129}{110 - 70} = 1.15$$

初步决定采用单壳程、偶数管程的浮头式换热器。由图 4-27 查得 $\psi_{\Delta t} = 0.92$。

所以

$$\Delta t_m = \psi_{\Delta t}\Delta t'_m = 0.92 \times 61.9 = 56.9\ ℃$$

参照表 4-15，初步估计传热系数 $K' = 250\ \text{W}/(\text{m}^2 \cdot ℃)$，故

$$A' = \frac{Q}{K'\Delta t_m} = \frac{1.08 \times 10^6}{250 \times 56.9} = 75.9\ \text{m}^2$$

由于两流体温差较大，同时为了便于清洗，参照有关手册中的换热器系列标准，初步选定 BES - 600 - 1.6 - 90 - 6/25 - 4 I 型浮头式换热器，有关参数如下。

外壳直径/mm	600	管程数 N_P	4
公称面积/m²	90	管数 N_T	188
公称压强/MPa	1.6	管子排列方法	正方形斜转45°
管子尺寸/mm	$\phi 25 \times 2.5$	管中心距/mm	32
管长/m	6	计算换热面积/m²	86.9

2. 计算管、壳程的对流传热系数和压降

1）管程

为充分利用热量，选择柴油走换热器的管程，原油走壳程。

管程流通面积

$$A_i = \frac{\pi}{4} d_i^2 \frac{N_T}{N_P} = \frac{\pi}{4} \times 0.02^2 \times \frac{188}{4} \text{ m}^2$$

管内柴油流速

$$u_i = \frac{W}{3\,600 \rho_i A_i} = \frac{34\,000}{3\,600 \times 715 \times 0.014\,8} = 0.893 \text{ m/s}$$

$$Re_i = \frac{d_i u_i \rho_i}{\mu_i} = \frac{0.02 \times 0.893 \times 715}{0.64 \times 10^{-3}} = 1.99 \times 10^4$$

管程柴油被冷却，故由式（4-11a）得

$$\alpha_i = 0.023 \frac{\lambda_i}{d_i} Re_i^{0.8} Pr_i^{0.3} = 0.023 \times \frac{0.133}{0.02} \times (1.99 \times 10^4)^{0.8} \times \left(\frac{2.48 \times 10^3 \times 0.64 \times 10^{-3}}{0.133} \right)^{0.3}$$
$$= 884$$

取管壁粗糙度为 $\varepsilon = 0.15$ mm，$\varepsilon/d = 0.007\,5$，查图 2-33 可得摩擦系数 $\lambda = 0.034$，由式（4-54），管程压降为

$$\Delta p_i = \left(\lambda \frac{l}{d} + 3 \right) f_i N_p \frac{\rho_i u_i^2}{2} = \left(\frac{6}{0.02} + 3 \right) \times 1.4 \times 4 \times \frac{0.893^2 \times 715}{2} = 2.11 \times 10^4 \text{ Pa}$$

2）壳程

选用缺口高度为 25% 的弓形挡板，取折流板间距 h 为 300 mm，故折流板数目为 $N_B = l_o/h - 1 = 6/0.3 - 1 = 19$。

壳程流道面积

$$A_o = hD \left(1 - \frac{d_o}{t} \right) = 0.3 \times 0.6 \times \left(1 - \frac{0.025}{0.032} \right) = 0.039\,4 \text{ m}^2$$

壳程中原油流速

$$u_o = \frac{W_{sc}}{3\,600 \rho_o A_o} = \frac{44\,000}{3\,600 \times 815 \times 0.039\,4} = 0.381 \text{ m/s}$$

正方形排列的当量直径为

$$d_e = \frac{4 \left(t^2 - \frac{\pi}{4} d_o^2 \right)}{\pi d_o} = \frac{4 \times (0.032^2 - 0.785 \times 0.025^2)}{\pi \times 0.025} = 0.027 \text{ m}$$

$$Re_o = \frac{d_e u_o \rho_o}{\mu_o} = \frac{0.027 \times 0.381 \times 815}{3 \times 10^{-3}} = 2.79 \times 10^3$$

$$Pr_o = \frac{c_p \mu_o}{\lambda} = \frac{2.2 \times 3 \times 10^{-3}}{0.148} = 44.6$$

壳程中原油被加热，取 $\left(\frac{\mu}{\mu_w} \right)^{0.14} = 1.05$。所以按式（4-16a）有

$$\alpha = 0.36 \frac{\lambda}{d_e} \left(\frac{d_e u_o \rho_o}{\mu_o} \right)^{0.55} \left(\frac{c_p \mu_o}{\lambda_o} \right)^{1/3} \left(\frac{\mu}{\mu_w} \right)^{0.14}$$

$$= 0.36 \times \frac{0.148}{0.027} \times (2.79 \times 10^3)^{0.55} \times 44.6^{1/3} \times 1.05 = 577 \ \text{W}/(\text{m}^2 \cdot \text{℃})$$

取 $\lambda_o = 1.72 Re^{-0.19} = 1.72 \times 2\,790^{-0.19} = 0.381$，则

$$\Delta p_o = \lambda_o \frac{D(N_B + 1)}{d_e} \times \frac{u_o^2 \rho_o}{2} = 0.381 \times \frac{0.6 \times (19 + 1)}{0.027} \times \frac{0.381^2 \times 815}{2} = 1 \times 10^4 \ \text{Pa}$$

3. 计算传热面积

$$\frac{1}{K} = \frac{d_o}{\alpha_i d_i} + R_{si} \frac{d_o}{d_i} + \frac{\delta d_o}{\lambda d_m} + R_{so} + \frac{1}{\alpha_o}$$

取 $R_{si} = 0.000\,2 \ \text{m}^2 \cdot \text{℃}/\text{W}$，$R_{so} = 0.001 \ \text{m}^2 \cdot \text{℃}/\text{W}$，忽略管壁热阻，则

$$\frac{1}{K} = \frac{25}{884 \times 20} + 0.000\,2 \times \frac{2\text{s}}{2\text{o}} + 0.001 + \frac{1}{577} = 4.3 \times 10^{-3}$$

$$K = 233 \ \text{W}/(\text{m}^2 \cdot \text{℃})$$

$$A = \frac{Q}{K \Delta t_m} = \frac{1.08 \times 10^6}{233 \times 56.9} = 81.5 \ \text{m}^2$$

因为 $K < K'$，$A > A'$，原因在于壳程传热系数过小。调整折流挡板间距为 200 mm，重新计算可得 $\alpha_o = 722 \ \text{W}/(\text{m}^2 \cdot \text{℃})$，$K = 247 \ \text{W}/(\text{m}^2 \cdot \text{℃})$，$A = 76.8 \ \text{m}^2$，与原估值相符。由附表知该换热器的实际换热面积为 $A'' = 86.9 \ \text{m}^2$，故

$$\frac{A''}{A} = \frac{86.9}{76.8} = 1.13$$

即传热面有 11.3% 的裕度。

核算表明所选换热器是可用的。

二、换热器的操作

换热器是石油、化工生产中应用最普遍的单元操作设备，属于压力容器范畴。因此，要求操作人员必须经过专业训练，懂得换热器的结构、原理、性能和用途；并会操作、保养、检查及排除故障；且具有安全操作知识，才能上岗操作，使换热器能够安全运行，发挥较大的效能。换热器有多种结构形式，这里只介绍列管式换热器和板式换热器的操作及维护。

（一）列管式换热器

1. 列管式换热器的开、停车

1）开车步骤

（1）开车前，应检查压力表、温度计、安全阀、液位计以及有关阀门是否安全完好。

（2）在通入热流体（如蒸汽）之前，先打开冷凝水排放阀门，排除积水和污垢；打开放空阀，排除空气和不凝性气体，放净后逐一关闭。

（3）开启冷流体进口阀门和放空阀向换热器注液，当液面达到规定位置时，缓慢或分数次开启蒸汽（或其他加热剂）的阀门，做到先预热后加热，防止换热管和壳体因温差过大而损坏或影响换热器的使用寿命。通入的流体应干净，以防结垢。

（4）根据工艺要求调节冷、热流体的流量，使其达到所需要的温度。

（5）经常检查冷、热两种流体的进、出口温度和压力变化情况，发现温度、压强有异常，应立即查明原因，及时排除故障。

(6)定时排放不凝性气体和冷凝液,以免影响传热效果;应根据换热效率下降情况及时对换热器进行清洗,以保持较高的传热效率。

(7)定时分析工作介质的成分,根据成分变化确定有无内漏,以便及时进行堵管或换管处理。

(8)定时检查换热器有无渗漏,外壳有无变形及有无振动现象,若有应及时排除。

2)停车步骤

停车时应先关闭热流体的进口阀门,然后关闭冷流体的进口阀门,并将管程及壳程的流体排净,以防冻裂和产生腐蚀。

3)具体操作要点

在操作使用换热器时,必须注意如下几个方面。

(1)水蒸气加热时,必须不断排出冷凝水,同时还必须经常排出不凝性气体。

(2)热水加热时,要定期排放不凝性气体。

(3)烟道气加热时,必须时时注意被加热物料的液位、流量和蒸气产量,还必须做到定期排放。

(4)导热油加热时,必须严格控制进、出口温度,定期检查进、出口管及介质流道是否结垢,做到定期排、定期放空,过滤或更换导热油。

(5)水和空气冷却时,注意根据季节变化调节水和空气的用量,用水冷却时,还要注意定期清洗。

(6)冷冻盐水冷却时,应严格控制进、出口温度,防止结晶堵塞介质通道,要定期放空和排污。

(7)冷凝时,要定期排放蒸气侧的不凝性气体,特别是减压条件下不凝性气体的排放。

2. 列管式换热器的维护保养

列管式换热器的维护保养是建立在日常检查的基础上的,只有通过认真细致的日常检查,才能及时发现存在的问题和隐患,从而采取正确的预防和处理措施,使设备能够正常运行,避免事故的发生。

日常检查的主要内容有:是否存在泄漏;保温、保冷层是否良好;保温设备局部有无明显变形;设备的基础、支吊架是否良好;利用现场或总控制室仪表观察流量是否正常、是否超温超压;设备的安全附件是否良好;用听棒判断异常声响,以确认设备内换热器是否相互碰撞、摩擦等。列管换热器的日常维护和检测应观察和调整好以下工艺指标。

(1)温度。温度是换热器运行中的主要控制指标,可由在线仪表测定、显示、检查介质的进、出口温度,以此分析、判断介质流量大小及换热效果的好坏以及是否存在泄漏。判断换热器传热效率的高低,主要在于传热系数,传热系数小,其效率也低,由工作介质的进、出口温度的变化可决定对换热器进行检查和清洗。

(2)压强。通过对换热器的压强及进、出口压差进行测定和检验,可以判断列管的结垢、堵塞程度及泄漏等情况。若列管结垢严重,则阻力将增大,若堵塞则会引起节流及泄漏。对于有高压流体的换热器,如果列管泄漏,高压流体一定向低压流体泄漏,造成低压侧压强很快上升,甚至超压,并损坏低压设备或设备的低压部分,则必须解体检修或堵管。

(3)泄漏。换热器的泄漏分内漏和外漏。外漏的检查比较容易,轻微的外漏可以用肥皂水或发泡剂来检验,对于有气味的酸、碱等气体可凭视觉和嗅觉等感觉直接发现,有保温的设备则会引起保温层的剥落;内漏的检查,可以从介质的温度、压强、流量的异常,设备的声音及振动等其他异常现象发现。

(4)振动。换热器内的流体流速一般较高,流体的脉动及横向流动都会诱导换热管的振动,或者整个设备的振动。但最危险的是工艺开车过程中,提高或加负荷较快,很容易引起加热管振动,特别是在隔板处,管子的振动频率较高,容易把管子切断,造成断管泄漏,遇到这种情况必须停机解体检查、检修。

(5)保温(保冷)。经常检查保温层是否完好,通常凭眼睛的直接观察就可发现保温层的剥落、变质及霉烂等损坏情况,要及时进行修补处理。

在使用过程中,为了保护换热器,延长其使用寿命,应该采取的保养措施有:①保持主体设备外部整洁,保温层和油漆完好;②保持压强表、温度计、安全阀和液位计等仪表和附件的齐全、灵敏和准确;③发现法兰和阀门有泄漏时,应抓紧消除;④开停换热器时,不应将蒸汽阀门和被加热介质阀门开得太猛,否则容易造成外壳与列管伸缩不一,产生热应力,使局部焊缝开裂或管子胀口松弛;⑤尽量减少换热器开停次数,停止时应将内部的水和液体放净,防止冻裂和腐蚀;⑥定期测量换热器的壁厚,应两年一次。

3. 列管式换热器常见故障及处理方法

列管式换热器常见故障及处理方法见表4-22。

表4-22　列管式换热器常见故障与处理方法

故障名称	产生原因	处理方法
传热效率下降	(1)列管结疤和堵塞 (2)壳体内不凝气或冷凝液增多 (3)列管、管路或阀门有堵塞	(1)清洗管子 (2)排放不凝气或冷凝液 (3)检查清洗
发生振动	(1)壳程介质流速太快 (2)管路振动 (3)管束与折流板结构不合理 (4)机座刚度较小	(1)调节进气量 (2)加固管路 (3)改进设计 (4)适当加固机座
管板与壳体连接处发生裂纹	(1)焊接质量不好 (2)外壳倾斜,连接管线拉力或推力过大 (3)腐蚀严重,外壳壁厚减薄	(1)清洗补焊 (2)重新调整找正 (3)鉴定后修补
管束和胀口渗漏	(1)管子被折流板磨破 (2)壳体和管束温差过大 (3)管口腐蚀或胀(焊)接质量差	(1)用管堵堵死或换管 (2)补胀或焊接 (3)换新管或补胀

(二)板式换热器

板式换热器是一种新型换热器,由于其结构紧凑,传热效率高,所以在化工、食品和石油等行业得到广泛使用,但其材质为钛材和不锈钢,致使价格昂贵,因此要正确使用和精心维护,否则既不经济,又不能发挥其优越性。

1. 板式换热器的操作

(1)进入该换热器的冷、热流体如果含有大颗粒泥沙(1~2 mm)和纤维质,一定要提前过滤,防止堵塞狭小的间隙。

(2)用海水作冷却介质时,要向海水中通入少量的氯气,加入量为$(0.15 \sim 0.7) \times 10^{-6} kg/m^3$,以防微生物滋长堵塞间隙。

(3)当传热效率下降20%~30%时,要清理结垢和堵塞物,用竹板铲刮或用高压水冲洗,冲洗时波纹板片应垫平,以防变形。严禁使用钢刷刷洗。

(4)拆洗和组装波纹板片时,不要将胶垫弄伤或掉出,发现有脱落部分,应用胶质黏好。

(5)使用换热器时,防止骤冷骤热,使用压强不可超过铭牌规定。

(6)使用中发现垫口渗漏时,应及时冲洗结垢,拧紧螺栓,如无效,应解体组装。

(7)经常察看压强表和温度计数值,掌握运行情况。

2.板式换热器的维护保养

(1)保持设备整洁,油漆完整。紧固螺栓的螺纹部分应涂防锈油并加外罩,防止生锈和黏结灰尘。

(2)保持压强表和温度计清晰,阀门和法兰无泄漏。

(3)定期清理和切换过滤器,预防换热器堵塞。

(4)注意地基有无下沉、不均匀现象和地脚螺栓有无腐蚀。

(5)拆装板式换热器时,螺栓的拆卸和拧紧应对面进行,松紧适宜。

3.板式换热器常见故障及处理方法

板式换热器常见故障及处理方法见表4-23。

表4-23　板式换热器常见故障及处理方法

故障名称	产生原因	处理方法
密封垫处渗漏	(1)胶垫未放正或扭曲歪斜 (2)螺栓紧固力不均匀或紧固力小 (3)胶垫老化或有损伤	(1)重新组装 (2)调整螺栓紧固度 (3)更换新垫
内部介质泄漏	(1)板片有裂纹 (2)进出口胶垫不严密 (3)侧面压板腐蚀	(1)检查更新 (2)检查修理 (3)补焊、加工
传热效率降低	(1)板片结垢严重 (2)过滤器或管路堵塞	(1)解体清理 (2)清理

(三)换热器的清洗方法

换热器的清洗有化学清洗和机械清洗两种方法,对清洗方法的选定应根据换热器的形式、污垢的类型等情况而定。一般化学清洗适用于结构较复杂的情况,如列管式换热器管间、U形管内的清洗,由于清洗剂一般呈酸性,对设备多少会有一些腐蚀。机械清洗常用于坚硬的垢层、结焦或其他沉淀物,但只能清洗清洗工具能够达到之处,如列管式换热器的管内(卸下封头)、喷淋式蛇管换热器的外壁、板式换热器(拆开后)。常用的清洗工具有刮刀、竹板、钢丝刷、尼龙刷等。另外,还可以用高压水进行清洗。

☆(上述内容学习期间可进行气-气列管式换热、空气-蒸汽列管式换热实操训练和换热器单元仿真操作实训。)

测　试　题

一、填空题

1. 在列管式换热器中,不洁净和易结垢的液体宜走_____,因管内清洗方便。

2. 列管式换热器内管子的排列方式有_____、_____、_____。

3. 列管式换热器中,热、冷流体的温差在_____以内,不需要热补偿。

4. 一般折流挡板的间距取为壳体内径的_____。

5. 列管式换热器的主要附件为_____、_____、_____、放气孔、_____、接管等。

二、选择题

1. 下列关于流体在换热器中走管程或走壳程的安排中不一定妥当的是(　　)。

A. 流量较小的流体宜安排走壳程

B. 饱和蒸汽宜安排走壳程

C. 腐蚀性流体以及易结垢的流体宜安排走管程

D. 压强高的流体宜安排走管程

2. 在确定换热介质的流程时,下列不是通常走管程的是(　　)。

A. 高压流体　　　　　B. 蒸汽　　　　　　C. 易结垢的流体　　　D. 腐蚀性流体

3. 列管式换热器内管子的规格是 $\phi25\ mm \times 2.5\ mm$ 和(　　)。

A. $\phi19\ mm \times 2\ mm$　　B. $\phi20\ mm \times 2\ mm$　　C. $\phi30\ mm \times 2\ mm$　　D. $\phi32\ mm \times 2\ mm$

4. 冷、热流体的温差在 50 ℃以内时,可选用结构简单、价格低廉且易清洗的(　　)。

A. 固定管板式换热器　　　　　　　　B. U 形管换热器

C. 浮头式换热器　　　　　　　　　　D. 任一款换热器

5. 通常弓形缺口的高度为壳体直径的(　　)。

A. 10% ~20%　　　　　B. 10% ~30%　　　　　C. 10% ~40%　　　　　D. 10% ~50%

三、多选题

1. 折流挡板的形式有(　　)。

A. 弓形折流挡板　　B. 圆盘形折流挡板　　C. 螺旋形折流挡板　　D. 月牙形折流挡板

2. 我国系列标准中采用的挡板间距为:固定管板式有(　　)。

A. 150 mm　　　　　B. 300 mm　　　　　C. 600 mm　　　　　D. 700 mm

E. 800 mm

3. 我国系列标准中采用的挡板间距为:浮头式有(　　)。

A. 150 mm　　　　　B. 200 mm　　　　　C. 300 mm　　　　　D. 480 mm

E. 600 mm

4. 列管式换热器的常见故障包括(　　)。

A. 传热效率下降　　　　　　　　　　B. 发生振动

C. 管板与壳体连接处有裂纹　　　　　D. 管束和胀口渗漏

E. 传热效率上升　　　　　　　　　　F. 液泛

5. 板式换热器的的常见故障包括(　　)。

A. 密封垫处渗漏　　B. 内部介质泄漏　　C. 传热效率下降　　D. 酸性洗涤剂

四、计算题

1. 今有一套管换热器,冷、热流体的进口温度分别为 40 ℃ 和 100 ℃。已知并流操作时冷流体出口温度为 60 ℃,热流体出口温度为 80 ℃。试问逆流操作时热流体、冷流体的出口温度各为多少? 设总传热系数 K 均为定值。[答:93.7 ℃,76.3 ℃]

2. 流量为 2 000 kg/h 的某气体在列管式换热器的管程流过,温度由 150 ℃ 降至 80 ℃;壳程冷却水的进口温度为 15 ℃,出口温度为 65 ℃,与气体作逆流流动,两者均处于湍流。已知气体两侧的对流传热系数远小于冷却水侧的对流传热系数,管壁热阻、污垢热阻和热损失均可忽略不计,气体平均比热容为 1.02 kJ/(kg·℃),水的比热容为 4.17 kJ/(kg·℃)。试求:(1)冷却水用量;(2)如冷却水进口温度上升为 20 ℃,仍用原设备达到相同的气体冷却程度,此时的出口水温度将为多少? 冷却水用量又为多少? [答:(1)685 kg/h;(2)856 kg/h]

3. 某厂拟用 100 ℃ 的饱和水蒸气将常压空气从 20 ℃ 加热至 80 ℃,空气流量为 8 000 kg/h。现有一台单程列管式换热器,内有 $\phi 25$ mm × 2.5 mm 的钢管 300 根,管长 2 m。若管外水蒸气冷凝的对流传热系数为 10^4 W/(m²·℃),两侧的污垢热阻及管壁热阻均可忽略,试计算此换热器能否满足工艺要求。(提示:比较换热器的实际面积与计算需要的换热面积)[答:满足]

4. 某厂用冷却水冷却从反应器出来的循环使用的有机液,操作条件及物性见下表。

液体	温度/℃		质量流量	比热容	密度	导热系数	黏度
	入口	出口	(kg/h)	[kJ/(kg·℃)]	kg/m³	[W/(m²·℃)]	(Pa·s)
有机溶液	65	50	$4 × 10^4$	2.261	950	0.172	$1 × 10^{-3}$
水	25	t_2	$2 × 10^4$	4.187	1 000	0.621	$0.74 × 10^{-3}$

试选用型号适当的列管式换热器。[答:略]

学习情境五　蒸发操作

知识目标

(1)了解蒸发操作的特点及工业应用,各种典型的蒸发器的结构特点、性能及应用范围;

(2)理解溶液沸点升高及其确定方法,多效蒸发的流程及效数限制;

(3)了解导致溶液沸点变化的因素及其确定方法。

重点

(1)蒸发器的结构、特点;

(2)溶剂蒸发量和加热蒸汽消耗量的计算。

难点

(1)蒸发器的结构;

(2)加热蒸汽消耗量的计算。

能力目标

(1)能根据生产任务选取合适的蒸发器,并能对典型的蒸发器进行操作;

(2)能运用蒸发基本理论与工程技术观点分析和解决蒸发操作中的常见故障;

(3)能根据工艺过程的需要正确查阅和使用常用的工程计算图表、手册等,并进行必要的工艺计算。

素质目标

(1)培养追求知识、勤于钻研、一丝不苟、勇于创新的科学态度;

(2)培养爱岗敬业、服从安排、严格遵守操作规程的职业道德;

(3)培养应用所学知识解决实际问题及团结协作、积极进取的能力。

概　　述

一、蒸发在工业生产中的应用

将含有非挥发性物质的稀溶液加热至沸腾,使溶剂汽化,溶液浓缩得到浓溶液的过程称为蒸发。蒸发是化工、轻工、冶金、医药和食品加工等工业生产中常用的一种单元操作。

例如在化工生产中,用电解法制得的烧碱(NaOH)溶液的浓度一般在10%(质量分数)左右,要得到42%(质量分数)左右的符合工艺要求的浓碱液则须通过蒸发操作。由于稀碱液中的溶质 NaOH 不具有挥发性,而溶剂水具有挥发性,因此在生产中可将稀碱液加热至沸腾状态,使其中大量的水分汽化,这样原碱液中的溶质 NaOH 的浓度就得到了提高。

又如在制糖工艺中,从甘蔗中提取出来的甘蔗汁经过澄清处理后所得到的清净糖汁是一种浓度约为 $12° \sim 14°Bx$(即含水量为 86% $\sim$ 88%(质量分数))的糖液,必须经过蒸发工段除去大量的水分,浓缩成 $60°Bx$ 左右的糖浆,才能适应蔗糖结晶的要求。

通常,就工艺目的而言,蒸发在工业上的应用有三个方面。

(1)制取浓溶液。如上述的制取氢氧化钠浓溶液、糖汁浓缩成糖浆;在氧化铝的生产中,氢氧化铝分解母液的蒸发;在食品工业中,利用蒸发操作将一些果汁加热,使一部分水分汽化,以得到浓缩的果汁产品。

(2)为结晶创造条件。将溶液浓缩到接近饱和状态,然后冷却,将溶质结晶分离,制得纯固体产品。如蔗糖的生产、食盐的精制等。

(3)制取纯溶剂。使溶剂蒸发并冷凝,与非挥发性溶质分离作为产品。如用蒸发的方法从海水中制取淡水。

二、蒸发过程的特点

蒸发过程是使溶剂不断汽化的过程,需要不断供给热量;同时又有溶剂从液态转为气态的相态变化,因此,蒸发是一个传热与传质同时进行的过程。但由于溶剂汽化的速度取决于传热速率,故过程的实质是有相变的热量传递,因此,工程上通常将其归类为传热过程。蒸发所用设备——蒸发器,是一种特殊的传热设备。但蒸发也具有不同于其他传热过程的特殊性,主要表现在以下四个方面。

(1)在蒸发过程中,只有溶剂是挥发性物质,溶质是不挥发的,这一点与蒸馏操作中的溶液是不同的。在整个蒸发过程中溶质的质量不变,这是蒸发过程物料衡算的基本依据。

(2)由于溶质的存在,由拉乌尔定律可知,在相同的温度下,溶液的饱和蒸气压较纯溶剂的低。因此,在相同的压强下,溶液的沸点就比纯溶剂的沸点高。当加热温度一定时,蒸发溶液的传热温度差必定小于蒸发纯溶剂的传热温度差,溶液的浓度越高,这种影响越显著。在考虑传热速率、确定传热推动力时,必须关注溶液沸点升高带来的影响。

(3)蒸发的溶液本身具有某些特性,如在溶剂汽化的过程中溶质易在加热表面析出结晶,或易于结垢,影响传热效果;有些热敏性物料沸点升高更易分解或变质;有些则具有较大的黏度或较强的腐蚀性等。因此,必须根据物料的特性和工艺要求,选择适宜的蒸发流程和设备。

(4)在操作中要将大量溶剂汽化,需要消耗大量的热能,因此,蒸发操作的节能问题比一般的传热过程更为突出。

三、蒸发操作的分类

由于分类依据不同,蒸发有多种类型。

1)根据二次蒸汽的利用情况分类

根据二次蒸汽是否用作另一个蒸发器的加热蒸汽,可将蒸发过程分为单效蒸发和多效蒸发。蒸发出来的二次蒸汽直接冷凝而不再利用的蒸发操作称为单效蒸发,图 5-1 即为单效真空蒸发流程示意。几个蒸发器按一定的方式组合起来,前一个蒸发器的二次蒸汽作为后一个蒸发器的加热蒸汽使用,使蒸汽得到多次利用的蒸发过程称为多效蒸发。显然,采用多效蒸发可以减小加热蒸汽的消耗量。

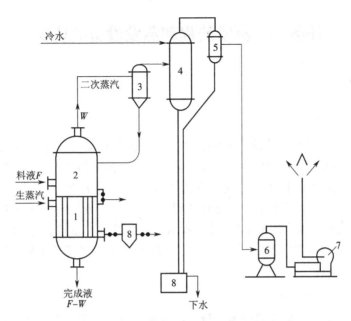

图 5-1 单效真空蒸发流程示意

1—加热室;2—分离室;3—二次分离器;4—混合冷凝器;5—气液分离器;6—缓冲罐;7—真空泵;8—冷凝水排出器

2)根据操作压强分类

根据操作压强,可将蒸发分为常压蒸发、加压蒸发、减压蒸发(真空蒸发)。常压操作的特点是可采用敞口设备,二次蒸汽可直接排放到大气中,但会造成对环境的污染,适用于临时性或小批量生产。加压操作可提高二次蒸汽的温度,从而提高其利用价值,但要求加热蒸汽的压强相对较高,在多效蒸发中,前面几效通常采用加压操作。减压操作由于溶液的沸点降低,具有如下特点:①在加热蒸汽的压强相同的情况下,减压蒸发时溶液的沸点降低,传热温差可以增大,当传热量一定时,蒸发器的传热面积可以相应地减小;②可以利用低压蒸汽或废蒸汽作为加热蒸汽;③可防止热敏性物料变质或分解;④系统的热损失相应地减小。但是,由于溶液的沸点降低,黏度增大,导致总传热系数下降;同时还要有减压装置,须配置真空泵、缓冲罐、气液分离器等辅助设备,使基建费用和操作费用相应地增加。

3)根据操作方式分类

根据操作过程是否连续,蒸发可分为间歇蒸发和连续蒸发。间歇蒸发的特点是在蒸发过程中溶液的浓度和沸点随时间改变,故间歇蒸发是非稳态操作,适用于小规模、多品种的场合;而连续蒸发为稳态操作,适用于大规模的生产过程。

4)根据溶剂的汽化温度分类

根据溶剂汽化是在低于沸点下还是在沸点下进行,可将蒸发分为自然蒸发和沸腾蒸发。若溶剂在低于沸点下汽化,称为自然蒸发,如海水晒盐。在这种情况下,因溶剂仅在溶液表面汽化,汽化速率低,生产效率较低,故在其他工业生产中较少采用。若溶剂汽化在沸点温度下进行,则称为沸腾蒸发。在这种情况下,溶剂不仅在溶液表面汽化,而且在溶液内部的各个部分同时汽化,蒸发速率大大提高。工业上的蒸发操作基本上皆是此类。

任务一　蒸发流程和蒸发设备的认识

一、蒸发流程

(一)单效蒸发流程

图5-1所示是一套典型的单效蒸发操作装置。左面的设备是用来蒸发的主体蒸发器,它的下部分是由若干加热管组成的加热室,加热蒸汽在管间被冷却,释放出来的冷凝潜热通过管壁传给被加热的溶液,使溶液沸腾汽化。在沸腾汽化的过程中,将不可避免地夹带一部分液体。因此,在蒸发器的上部设置了一个分离空间,并在其出口处装有除沫装置,以将夹带的液体分离出来,蒸汽则进入混合冷凝器内,被冷却水冷凝后排出。加热室管内的溶液随着溶剂的汽化,浓度得到提高,浓缩以后的浓缩液称为完成液,从蒸发器底部的出料口排出。

(二)多效蒸发流程

1. 多效蒸发对节能的意义

在多效蒸发中,每一个蒸发器称为一效。通入加热蒸汽的蒸发器称为第一效,用第一效的二次蒸汽作为加热蒸汽的蒸发器称为第二效,以此类推。大规模、连续生产多采用多效蒸发。

蒸发操作的操作费用主要用在将溶剂汽化所需要提供的热能上,对于拥有大规模蒸发操作的企业来说,该项热量消耗在全企业的蒸汽动力费用中占有相当大的比重。显然,每蒸发1 kg溶剂所消耗的加热蒸汽量 D/W 越小,该蒸发操作的经济性就越好。

在单效蒸发中,若将物料先预热至沸点后再加入蒸发器,忽略生蒸汽与二次蒸汽的汽化潜热的差异,不计热损失,则1 kg加热蒸汽可汽化1 kg水,即 $W/D=1$。实际上,由于有热损失等原因,$W/D<1$。在大规模工业蒸发中,蒸发大量的水分必然会消耗大量的加热蒸汽。作为工程技术人员,必须设法减少加热蒸汽的消耗量,以提高生蒸汽的利用率,可以采用的措施如下:①利用二次蒸汽的潜热;②利用冷凝水的显热(如预热原料液)。

利用二次蒸汽的潜热最普通的方法是多效蒸发,即将前一效的二次蒸汽引入后一个蒸发器作为加热蒸汽,这样后一效的加热室就成为前一效的二次蒸汽的冷凝器,由于各效(除最后一效外)的二次蒸汽都作为下一效蒸发器的加热蒸汽,就提高了生蒸汽的利用率。如假设第一效为沸点进料,并略去热损失、温度差损失和不同压强下蒸发潜热的差别,则理论上有如下推断。

第一效:$W_1/D=1 \Rightarrow D=W_1$,1 kg生蒸汽在第一效中可产生1 kg二次蒸汽,将此1 kg二次蒸汽引入第二效又可蒸发1 kg水。

第二效:$W_2=W_1=D$,1 kg生蒸汽在前两效中的总蒸发量 $W=W_1+W_2=2D$,所以 $W/D=2$。

以此类推:第三效 $W/D=3$,……,第 n 效 $W/D=n$。

但实际上,由于热损失、温度差损失等原因,单位蒸汽消耗量不可能达到如此经济的程度,根据生产经验所得的值如表5-1所示。

表 5-1　单位蒸汽消耗量的经验值

效数	单效	二效	三效	四效	五效
$\left(\dfrac{D}{W}\right)_{\min}$	1.10	0.57	0.40	0.30	0.27
$\left(\dfrac{W}{D}\right)_{\max}$	0.91	1.75	2.50	3.33	3.70

可见,蒸发同样数量的水分 W,采用多效蒸发时 W/D 小,可节省生蒸汽用量,提高生蒸汽的利用率。但是不是效数越多越好,生蒸汽利用率的提高是以降低蒸发强度为代价的,效数增加,蒸发强度下降,而且一些技术上的限制(如 $\Delta t_i > 5 \sim 8\ ℃$)使得效数不能随意增加,一般常见的为二效或三效;同时,效数增加,设备费用成倍增加。因此,必须对设备费和操作费进行权衡,以确定合理的效数,这是最优化设计的内容之一。

2. 蒸发流程

在多效蒸发中,由于每一效的传热都有一定的传热推动力,因此,各效的操作温度必会依次降低。也就是说,第一效加入的加热蒸汽蒸出的二次蒸汽的温度必比加热蒸汽低;它作为第二效的加热蒸汽蒸出的二次蒸汽的温度又比它低;当然,第三效的二次蒸汽的温度更低。相应地,各效的操作压强依次降低。因此,只有当提供的新鲜加热蒸汽的压强较高或末效采用负压时,才能使多效蒸发得以实现。以三效为例,若第一效的加热蒸汽为低压(如常压)蒸汽,则末效必须在负压下操作;反之,若末效采用常压操作,则要求第一效采用较高压强的加热蒸汽。

根据蒸汽流向与物料流向的相对关系,多效蒸发操作的流程可分为并流、逆流和平流三种。下面以三效蒸发为例,分别介绍这三种流程。

1) 并流流程

图 5-2 所示是并流加料蒸发流程,这是工业中最常用的一种方法。在这种加料方式中,溶液与蒸汽并行,即原料液依顺序流过第一效、第二效、第三效,从第三效取出完成液。加热蒸汽从第一效加入,在加热室中放出冷凝潜热,冷凝水经疏水器排出。第一效的二次蒸汽进入第二效的加热室供加热用,冷凝后由疏水器排出。第二效产生的二次蒸汽进入第三效的加热室,第三效的二次蒸汽进入冷凝器中冷凝后排出。

并流加料蒸发流程有如下优点:①由于前效的压强较后效高,$p_1 > p_2 > p_3$,料液可借此压强差自动地流向后一效而无须泵输送;②$t_1 > t_2 > t_3$,溶液由前一效流入后一效时处于过热状态,会放出热量而自蒸发,产生更多的二次蒸汽,因此第三效的蒸发量最大。其缺点为:随着溶液逐效增浓($w_3 > w_2 > w_1$),温度逐效降低($t_1 > t_2 > t_3$),溶液的黏度则逐效增大($\mu_3 > \mu_2 > \mu_1$),使传热系数逐效降低。因此,并流加料不适宜处理黏度随浓度增大而迅速增大的溶液。

2) 逆流流程

图 5-3 所示是逆流加料蒸发流程。原料液从末效加入,然后用泵送入前一效,最后从第一效取出完成液。蒸汽依次流过第一效、第二效、第三效,料液的流向与蒸汽的流向正好相反。

逆流加料的优点是:溶液的浓度虽然越来越大($w_1 > w_2 > w_3$),但温度越来越高,故各效溶液的黏度相差不大,传热系数不致降低很多,有利于提高整个系统的生产能力;末效的蒸发量比并流加料时少,减小了冷凝器的负荷。其缺点是:效与效之间必须用泵输送溶液,增加了电能消耗,使装置复杂化;除末效外,各效的进料温度都比沸点低,产生的二次蒸汽比并流少。

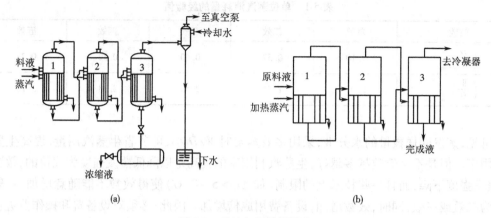

图 5-2 并流加料蒸发流程

(a)流程图 (b)结构示意图

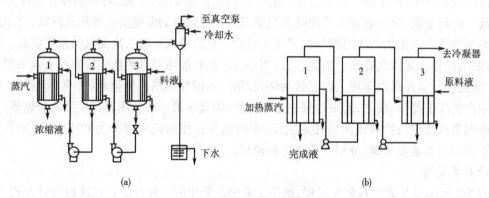

图 5-3 逆流加料蒸发流程

(a)流程图 (b)结构示意图

3)平流流程

图 5-4 所示是平流加料蒸发流程。每一效都送入原料液,放出完成液,加热蒸汽从第一效至末效逐效依次流动。其特点是溶液不在效间流动,适用于蒸发过程中有结晶析出的情况或要求得到不同浓度的溶液的场合。

二、蒸发设备

(一)蒸发器的形式与结构

蒸发的主要设备是蒸发器,其实质是换热器,由加热室和分离室两部分组成。根据加热室的结构形式和溶液在加热室中的运动情况,蒸发器可分为自然循环型蒸发器、强制循环型蒸发器、膜式蒸发器以及浸没燃烧蒸发器等。

蒸发的辅助设备包括使液沫进一步分离的除沫器,排出二次蒸汽的冷凝器以及减压蒸发时用的真空装置等。

下面着重介绍几种工业上常用的蒸发器。

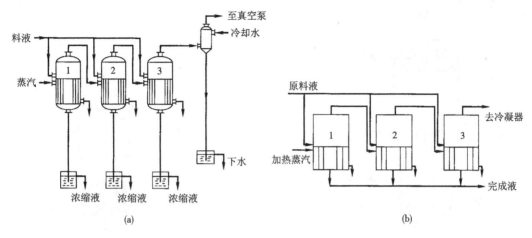

图 5-4　平流加料蒸发流程

（a）流程图　（b）结构示意图

1. 自然循环型蒸发器

此类蒸发器的特点是溶液在加热室中被加热时产生密度差，形成自然循环。其加热室有横卧式和竖式两种，竖式应用较广。

1）中央循环管式（标准式）蒸发器

这是目前应用最广泛的一种蒸发器，其结构如图 5-5 所示，它的加热室同列管式换热器一样，为 1~2 m 长的竖式管束，称为沸腾管，但中间有一个直径较大的管子，称为中央循环管，它的截面积为其余加热管总截面积的 40%~100%，由于中央循环管的截面积较大，其内的液体量比小管中多，而小管的传热面积较大，使小管内液体的温度比大管中高，因而造成两种管内的液体存在密度差，再加上二次蒸汽上升时的抽吸作用，使得溶液从沸腾管上升，从中央循环管下降，形成一个自然对流的循环过程。

蒸发器的上部为分离室，也称蒸发室。加热室内的沸腾溶液所产生的蒸汽带有大量的液沫，到了蒸发室内，液沫相互碰撞结成较大的液滴，落回加热室的列管内，这样二次蒸汽和液沫分开，蒸汽从蒸发器上部排出，经浓缩的完成液从下部排出。

中央循环管式蒸发器的优点是构造简单、制造方便、操作可靠；缺点是检修麻烦，溶液循环速度低（一般在 0.5 m/s 以下），故传热系数较小。它不适用于黏度较大及容易结垢的溶液。

2）悬筐式蒸发器

悬筐式蒸发器的结构如图 5-6 所示，它的加热室像个篮筐，悬挂在蒸发器壳体的下部，其作用原理与中央循环管式蒸发器相同，加热蒸汽从蒸发器的上部进入加热管的管隙，溶液从管内通过，并在外壳内壁与悬筐内壁之间的环隙中循环，环隙截面积一般为加热管总面积的 100%~150%。这种蒸发器的优点是溶液循环速度（一般为 1~1.5 m/s）比中央循环管式蒸发器大；而且加热器被液流所包围，热损失比较小；此外，加热室可以从上方取出，清洗和检修比较方便。其缺点是结构复杂，金属耗量大。它适用于容易结垢的溶液的蒸发，这时可增设析盐器，以利于析出的晶体与溶液分离。

3）外加热式蒸发器

外加热式蒸发器的结构如图 5-7 所示，它的特点是把管束较长的加热室装在蒸发器的外

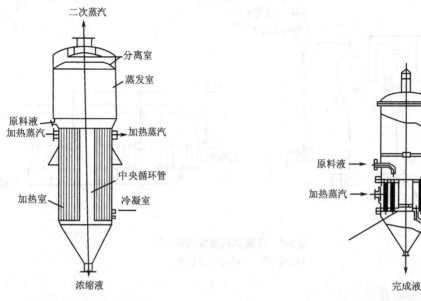

图 5-5 中央循环管式蒸发器   图 5-6 悬筐式蒸发器

面,即把加热室与蒸发室分开。这样一方面降低了整个设备的高度;另一方面由于循环管没有
受到蒸汽加热,增大了循环管内溶液与加热管内溶液的密度差,从而加快了溶液的自然循环速
度,同时便于检修和更换。

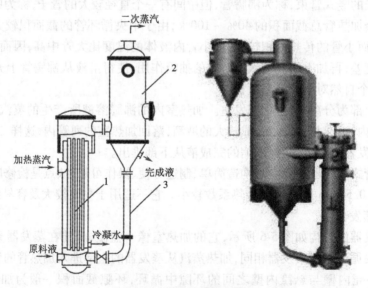

图 5-7 外加热式蒸发器
(a)结构图 (b)实物图
1—加热室;2—蒸发室;3—循环管

4)列文蒸发器

图 5-8 所示的列文蒸发器是自然循环型蒸发器中比较先进的一种,主要部件有加热室、沸
腾室、分离室和循环室。它的主要特点是加热室的上部有一段大管子,即加热管的上面增加了

一段液柱。这使得加热管内的溶液所受的压强增大,因此溶液在加热管内不至达到沸腾状态。随着溶液循环上升,溶液所受的压强不断减小,通过对工艺条件的控制,可使溶液在脱离加热管时开始沸腾,这样溶液的沸腾层移到了加热室外,从而减小了溶液在加热管壁上因沸腾浓缩而析出结晶或结垢的机会。列文蒸发器由于具有这种特点,所以又称为管外沸腾式蒸发器。

列文蒸发器中循环管的截面积比一般的自然循环型蒸发器大,通常为加热管总截面积的 2 ~ 3.5 倍,这样溶液循环时的阻力小;加之加热管和循环管都相当长,通常达 7 ~ 8 m,循环管不受热,因

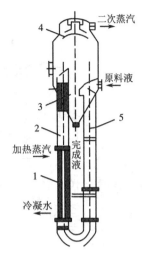

图 5-8　列文蒸发器
1—加热室;2—沸腾室;3—分离室;4—隔板;5—循环室

此,两个管段中溶液的温差较大,密度差也较大,从而其循环推动力比一般的自然循环型蒸发器大,溶液的循环速度可以达到 2 ~ 3 m/s,整个蒸发器的传热系数接近于强制循环型蒸发器的数值,而不必付出额外的动力。因此,这种蒸发器在国内的化工企业中,特别是一些大中型电化厂的烧碱生产中应用较广。

2. 强制循环型蒸发器

一般的自然循环型蒸发器循环速度比较低,一般小于 1 m/s。要处理黏度较大或容易析出结晶与结垢的溶液,必须加大溶液的循环速度,以提高传热系数,为此可以采用强制循环型蒸发器,其结构如图 5-9 所示。蒸发器内的溶液依靠泵的作用沿着一定的方向循环,其速度一般可达到 1.5 ~ 3.5 m/s,因此传热速率和生产能力都较高。溶液的循环过程是这样进行的:溶液由泵自下而上地送入加热室,并在此流动过程中因受热而沸腾,沸腾的气液混合物以较高的速度进入蒸发室,室内的除沫器(挡板)促使其进行气液分离,蒸气自上部排出,液体沿循环管下降,被泵再次送入加热室。

此类蒸发器的传热系数比一般的自然循环型蒸发器大得多,因此,在相同的生产任务下,蒸发器的传热面积比较小。其缺点是动力消耗比较大,每平方米加热面积的能耗为 0.4 ~ 0.8 kW。

3. 膜式蒸发器

上述几种蒸发器的共同缺点是蒸发器内料液的滞留量大,物料在高温下长时间停留,对于热敏性物料的蒸发,容易造成分解或变质。膜式蒸发器的特点是料液仅通过加热管一次,不循环,溶液在加热管壁上呈薄膜状,蒸发速度快,传热效率高,适宜处理热敏性物料以及黏度较大、容易产生泡沫的物料。这种蒸发器也称为单程型蒸发器,目前已成为国内外广泛使用的先进蒸发设备,其中较常用的有升膜式蒸发器、降膜式蒸发器、升降膜式蒸发器和回转式薄膜蒸发器等。

1)升膜式蒸发器

升膜式蒸发器的结构如图 5-10 所示,它也是一种将加热室与蒸发室分离的蒸发器。加热

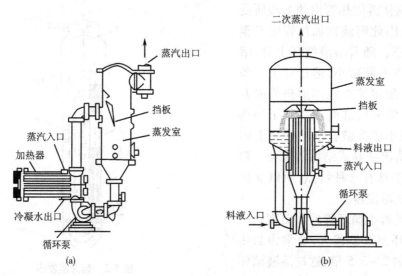

图 5-9 强制循环型蒸发器
(a)卧式 (b)立式

室实际上就是一个加热管很长的立式列管换热器,料液由底部进入加热管,受热沸腾后迅速汽化。蒸汽在管内高速上升,料液受到高速上升的蒸汽带动,沿管壁呈膜状上升,并继续蒸发。气液在顶部的分离器内分离,二次蒸汽从顶部逸出,完成液则由底部排出。

此类蒸发器适用于蒸发量较大、热敏性和易产生泡沫的溶液,而不适用于有结晶析出或易结垢的物料。

2)降膜式蒸发器

降膜式蒸发器的加热室可以是单根套管,也可由管束及外壳组成,其结构如图 5-11 所示。原料液从加热室的顶部加入,在重力的作用下沿管内壁呈膜状下降并进行蒸发,浓缩后的液体从加热室的底部进入分离器,并从底部排出,二次蒸汽由顶部逸出。

降膜式蒸发器同样适用于热敏性物料,而不适用于易结晶、结垢或黏度很大的物料。

3)回转式薄膜蒸发器

回转式薄膜蒸发器具有一个装有加热夹套的壳体,在壳体内的转动轴上装有旋转的搅拌桨,搅拌桨的形式很多,常用的有刮板、甩盘等。图 5-12 所示是刮板式蒸发器。刮板紧贴壳体内壁,间隙只有 0.5~1.5 mm,原料液从蒸发器上部沿切线方向进入,在重力和旋转刮板的作用下,溶液在壳体内壁上形成旋转下降的薄膜,并不断蒸发,在底部成为符合工艺要求的完成液。

这种蒸发器的突出优点在于对物料的适应性,对容易结晶、结垢的物料以及高黏度的热敏性物料都适用。其缺点是结构比较复杂,动力消耗大,因受夹套加热面积的限制,只能用在处理量较小的场合。

4. 浸没燃烧蒸发器

浸没燃烧蒸发器的结构如图 5-13 所示。它将燃料(通常是煤气或重油)与空气在燃烧室内混合燃烧后产生的高温烟气直接喷入被蒸发的溶液中,高温烟气与溶液直接接触,使得溶液迅速沸腾汽化。蒸发出的水分与烟气一起由蒸发器的顶部直接排出。

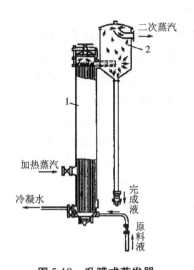

图 5-10 升膜式蒸发器
1—蒸发室;2—分离器

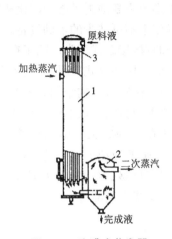

图 5-11 降膜式蒸发器
1—蒸发室;2—分离器;3—液体分布器

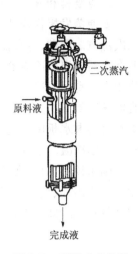

图 5-12 刮板式蒸发器

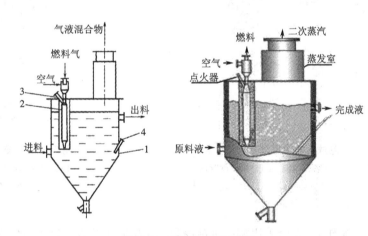

图 5-13 浸没燃烧蒸发器
1—外壳;2—燃烧室;3—点火口;4—测温管

此类蒸发器的优点是结构简单、传热效率高,特别适于处理易结晶、结垢或有腐蚀性的物料。但其不适用于会被烟气污染的物料的处理,而且它的二次蒸汽很难被利用。

(二)蒸发器的辅助设备

1. 除沫器

蒸发操作时,二次蒸汽中夹带了大量的液体,虽然在分离室中进行了分离,但是为了防止溶质损失或污染冷凝液体,还需设法减少夹带的液沫,因此在蒸汽出口附近设置除沫装置。

除沫器的形式很多,图 5-14 所示为经常采用的形式,(a)与(d)可直接安装在蒸发器的顶部,(e)与(g)安装在蒸发器的外部。它们大都使夹带液沫的二次蒸汽的速度和方向多次发生改变,利用液滴较大的惯性力以及液体对固体表面的润湿能力使之黏附于固体表面而与蒸汽分开。

2. 冷凝器和真空装置

要使蒸发操作连续进行,除了必须不断地提供溶剂汽化所需的热量外,还必须及时排出二次蒸汽。因此,冷凝器是蒸发操作中不可缺少的辅助设备之一,其作用是将二次蒸汽冷凝成液态水后排出。冷凝器有间壁式和直接接触式两类。除了在二次蒸汽是有价值的产品需要回收或会严重污染冷却水的情况下,应采用间壁式冷凝器外,大多采用气液直接接触的混合式冷凝器来冷凝二次蒸汽。常见的逆流高位冷凝器的结构如图5-15所示。冷却水由顶部加入,依次经过各淋水板的小孔或溢流堰流下,与从底部进入、逆流上升的二次蒸汽直接接触,使二次蒸汽不断冷凝。水和冷凝液沿气压管(俗称"大气腿")流至地沟后排出。空气和其他不凝性气体则由顶部抽出,在分离器中将夹带的液沫分离后进入真空装置。在这种冷凝器中,气液两相分别排出,故称干式;气压管需要有足够的高度(大于10 m)才能使冷凝液自动流向地沟,故称高位式。除此之外,还有湿式、低位式冷凝器等。

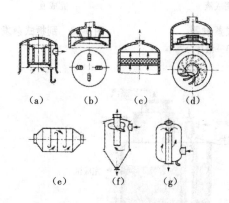

图5-14　除沫器的主要形式

（a）折流式除沫器　（b）球形除沫器　（c）金属丝网除沫器
（d）离心式除沫器　（e）冲击式除沫器　（f）旋风式除沫器
（g）离心式除沫器

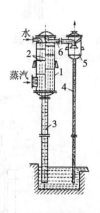

图5-15　逆流高位冷凝器

1—外壳;2—淋水板;3、4—气压管;
5—分离罐;6—不凝性气体管

当蒸发器减压操作时,无论采用哪一种冷凝器,均需在冷凝器后设置真空装置,不断排出二次蒸汽中的不凝性气体,从而维持蒸发操作所需的真空度。常用的真空装置有喷射泵、往复式真空泵以及水环式真空泵等。

3. 冷凝水排出器

加热蒸汽冷凝后产生的冷凝水必须及时排出,否则冷凝水积聚于蒸发器加热室的管外,将占据一部分传热面积,降低传热效果。排出方法是在冷凝水排出管路上安装冷凝水排出器(又称疏水器)。它的作用是在排出冷凝水的同时,阻止蒸汽排出,以保证蒸汽的充分利用。

三、蒸发器的选用

蒸发器的形式很多。实际选用时,除了要求结构简单、易于制造、金属消耗量小、维修方便、传热效果好等,更主要的还是看它能否适用于所蒸发的物料,须考虑物料的黏性、热敏性、腐蚀性、结晶或结垢性等,然后全面综合地加以考虑。

任务二　蒸发基本知识

虽然工业生产中大多数采用多效蒸发操作,但多效蒸发计算较复杂,可将多效蒸发视为若干个单效蒸发的组合,故只讨论单效、间接加热、连续稳定操作的水溶液蒸发的有关计算。

一、溶剂蒸发量

蒸发器单位时间内从溶液中蒸发出来的水分量称为溶剂蒸发量。

蒸发量可以通过物料衡算得出。如图 5-16 所示,取整个蒸发器为研究对象(图 5-16 中虚线框内),根据质量守恒定律,单位时间内进入和离开蒸发器的溶质质量应该相等(在连续过程中,系统内无物质积累),即

$$Fw_1 = (F - W)w_2 \tag{5-1}$$

式中　F——原料液的质量流量,kg/h;

　　　W——蒸发水量,kg/h;

　　　w_1——原料液的质量分数;

　　　w_2——完成液的质量分数。

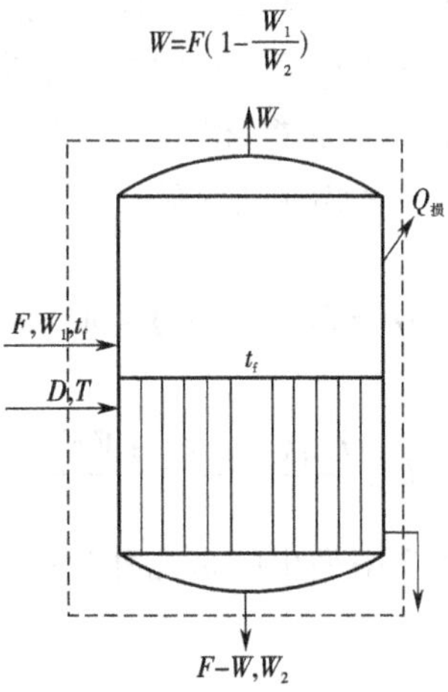

变换后可得溶剂蒸发量为

$$W = F\left(1 - \frac{w_1}{w_2}\right) \tag{5-2}$$

图 5-16　单效蒸发的物料衡算和热量衡算

【例 5-1】　用单效蒸发器将流量为 10 t/h、浓度为 10% 的 NaOH 溶液浓缩到 20%(均为质量分数),求每小时需要蒸发的水分。

解　已知 $F = 10$ t/h $= 10\ 000$ kg/h,$W_1 = 10\%$,$W_2 = 20\%$,将以上数值代入式(5-2),得

$$W = F\left(1 - \frac{w_1}{w_2}\right) = 10\ 000 \times \left(1 - \frac{0.1}{0.2}\right) = 5\ 000 \text{ kg/h}$$

二、加热蒸汽消耗量

加热蒸汽消耗量可以通过热量衡算来确定。仍取整个蒸发器作为衡算系统,如图 5-16 所示。

当加热蒸汽的冷凝液在饱和温度下排出时,单位时间内加热蒸汽提供的热量为

$$Q = Dr \tag{5-3}$$

式中　D——加热蒸汽消耗量,kg/h;

　　　r——加热蒸汽的比汽化焓,kJ/kg,可根据操作压强和温度从有关手册中查取。

加热蒸汽所提供的热量主要用于以下三个方面。

(1)将原料从进料温度 t_1 加热到沸点 t_f,此项所需要的显热为 Q_1。

$$Q_1 = Fc_1(t_f - t_1) \tag{5-4}$$

式中　c_1——原料液在操作条件下的比热容,kJ/(kg·℃),其数值随溶液的性质和浓度而变

化,可从有关手册中查取,在缺少可靠的数据时,可按式 $c_1 = c_s w_1 + c_W(1 - w_1)$ 估算,当溶液为稀溶液(质量分数在 20% 以下)时,可近似按式 $c_1 = c_W(1 - w_1)$ 估算,式中 c_s、c_W 分别为溶质和溶剂的比热容,kJ/(kg·℃);

t_f——操作压强下溶液的平均沸点,℃;

t_1——原料液的初始温度,℃。

(2)在沸点 t_f 下使溶剂汽化,所需的潜热为 Q_2。

$$Q_2 = Wr' \tag{5-5}$$

式中　r'——二次蒸汽的比汽化焓,kJ/kg,可根据操作压强和温度从有关手册中查取。

(3)补偿蒸发过程中的热量损失,为 Q_1。

进行热量衡算,得

$$Q = Q_0 + Q_2 + Q_1$$

即

$$Dr = Fc_1(t_f - t_1) + Wr' + Q_1$$

因此

$$D = \frac{Fc_1(t_f - t_1) + Wr' + Q_1}{r} \tag{5-6}$$

表 5-2 中列出的是几种常用无机盐的比热容数据,供读者使用时参考。

表 5-2　某些无机盐的比热容　　　　　　　　　　　　kJ/(kg·K)

物质	$CaCl_2$	KCl	NH_4Cl	NaCl	KNO_3
比热容	0.687	0.679	1.52	0.838	0.926
物质	$NaNO_3$	Na_2CO_3	$(NH_4)_2SO_4$	糖	甘油
比热容	1.09	1.09	1.42	1.295	2.42

对式(5-6)进行分析可以看出,进料温度会影响整个操作的加热蒸汽消耗量。

当原料液在低于沸点的温度下进料时,即冷液进料,$t_1 < t_2$,由于一部分热量用来预热原料液,致使单位蒸汽消耗量增加。

当原料液在高于沸点的温度下进料时,即 $t_1 > t_2$,溶液进入蒸发器后温度迅速降到沸点,放出多余的热量而使一部分溶剂汽化。溶液的进料温度高于蒸发器内溶液的沸点的情况,在减压蒸发中是完全可能的。这种原料液放出热量使部分溶剂自动汽化的现象称为自蒸发。

若原料液预热到沸点进料,$t_1 = t_f$,由式(5-6)得

$$D = \frac{Wr' + Q_1}{r}$$

若忽略热损失 Q_1,上式可近似地表示为

$$\frac{D}{W} = \frac{r'}{r} \tag{5-7}$$

式(5-7)中的 D/W 称为单位蒸汽消耗量,即每蒸发 1 kg 水所消耗的加热蒸汽量,它是衡量蒸发操作经济性的一个重要指标。由于工业生产中蒸发量很大,减小单位蒸汽消耗量 D/W 是工业蒸发降低能耗、提高效益的重要手段。

【例5-2】　用一台单效蒸发器将 KCl 含量为20%（质量分数，下同）、流量为4 000 kg/h 的 KCl 水溶液蒸发浓缩到40%，加热蒸汽压强为415.6 kPa，蒸发器内的操作压强为57.9 kPa，溶液的沸点为393 K，无水 KCl 的比热容为0.679 kJ/(kg·K)，蒸发器的热损失不计。试分别求出原料液为303 K、393 K 和423 K 时的加热蒸汽消耗量，并比较其经济性。

解　首先计算溶剂蒸发量，由式（5-2）得

$$W = F\left(1 - \frac{w_1}{w_2}\right) = 4\,000 \times \left(1 - \frac{0.2}{0.4}\right) = 2\,000 \text{ kg/h}$$

由附录查得压强分别为 415.6 KPa 和 57.9 KPa 时，饱和水蒸气的比汽化焓为 2 137.5 kJ/kg 和 2 295.3 kJ/kg。

原料液的平均定压比热容为

$$c_1 = c_s w_1 + c_W(1 - w_1) = 0.679 \times 0.2 + 4.18 \times (1 - 0.2) = 3.48 \text{ kJ/(kg·K)}$$

（1）原料液进料温度为303 K 时，加热蒸汽消耗量为

$$D = \frac{Fc_1(t_f - t_1) + Wr' + Q_1}{r} = \frac{4\,000 \times 3.48 \times 90 + 2\,000 \times 2\,295.3}{2\,137.5} = 2\,734 \text{ kg/h}$$

$$\frac{D}{W} = \frac{2\,734}{2\,000} = 1.367$$

（2）原料液进料温度为393 K 时，加热蒸汽消耗量为

$$D = \frac{Wr' + Q_1}{r} = \frac{2\,000 \times 2\,295.3}{2\,137.5} = 2\,148 \text{ kg/h}$$

$$\frac{D}{W} = \frac{2\,148}{2\,000} = 1.074$$

（3）原料液进料温度为423 K 时，加热蒸汽消耗量为

$$D = \frac{Fc_1(t_f - t_1) + Wr' + Q_1}{r} = \frac{4\,000 \times 3.48 \times (-30) + 2\,000 \times 2\,295.3}{2\,137.5} = 1\,952 \text{ kg/h}$$

$$\frac{D}{W} = \frac{1\,952}{2\,000} = 0.976$$

由此例可见，在溶剂蒸发量相同时，若原料液进料温度低于沸点，加热蒸汽消耗量最大，原因是一部分加热蒸汽用来将溶液预热至沸点；如果原料液温度等于沸点，加热蒸汽消耗量比低于沸点进料时小；如果原料液温度高于沸点，加热蒸汽消耗量最小，原因是原料液温度高于沸点，溶液在蒸发器内有自蒸发现象，自蒸发的二次蒸汽不需消耗加热蒸汽。所以，在实际生产中，凡有条件可利用的各种废热量，均可用来预热待蒸发的原料液，目的是减小加热蒸汽消耗量，降低蒸发操作费用。

三、蒸发器的传热面积

为了完成指定的蒸发任务，蒸发器必须有足够的传热面积。蒸发器的传热面积可通过传热速率方程式计算，即

$$A = \frac{Q}{K\Delta t_m} \tag{5-8}$$

式中　Q——蒸发器的热负荷，W 或 kJ/h；

　　　A——蒸发器的传热面积，m^2；

K——蒸发器的总传热系数,$W/(m^2 \cdot K)$;

Δt_m——传热平均温度差,℃。

由于在蒸发过程中蒸汽冷凝和溶液沸腾之间为恒温差传热,$\Delta t_m = T - t$,且蒸发器的热负荷 $Q = Dr_0$,所以有

$$A = \frac{Q}{K\Delta t_m} = \frac{Q}{K(T-t)} = \frac{Dr_0}{K(T-t)} \tag{5-8a}$$

但须注意,蒸发过程中影响传热系数的因素远比传热过程多,很难找到一个比较确切的经验公式,通常的做法是实测或根据经验选取。表5-3列出了几种不同类型的蒸发器的 K 值范围,可供参考。

表 5-3　蒸发器的传热系数范围

蒸发器的形式	传热系数/[W/(m²·K)]	蒸发器的形式	传热系数/[W/(m²·K)]
标准式(自然循环)	600 ~ 3 000	外热式(强制循环)	1 200 ~ 7 000
标准式(强制循环)	1 200 ~ 6 000	升膜式	1 200 ~ 7 000
悬筐式	600 ~ 3 000	降膜式	1 200 ~ 3 500
外热式(自然循环)	1 200 ~ 6 000	水平沉浸加热式	600 ~ 2 300

四、蒸发器的生产强度

1. 生产能力

蒸发器的生产能力是用单位时间内蒸发的水分量来表示的,单位为 kg/h。生产能力的大小仅取决于蒸发器的传热速率 Q,因此生产能力可表示为

$$Q = KA(T-t) \tag{5-9}$$

式中　T——加热蒸汽的温度,℃;

t——操作条件下溶液的沸点,℃。

2. 生产强度

在评价蒸发器性能的优劣时,往往不用蒸发器的生产能力,通常用蒸发器的生产强度来衡量。蒸发器的生产强度简称蒸发强度,是单位时间内单位面积上所蒸发的水分量,用符号 U 表示,单位为 kg/(m²·h),即

$$U = \frac{W}{A} \tag{5-10}$$

若原料液沸点进料,且忽略蒸发器的各种热损失,则

$$U = \frac{W}{A} = \frac{K\Delta t_m}{A} \tag{5-11}$$

任务三　蒸发器的操作

一、蒸发器操作的几个问题

蒸发操作的最终目的是将溶液中大量的水分蒸发出来,使溶液得到浓缩。要增加蒸发器

在单位时间内蒸发出的水分,必须考虑以下几个问题。

1)合理选择蒸发器

蒸发器的选择应考虑被蒸发溶液的性质,如溶液的黏度、发泡性、腐蚀性、热敏性以及是否容易结垢、结晶等。如热敏性食品物料的蒸发,由于物料所能承受的最高温度有一定的极限,因此应尽量降低溶液在蒸发器中的沸点,缩短物料在蒸发器中的滞留时间,可选用膜式蒸发器。对于腐蚀性溶液的蒸发,蒸发器的材料应耐腐蚀。例如,氯碱厂将电解后所得的10%(质量分数,下同)左右的 NaOH 稀溶液浓缩到42%时,溶液的腐蚀性增强,在浓缩过程中溶液的黏度又不断增大,因此当溶液的浓度大于40%时,无缝钢管的加热管要改用不锈钢管。溶液浓度在10%～30%的一段蒸发可采用自然循环型蒸发器;浓度在30%～40%的一段蒸发,由于晶体析出和结垢严重,溶液的黏度又较大,应采用强制循环型蒸发器,这样可提高传热系数,并节约钢材。

2)提高蒸汽压强

为了提高蒸发器的生产能力,可以提高加热蒸汽压强、降低冷凝器中的二次蒸汽压强,以提高传热温度差。加热蒸汽压强提高,饱和蒸汽的温度也相应提高;冷凝器中的二次蒸汽压强降低,蒸发室内的压强降低,溶液的沸点也就降低。由于加热蒸汽的压强常受工厂锅炉的限制,所以通常加热蒸汽压强控制在300～500 kPa;冷凝器中二次蒸汽的绝对压强控制在10～20 kPa。假如压强再降低,势必增加真空泵的负荷,增加真空泵的功率消耗,且随着真空度提高,溶液的黏度增大,传热系数下降,反而影响蒸发器的传热量。

3)提高传热系数

提高蒸发器的蒸发能力的主要途径是提高传热系数 K。通常情况下,管壁热阻很小,可忽略不计。加热蒸汽冷凝膜系数一般很大,若蒸汽中含有少量不凝性气体,则加热蒸汽冷凝膜系数下降。据测试,蒸汽中含1%的不凝性气体,总传热系数下降60%。所以,在操作中必须密切注意和及时排出不凝性气体。

在蒸发器的操作中,管内壁出现结垢现象是不可避免的,尤其当处理易结晶、腐蚀性物料时,总传热系数 K 变小,使传热量下降。在蒸发操作中,一方面应定期停车清洗,另一方面应改进蒸发器的结构,如把蒸发器的加热管加工得光滑些,使污垢不易生成,即使生成也易清洗,这就可以提高溶液循环的速度,从而降低污垢生成的速度。

4)提高传热量

提高蒸发器的传热量,必须增大它的传热面积。在操作中,应密切注意蒸发器内液面的高低。如在膜式蒸发器中,液面应维持在管长的1/5～1/4处,才能保证正常的操作;在自然循环型蒸发器中,液面在管长的1/3～1/2处时溶液循环良好,这时气液混合物从加热管顶端涌出,可以达到循环的目的。液面过高,加热管下部所受的静压强过大,溶液达不到沸腾状态;液面过低,则不能造成溶液循环。

二、典型蒸发器的操作

下面以电解液并流加料三效蒸发为例介绍蒸发器的操作步骤、维护保养以及常见故障与处理方法。

1.生产流程

图5-17为并流加料三效蒸发流程图。Ⅰ效为自然循环蒸发,Ⅱ效、Ⅲ效为强制循环蒸发。

电解液用加料泵抽送,经两段电解液预热器加热到 120 ℃左右,进入 I 效蒸发器 5a,蒸到 150～180 g/L,然后利用压差自动过料进入 II 效蒸发器 5b 继续蒸发,沉析在 II 效尖底的颗粒状盐浆由采盐泵连续抽至旋液分离器分离。盐浆进入盐浆洗涤槽洗涤后,进入离心机分离。清碱液回流至 II 效或向 III 效过料继续蒸发。沉析在 III 效尖底的颗粒状盐浆由料泵连续抽送至旋液分离器分离。盐浆进入盐浆洗涤槽洗涤,清碱液回流至 III 效。当碱液达到出料浓度时,出料阀自动打开,将完成液送至浓碱接收槽。

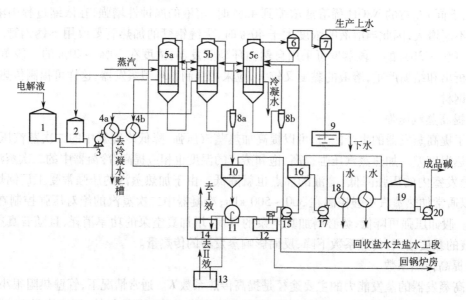

图 5-17 并流加料三效蒸发流程图

1—电解液贮槽;2—电解液预热循环槽;3—加料泵;4a、4b—预热器;5a～5c—蒸发器;6—除沫器;7—冷凝器;
8a、8b—旋液分离器;9—下水池;10—盐泥高位槽;11—离心机;12—盐水池;13—母液槽;14—洗涤水槽;15—盐碱泵;
16—冷却澄清槽;17—冷却泵;18—冷却器;19—浓碱贮槽;20—成品碱泵

生蒸汽从锅炉房来,压强调节控制为 0.7～0.8 MPa 进入 I 效加热室, I 效生产的二次蒸汽进入 II 效加热室, II 效的二次蒸汽进入 III 效加热室, III 效蒸发的水汽经喷射冷凝器后排入回收水地沟, III 效蒸发器内形成 80 kPa 以上的真空。

从 I 效加热室出来的冷凝水依次经过 I 效疏水器、I 效闪蒸罐、电解液 II 段预热器之后进入 1# 或 2# 冷凝水贮槽; I 效闪蒸罐的蒸汽与 I 效蒸发器的二次蒸汽合并后进入 II 效加热室; II 效的冷凝水从 II 效加热室出来后依次经过 II 效疏水器、II 效闪蒸罐、电解液 I 段预热器之后进入 1# 冷凝水贮槽; II 效闪蒸罐的闪蒸汽与 II 效蒸发器的二次蒸汽合并后进入 III 效加热室; III 效的冷凝水从 III 效加热室出来经 III 效疏水器后进入冷凝水贮槽。

2. 开、停车操作

1)开车前的准备工作

(1)检查并排净蒸发器内的存水,检查压强表、真空计及微机系统是否完好。

(2)检查所属的管道上的所有阀门是否灵活好用, III 效的视镜是否完好。

(3)打开 I 效蒸汽的第一个进口阀,各效的不凝性气体排放阀, I 效、II 效疏水器的旁路阀,电解液预热器、冷凝器的进口阀门,关闭电解液预热器的冷凝水旁路阀。

(4)合上自动控制系统的电源,检查各自控阀是否灵活并调整各自控阀处于关闭状态,然后将Ⅰ效过料管的自动阀门打开。

（5）联系司泵岗位，要求其做好开车前的准备工作。

（6）打开喷射冷凝器的水阀抽真空。

（7）在开蒸汽前20 min与浓碱岗位的人员联系，要求循环水上水总管压强在0.35 MPa以上。

（8）若锅炉是原始送汽，初送汽时，要将蒸汽总管的各个排冷凝水阀门打开，直至无冷凝水排出，总管无气锤声后，关闭各个排冷凝水阀门。

2）开车的操作步骤

（1）通知司泵人员用加料泵分别向Ⅰ、Ⅱ、Ⅲ效加电解液至操作液面。

（2）加料至液位达到规定的操作液面，即可启动各强制循环泵，然后缓慢升压。开蒸汽5 min后关上Ⅰ效的不凝性气体排放阀，生产正常后可依次关上各效的不凝性气体排放阀。

（3）Ⅱ、Ⅲ效达到一定浓度、有盐析出后，可通知司泵人员启动盐泵连续采盐，进入正常操作。

3）正常运行的操作与控制

（1）开车正常后，按操作控制指标调节好各效的蒸汽压强和液面。

（2）各效的不凝性气体每小时排放一次，每次1～3 min。

（3）洗罐。在正常情况下，Ⅱ效每隔2～3个班小洗一次，Ⅲ效每隔8～10个班小洗一次，7天大洗一次，可视结盐程度灵活掌握。

4）正常的停车步骤

（1）报告调度，商定停汽时间。

（2）接到调度的通知后，按时关蒸汽总阀停汽。

（3）倒罐、短时期检修或洗罐，则通知司泵人员将各效的半成品送往电解液贮槽。

（4）用2～3 m³电解液冲洗各效并排入母液槽，如须检修应洗净管道及设备。

3. 常见故障及处理方法

蒸发操作中可能出现的故障与处理方法见表5-4。

表5-4　蒸发操作中的故障与处理方法

故障部位	不正常现象	发生原因	处理方法
Ⅰ、Ⅱ效蒸发器	加热室压强高，浓度不上升	液面过高； Ⅱ效蒸发器强制循环泵锁帽脱落，沸腾不好，使Ⅱ效的二次蒸汽压强高； 加热室存水； 加热管结垢或沸腾管严重堵塞	往Ⅱ效过料降低液面； 停车检修强制循环泵； 检查疏水器，调整冷凝器排水量； 洗罐处理
加热室	冷凝水带碱	加热室漏或Ⅰ效液面高，造成二次蒸汽带碱； 预热器漏； 水和电解液连通或串漏	检查确认后停车检修； 分段检查，找出问题并检修处理； 检查各连接水管阀门和堵漏

续表

故障部位	不正常现象	发生原因	处理方法
Ⅲ效蒸发器	加热室压强高,浓度不上升	液面过高; 加热室存水; 强制循环泵锁帽脱落,沸腾不好; 蒸发室盐析挡板脱落; 加热室结垢	调整液面到规定的高度; 检查疏水器排水; 停车检修强制循环泵; 停车检修; 洗罐
Ⅲ效蒸发器	真空度低	漏真空; 过料管跑真空; 真空管堵塞; 蒸发器旋流板通道堵或喷射冷凝器故障	详细检查处理; 注意操作防止串气; 检查清理; 停车检查检修
喷射冷凝器	冷却水带碱	Ⅲ效蒸发器液面过高; Ⅲ效蒸发器沸腾挡板脱落或破损	降低液面; 检查处理
Ⅲ效蒸发器	悬浮盐多	Ⅱ效浓度低或盐多; 悬液分离器故障; Ⅲ效采盐管道堵塞	检查原因处理; 检查悬液分离器; 用电解液,必要时用水顶通
Ⅰ效蒸发器	加不上料	泵故障; 电解液已蒸空; 电解液贮槽积盐	通知司泵工检查,属机械故障找机修班处理; 停车; 通知司泵工顶通
各效过料管	过料困难	前效尖低积大块盐; 过料管或阀门堵塞; 采盐泵故障	通知司泵工顶通; 用电解液顶通; 通知检修工处理
Ⅲ效蒸发器	气压高,沸腾好,但蒸发效率低	过料阀门失灵; 喷射冷凝器返水; 司泵岗位串水	检查处理; 调节水量或检修; 通知司泵工检查处理
Ⅰ、Ⅱ效蒸发器	气压高,沸腾好,但蒸发效率低	过料管串入水; 母液或盐泥太稀	检查处理; 通知离心机或浓碱岗位处理
生蒸汽管	振动或有猛烈的锤击声	室外总管冷凝水多; 蒸汽阀门开得过猛,压力升高过快	打开蒸汽总管冷凝水阀排水; 关小蒸汽总阀,降低室内蒸汽管的压强
蒸发器	系统气压高,蒸汽流量低,沸腾不好	加热室存水	检查处理疏水器及阀门

测 试 题

一、填空题

1. 在蒸发操作中,引起溶液沸点升高的主要原因是:_____。

2. 蒸发同样数量的水分,采用多效蒸发时,可_____,_____。

3. 根据加料方式,多效蒸发流程有_____、_____、_____。

4. 常用的蒸发器主要由_____和_____两部分构成。

5. 原料液放出热量使部分溶剂自动汽化的现象称为_____。

二、单选题

1. 在蒸发操作中,从溶液中汽化出来的蒸汽常称为(　　)。
A. 生蒸汽　　　　　B. 二次蒸汽　　　　　C. 额外蒸汽　　　　　D. 加热蒸汽

2. 蒸发室内溶液的沸点(　　)二次蒸汽的温度。
A. 等于　　　　　B. 高于　　　　　C. 低于　　　　　D. 不能确定

3. 在蒸发计算时,溶液的沸点按(　　)确定。
A. 完成液的组成　　　　　　　　　B. 原料液的组成与完成液的组成的算数平均值
C. 原料液的组成　　　　　　　　　D. 原料液的组成与完成液的组成的对数平均值

4. 蒸发器的有效温度差是(　　)。
A. 加热蒸汽的温度与溶液的沸点之差　　　B. 加热蒸汽与二次蒸汽的温度之差
C. 温度差损失　　　　　　　　　　D. 传热温度差

5. 在单效蒸发中,从溶液中蒸发 1 kg 水,通常需要(　　)1 kg 的加热蒸汽。
A. 等于　　　　　B. 少于　　　　　C. 不少于　　　　　D. 不多于

6. 为防止物料变性或分解,蒸发热敏性溶液时常采用(　　)蒸发。
A. 加压　　　　　B. 常压　　　　　C. 减压　　　　　D. 超高压

7. 在单效蒸发中,原料液的温度越高,单位蒸汽消耗量(　　)。
A. 越大　　　　　B. 越小　　　　　C. 不变　　　　　D. 无法确定

8. 一台蒸发器每小时将 1 000 kg/h 的 NaCl 水溶液由质量分数为 0.05 浓缩至 0.30,则浓缩液的量是(　　)。
A. 166.7 kg/h　　　　B. 50 kg/h　　　　C. 300 kg/h　　　　D. 833.3 kg/h

9. 中央循环管式蒸发器属于(　　)蒸发器。
A. 自然循环型　　　B. 强制循环型　　　C. 膜式　　　　　D. 标准式

10. 多效蒸发可以提高加热蒸汽的经济程度,所以多效蒸发的操作费用是随效数增加而(　　)的。
A. 减少　　　　　B. 增加　　　　　C. 不变　　　　　D. 不能确定

三、多选题

1. 蒸发操作在工业生产中的应用主要有(　　)。
A. 制取浓溶液　　　B. 为结晶创造条件　　　C. 制取纯溶剂　　　D. 分离固体混合物

2. 蒸发按操作压强可分为(　　)。
A. 超高压蒸发　　　B. 常压蒸发　　　C. 加压蒸发　　　D. 减压蒸发

3. 多效蒸发流程包括(　　)。
A. 并流流程　　　B. 逆流流程　　　C. 错流流程　　　D. 平流流程
E. 折流流程

4. 蒸发器在操作时须考虑如下问题:(　　)。
A. 合理选择蒸发器　　B. 提高蒸汽压强　　C. 提高传热系数　　D. 提高传热量

四、计算题

1. 今欲利用一台单效蒸发器将某溶液从 5%(质量分数,下同)浓缩至 25%,每小时处理的原料量为 2 000 kg。(1)试求每小时应蒸发的溶剂量;(2)如实际蒸发出的溶剂量是 1 800 kg/h,求浓缩后溶液的浓度。[答:(1)1 600 kg/h;(2)50%(质量分数)]

2. 今欲将在操作条件下比热容为 3.7 kJ/(kg·K) 的 11.6% (质量分数,下同) 的 NaOH 溶液浓缩到 18.3%,已知溶液的初始温度为 293 K,溶液的沸点为 337.2 K,加热蒸汽的压强为 0.2 MPa,每小时处理的原料量为 1 t,设备的热损失按热负荷的 5% 计算,试求加热蒸汽消耗量和单位蒸汽消耗量。[答:487 kg/h,1.33]

3. 一台常压操作的单效蒸发器每小时处理 2 t 浓度为 15% (质量分数,下同) 的氯化钾溶液。完成液浓度为 25%,加热蒸汽压强为 0.4 MPa。冷凝液在冷凝温度下排出,溶液的沸点是 113 ℃,无水氯化钾的比热容为 0.679 kJ/(kg·K),蒸发器的热损失不计。试分别按以下三种情况加料:(1)料液于 20 ℃ 加入;(2)沸点加料;(3)溶液于 130 ℃ 加入。求加热蒸汽消耗量并对比这三种情况下的单位蒸汽消耗量。[答:(1)1 162 kg/h,1.45;(2)844.9 kg/h,1.06;(3) 786.9 kg/h,0.983]

4. 采用单效真空蒸发装置连续蒸发氢氧化钠水溶液,其浓度由 20% (质量分数,下同) 浓缩至 50%,加热蒸汽压强为 400 kPa,已知加热蒸汽消耗量为 4 000 kg/h,蒸发器的总传热系数为 1 500 W/(m²·K),有效温度差为 17.4 ℃。试求蒸发器所需的传热面积。[答:91 m²]

附 录

附录一 化工常用法定计量单位及单位换算

1. 常用单位

基本单位			具有专门名称的导出单位				允许并用的其他单位			
物理量	单位名称	单位符号	物理量	单位名称	单位符号	与基本单位的关系式	物理量	单位名称	单位符号	与基本单位的关系式
长度	米	m	力	牛[顿]	N	$1\ N = 1\ kg \cdot m/s^2$	时间	分钟	min	$1\ min = 60\ s$
质量	千克(公斤)	kg	压强、应力	帕[斯卡]	Pa	$1\ Pa = 1\ N/m^2$		小时	h	$1\ h = 3\ 600\ s$
时间	秒	s	能、功、热量	焦[耳]	J	$1\ J = 1\ N \cdot m$		日	d	$1\ d = 86\ 400\ s$
热力学温度	开[尔文]	K	功率	瓦[特]	W	$1\ W = 1\ J/s$	体积	升	L	$1\ L = 10^{-3}\ m^3$
物质的量	摩[尔]	mol	摄氏温度	摄氏度	℃	$1\ ℃ = 1\ K$	质量	吨	t	$1\ t = 10^3\ kg$

2. 常用十进倍数单位及分数单位的词头

词头符号	M	k	d	c	m	μ
词头名称	兆	千	分	厘	毫	微
表示因数	10^6	10^3	10^{-1}	10^{-2}	10^{-3}	10^{-6}

3. 单位换算表

说明:在单位换算表中,各单位名称上面的数字代表所属的单位制。①为 CGS 制;②为法定单位制;③为工程制;④为英制。没有标志的是制外单位。

1)质量

① g 克	② kg 千克	③ kgf·s²/m 千克(力)·秒²/米	④ lb 磅
1	10^{-3}	1.02×10^{-4}	2.205×10^{-3}
1 000	1	0.102	2.205
9 807	9.807	1	21.62
453.6	0.453 6	0.046 25	1

2)长度

① cm 厘米	②③ m 米	④ ft 英尺	④ in 英寸	① cm 厘米	②③ m 米	④ ft 英尺	④ in 英寸
1	10^{-2}	0.032 81	0.393 7	30.48	0.304 8	1	12
100	1	3.281	39.37	2.54	0.025 4	0.083 33	1

注:其他换算关系,1 埃(Å) = 10^{-10}米(m),1 码(yd) = 0.914 4 米(m)。

3）力

② N 牛顿	③ kgf 千克(力)	④ lbf 磅(力)	① dyn 达因	② N 牛顿	③ kgf 千克(力)	④ lbf 磅(力)	① dyn 达因
1	0.102	0.224 8	10^5	4.448	0.453 6	1	4.448×10^5
9.807	1	2.205	9.807×10^5	10^{-5}	1.02×10^{-6}	2.248×10^{-6}	1

4）压强

② Pa(帕斯卡) = N/m^2	① bar(巴) = 10^6 dyn/cm^2	③ kgf/cm^2 工程大气压	atm 物理大气压	mmHg(0 ℃) 毫米汞柱	mmH_2O (毫米水柱) = kgf/m^2	④ lbf/in^2 磅/英寸^2
1	10^{-5}	1.02×10^{-5}	9.869×10^{-6}	0.007 5	0.102	1.45×10^{-4}
10^5	1	1.02	0.986 9	750	1.02×10^4	14.5
9.807×10^4	0.980 7	1	0.967 8	735.5	10^4	14.22
1.013×10^5	1.013	1.033	1	760	1.033×10^4	14.7
133.3	0.001 333	0.001 36	0.001 316	1	13.6	0.019 3
9.807	9.807×10^{-5}	10^{-4}	9.678×10^{-5}	0.073 55	1	1.422×10^{-3}
6 895	0.068 95	0.070 31	0.068 04	51.72	703.1	1

5）运动黏度、扩散系数

① cm^2/s 厘米^2/秒	②③ m^2/s 米^2/秒	④ ft^2/s 英尺^2/秒	① cm^2/s 厘米^2/秒	②③ m^2/s 米^2/秒	④ ft^2/s 英尺^2/秒
1	10^{-4}	1.076×10^{-3}	929	9.29×10^{-2}	1
10^4	1	10.76			

注：运动黏度 cm^2/s 又称斯托克斯(简称泡)，以 St 表示。

6）动力黏度(简称黏度)

① P(泊) = $g/(cm \cdot s)$	① cP 厘泊	② Pa·s = $kg/(m \cdot s)$	③ $kgf \cdot s/m^2$ 千克(力)·秒/米^2	④ $lbf/(ft \cdot s)$ 磅(力)/(英尺·秒)
1	10^2	10^{-1}	0.010 2	0.067 2
10^{-2}	1	10^{-3}	1.02×10^{-4}	6.72×10^{-4}
10	10^3	1	0.102	0.672
98.1	9 810	9.81	1	6.59
14.88	1 488	1.488	0.151 9	1

7）能量、功、热量

② J(焦耳) = N·m	③ kgf·m 千克(力)·米	kW·h 千瓦·时	马力·时	③ kcal 千卡	④ BtU 英热单位
1	0.102	2.778×10^{-7}	3.725×10^{-7}	2.39×10^{-4}	9.486×10^{-4}
9.807	1	2.724×10^{-6}	3.653×10^{-6}	2.342×10^{-3}	9.296×10^{-3}
3.6×10^6	3.671×10^5	1	1.341	860	3 413
2.685×10^6	2.738×10^5	0.745 7	1	641.3	2 544

② J(焦耳)= N · m	③ kgf · m 千克(力)·米	kW · h　千瓦·时	马力·时	③ kcal　千卡	④ BtU 英热单位
4.187×10^{3}	426.9	1.162×10^{-3}	1.558×10^{-3}	1	3.968
1.055×10^{3}	107.58	2.93×10^{-4}	3.926×10^{-4}	0.252	1

注:其他换算关系,1 erg(尔格)= 1 dyn · cm = 10^{-7} J。

8)功率、传热速率

② W　瓦	③ kgf · m/s 千克(力)·米/秒	马力	③ kcal/s　千卡/秒	④ BtU/s 英热单位/秒
1	0.102	1.341×10^{-3}	2.389×10^{-4}	9.486×10^{-4}
9.807	1	0.013 15	2.342×10^{-3}	9.296×10^{-3}
745.7	76.04	1	0.178 03	0.706 8
4 187	426.9	5.614	1	3.968
1 055	107.58	1.415	0.252	1

注:其他换算关系,1 erg/s(尔格/秒)= 10^{-7} W(J/s)= 10^{-10} kW。

9)比热容

② kJ/(kg · K) 千焦/(千克·开)	① cal/(g · ℃) 卡/(克·摄氏度)	③ kcal/(kgf · ℃) 千卡/(千克(力)·摄氏度)	④ BtU/(lb · ℉) 英热单位/(磅·华氏度)
1	0.238 9	0.238 9	0.238 9
4.187	1	1	1

10)导热系数

② W/(m · K)	③ kcal/ (m · h · ℃)	① cal/ (cm · s · ℃)	④ BtU/ (ft · h · ℉)	② W/(m · K)	③ kcal/ (m · h · ℃)	① cal/ (cm · s · ℃)	④ BtU/ (ft · h · ℉)
1	0.86	2.389×10^{-3}	0.577 9	418.7	360	1	241.9
1.163	1	2.778×10^{-3}	0.672	1.73	1.488	4.134×10^{-3}	1

11)传热系数

② W/(m² · K)	③ kcal/ (m² · h · ℃)	① cal/ (cm² · s · ℃)	④ BtU/ (ft² · h · ℉)	② W/ (m² · K)	③ kcal/ (m² · h · ℃)	① cal/ (cm² · s · ℃)	④ BtU/ (ft² · h · ℉)
1	0.86	2.389×10^{-5}	0.176	4.187×10^{4}	3.60×10^{4}	1	7 374
1.163	1	2.778×10^{-5}	0.204 8	5.678	4.882	1.356×10^{-4}	1

12) 表面张力

①	②	③	④	①	②	③	④
dyn/cm	N/m	kgf/m	lbf/ft	dyn/cm	N/m	kgf/m	lbf/ft
1	10^{-3}	1.02×10^{-4}	6.852×10^{-5}	9 807	9.807	1	0.672
10^3	1	0.102	6.852×10^{-2}	14 592	14.592	1.488	1

13) 温度

②	①	°R	④	②	①	°R	④
K	℃		℉	K	℃		℉
1	K − 273.16	1.8	$K \times \frac{9}{5} - 459.7$	$\frac{5}{9}$	$\frac{°R - 459.7}{1.8}$	1	°R − 459.7
℃ + 273.16	1	$℃ \times \frac{9}{5} + 459.7$	$℃ \times \frac{9}{5} + 32$	$\frac{℉ + 459.7}{1.8}$	$\frac{℉ - 32}{1.8}$	℉ + 459.7	1

14) 标准重力加速度

$g = 9.807 \text{ m/s}^2{}^{②③} = 980.7 \text{ cm/s}^2{}^{①} = 32.17 \text{ ft/s}^2{}^{④}$

15) 通用气体常数

$R = 8.314 \text{ kJ/(kmol} \cdot \text{K)}^{②} = 1.987 \text{ kcal/(kmol} \cdot \text{K)}^{①} = 848 \text{ kgf} \cdot \text{m/(kmol} \cdot \text{K)}^{③}$

$= 82.06 \text{ atm} \cdot \text{cm}^3/(\text{mol} \cdot \text{K}) = 0.082 06 \text{ atm} \cdot \text{m}^3/(\text{kmol} \cdot \text{K})$

$= 1.987 \text{ BtU/(lbmol} \cdot °\text{R)}^{④}$

$= 1 544 \text{ lbf} \cdot \text{ft/(lbmol} \cdot °\text{R)}^{④}$

16) 斯提芬－玻尔兹曼常数

$\sigma_0 = 5.67 \times 10^{-8} \text{ W/(m}^2 \cdot \text{K}^4)^{②} = 5.71 \times 10^{-5} \text{ erg/(s} \cdot \text{cm}^2 \cdot \text{K}^4)^{①}$

$= 4.88 \times 10^{-8} \text{ kcal/(h} \cdot \text{m}^2 \cdot \text{K}^4)^{③} = 0.173 \times 10^{-8} \text{ BtU/(ft}^2 \cdot \text{h} \cdot °\text{R}^4)^{④}$

附录二　某些液体的重要物理性质

名称	分子式	密度 ρ (20 ℃) /(kg/m³)	沸点 t_b (101.3 kPa) /℃	汽化焓 $\Delta_v h$ (760 mmHg) /(kJ/kg)	比热容 c_p (20 ℃)/ [kJ/(kg·℃)]	黏度 μ (20 ℃) /mPa·s	导热系数 λ (20 ℃)/ [W/(m·℃)]	体积膨胀系数(20 ℃) $\beta \times 10^4$ /℃$^{-1}$	表面张力 (20 ℃) $\sigma \times 10^3$ /(N/m)
水	H_2O	998	100	2 258	4.183	1.005	0.599	1.82	72.8
氯化钠盐水 (25%)	—	1 186	107	—	3.39	2.3	0.57 (30 ℃)	(4.4)	—
氯化钙盐水 (25%)	—	1 228	107	—	2.89	2.5	0.57	(3.4)	—
硫酸	H_2SO_4	1 831	340(分解)	—	1.47(98%)	23	0.38	5.7	—
硝酸	HNO_3	1 513	86	481.1	—	1.17(10 ℃)	—	—	—
盐酸(30%)	HCl	1 149	—	—	2.55	2(31.5%)	0.42	—	—
二硫化碳	CS_2	1 262	46.3	352	1.005	0.38	0.16	12.1	32
戊烷	C_5H_{12}	626	36.07	357.4	2.24 (15.6 ℃)	0.229	0.113	15.9	16.2
己烷	C_6H_{14}	659	68.74	335.1	2.31 (15.6 ℃)	0.313	0.119	—	18.2

续表

名称	分子式	密度 ρ (20℃) /(kg/m³)	沸点 t_b (101.3 kPa) /℃	汽化焓 $\Delta_v h$ (760 mmHg) /(kJ/kg)	比热容 c_p (20℃)/ [kJ/(kg·℃)]	黏度 μ (20℃) /mPa·s	导热系数 λ (20℃)/ [W/(m·℃)]	体积膨胀系数(20℃) $\beta \times 10^4$ /℃⁻¹	表面张力(20℃) $\sigma \times 10^3$ /(N/m)
庚烷	C_7H_{16}	684	98.43	316.5	2.21 (15.6℃)	0.411	0.123	—	20.1
辛烷	C_8H_{18}	703	125.67	306.4	2.19 (15.6℃)	0.54	0.131	—	21.8
三氯甲烷	$CHCl_3$	1 489	61.2	253.7	0.992	0.58	0.138 (30℃)	12.6	28.5 (10℃)
四氯化碳	CCl_4	1 594	76.8	195	0.85	1	0.12	—	26.8
1,2-二氯乙烷	$C_2H_4Cl_2$	1 253	83.6	324	1.26	0.83	0.14 (50℃)	—	30.8
苯	C_6H_6	879	80.1	393.9	1.704	0.737	0.148	12.4	28.6
甲苯	C_7H_8	867	110.63	363	1.7	0.675	0.138	10.9	27.9
邻二甲苯	C_8H_{10}	880	144.42	347	1.74	0.811	0.142	—	30.2
间二甲苯	C_8H_{10}	864	139.1	343	1.7	0.611	0.167	0.1	29
对二甲苯	C_8H_{10}	861	138.35	340	1.704	0.643	0.129	—	28
苯乙烯	C_8H_8	911 (15.6℃)	145.2	(352)	1.733	0.72	—	—	—
氯苯	C_6H_5Cl	1 106	131.8	325	1.298	0.85	0.14 (30℃)	—	32
硝基苯	$C_6H_5NO_2$	1 203	210.9	396	1.47	2.1	0.15	—	41
苯胺	$C_6H_5NH_2$	1 022	184.4	448	2.07	4.3	0.17	8.5	42.9
苯酚	C_6H_5OH	1 050 (50℃)	181.8(熔点40.9℃)	511	—	3.4(50℃)	—	—	—
萘	$C_{10}H_8$	1 145 (固体)	217.9(熔点80.2℃)	314	1.8 (100℃)	0.59 (100℃)	—	—	—
甲醇	CH_3OH	791	64.7	1 101	2.48	0.6	0.212	12.2	22.6
乙醇	C_2H_5OH	789	78.3	846	2.39	1.15	0.172	11.6	22.8
乙醇(95%)	—	804	78.2	—	—	1.4	—	—	—
乙二醇	$C_2H_4(OH)_2$	1 113	197.6	780	2.35	23	—	—	47.7
甘油	$C_3H_5(OH)_3$	1 261	290(分解)	—	—	1 499	0.59	5.3	63
乙醚	$(C_2H_5)_2O$	714	34.6	360	2.34	0.24	0.14	16.3	18
乙醛	CH_3CHO	783(18℃)	20.2	574	1.9	1.3(18℃)	—	—	21.2
糠醛	$C_5H_4O_2$	1 168	161.7	452	1.6	1.15 (50℃)	—	—	43.5
丙酮	CH_3COCH_3	792	56.2	523	2.35	0.32	0.17	—	23.7
甲酸	$HCOOH$	1 220	100.7	494	2.17	1.9	0.26	—	27.8
醋酸	CH_3COOH	1 049	118.1	406	1.99	1.3	0.17	10.7	23.9
醋酸乙酯	$CH_3COOC_2H_5$	901	77.1	368	1.92	0.48	0.14 (10℃)	—	—
煤油	—	780~820	—	—	—	3	0.15	10	—
汽油	—	680~800	—	—	—	0.7~0.8	0.19 (30℃)	12.5	—

附录三　常用固体材料的密度和比热容

名称	密度/(kg/m³)	比热容/[kJ/(kg·℃)]	名称	密度/(kg/m³)	比热容/[kJ/(kg·℃)]
金属			建筑材料、绝热材料、耐酸材料及其他		
钢	7 850	0.461	干砂	1 500～1 700	0.796
不锈钢	7 900	0.502	黏土	1 600～1 800	0.754 (−20 ℃～20 ℃)
铸铁	7 220	0.502			
铜	8 800	0.406	锅炉炉渣	700～1 100	—
青铜	8 000	0.381	黏土砖	1 600～1 900	0.921
黄铜	8 600	0.379	耐火砖	1 840	0.963～1.005
铝	2 670	0.921	绝热砖(多孔)	600～1 400	—
镍	9 000	0.461	混凝土	2 000～2 400	0.837
铅	11 400	0.129 8	软木	100～300	0.963
塑料			石棉板	770	0.816
酚醛	1 250～1 300	1.26～1.67	石棉水泥板	1 600～1 900	—
脲醛	1 400～1 500	1.26～1.67	玻璃	2 500	0.67
聚氯乙烯	1 380～1 400	1.84	耐酸陶瓷制品	2 200～2 300	0.75～0.8
聚苯乙烯	1 050～1 070	1.34	耐酸砖和板	2 100～2 400	—
低压聚乙烯	940	2.55	耐酸搪瓷	2 300～2 700	0.837～1.26
高压聚乙烯	920	2.22	橡胶	1 200	1.38
有机玻璃	1 180～1 190	—	冰	900	2.11

附录四　干空气的重要物理性质(101.33 kPa)

温度 t/℃	密度 ρ/(kg/m³)	比热容 c_p/[kJ/(kg·℃)]	导热系数 $\lambda \times 10^2$/[W/(m·℃)]	黏度 $\mu \times 10^5$/(Pa·s)	普兰德数 Pr
−50	1.584	1.013	2.035	1.46	0.728
−40	1.515	1.013	2.117	1.52	0.728
−30	1.453	1.013	2.198	1.57	0.723
−20	1.395	1.009	2.279	1.62	0.716
−10	1.342	1.009	2.360	1.67	0.712
0	1.293	1.005	2.442	1.72	0.707
10	1.247	1.005	2.512	1.77	0.705
20	1.205	1.005	2.591	1.81	0.703
30	1.165	1.005	2.673	1.86	0.701
40	1.128	1.005	2.756	1.91	0.699
50	1.093	1.005	2.826	1.96	0.698
60	1.060	1.005	2.896	2.01	0.696
70	1.029	1.009	2.966	2.06	0.694
80	1.000	1.009	3.047	2.11	0.692
90	0.972	1.009	3.128	2.15	0.690
100	0.946	1.009	3.210	2.19	0.688
120	0.898	1.009	3.338	2.29	0.686
140	0.854	1.013	3.489	2.37	0.684
160	0.815	1.017	3.640	2.45	0.682
180	0.779	1.022	3.780	2.53	0.681
200	0.746	1.026	3.931	2.60	0.680

温度 t/℃	密度 ρ/(kg/m³)	比热容 c_p /[kJ/(kg·℃)]	导热系数 $\lambda \times 10^2$ /[W/(m·℃)]	黏度 $\mu \times 10^5$/(Pa·s)	普兰德数 Pr
250	0.674	1.038	4.268	2.74	0.677
300	0.615	1.047	4.605	2.97	0.674
350	0.566	1.059	4.908	3.14	0.676
400	0.524	1.068	5.210	3.30	0.678
500	0.456	1.093	5.745	3.62	0.687
600	0.404	1.114	6.222	3.91	0.699
700	0.362	1.135	6.711	4.18	0.706
800	0.329	1.156	7.176	4.43	0.713
900	0.301	1.172	7.630	4.67	0.717
1 000	0.277	1.185	8.071	4.90	0.719
1 100	0.257	1.197	8.502	5.12	0.722
1 200	0.239	1.206	9.153	5.35	0.724

附录五　水的重要物理性质

温度 t/℃	饱和蒸气压 p/kPa	密度 ρ /(kg/m³)	焓 H /(kJ/kg)	比热容 c_p /[kJ/(kg·℃)]	导热系数 $\lambda \times 10^2$/[W/(m·℃)]	黏度 $\mu \times 10^5$ /(Pa·s)	体积膨胀系数 $\beta \times 10^4$ /℃⁻¹	表面张力 $\sigma \times 10^3$ /(N/m)	普兰德数 Pr
0	0.608	999.9	0	4.212	55.13	179.2	-0.63	75.6	13.67
10	1.226	999.7	42.04	4.191	57.45	130.8	0.70	74.1	9.52
20	2.335	998.2	83.90	4.183	59.89	100.5	1.82	72.6	7.02
30	4.247	995.7	125.7	4.174	61.76	80.07	3.21	71.2	5.42
40	7.377	992.2	167.5	4.174	63.38	65.60	3.87	69.6	4.31
50	12.31	988.1	209.3	4.174	64.78	54.94	4.49	67.7	3.54
60	19.92	983.2	251.1	4.178	65.94	46.88	5.11	66.2	2.98
70	31.16	977.8	293.0	4.178	66.76	40.61	5.70	64.3	2.55
80	47.38	971.8	334.9	4.195	67.45	35.65	6.32	62.6	2.21
90	70.14	965.3	377.0	4.208	68.04	31.65	6.95	60.7	1.95
100	101.3	958.4	419.1	4.220	68.27	28.38	7.52	58.8	1.75
110	143.3	951.0	461.3	4.238	68.50	25.89	8.08	56.9	1.60
120	198.6	943.1	503.7	4.250	68.62	23.73	8.64	54.8	1.47
130	270.3	934.8	546.4	4.266	68.62	21.77	9.19	52.8	1.36
140	361.5	926.1	589.1	4.287	68.50	20.10	9.72	50.7	1.26
150	476.2	917.0	632.2	4.312	68.38	18.63	10.3	48.6	1.17
160	618.3	907.4	675.3	4.346	68.27	17.36	10.7	46.6	1.10
170	792.6	897.3	719.0	4.379	67.92	16.28	11.3	45.3	1.05
180	1 003.5	886.9	763.3	4.417	67.45	15.30	11.9	42.3	1.00
190	1 225.6	876.0	807.6	4.460	66.99	14.42	12.6	40.8	0.96
200	1 554.8	863.0	852.4	4.505	66.29	13.63	13.3	38.4	0.93
210	1 917.7	852.8	897.7	4.555	65.48	13.04	14.1	36.1	0.91
220	2 320.9	840.3	943.7	4.614	64.55	12.46	14.8	33.8	0.89
230	2 798.6	827.3	990.2	4.681	63.73	11.97	15.9	31.6	0.88
240	3 347.9	813.6	1 037.5	4.756	62.80	11.47	16.8	29.1	0.87
250	3 977.7	799.0	1 085.6	4.844	61.76	10.98	18.1	26.7	0.86
260	4 693.8	784.0	1 135.0	4.949	60.43	10.59	19.7	24.2	0.87
270	5 504.0	767.9	1 185.3	5.070	59.96	10.20	21.6	21.9	0.88
280	6 417.2	750.7	1 236.3	5.229	57.45	9.81	23.7	19.5	0.90
290	7 443.3	732.3	1 289.9	5.485	55.82	9.42	26.2	17.2	0.93
300	8 592.9	712.5	1 344.8	5.736	53.96	9.12	29.2	14.7	0.97

附录六　水在不同温度下的黏度

温度/℃	黏度/(mPa·s)	温度/℃	黏度/(mPa·s)	温度/℃	黏度/(mPa·s)
0	1.792 1	34	0.737 1	69	0.411 7
1	1.731 3	35	0.722 5	70	0.406 1
2	1.672 8	36	0.708 5	71	0.400 6
3	1.619 1	37	0.694 7	72	0.395 2
4	1.567 4	38	0.681 4	73	0.390 0
5	1.518 8	39	0.668 5	74	0.384 9
6	1.472 8	40	0.656 0	75	0.379 9
7	1.428 4	41	0.643 9	76	0.375 0
8	1.386 0	42	0.632 1	77	0.370 2
9	1.346 2	43	0.620 7	78	0.365 5
10	1.307 7	44	0.609 7	79	0.361 0
11	1.271 3	45	0.598 8	80	0.356 5
12	1.236 3	46	0.588 3	81	0.352 1
13	1.202 8	47	0.578 2	82	0.347 8
14	1.170 9	48	0.568 3	83	0.343 6
15	1.140 4	49	0.558 8	84	0.339 5
16	1.111 1	50	0.549 4	85	0.335 5
17	1.082 8	51	0.540 4	86	0.331 5
18	1.055 9	52	0.531 5	87	0.327 6
19	1.029 9	53	0.522 9	88	0.323 9
20	1.005 0	54	0.514 6	89	0.320 2
20.2	1.000 0	55	0.506 4	90	0.316 5
21	0.981 0	56	0.498 5	91	0.313 0
22	0.957 9	57	0.490 7	92	0.309 5
23	0.935 9	58	0.483 2	93	0.306 0
24	0.914 2	59	0.475 9	94	0.302 7
25	0.893 7	60	0.468 8	95	0.299 4
26	0.873 7	61	0.461 8	96	0.296 2
27	0.854 5	62	0.455 0	97	0.293 0
28	0.836 0	63	0.448 3	98	0.289 9
29	0.818 0	64	0.441 8	99	0.286 8
30	0.800 7	65	0.435 5	100	0.283 8
31	0.784 0	66	0.429 3		
32	0.767 9	67	0.423 3		
33	0.752 3	68	0.417 4		

附录七　饱和水蒸气表(按温度排列)

温度 t/℃	绝对压强 p/kPa	蒸汽密度 ρ /(kg/m³)	比焓 h/(kJ/kg)		比汽化焓/(kJ/kg)
			液体	蒸汽	
0	0.608 2	0.004 84	0	2 491.0	2 491
5	0.873 0	0.006 80	20.9	2 500.8	2 480
10	1.226	0.009 40	41.9	2 510.4	2 469
15	1.707	0.012 83	62.8	2 520.5	2 458
20	2.335	0.017 19	83.7	2 530.1	2 446
25	3.168	0.023 04	104.7	2 539.7	2 435
30	4.247	0.030 36	125.6	2 549.3	2 424
35	5.621	0.039 60	146.5	2 559.0	2 412
40	7.377	0.051 14	167.5	2 568.6	2 401
45	9.584	0.065 43	188.4	2 577.8	2 389
50	12.34	0.083 0	209.3	2 587.4	2 378
55	15.74	0.104 3	230.3	2 596.7	2 366
60	19.92	0.130 1	251.2	2 606.3	2 355
65	25.01	0.161 1	272.1	2 615.5	2 343
70	31.16	0.197 9	293.1	2 624.3	2 331
75	38.55	0.241 6	314.0	2 633.5	2 320
80	47.38	0.292 9	334.9	2 642.3	2 307
85	57.88	0.353 1	355.9	2 651.1	2 295
90	70.14	0.422 9	376.8	2 659.9	2 283
95	84.56	0.503 9	397.8	2 668.7	2 271
100	101.33	0.597 0	418.7	2 677.0	2 258
105	120.85	0.703 6	440.0	2 685.0	2 245
110	143.31	0.825 4	461.0	2 693.4	2 232
115	169.11	0.963 5	482.3	2 701.3	2 219
120	198.64	1.119 9	503.7	2 708.9	2 205
125	232.19	1.296	525.0	2 716.4	2 191
130	270.25	1.494	546.4	2 723.9	2 178
135	313.11	1.715	567.7	2 731.0	2 163
140	361.47	1.962	589.1	2 737.7	2 149
145	415.72	2.238	610.9	2 744.4	2 134
150	476.24	2.543	632.2	2 750.7	2 119
160	618.28	3.252	675.8	2 762.9	2 087
170	792.59	4.113	719.3	2 773.3	2 054
180	1 003.5	5.145	763.3	2 782.5	2 019
190	1 255.6	6.378	807.6	2 790.1	1 982
200	1 554.8	7.840	852.0	2 795.5	1 944
210	1 917.7	9.567	897.2	2 799.3	1 902
220	2 320.9	11.60	942.4	2 801.0	1 859
230	2 798.6	13.98	988.5	2 800.1	1 812
240	3 347.9	16.76	1 034.6	2 796.8	1 762
250	3 977.7	20.01	1 081.4	2 790.1	1 709
260	4 693.8	23.82	1 128.8	2 780.9	1 652
270	5 504.0	28.27	1 176.9	2 768.3	1 591
280	6 417.2	33.47	1 225.5	2 752.0	1 526
290	7 443.3	39.60	1 274.5	2 732.3	1 457
300	8 592.9	46.93	1 325.5	2 708.0	1 382

附录八 饱和水蒸气表(按压强排列)

绝对压强 p/kPa	温度 t/℃	蒸汽密度 ρ/(kg/m³)	比焓 h/(kJ/kg)		比汽化焓/(kJ/kg)
			液体	蒸汽	
1. 0	6. 3	0. 007 73	26. 5	2 503. 1	2 477
1. 5	12. 5	0. 011 33	52. 3	2 515. 3	2 463
2. 0	17. 0	0. 014 86	71. 2	2 524. 2	2 453
2. 5	20. 9	0. 018 36	87. 5	2 531. 8	2 444
3. 0	23. 5	0. 021 79	98. 4	2 536. 8	2 438
3. 5	26. 1	0. 025 23	109. 3	2 541. 8	2 433
4. 0	28. 7	0. 028 67	120. 2	2 546. 8	2 427
4. 5	30. 8	0. 032 05	129. 0	2 550. 9	2 422
5. 0	32. 4	0. 035 37	135. 7	2 554. 0	2 418
6. 0	35. 6	0. 042 00	149. 1	2 560. 1	2 411
7. 0	38. 8	0. 048 64	162. 4	2 566. 3	2 404
8. 0	41. 3	0. 055 14	172. 7	2 571. 0	2 398
9. 0	43. 3	0. 061 56	181. 2	2 574. 8	2 394
10. 0	45. 3	0. 067 98	189. 6	2 578. 5	2 389
15. 0	53. 5	0. 099 56	224. 0	2 594. 0	2 370
20. 0	60. 1	0. 130 7	251. 5	2 606. 4	2 355
30. 0	66. 5	0. 190 9	288. 8	2 622. 4	2 334
40. 0	75. 0	0. 249 8	315. 9	2 634. 1	2 312
50. 0	81. 2	0. 308 0	339. 8	2 644. 3	2 304
60. 0	85. 6	0. 365 1	358. 2	2 652. 1	2 394
70. 0	89. 9	0. 422 3	376. 6	2 659. 8	2 283
80. 0	93. 2	0. 478 1	390. 1	2 665. 3	2 275
90. 0	96. 4	0. 533 8	403. 5	2 670. 8	2 267
100. 0	99. 6	0. 589 6	416. 9	2 676. 3	2 259
120. 0	104. 5	0. 698 7	437. 5	2 684. 3	2 247
140. 0	109. 2	0. 807 6	457. 7	2 692. 1	2 234
160. 0	113. 0	0. 829 8	473. 9	2 698. 1	2 224
180. 0	116. 6	1. 021	489. 3	2 703. 7	2 214
200. 0	120. 2	1. 127	493. 7	2 709. 2	2 205
250. 0	127. 2	1. 390	534. 4	2 719. 7	2 185
300. 0	133. 3	1. 650	560. 4	2 728. 5	2 168
350. 0	138. 8	1. 907	583. 8	2 736. 5	2 152
400. 0	143. 4	2. 162	603. 6	2 742. 1	2 138
450. 0	147. 7	2. 415	622. 4	2 747. 8	2 125
500. 0	151. 7	2. 667	639. 6	2 752. 8	2 113
600. 0	158. 7	3. 169	676. 2	2 761. 4	2 091
700. 0	164. 7	3. 666	696. 3	2 767. 8	2 072
800. 0	170. 4	4. 161	721. 0	2 773. 7	2 053
900. 0	175. 1	4. 652	741. 8	2 778. 1	2 036
1×10^3	179. 9	5. 143	762. 7	2 782. 5	2 020
$1. 1 \times 10^3$	180. 2	5. 633	780. 3	2 785. 5	2 005

绝对压强 p/kPa	温度 t/℃	蒸汽密度 ρ/(kg/m³)	比焓 h/(kJ/kg)		比汽化焓/(kJ/kg)
			液体	蒸汽	
1.2×10^3	187.8	6.124	797.9	2 788.5	1 991
1.3×10^3	191.5	6.614	814.2	2 790.9	1 977
1.4×10^3	194.8	7.103	829.1	2 792.4	1 964
1.5×10^3	198.2	7.594	843.9	2 794.5	1 951
1.6×10^3	201.3	8.081	857.8	2 796.0	1 938
1.7×10^3	204.1	8.567	870.6	2 797.1	1 926
1.8×10^3	206.9	9.053	883.4	2 798.1	1 915
1.9×10^3	209.8	9.539	896.2	2 799.2	1 903
2×10^3	212.2	10.03	907.3	2 799.7	1 892
3×10^3	233.7	15.01	1 005.4	2 798.9	1 794
4×10^3	250.3	20.10	1 082.9	2 789.8	1 707
5×10^3	263.8	25.37	1 146.9	2 776.2	1 629
6×10^3	275.4	30.85	1 203.2	2 759.5	1 556
7×10^3	285.7	36.57	1 253.2	2 740.8	1 488
8×10^3	294.8	42.58	1 299.2	2 720.5	1 404
9×10^3	303.2	48.89	1 343.5	2 699.1	1 357

附录九 液体黏度共线图

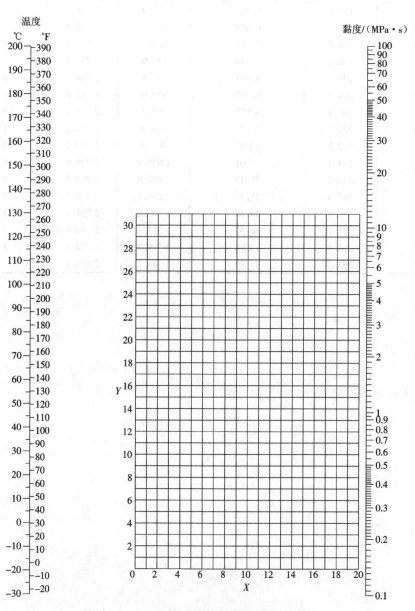

附录图 1 液体黏度共线图

液体黏度共线图坐标值

序号	名称	X	Y	序号	名称	X	Y
1	水	10.2	13.0	36	氯苯	12.3	12.4
2	盐水(25% NaCl)	10.2	16.6	37	硝基苯	10.6	16.2
3	盐水(25% CaCl$_2$)	6.6	15.9	38	苯胺	8.1	18.7
4	氨	12.6	2.0	39	苯酚	6.9	20.8
5	氨水(26%)	10.1	13.9	40	联苯	12.0	18.3
6	二氧化碳	11.6	0.3	41	萘	7.9	18.1
7	二氧化硫	15.2	7.1	42	甲醇(100%)	12.4	10.5
8	二氧化氮	12.9	8.6	43	甲醇(90%)	12.3	11.8
9	二硫化碳	16.1	7.5	44	甲醇(40%)	7.8	15.5
10	溴	14.2	13.2	45	乙醇(100%)	10.5	13.8
11	汞	18.4	16.4	46	乙醇(95%)	9.8	14.3
12	硫酸(60%)	10.2	21.3	47	乙醇(40%)	6.5	16.6
13	硫酸(98%)	7.0	24.8	48	乙二醇	6.0	23.6
14	硫酸(100%)	8.0	25.1	49	甘油(100%)	2.0	30.0
15	硫酸(110%)	7.2	27.4	50	甘油(50%)	6.9	19.6
16	硝酸(60%)	10.8	17.0	51	乙醚	14.5	5.3
17	硝酸(95%)	12.8	13.8	52	乙醛	15.2	14.8
18	盐酸(31.5%)	13.0	16.6	53	丙酮(35%)	7.9	15.0
19	氢氧化钠(50%)	3.2	25.8	54	丙酮(100%)	14.5	7.2
20	戊烷	14.9	5.2	55	甲酸	10.7	15.8
21	己烷	14.7	7.0	56	醋酸(100%)	12.1	14.2
22	庚烷	14.1	8.4	57	醋酸(70%)	9.5	17.0
23	辛烷	13.7	10.0	58	醋酸酐	12.7	12.8
24	氯甲烷	15.0	3.8	59	醋酸乙酯	13.7	9.1
25	氯乙烷	14.8	6.0	60	醋酸戊酯	11.8	12.5
26	三氯甲烷	14.4	10.2	61	甲酸乙酯	14.2	8.4
27	四氯化碳	12.7	13.1	62	甲酸丙酯	13.1	9.7
28	二氯乙烷	13.2	12.2	63	丙酸	12.8	13.8
29	氯乙烯	12.7	12.2	64	丙烯酸	12.3	13.9
30	苯	12.5	10.9	65	氟利昂－11(CCl$_3$F)	14.4	9.0
31	甲苯	13.7	10.4	66	氟利昂－12(CCl$_2$F$_2$)	16.8	5.6
32	邻二甲苯	13.5	12.1	67	氟利昂－21(CHCl$_2$F)	15.7	7.5
33	间二甲苯	13.9	10.6	68	氟利昂－22(CHClF$_2$)	17.2	4.7
34	对二甲苯	13.9	10.9	69	氟利昂－113(CCl$_2$F · CClF$_2$)	12.5	11.4
35	乙苯	13.2	11.5	70	煤油	10.2	16.9

用法举例:求苯在50 ℃时的黏度。

从液体黏度共线图坐标值表中查得苯的两个坐标值分别为 $X = 12.5$, $Y = 10.9$,在共线图上可找到这两个坐标值所对应的点,将此点与图中左方温度标尺上50 ℃的点连成一条直线,延长与右方的黏度标尺相交,即可读得苯在50 ℃的黏度为0.44 MPa·s。

附录十　气体黏度共线图(常压下用)

用法同附录九(液体黏度共线图)。

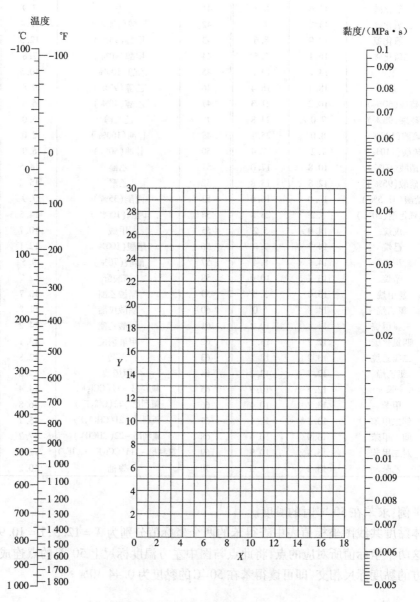

附录图 2　气体黏度共线图(常压下用)

气体黏度共线图(常压下用)坐标值

序号	名称	X	Y	序号	名称	X	Y
1	空气	11.0	20.0	24	乙烷	9.1	14.5
2	氧	11.0	21.3	25	乙烯	9.5	15.1
3	氮	10.6	20.0	26	乙炔	9.8	14.9
4	氢	11.2	12.4	27	丙烷	9.7	12.9
5	$3H_2 + N_2$	11.2	17.2	28	丙烯	9.0	13.8
6	水蒸气	8.0	16.0	29	丁烯	9.2	13.7
7	一氧化碳	11.0	20.0	30	戊烷	7.0	12.8
8	二氧化碳	9.5	18.7	31	己烷	8.6	11.8
9	一氧化二氮	8.8	19.0	32	三氯甲烷	8.9	15.7
10	二氧化硫	9.6	17.0	33	苯	8.5	13.2
11	二硫化碳	8.0	16.0	34	甲苯	8.6	12.4
12	一氧化氮	10.9	20.5	35	甲醇	8.5	15.6
13	氨	8.4	16.0	36	乙醇	9.2	14.2
14	汞	5.3	22.9	37	丙醇	8.4	13.4
15	氟	7.3	23.8	38	醋酸	7.7	14.3
16	氯	9.0	18.4	39	丙酮	8.9	13.0
17	氯化氢	8.8	18.7	40	乙醚	8.9	13.0
18	溴	8.9	19.2	41	醋酸乙酯	8.5	13.2
19	溴化氢	8.8	20.9	42	氟利昂-11	10.6	15.1
20	碘	9.0	18.4	43	氟利昂-12	11.1	16.0
21	碘化氢	9.0	21.3	44	氟利昂-21	10.8	15.3
22	硫化氢	8.6	18.0	45	氟利昂-22	10.1	17.0
23	甲烷	9.9	15.5	46	氟利昂-113	11.3	14.0

附录十一 液体比热容共线图

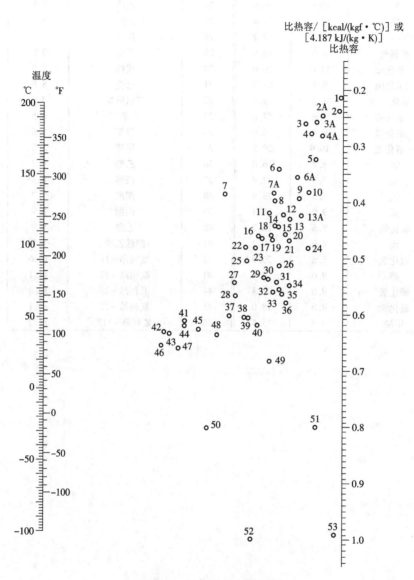

附录图 3 液体比热容共线图

使用方法:用本图求液体在指定温度下的比热容时,可连接温度标尺上的指定温度与物料编号所对应的点并延长,在比热容标尺上读得所需数据,再乘以 4.187 即得以 kJ/(kg·℃)为单位的比热容值。

液体比热容共线图中的编号

编号	名称	温度范围/℃	编号	名称	温度范围/℃	编号	名称	温度范围/℃
53	水	10～200	6A	二氯乙烷	−30～60	47	异丙醇	−20～50
51	盐水(25% NaCl)	−40～20	3	过氯乙烯	−30～40	44	丁醇	0～100
49	盐水(25% CaCl₂)	−40～20	23	苯	10～80	43	异丁醇	0～100
52	氨	−70～50	23	甲苯	0～60	37	戊醇	−50～25
11	二氧化硫	−20～100	17	对二甲苯	0～100	41	异戊醇	10～100
2	二硫化碳	−100～25	18	间二甲苯	0～100	39	乙二醇	−40～200
9	硫酸(98%)	10～45	19	邻二甲苯	0～100	38	甘油	−40～20
48	盐酸(30%)	20～100	8	氯苯	0～100	27	苯甲基醇	−20～30
35	己烷	−80～20	12	硝基苯	0～100	36	乙醚	−100～25
28	庚烷	0～60	30	苯胺	0～130	31	异丙醚	−80～200
33	辛烷	−50～25	10	苯甲基氯	−20～30	32	丙酮	20～50
34	壬烷	−50～25	25	乙苯	0～100	29	醋酸	0～80
21	癸烷	−80～25	15	联苯	80～120	24	醋酸乙酯	−50～25
13A	氯甲烷	−80～20	16	联苯醚	0～200	26	醋酸戊酯	0～100
5	二氯甲烷	−40～50	16	联苯－联苯醚	0～200	20	吡啶	−50～25
4	三氯甲烷	0～50	14	萘	90～200	2A	氟利昂－11	−20～70
22	二苯基甲烷	30～100	40	甲醇	−40～20	6	氟利昂－12	−40～15
3	四氯化碳	10～60	42	乙醇(100%)	30～80	4A	氟利昂－21	−20～70
13	氯乙烷	−30～40	46	乙醇(95%)	20～80	7A	氟利昂－22	−20～60
1	溴乙烷	5～25	50	乙醇(50%)	20～80	3A	氟利昂－113	−20～70
7	碘乙烷	0～100	45	丙醇	−20～100			

附录十二　气体比热容共线图(常压下用)

用法同附录十一(液体比热容共线图)。

气体比热容共线图(常压下用)中的编号

编号	名称	温度范围/℃	编号	名称	温度范围/℃	编号	名称	温度范围/℃
27	空气	0～1 400	24	二氧化碳	400～1 400	9	乙烷	200～600
23	氧	0～500	22	二氧化硫	0～400	8	乙烷	600～1 400
29	氧	500～1 400	31	二氧化硫	400～1 400	4	乙烯	0～200
26	氮	0～1 400	17	水蒸气	0～1 400	11	乙烯	200～600
1	氢	0～600	19	硫化氢	0～700	13	乙烯	600～1 400
2	氢	600～1 400	21	硫化氢	700～1 400	10	乙炔	0～200
32	氯	0～200	20	氟化氢	0～1 400	15	乙炔	200～400
34	氯	200～1 400	30	氯化氢	0～1 400	16	乙炔	400～1 400
33	硫	300～1 400	35	溴化氢	0～1 400	17B	氟利昂－11	0～500
12	氨	0～600	36	碘化氢	0～1 400	17C	氟利昂－21	0～500
14	氨	600～1 400	5	甲烷	0～300	17A	氟利昂－22	0～500
25	一氧化氮	0～700	6	甲烷	300～700	17D	氟利昂－113	0～500
28	一氧化氮	700～1 400	7	甲烷	700～1 400			
18	二氧化碳	0～400	3	乙烷	0～200			

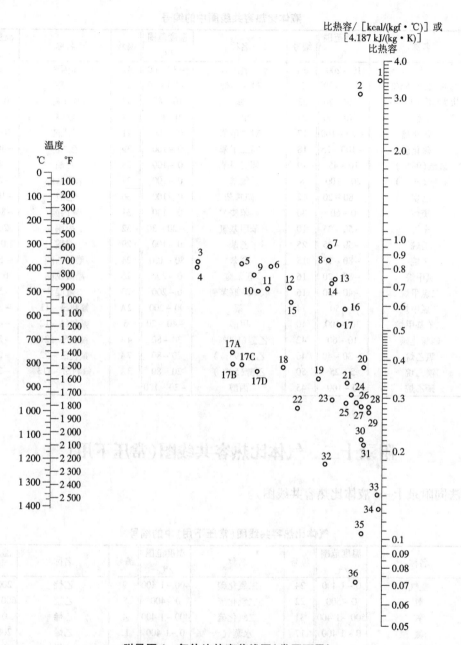

附录图4 气体比热容共线图(常压下用)

附录十三　气体导热系数共线图(常压下用)

用法同附录九(液体黏度共线图)。

气体导热系数共线图(常压下用)坐标值

气体或蒸气	温度范围/K	X	Y	气体或蒸气	温度范围/K	X	Y
丙酮	250~500	3.7	14.8	氟利昂-22(CHClF$_2$)	250~500	6.5	18.6
乙炔	200~600	7.5	13.5	氟利昂-113(CCl$_2$F·CClF$_2$)	250~400	4.7	17.0
空气	50~250	12.4	13.9	氦	50~500	17.0	2.5
空气	250~1 000	14.7	15.0	氦	500~5 000	15.0	3.0
空气	1 000~1 500	17.1	14.5	正庚烷	250~600	4.0	14.8
氨	200~900	8.5	12.6	正庚烷	600~1 000	6.9	14.9
氩	250~5 000	15.4	18.1	氢	50~250	13.2	1.2
苯	250~600	2.8	14.2	氢	250~1 000	15.7	1.3
三氟化硼	250~400	12.4	16.4	氢	1 000~2 000	13.7	2.7
溴	250~350	10.1	23.6	氯化氢	200~700	12.2	18.5
正丁烷	250~500	5.6	14.1	氪	100~700	13.7	21.8
异丁烷	250~500	5.7	14.0	甲烷	100~300	11.2	11.7
二氧化碳	200~700	8.7	15.5	甲烷	300~1 000	8.5	11.0
二氧化碳	700~1 200	13.3	15.4	甲醇	300~500	5.0	14.3
一氧化碳	80~300	12.3	14.2	氯甲烷	250~700	4.7	15.7
一氧化碳	300~1 200	15.2	15.2	氖	50~250	15.2	10.2
四氯化碳	250~500	9.4	21.0	氖	250~5 000	17.2	11.0
氯	200~700	10.8	20.1	氧化氮	100~1 000	13.2	14.8
氘	50~100	12.7	17.3	氮	50~250	12.5	14.0
氘	100~400	14.5	19.3	氮	250~1 500	15.8	15.3
乙烷	200~1 000	5.4	12.6	氮	1 500~3 000	12.5	16.5
乙醇	250~350	2.0	13.0	一氧化二氮	200~500	8.4	15.0
乙醇	350~500	7.7	15.2	一氧化二氮	500~1 000	11.5	15.5
乙醚	250~500	5.3	14.1	氧	50~300	12.2	13.8
乙烯	200~450	3.9	12.3	氧	300~1 500	14.5	14.8
氟	80~600	12.3	13.8	戊烷	250~500	5.0	14.1
氟	600~800	18.7	13.8	丙烷	200~300	2.7	12.0
氟利昂-11(CCl$_3$F)	250~500	7.5	19.0	丙烷	300~500	6.3	13.7
氟利昂-12(CCl$_2$F$_2$)	250~500	6.8	17.5	二氧化硫	250~900	9.2	18.5
氟利昂-13(CClF$_3$)	250~500	7.5	16.5	甲苯	250~600	6.4	14.8
氟利昂-21(CHCl$_2$F)	250~450	6.2	17.5	氙	150~700	13.3	25.0

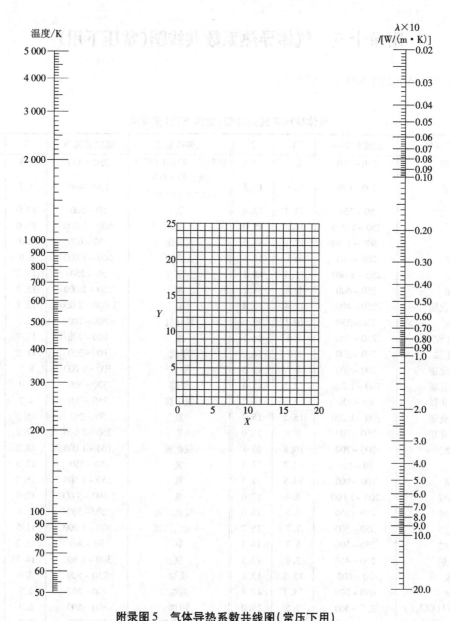

附录图 5 气体导热系数共线图（常压下用）

附录十四　液体比汽化焓(蒸发潜热)共线图

用法举例:求水在 $t=100$ ℃时的比汽化焓(蒸发潜热)。

从编号表中查得水的编号为30,又查得水的临界温度 $t_c=374$ ℃,则 $t_c-t=374-100=274$ ℃,在图中的 t_c-t 标尺上定出 274 ℃的点,并与编号 30 的圆圈中心点连成一条直线,延长至与比汽化焓标尺相交,读得交点的读数为 540 kcal/kgf 或 2 260 kJ/kg,即为水在 100 ℃下的比汽化焓(蒸发潜热)。

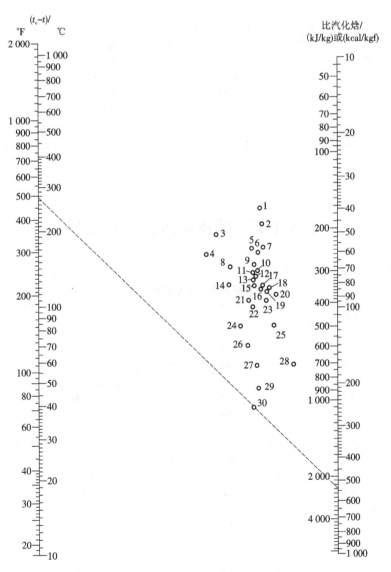

附录图6　液体比汽化焓共线图

液体比汽化焓(蒸发潜热)共线图中的编号

编号	名称	$t_c/℃$	t_c-t 的范围/℃	编号	名称	$t_c/℃$	t_c-t 的范围/℃
30	水	374	100~500	25	乙烷	32	25~150
29	氨	133	50~200	23	丙烷	96	40~200
19	一氧化氮	36	25~150	16	丁烷	153	90~200
21	二氧化碳	31	10~100	15	异丁烷	134	80~200
2	四氯化碳	283	30~250	12	戊烷	197	20~200
17	氯乙烷	187	100~250	11	己烷	235	50~225
13	苯	289	10~400	10	庚烷	267	20~300
3	联苯	527	175~400	9	辛烷	296	30~300
4	二硫化碳	273	140~275	20	一氯甲烷	143	70~250
14	二氧化硫	157	90~160	8	二氯甲烷	216	150~250
7	三氯甲烷	263	140~270	18	醋酸	321	100~225
27	甲醇	240	40~250	2	氟利昂-11	198	70~225
26	乙醇	243	20~140	2	氟利昂-12	111	40~200
28	乙醇	243	140~300	5	氟利昂-21	178	70~250
24	丙醇	264	20~200	6	氟利昂-22	96	50~170
13	乙醚	194	10~400	1	氟利昂-113	214	90~250
22	丙酮	235	120~210				

附录十五 液体表面张力共线图

用法同附录九(液体黏度共线图)。

液体表面张力共线图坐标值

序号	名称	X	Y	序号	名称	X	Y
1	环氧乙烷	42	83	21	丁酸	14.5	115
2	乙苯	22	118	22	异丁酸	14.8	107.4
3	乙胺	11.2	83	23	丁酸乙酯	17.5	102
4	乙硫醇	35	81	24	丁(异丁)酸乙酯	20.9	93.7
5	乙醇	10	97	25	丁酸甲酯	25	88
6	乙醚	27.5	64	26	三乙胺	20.1	83.9
7	乙醛	33	78	27	1,3,5-三甲苯	17	119.8
8	乙醛肟	23.5	127	28	三苯甲烷	12.5	182.7
9	乙酰胺	17	192.5	29	三氯乙醛	30	113
10	乙酰乙酸乙酯	21	132	30	三聚乙醛	22.3	103.8
11	二乙醇缩乙醛	19	88	31	己烷	22.7	72.2
12	间二甲苯	20.5	118	32	甲苯	24	113
13	对二甲苯	19	117	33	甲胺	42	58
14	二甲胺	16	66	34	间甲酚	13	161.2
15	二甲醚	44	37	35	对甲酚	11.5	160.5
16	二氯乙烷	32	120	36	邻甲酚	20	161
17	二硫化碳	35.8	117.2	37	甲醇	17	93
18	丁酮	23.6	97	38	甲酸甲酯	38.5	88
19	丁醇	9.6	107.5	39	甲酸乙酯	30.5	88.8
20	异丁醇	5	103	40	甲酸丙酯	24	97

序号	名称	X	Y	序号	名称	X	Y
41	丙胺	25.5	87.2	68	吡啶	34	138.2
42	对丙(异丙)基甲苯	12.8	121.2	69	丙腈	23	108.6
43	丙酮	28	91	70	丁腈	20.3	113
44	丙醇	8.2	105.2	71	乙腈	33.5	111
45	丙酸	17	112	72	苯腈	19.5	159
46	丙酸乙酯	22.6	97	73	氰化氢	30.6	66
47	丙酸甲酯	29	95	74	硫酸二乙酯	19.5	130.5
48	3-戊酮	20	101	75	硫酸二甲酯	23.5	158
49	异戊醇	6	106.8	76	硝基乙烷	25.4	126.1
50	四氯化碳	26	104.5	77	硝基甲烷	30	139
51	辛烷	17.7	90	78	萘	22.5	165
52	苯	30	110	79	溴乙烷	31.6	90.2
53	苯乙酮	18	163	80	溴苯	23.5	145.5
54	苯乙醚	20	134.2	81	碘乙烷	28	113.2
55	苯二乙胺	17	142.6	82	对甲氧基苯丙烯	13	158.1
56	苯二甲胺	20	149	83	醋酸	17.1	116.5
57	苯甲醚	24.4	138.9	84	醋酸甲酯	34	90
58	苯胺	22.9	171.8	85	醋酸乙酯	27.5	92.4
59	苯甲胺	25	156	86	醋酸丙酯	23	97
60	苯酚	20	168	87	醋酸异丁酯	16	97.2
61	氨	56.2	63.5	88	醋酸异戊酯	16.4	103.1
62	氧化亚氮	62.5	0.5	89	醋酸酐	25	129
63	氯	45.5	59.2	90	噻吩	35	121
64	氯仿	32	101.3	91	环己烷	42	86.7
65	对氯甲苯	18.7	134	92	硝基苯	23	173
66	氯甲烷	45.8	53.2	93	水(查出之数乘以2)	12	162
67	氯苯	23.5	132.5				

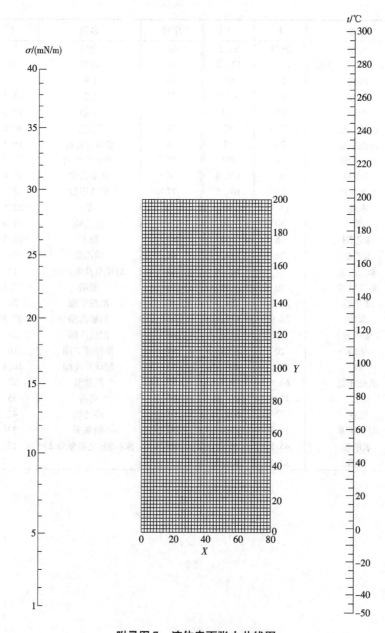

附录图 7　液体表面张力共线图

附录十六　　无机溶液在大气压下的沸点

温度/℃ 溶液	101	102	103	104	105	107	110	115	120	125	140	160	180	200	220	240	260	280	300	340
	无机溶液的浓度(质量分数)/%																			
CaCl$_2$	5.66	10.31	14.16	17.36	20.00	24.24	29.33	35.68	40.83	54.80	57.89	68.94	75.85	64.91	68.73	72.64	75.76	78.95	81.63	86.18
KOH	4.49	8.51	11.96	14.82	17.01	20.88	25.65	31.97	36.51	40.23	48.05	54.89	60.41							
KCl	8.42	14.31	18.96	23.02	26.57	32.62	36.47	(近108.5℃)												
K$_2$CO$_3$	10.31	18.37	24.24	28.57	32.24	37.69	43.97	50.86	56.04	60.40	66.94				(近133.5℃)					
KNO$_3$	13.19	23.66	32.23	39.20	45.10	54.65	65.34	79.53												
MgCl$_2$	4.67	8.42	11.66	14.31	16.59	20.23	24.41	29.48	33.07	36.02	38.61									
MgSO$_4$	14.31	22.78	28.31	32.23	35.32	42.86					(近108℃)									
NaOH	4.12	7.40	10.15	12.51	14.53	18.32	23.08	26.21	33.77	37.58	48.32	60.13	69.97	77.53	84.03	88.89	93.02	95.92	98.47	(近314℃)
NaCl	6.19	11.03	14.67	17.69	20.32	25.09	28.92	(近108℃)												
NaNO$_3$	8.26	15.61	21.87	17.53	32.43	40.47	49.87	60.94	68.94											
Na$_2$SO$_4$	15.26	24.81	30.73	31.83	(近103.2℃)															
Na$_2$CO$_3$	9.42	17.22	23.72	29.18	33.86															
CuSO$_4$	26.95	39.98	40.83	44.47	45.12	(近104.2℃)														
ZnSO$_4$	20.00	31.22	37.89	42.92	46.15															
NH$_4$NO$_3$	9.09	16.66	23.08	29.08	34.21	42.52	51.92	63.24	71.26	77.11	87.09	93.20	69.00	97.61	98.89					
NH$_4$Cl	6.10	11.35	15.96	19.80	22.89	28.37	35.98	46.94												
(NH$_4$)$_2$SO$_4$	13.34	23.41	30.65	36.71	41.79	49.73	49.77	53.55		(近108.2℃)										

注:括号内为饱和溶液的沸点。

附录十七　　管子规格

1. 低压流体输送用焊接钢管(GB/T 3091—2015,GB/T 3092—1993)

公称直径		外径/mm	壁厚/mm		公称直径		外径/mm	壁厚/mm	
mm	in		普通管	加厚管	mm	in		普通管	加厚管
6	1/8	10.0	2.00	2.50	40	1$\frac{1}{2}$	48.0	3.50	4.25
8	1/4	13.5	2.25	2.75	50	2	60.0	3.50	4.50
10	3/8	17.0	2.25	2.75	65	2$\frac{1}{2}$	75.5	3.75	4.50
15	1/2	21.3	2.75	3.25	80	3	88.5	4.00	4.75
20	3/4	26.8	2.75	3.50	100	4	114.0	4.00	5.00
25	1	33.5	3.25	4.00	125	5	140.0	4.50	5.50
32	1$\frac{1}{4}$	42.3	3.25	4.00	150	6	165.0	4.50	5.50

注:①本标准适用于输送水、煤气、空气、油和取暖蒸汽等一般压强较低的流体;②表中的公称直径系近似内径的名义尺寸,不是外径减去两个壁厚所得的内径;③钢管分为镀锌钢管(GB/T 3091—2015)和不镀锌钢管(GB/T 3092—1993),后者简称黑管。

2. 输送流体用无缝钢管(GB/T 8163—2018)

1)热轧无缝钢管(摘录)

外径/mm	壁厚/mm	外径/mm	壁厚/mm	外径/mm	壁厚/mm
32	2.5~8	76	3.0~19	219	6.0~50
38	2.5~8	89	3.5~(24)	273	6.5~50
42	2.5~10	108	4.0~28	325	7.5~75
45	2.5~10	114	4.0~28	377	9.0~75
50	2.5~10	127	4.0~30	426	9.0~75
57	3.0~13	133	4.0~32	450	9.0~75
60	3.0~14	140	4.5~36	530	9.0~75
63.5	3.0~14	159	4.5~36	630	9.0~(24)
68	3.0~16	168	5.0~(45)		

注:壁厚系列有 2.5 mm,3 mm,3.5 mm,4 mm,4.5 mm,5 mm,5.5 mm,6 mm,6.5 mm,7 mm,7.5 mm,8 mm,8.5 mm,9 mm,9.5 mm,10 mm,11 mm,12 mm,13 mm,14 mm,15 mm,16 mm,17 mm,18 mm,19 mm,20 mm 等;括号内的尺寸不推荐使用。

2)冷拔(冷轧)无缝钢管

冷拔无缝钢管质量好,可以得到小直径管,其外径可由 6 mm 至 200 mm,壁厚为 0.25~14 mm,最小壁厚及最大壁厚均随外径增大而增大,系列标准可参阅有关手册。

3)石油裂化用无缝钢管(摘自 GB 9948—2013)

外径/mm	壁厚/mm	外径/mm	壁厚/mm
19	2,2.5	57	4,5,6
25	2,2.5,3	89	6,8,10,12
38	3,3.5,4		

附录十八　泵规格(摘录)

1. IS 型单级单吸离心泵

泵型号	流量/(m³/h)	扬程/m	转速/(r/min)	气蚀余量/m	泵效率/%	功率/kW	
						轴功率	电机功率
IS50-32-125	7.5	22	2 900	2.0	47	0.96	
	12.5	20	2 900	2.0	60	1.13	2.2
	15	18.5	2 900	2.0	60	1.26	
	3.75	5	1 450	2.0	54	0.16	
	6.3	5	1 450	2.0	54	0.16	0.55
	7.5	5	1 450	2.0	54	0.16	

泵型号	流量/(m³/h)	扬程/m	转速/(r/min)	气蚀余量/m	泵效率/%	功率/kW	
						轴功率	电机功率
IS50-32-160	7.5	34.3	2 900		44	1.59	
	12.5	32	2 900	2.0	54	2.02	3
	15	29.6	2 900		56	2.16	
	3.75		1 450				
	6.3	8	1 450	2.0	48	0.28	0.55
	7.5		1 450				
IS60-32-200	7.5	525	2 900	2.0	38	2.82	
	12.5	50	2 900	2.0	48	3.54	5.5
	15	48	2 900	2.5	51	3.84	
	3.75	13.1	1 450	2.0	33	0.41	
	6.3	12.5	1 450	2.0	42	0.51	0.75
	7.5	12	1 450	2.5	44	0.56	
IS50-32-250	7.5	82	2 900	2.0	28.5	5.67	
	12.5	80	2 900	2.0	38	7.16	11
	15	78.5	2 900	2.5	41	7.83	
	3.75	20.5	1 450	2.0	23	0.91	
	6.3	20	1 450	2.0	32	1.07	15
	7.5	19.5	1 450	2.5	35	1.14	
IS65-50-125	15	21.8	2 900		58	1.54	
	25	20	2 900	2.0	69	1.97	3
	30	18.5	2 900		68	2.22	
	7.5		1 450				
	12.5	5	1 450	2.0	64	0.27	0.55
	15		1 450				
IS65-50-160	15	35	2 900	2.0	54	2.65	
	25	32	2 900	2.0	65	3.35	5.5
	30	30	2 900	2.5	66	3.71	
	7.5	8.8	1 450	2.0	50	0.36	
	12.5	8	1 450	2.0	60	0.45	0.75
	15	7.2	1 450	2.5	60	0.49	
IS65-40-200	15	63	2 900	2.0	40	4.42	
	25	50	2 900	2.0	60	5.67	7.5
	30	47	2 900	2.5	61	6.29	
	7.5	13.2	1 450	2.0	43	0.63	
	12.5	12.5	1 450	2.0	66	0.77	1.1
	15	11.8	1 450	2.5	57	0.85	
IS65-40-250	15		2 900				
	25	80	2 900	2.0	63	10.30	15
	30		2 900				
IS65-40-315	15	127	2 900	2.5	28	18.50	
	25	125	2 900	2.5	40	21.30	30
	30	123	2 900	3.0	44	22.80	

泵型号	流量/(m³/h)	扬程/m	转速/(r/min)	气蚀余量/m	泵效率/%	功率/kW	
						轴功率	电机功率
IS80-65-125	30	22.5	2 900	3.0	64	2.87	
	50	20	2 900	3.0	75	3.63	5.5
	60	18	2 900	3.5	74	3.93	
	15	5.6	1 450	2.5	55	0.42	
	25	5	1 450	2.5	71	0.48	0.75
	30	4.5	1 450	3.0	72	0.51	
IS80-65-160	30	36	2 900	2.5	61	4.82	7.5
	50	32	2 900	2.5	73	5.97	7.6
	60	29	2 900	3.0	72	6.59	7.5
	15	9	1 450	2.5	66	0.67	
	25	7	1 450	2.5	69	0.75	1.5
	30	7.2	1 450	3.0	68	0.86	
IS80-50-200	30	53	2 900	2.5	55	7.87	
	50	50	2 900	2.5	69	9.87	15
	60	47	2 900	3.0	71	10.80	
	15	13.2	1 450	2.5	51	1.06	
	25	12.5	1 450	2.5	65	1.31	2.2
	30	11.8	1 450	3.0	67	1.44	
IS80-50-160	30	84	2 900	2.5	52	13.20	
	50	80	2 900	2.5	63	17.30	22
	60	75	2 900	3.0	64	19.20	
IS80-50-250	30	84	2 900	2.5	52	13.20	
	50	80	2 900	2.5	63	17.30	22
	60	75	2 900	3.0	64	19.20	
IS80-50-315	30	128	2 900	2.5	41	25.50	
	50	125	2 900	2.5	54	31.50	37
	60	123	2 900	3.0	57	35.30	
IS100-80-125	60	24	2 900	4.0	67	5.86	
	100	20	2 900	4.5	78	7.00	11
	120	16.5	2 900	5.0	74	7.28	
IS100-80-160	60	36	2 900	3.5	70	8.42	
	100	32	2 900	4.0	78	11.20	15
	120	28	2 900	5.0	75	12.20	
	30	9.2	1 450	2.0	67	1.12	
	50	8	1 450	2.5	75	1.45	2.2
	60	6.8	1 450	3.5	71	1.57	
IS100-65-200	60	54	2 900	3.0	65	13.60	
	100	50	2 900	3.5	78	17.90	22
	120	47	2 900	4.8	77	19.90	
	30	13.5	1 450	2.0	60	1.84	
	50	12.5	1 450	2.0	73	2.33	4
	60	11.8	1 450	2.5	74	2.61	

续表

泵型号	流量/(m³/h)	扬程/m	转速/(r/min)	气蚀余量/m	泵效率/%	功率/kW	
						轴功率	电机功率
IS100－65－250	60	87	2 900	3.5	81	23.40	
	100	80	2 900	3.8	72	30.30	37
	120	74.5	2 900	4.8	73	33.30	
	30	21.3	1 450	2.0	55	3.16	
	50	20	1 450	2.0	68	4.00	5.5
	60	19	1 450	2.5	70	4.44	
IS100－65－315	60	133	2 900	3.0	55	39.60	
	100	125	2 900	3.5	66	51.60	75
	120	118	2 900	4.2	67	57.50	

2. D、DG 型多级分段式离心泵

泵型号	流量/(m³/h)	扬程/m	转速/(r/min)	气蚀余量/m	泵效率/%	功率/kW	
						轴功率	电机功率
$\frac{D}{DG}$12－25×3	7.5	84.6		2.0	44	3.93	
	12.5	75	2 950	2.0	54	4.73	7.5
	15	69		2.5	53	5.32	
$\frac{D}{DG}$12－25×4	7.5	112.8		2.0	44	5.24	
	12.5	100	2 950	2.0	54	6.30	11
	15	92		2.5	53	7.09	
$\frac{D}{DG}$25－30×3	15	102		2.2	50	8.33	
	25	90	2 950	2.2	62	9.88	15
	30	82.5		2.6	63	10.70	
$\frac{D}{DG}$25－30×4	15	136		2.2	50		
	25	120	2 950	2.2	62		18.5
	30	110		2.6	63		
$\frac{D}{DG}$46－30×3	30	102		2.4	64	13.02	
	46	90	2 950	3.0	70	16.11	22
	55	81		4.6	68	17.84	
$\frac{D}{DG}$46－30×4	30	136		2.4	64	17.36	
	46	120	2 950	3.0	70	21.48	30
	55	108		4.6	68	23.79	
DG 46－50×3	28	172.5		2.5	53	24.80	
	46	150	2 950	2.8	63	29.90	37
	50	144		3.0	63.2	31.00	
DG 46－50×4	28	230		2.5	53	33.10	
	46	200		2.8	63	39.80	45
	50	192		3.0	63.2	41.30	
$\frac{D}{DG}$85－67×3	55	222		3.3	54	61.50	
	85	201		4.0	65	71.50	90
	100	183		4.4	65	76.60	

泵型号	流量/(m³/h)	扬程/m	转速/(r/min)	气蚀余量/m	泵效率/%	功率/kW	
						轴功率	电机功率
D 85-67×4 DG	55	296		3.3	54	82.10	
	85	268		4.0	65	95.40	110
	100	244		4.4	65	102.20	

3. S 型单级双吸离心泵

泵型号	流量/(m³/h)	扬程/m	转速/(r/min)	气蚀余量/m	泵效率/%	功率/kW	
						轴功率	电机功率
100S90	60	95			61	23.9	
	80	90	2 950	2.5	65	28.0	37
	95	82			63	31.2	
100S90A	50	78			60	16.9	
	72	75	2 950	2.5	64	21.6	30
	86	70			63	24.5	
150S50	130	52			72.9	25.3	
	160	50	2 950	3.9	80	27.3	37
	220	40			77.2	31.1	
150S50A	112	44			72	18.5	
	144	40	2 950	3.9	75	20.9	30
	180	35			70	24.5	
150S50B	108	38			65	17.2	
	133	36	2 950	3.9	70	18.6	22
	160	32			72	19.4	
200S42	216	48			81	34.8	
	280	42	2 950	6.0	84.2	37.8	45
	342	35			81	40.2	
200S42A	198	43			76	30.5	
	270	36	2 950	6.0	80	33.1	37
	310	31			76	34.4	
200S63	216	60			74	55.1	
	280	63	2 950	5.8	82.7	50.4	75
	351	50			72	67.8	
250S24	360	27			80	33.1	
	485	24	1 450	3.5	85.8	35.8	45
	576	19			82	38.4	
250S65	360	71			75	92.8	
	485	65	1 450	3.0	78.6	108.5	160
	612	56			72	129.6	

4. Y型离心油泵(摘录)

泵型号	流量/(m³/h)	扬程/m	转速/(r/min)	气蚀余量/m	泵效率/%	功率/kW 轴功率	功率/kW 电机功率
50Y60	13	67	2 950	2.9	38	6.24	7.5
50Y60A	11.2	53	2 950	3	35	4.68	7.5
50Y60B	9.9	39	2 950	2.8	33	3.18	4
50Y60×2	12.5	120	2 950	2.4	34.5	11.8	15
50Y60×2A	12	105	2 950	2.3	35	9.8	15
50Y60×2B	11	89	2 950	2.52	32	8.35	11
65Y60	25	60	2 950	3.05	50	8.18	11
65Y60A	22.5	49	2 950	3	49	6.13	7.5
65Y60B	20	37.5	2 950	2.7	47	4.35	5.5
65Y100	25	110	2 950	3.2	40	18.8	22
65Y100A	23	92	2 950	3.1	39	14.75	18.5
65Y100B	21	73	2 950	3.05	40	10.45	15
65Y100×2	25	200	2 950	2.85	42	35.8	45
65Y100×2A	23	175	2 950	2.8	41	26.7	37
65Y100×2B	22	150	2 950	2.75	42	21.4	30
80Y60	50	58	2 950	3.2	56	14.1	18.5
80Y100	50	100	2 950	3.1	51	26.6	37
80Y100A	45	85	2 950	3.1	52.5	19.9	30
80Y100×2	50	200	2 950	3.6	53.5	51	75
80Y100×2A	47	175	2 950	3.5	50	44.8	55
80Y100×2B	43	153	2 950	3.35	51	35.2	45
80Y100×2C	40	125	2 950	3.3	49	27.8	37

5. F型耐腐蚀泵

泵型号	流量/(m³/h)	扬程/m	转速/(r/min)	气蚀余量/m	泵效率/%	功率/kW 轴功率	功率/kW 电机功率
25F—16	3.6	16	2 960	4.3	30	0.523	0.75
25F—16A	3.27	12.5	2 960	4.3	29	0.39	0.55
40F—26	7.2	25.5	2 960	4.3	44	1.14	1.5
40F—26A	6.55	20	2 960	4.3	42	0.87	1.1
50F—40	14.4	40	2 900	4	44	3.57	7.5
50F—40A	13.1	32.5	2 900	4	44	2.64	7.5
50F—16	14.4	15.7	2 900	4	62	0.99	1.5
50F—16A	13.1	12	2 900	4	62	0.69	1.1
65F—16	28.8	15.7	2 900	4	52	2.37	4
65F—16A	26.2	12	2 900	4	52	1.65	2.2
100F—92	94.3	92	2 900	6	64	39.5	55
100F—92A	88.6	80	2 900	6	64	32.1	40
100F—92B	100.8	70.5	2 900	6	64	26.6	40
150F—56	190.8	55.5	2 900	6	67	43	55
150F—56A	170.2	48	2 900	6	67	34.8	45
150F—56B	167.8	42.5	2 900	6	67	29	40
150F—22	190.8	22	2 900	6	75	15.3	30
150F—22A	173.5	17.5	2 900	6	75	11.3	17

注:电机功率应根据液体的密度确定,表中值仅供参考。

附录十九　4-72-11 型离心通风机规格(摘录)

机号	转速/(r/min)	全压/Pa	流量/(m³/h)	效率/%	所需功率/kW
6C	2 240	2 432. 1	15 800	91	14. 1
	2 000	1 941. 8	14 100	91	10
	1 800	1 569. 1	12 700	91	7. 3
	1 250	755. 1	8 800	91	2. 53
	1 000	480. 5	7 030	91	1. 39
	800	294. 2	5 610	91	0. 73
8C	1 800	2 795	29 900	91	30. 8
	1 250	1 343. 6	20 800	91	10. 3
	1 000	863	16 600	91	5. 52
	630	343. 2	10 480	91	1. 51
10C	1 250	2 226. 2	41 300	94. 3	32. 7
	1 000	1 422	32 700	94. 3	16. 5
	800	912. 1	26 130	94. 3	8. 5
	500	353. 1	16 390	94. 3	2. 3
6D	1 450	1 020	10 200	91	4
	960	441. 3	6 720	91	1. 32
8D	1 450	1 961. 4	20 130	89. 5	14. 2
	730	490. 4	10 150	89. 5	2. 06
16B	900	2 942. 1	121 000	94. 3	127
20B	710	2 844	186 300	94. 3	190

传动方式:B,C—皮带轮传动;D—联轴器传动。

附录二十　热交换器系列标准(摘录)

1. 固定管板式换热器(摘自 JB/T 4715—1992)

1)换热管为 φ19 mm 的换热器基本参数(DN = 159 ~ 1 000 mm)

公称直径 DN/mm	公称压力 PN/MPa	管程数 N	管子根数 n	中心排管数	管程流通面积/m²	计算换热面积/m² 换热管长度 L/mm					
						1 500	2 000	3 000	4 500	6 000	9 000
159	1. 60	1	15	5	0. 002 7	1. 3	1. 7	2. 6	—	—	—
219	2. 50	1	33	7	0. 005 8	2. 8	3. 7	5. 7	—	—	—
273	4. 00	1	65	9	0. 011 5	5. 4	7. 4	11. 3	17. 1	22. 9	—
		2	56	8	0. 004 9	4. 7	6. 4	9. 7	14. 7	19. 7	—

公称直径 DN/mm	公称压力 PN/MPa	管程数 N	管子根数 n	中心排管数	管程流通面积/m²	计算换热面积/m²					
						换热管长度 L/mm					
						1 500	2 000	3 000	4 500	6 000	9 000
325	6.40	1	99	11	0.017 5	8.3	11.2	17.1	26.0	34.9	—
		2	88	10	0.007 8	7.4	10.0	15.2	23.1	31.0	—
		4	68	11	0.003 0	5.7	7.7	11.8	17.9	23.9	—
400	0.60	1	174	14	0.030 7	14.5	19.7	30.1	45.7	61.3	—
		2	164	15	0.014 5	13.7	18.6	28.4	43.1	57.8	—
		4	146	14	0.006 5	12.2	16.6	25.3	38.3	51.4	—
450	1.00	1	237	17	0.041 9	19.8	26.9	41.0	62.2	83.5	—
		2	220	16	0.019 4	18.4	25.0	38.1	57.8	77.5	—
		4	200	16	0.008 8	16.7	22.7	34.6	52.5	70.4	—
500	1.60	1	275	19	0.048 6	—	31.2	47.6	72.2	96.8	—
		2	256	18	0.022 6	—	29.0	44.3	67.2	90.2	—
		4	222	18	0.009 8	—	25.2	38.4	58.3	78.2	—
600	2.50	1	430	22	0.076 0	—	48.8	74.4	112.9	151.4	—
		2	416	23	0.036 8	—	47.2	72.0	109.3	146.5	—
		4	370	22	0.016 3	—	42.0	64.0	97.2	130.3	—
		6	360	20	0.010 6	—	40.8	62.3	94.5	126.8	—
700	4.00	1	607	27	0.107 3	—	—	105.1	159.4	213.8	—
		2	574	27	0.050 7	—	—	99.4	150.8	202.1	—
		4	542	27	0.023 9	—	—	93.8	142.3	190.9	—
		5	518	24	0.015 3	—	—	89.7	136.0	182.4	—
800	0.60	1	797	31	0.140 8	—	—	138.0	209.3	280.7	—
		2	776	31	0.068 6	—	—	134.3	203.8	273.3	—
		4	722	31	0.031 9	—	—	125.0	189.8	254.3	—
		6	710	30	0.020 9	—	—	122.9	186.5	250.0	—
900	1.00	1	1 009	35	0.178 3	—	—	174.7	265.0	355.3	536.0
		2	988	35	0.087 3	—	—	171.0	259.5	347.9	524.9
	1.60	4	938	35	0.041 4	—	—	162.4	246.4	330.3	498.3
		6	914	34	0.026 9	—	—	158.2	240.0	321.9	485.6
1 000	2.50	1	1 267	39	0.223 9	—	—	219.3	332.8	446.2	673.1
		2	1 234	39	0.109 0	—	—	213.6	324.1	434.6	655.6
	4.00	4	1 186	39	0.052 4	—	—	205.3	311.5	417.7	630.1
		6	1 148	38	0.033 8	—	—	198.7	301.5	404.3	609.9

注:计算换热面积按式 $A = \pi d(L - 2\delta - 0.006)n$ 确定。式中 d 为换热管外径;L 为管长;n 为换热管根数;δ 为管板厚度(假定为 0.05 m)。

2) 换热管为 φ25 mm 的换热器基本参数 (DN = 325 ~ 1 200 mm)

公称直径 DN/mm	公称压力 PN/MPa	管程数 N	管子根数 n	中心排管数	管程流通面积/m² φ25×2	φ25×2.5	计算换热面积/m² 换热管长度 L/mm 1 500	2 000	3 000	4 500	6 000	9 000
325	1.60 2.50 4.00 6.40	1	57	9	0.019 7	0.017 9	6.3	8.5	13.0	19.7	26.4	—
		2	56	9	0.009 7	0.008 8	6.2	8.4	12.7	19.3	25.9	—
		4	40	9	0.003 5	0.003 1	4.4	6.0	9.1	13.8	18.5	—
400	0.60	1	98	12	0.033 9	0.030 8	10.8	14.6	22.3	33.8	45.4	—
		2	94	11	0.016 3	0.014 8	10.3	14.0	21.4	32.5	43.5	—
		4	76	11	0.006 6	0.006 0	8.4	11.3	17.3	26.3	35.2	—
450	1.00	1	135	13	0.046 8	0.042 4	14.8	20.1	30.7	46.6	62.5	—
		2	126	12	0.021 8	0.019 8	13.9	18.8	28.7	43.5	58.4	—
		4	106	13	0.009 2	0.008 3	11.7	15.8	24.1	36.6	49.1	—
500	1.60	1	174	14	0.060 1	0.054 6	—	26.0	39.6	60.1	80.6	—
		2	164	15	0.028 4	0.025 7	—	24.5	37.3	56.6	76.0	—
		4	144	15	0.012 5	0.011 3	—	21.4	32.8	49.7	66.7	—
600	2.50	1	245	17	0.084 9	0.076 9	—	36.5	55.8	84.6	113.5	—
		2	232	16	0.040 2	0.036 4	—	34.6	52.8	80.1	107.5	—
		4	222	17	0.019 2	0.017 4	—	33.1	50.5	76.7	102.8	—
		6	216	16	0.012 5	0.011 3	—	32.2	49.2	74.6	100.0	—
700	4.00	1	355	21	0.123 0	0.111 5	—	—	80.0	122.6	164.4	—
		2	342	21	0.059 2	0.053 7	—	—	77.9	118.1	158.4	—
		4	322	21	0.027 9	0.025 3	—	—	73.3	111.2	149.1	—
		6	304	20	0.017 5	0.015 9	—	—	69.2	105.0	140.8	—
800		1	467	23	0.161 5	0.146 6	—	—	106.3	161.3	216.3	—
		2	450	23	0.077 9	0.070 7	—	—	102.4	155.4	208.5	—
		4	442	23	0.038 3	0.034 7	—	—	100.6	152.7	204.7	—
		6	430	24	0.024 8	0.022 5	—	—	97.9	148.5	119.2	—
900	0.60	1	605	27	0.209 5	0.190 0	—	—	137.8	209.0	280.2	422.7
		2	588	27	0.101 8	0.092 3	—	—	133.9	203.1	272.3	410.8
		4	554	27	0.048 0	0.043 5	—	—	126.1	191.4	256.6	387.1
		5	538	26	0.031 1	0.028 2	—	—	122.5	185.8	249.2	375.9
1 000	1.60 2.50	1	749	30	0.259 4	0.235 2	—	—	170.5	258.7	346.9	523.3
		2	742	29	0.128 5	0.116 5	—	—	168.9	256.3	343.7	518.4
		4	710	29	0.061 5	0.055 7	—	—	161.6	245.2	328.8	496.0
		6	698	30	0.040 3	0.036 5	—	—	158.9	241.1	323.3	487.7

续表

公称直径 DN/mm	公称压力 PN/MPa	管程数 N	管子根数 n	中心排管数	管程流通面积/m² $\phi25\times2$	管程流通面积/m² $\phi25\times2.5$	计算换热面积/m² 换热管长度 L/mm 1 500	2 000	3 000	4 500	6 000	9 000
(1 100)	4.00	1	931	33	0.322 5	0.292 3	—	—	—	321.6	431.2	650.4
		2	894	33	0.154 8	0.140 4	—	—	—	308.8	414.1	624.6
		4	848	33	0.073 4	0.066 6	—	—	—	292.9	392.8	592.9
		6	830	32	0.047 9	0.043 4	—	—	—	286.7	384.4	579.9
1 200		1	1 115	37	0.386 2	0.350 1	—	—	—	385.1	516.4	779.0
		2	1 102	37	0.190 8	0.173 0	—	—	—	380.6	510.4	769.9
		4	1 052	37	0.091 1	0.082 6	—	—	—	363.4	487.2	735.0
		6	1 026	36	0.059 2	0.053 7	—	—	—	354.4	475.2	716.8

3)固定管板式换热器折流板间距

mm

公称直径 DN	管长	折流板间距					
≤500	≤3 000	100	200	300	450	600	—
	4 500~6 000	—					
600~800	1 500~6 000	150	200	300	450	600	—
900~1 300	≤6 000		200	300	450	600	—
	7 500,9 000		—				750
1 400~1 600	6 000			300	450	600	750
	7 500,9 000			—			
1 700~1 800	6 000~9 000			—	450	600	750

2. 浮头式换热器(摘自 JB/T 4714—1992)

1)型号及表示方法

举例如下。

(1)内导流换热器。

平盖管箱,公称直径为 500 mm,管、壳程压强均为 1.6 MPa,公称换热面积为 55 m²,较高级冷拔换热管,外径为 25 mm,管长 6 m,4 管程、单壳程的浮头式内导流换热器,型号为:AES 500 - 1.6 - 55 - 6/25 - 4 I。

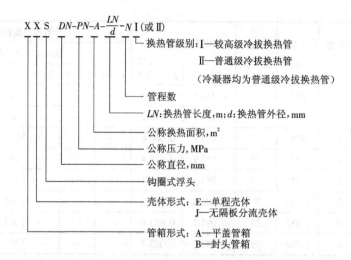

封头管箱,公称直径为 600 mm,管、壳程压强均为 1.6 MPa,公称换热面积为 55 m²,普通级冷拔换热管,外径为 19 mm,管长 3 m,2 管程、单壳程的浮头式内导流换热器,型号为:BES 600 − 1.6 − 55 − 3/19 − 2 Ⅱ。

(2)冷凝器。

封头管箱,公称直径为 600 mm,管、壳程压强均为 1.6 MPa,公称换热面积为 55 m²,普通级冷拔换热管,外径为 19 mm,管长 3 m,2 管程、单壳程的浮头式冷凝器,型号为:BES 600 − 1.6 − 55 − 3/19 − 2。

2)换热器折流板(支持板)间距

管长 L/m	公称直径 DN/mm	间距 S/mm						
3	≤700	100	150	200	—	—	—	—
4.5	≤700	100	150	200	—	—	—	—
	800 ~ 1 200	—	150	200	250	300	—	450(或 480)
6	400 ~ 1 100	—	150	200	250	300	350	450(或 480)
	1 200 ~ 1 800	—	—	200	250	300	350	450(或 480)
9	1 200 ~ 1 800	—	—	—	—	300	350	450	600

3)冷凝器折流板(支持板)间距

450 mm(或 480 mm),600 mm。

4）内导流换热器和冷凝器的主要参数

DN/mm	N	n①		中心排管数		管程流通面积/m²			A②/m²							
		d				$d \times \delta_t$			L=3 m		L=4.5 m		L=6 m		L=9 m	
		19	25	19	25	19×2	25×2	25×2.5	19	25	19	25	19	25	19	25
325	2	60	32	7	5	0.005 3	0.005 5	0.005 0	10.5	7.4	15.8	11.1	—	—	—	—
	4	52	28	6	4	0.002 3	0.002 4	0.002 2	9.1	6.4	13.7	9.7	—	—	—	—
426 400	2	120	74	8	7	0.010 6	0.012 6	0.011 6	20.9	16.9	31.6	25.6	42.3	34.4	—	—
	4	108	68	9	6	0.004 8	0.005 9	0.005 3	18.8	15.6	28.4	23.6	38.1	31.6	—	—
500	2	206	124	11	8	0.018 2	0.021 5	0.019 4	35.7	28.3	54.1	42.8	72.5	57.4	—	—
	4	192	116	10	9	0.008 5	0.010 0	0.009 1	33.2	26.4	50.4	40.1	67.6	53.7	—	—
600	2	324	198	14	11	0.028 6	0.034 3	0.031 1	55.8	44.9	84.8	68.2	113.9	91.5	—	—
	4	308	188	14	10	0.013 6	0.016 3	0.014 8	53.1	42.6	80.7	64.8	108.2	86.9	—	—
	6	284	158	14	10	0.008 3	0.009 1	0.008 3	48.9	35.8	74.4	54.4	99.8	73.1	—	—
700	2	468	268	16	13	0.041 4	0.046 4	0.042 1	80.4	60.6	122.2	92.1	164.1	123.7	—	—
	4	448	256	17	12	0.019 8	0.022 2	0.020 1	76.9	57.8	117.0	87.9	157.1	118.1	—	—
	6	382	224	15	10	0.011 2	0.012 9	0.011 6	65.6	50.6	99.8	76.9	133.9	103.4	—	—
800	2	610	366	19	15	0.053 9	0.063 4	0.057 5	—	—	158.9	125.4	213.5	168.5	—	—
	4	588	352	18	14	0.026 0	0.030 5	0.027 6	—	—	153.2	120.6	205.8	162.1	—	—
	6	518	316	16	14	0.015 2	0.018 2	0.016 5	—	—	134.9	108.3	181.3	145.5	—	—
900	2	800	472	22	17	0.070 7	0.081 7	0.074 1	—	—	207.6	161.2	279.2	216.8	—	—
	4	776	456	21	16	0.034 3	0.039 5	0.035 3	—	—	201.4	155.7	270.8	209.4	—	—
	6	720	426	21	16	0.021 2	0.024 6	0.022 3	—	—	186.9	145.5	251.3	195.6	—	—
1 000	2	1 006	606	24	19	0.089 0	0.105 0	0.095 2	—	—	260.6	206.6	350.6	277.9	—	—
	4	980	588	23	18	0.043 3	0.050 9	0.046 2	—	—	253.9	200.4	341.6	269.7	—	—
	6	892	564	21	18	0.026 2	0.032 6	0.029 5	—	—	231.1	192.2	311.0	258.7	—	—
1 100	2	1 240	736	27	21	0.110 0	0.127 0	0.116 0	—	—	320.3	250.2	431.3	336.8	—	—
	4	1 212	716	26	20	0.053 6	0.062 0	0.056 2	—	—	313.1	243.4	421.6	327.7	—	—
	6	1 120	692	24	20	0.032 9	0.039 9	0.036 2	—	—	289.3	235.2	389.6	316.7	—	—
1 200	2	1 452	880	28	22	0.129 0	0.152 0	0.138 0	—	—	374.4	298.6	504.3	402.2	764.2	609.4
	4	1 424	860	28	22	0.062 9	0.074 5	0.067 5	—	—	367.2	291.8	494.6	393.1	749.5	595.6
	6	1 348	828	27	21	0.039 6	0.047 8	0.043 4	—	—	347.6	280.9	468.2	378.4	709.5	573.4
1 300	4	1 700	1 024	31	24	0.075 1	0.088 7	0.080 4	—	—	—	—	589.3	467.1	—	—
	6	1 616	972	29	24	0.047 6	0.056 0	0.050 9	—	—	—	—	560.2	443.3	—	—
1 400	4	1 972	1 192	32	26	0.087 1	0.103 0	0.093 6	—	—	—	—	682.6	542.9	1 035.6	823.6
	6	1 890	1 130	30	24	0.055 7	0.065 2	0.059 2	—	—	—	—	654.2	514.7	992.5	780.8

续表

DN/mm	N	n①		中心排管数		管程流通面积/m²			A②/m²							
		d		d		$d \times \delta_t$			L=3 m		L=4.5 m		L=6 m		L=9 m	
		19	25	19	25	19×2	25×2	25×2.5	19	25	19	25	19	25	19	25
1 500	4	2 304	1 400	34	29	0.102 0	0.121 0	0.110 0	—	—	—	—	795.9	636.3	—	—
	6	2 252	1 332	34	28	0.066 3	0.076 9	0.069 7	—	—	—	—	777.9	605.4	—	—
1 600	4	2 632	1 592	37	30	0.116 0	0.138 0	0.125 0	—	—	—	—	907.6	722.3	1 378.7	1 097.3
	6	2 520	1 518	37	29	0.074 2	0.087 6	0.079 5	—	—	—	—	869.0	688.8	1 320.0	1 047.2
1 700	4	3 012	1 856	40	32	0.133 0	0.161 0	0.146 0	—	—	—	—	1 036.1	840.1	—	—
	6	2 834	1 812	38	32	0.083 5	0.098 1	0.094 9	—	—	—	—	974.9	820.2	—	—
1 800	4	3 384	2 056	43	34	0.149 0	0.178 0	0.161 0	—	—	—	—	1 161.3	928.4	1 766.9	1 412.5
	6	3 140	1 986	37	30	0.092 5	0.115 0	0.104 0	—	—	—	—	1 077.5	896.7	1 639.5	1 364.4

注:①排管数按正方形旋转45°排列计算;
　　②计算换热面积按光管及公称压力为2.5 MPa的管板厚度确定,$A = \pi d(L - 2\delta - 0.006)n$。

3. U 形管式换热器(摘自 JB/T 4717—1992)

1)型号及表示方法

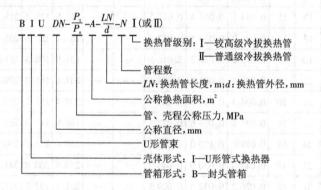

举例如下。

(1)封头管箱,公称直径为 800 mm,管、壳程压强均为 2.5 MPa,公称换热面积为 245 m²,较高级冷拔换热管,外径为 19 mm,管长 6 m,4 管程、单壳程的 U 形管式换热器,型号为:BIU $800 - 2.5 - 245 - \frac{6}{19} - 4\text{ I}$。

(2)封头管箱,公称直径为 600 mm,管、壳程压强均为 1.6 MPa,公称换热面积为 90 m²,普通级冷拔换热管,外径为 25 mm,管长 6 m,2 管程、单壳程的 U 形管式换热器,型号为:BIU 600 $- 1.6 - 90 - \frac{6}{25} - 2\text{ II}$。

2)U 形管式换热器折流板(支持板)间距 S

管长 L/m	公称直径 DN/mm	间距 S/mm					
3	≤600	150	200	—	—	—	—
6	≤600	150	200	—	300	—	—
	700 ~ 900	150	200	—	300	—	450
	1 000 ~ 1 200	—	—	250	300	350	450

3)U 形管式换热器的主要参数

DN/mm	N	n[①]		中心排管数		管程流通面积/m²			A[②]/m²			
		d				$d \times \delta_t$			$L = 3$ m		$L = 6$ m	
		19	25	19	25	19 × 2	25 × 2	25 × 2.5	19	25	19	25
325	2	38	13	11	6	0.006 7	0.004 5	0.004 1	13.4	6.0	27.0	12.1
	4	30	12	5	5	0.002 7	0.002 1	0.001 9	10.6	5.6	21.3	11.2
426 400	2	77	32	15	8	0.013 6	0.011 1	0.010 0	26.9	14.7	54.5	29.8
	4	68	28	8	7	0.006 0	0.004 8	0.004 4	23.8	12.9	48.2	26.1
500	2	128	57	19	10	0.022 7	0.019 7	0.017 9	44.6	26.1	90.5	53.0
	4	114	56	10	9	0.010 1	0.009 7	0.008 8	39.7	25.7	80.5	52.1
600	2	199	94	23	13	0.035 2	0.032 6	0.029 5	69.1	42.9	140.3	87.2
	4	184	90	12	11	0.016 3	0.015 5	0.014 1	63.9	41.1	129.7	83.5
700	2	276	129	27	15	0.049 2	0.045 3	0.041 1	—	—	194.1	119.4
	4	258	128	12	13	0.022 8	0.022 1	0.020 1	—	—	181.4	118.4
800	2	367	182	31	17	0.065 0	0.063 0	0.057 1	—	—	257.7	168.0
	4	346	176	16	15	0.030 6	0.030 4	0.027 6	—	—	242.8	162.5
900	2	480	231	35	19	0.085 0	0.080 0	0.072 5	—	—	336.2	212.8
	4	454	226	16	17	0.040 2	0.039 1	0.035 5	—	—	317.8	208.2
1 000	2	603	298	39	21	0.106 7	0.103 2	0.093 6	—	—	421.5	273.9
	4	576	292	20	19	0.051 0	0.050 5	0.045 8	—	—	402.4	268.4
1 100	2	738	363	43	24	0.130 6	0.125 7	0.114 0	—	—	514.6	332.9
	4	706	356	20	21	0.062 5	0.061 6	0.055 9	—	—	492.2	326.5
1 200	2	885	436	47	26	0.156 6	0.151 0	0.136 9	—	—	615.8	399.0
	4	852	428	24	21	0.075 4	0.074 1	0.067 2	—	—	592.6	391.7

注:①排管数 n 指 U 形管的数量,$\phi19$ 的换热管按正三角形排列,$\phi25$ 的换热管按正方形旋转45°排列;

②计算换热面积按光管及管、壳程公称压力为 4.0 MPa 的管板厚度确定,$A = \pi d(L - \delta - 0.003)n$。

附录二十一 某些二元物系在101.3 kPa(绝压)下的气液平衡组成

1. 苯 - 甲苯

苯的摩尔分数/%		温度/℃	苯的摩尔分数/%		温度/℃
液相中	气相中		液相中	气相中	
0.0	0.0	110.6	59.2	78.9	89.4
8.8	21.2	106.1	70.0	85.3	86.8
20.0	37.0	102.2	80.3	91.4	84.4
30.0	50.0	98.6	90.3	95.7	82.3
39.7	61.8	95.2	95.0	97.0	81.2
48.9	71.0	92.1	100.0	100.0	80.2

2. 乙醇 - 水

乙醇的摩尔分数/%		温度/℃	乙醇的摩尔分数/%		温度/℃
液相中	气相中		液相中	气相中	
0.00	0.00	100.0	32.73	58.26	81.5
1.90	17.00	95.5	39.65	61.22	80.7
7.21	38.91	89.0	50.79	65.64	79.8
9.66	43.75	86.7	51.98	65.99	79.7
12.38	47.04	85.3	57.32	68.41	79.3
16.61	50.89	84.1	67.63	73.85	78.74
23.37	54.45	82.7	74.72	78.15	78.41
26.08	55.80	82.3	89.43	89.43	78.15

3. 硝酸 - 水

硝酸的摩尔分数/%		温度/℃	硝酸的摩尔分数/%		温度/℃
液相中	气相中		液相中	气相中	
0.0	0.0	100.0	45.0	64.6	119.5
5.0	0.3	103.0	50.0	83.6	115.6
10.0	1.0	109.0	55.0	92.0	109.0
15.0	2.5	114.3	60.0	95.2	101.0
20.0	5.2	117.4	70.0	98.0	98.0
25.0	9.8	120.1	80.0	99.3	81.8
30.0	16.5	121.4	90.0	99.8	85.6
38.4	38.4	121.9	100.0	100.0	85.4
40.0	46.0	121.6			

4. 甲醇 - 水

甲醇的摩尔分数/%		温度/℃	甲醇的摩尔分数/%		温度/℃
液相中	气相中		液相中	气相中	
0.00	0.00	100.0	29.09	68.01	77.8
5.31	28.34	92.9	33.33	69.18	76.7

甲醇的摩尔分数/%		温度/℃	甲醇的摩尔分数/%		温度/℃
液相中	气相中		液相中	气相中	
7.67	40.01	90.3	35.13	73.47	76.2
9.26	43.53	88.9	46.20	77.56	73.8
12.57	48.31	86.6	52.92	79.71	72.7
13.15	54.55	85.0	59.37	81.83	71.3
16.74	55.85	83.2	68.49	84.92	70.0
18.18	57.75	82.3	77.01	89.62	68.0
20.83	62.73	81.6	87.41	91.94	66.9
23.19	64.85	80.2	100.00	100.00	64.7
28.18	67.75	78.0			

附录二十二　　某些液体的导热系数

液体	温度 t/℃	热导率 K/[W/(m·℃)]	液体	温度 t/℃	热导率 K/[W/(m·℃)]
乙酸			苯	30	0.159
100%	20	0.171		60	0.151
50%	20	0.350	正丁醇	30	0.168
丙酮	30	0.177		75	0.164
	75	0.164	异丁醇	10	0.157
丙烯醇	25~30	0.180	氯化钙盐水		
氨	25~30	0.500	30%	32	0.550
氨的水溶液	20	0.450	15%	30	0.590
	60	0.500	二硫化碳	30	0.161
正戊醇	30	0.163		75	0.152
	100	0.154	四氯化碳	0	0.185
异戊醇	30	0.152		68	0.163
	75	0.151	甲醇		
氯苯	10	0.144	20%	20	0.492
三氯甲烷	30	0.138	100%	50	0.197
乙酸乙酯	20	0.175	氯甲烷	-15	0.192
乙醇				30	0.154
100%	20	0.182	硝基苯	30	0.164
80%	20	0.237		100	0.152
60%	20	0.305	硝基甲苯	30	0.216
40%	20	0.388		60	0.208
20%	20	0.486	正辛烷	60	0.140
100%	50	0.151		0	0.138~0.156
乙苯	30	0.149	石油	20	0.180
	60	0.142	蓖麻油	0	0.173
乙醚	30	0.138		20	0.168
	75	0.135	橄榄油	100	0.164
汽油	30	0.135	正戊烷	30	0.135
三元醇				75	0.128

续表

液体	温度 t/℃	热导率 K/[W/(m·℃)]	液体	温度 t/℃	热导率 K/[W/(m·℃)]
100%	20	0.284	氯化钾		
80%	20	0.327	15%	32	0.580
60%	20	0.381	30%	32	0.560
40%	20	0.448	氢氧化钾		
20%	20	0.481	21%	32	0.580
100%	100	0.284	42%	32	0.550
正庚烷	30	0.140	硫酸钾		
	60	0.137	10%	32	0.600
正己烷	30	0.138	正丙醇	30	0.171
	60	0.135		75	0.164
正庚醇	30	0.163	异丙醇	30	0.157
	75	0.157		60	0.155
正己醇	30	0.164	氯化钠盐水		
	75	0.156	25%	30	0.570
煤油	20	0.149	12.5%	30	0.590
	75	0.140	硫酸		
盐酸			90%	30	0.360
12.5%	32	0.520	60%	30	0.430
25%	32	0.480	30%	30	0.520
28%	32	0.440	二氯化硫	15	0.220
水银	28	0.360		30	0.192
甲醇			甲苯	75	0.149
100%	20	0.215		15	0.145
80%	20	0.267	松节油	20	0.128
60%	20	0.329	二甲苯		
40%	20	0.405	邻位	20	0.155
苯胺	0～20	0.173	对位	20	0.155

附录二十三 某些气体和蒸气的导热系数

下表中列出的极限温度数值是实验范围的数值。若外推到其他温度,建议将所列出的数据按 lg K 对 lg t[K 为热导率,W/(m·℃);t 为温度,℃]作图,或者假定 Pr 数与温度(或压强,在适当的范围内)无关。

物质	温度 t/℃	热导率 K /[W/(m·℃)]	物质	温度 t/℃	热导率 K /[W/(m·℃)]
丙酮	0	0.009 8	氨	100	0.032 0
	46	0.012 8	苯	0	0.009 0
	100	0.017 1		46	0.012 6
	184	0.025 4		100	0.017 8
空气	0	0.024 2		184	0.026 3
	100	0.031 7		212	0.030 5
	200	0.039 1	正丁烷	0	0.013 5

物质	温度 t/℃	热导率 K /[W/(m·℃)]	物质	温度 t/℃	热导率 K /[W/(m·℃)]
	300	0.045 9		100	0.023 4
氨	−60	0.016 4	异丁烷	0	0.013 8
	0	0.022 2		100	0.024 1
	50	0.027 2	二氧化碳	−50	0.011 8
二氧化碳	0	0.014 7	乙醚	100	0.022 7
	100	0.023 0		184	0.032 7
	200	0.031 3		212	0.036 2
	300	0.039 6	乙烯	−71	0.011 1
二硫化物	0	0.006 9		0	0.017 5
	−73	0.007 3		50	0.026 7
一氧化碳	−189	0.007 1		100	0.027 9
	−179	0.008 0	正庚烷	100	0.017 8
	−60	0.023 4		200	0.019 4
四氯化碳	46	0.007 1	正己烷	0	0.012 5
	100	0.009 0		20	0.013 8
	184	0.011 2	氢	−100	0.011 3
氯	0	0.007 4		−50	0.014 4
三氯甲烷	0	0.006 6		0	0.017 3
	46	0.008 0		50	0.019 9
	100	0.010 0		100	0.022 3
	184	0.013 3		300	0.030 8
硫化氢	0	0.013 2	氮	−100	0.016 4
水银	200	0.034 1		0	0.024 2
甲烷	−100	0.017 3		50	0.027 7
	−50	0.025 1		100	0.031 2
	0	0.030 2	氧	−100	0.016 4
	50	0.037 2		−50	0.020 6
甲醇	0	0.014 4		0	0.024 6
	100	0.022 2		50	0.028 4
氯甲烷	0	0.006 7		100	0.032 1
	46	0.008 5	丙烷	0	0.015 1
	100	0.010 9		100	0.026 1
	212	0.016 4	二氧化硫	0	0.008 7
乙烷	−70	0.011 4		100	0.011 9
	−34	0.014 9	水蒸气	46	0.020 8
	0	0.018 3		100	0.023 7
	100	0.030 3		200	0.032 4
乙醇	20	0.015 4		300	0.042 9
	100	0.021 5		400	0.054 5
乙醚	0	0.013 3		500	0.076 3
	46	0.017 1			

附录二十四　某些固体材料的导热系数

1. 常用金属

热导率 K /[W/(m·℃)]	温度 t/℃				
	0	100	200	300	400
铝	277.95	227.95	227.95	227.95	227.95
铜	383.79	379.14	372.16	367.51	362.86
铁	73.27	67.45	61.64	54.66	48.85
铅	35.12	33.38	31.40	29.77	—
镁	172.12	167.47	162.82	158.17	—
镍	93.04	82.57	73.27	63.97	59.31
银	414.03	409.38	373.32	361.69	359.37
锌	112.81	109.90	105.83	401.18	93.04
碳钢	52.34	48.85	44.19	41.87	34.89
不锈钢	16.28	17.45	17.45	18.49	—

2. 常用非金属

材料	温度 t/℃	热导率 K/[W/(m·℃)]	材料	温度 t/℃	热导率 K/[W/(m·℃)]
软木	30	0.043 03	木材		
玻璃棉	—	0.034 89 ~ 0.069 78	横向	—	0.139 6 ~ 0.174 5
保温灰	—	0.069 78	纵向	—	0.383 8
锯屑	20	0.046 52 ~ 0.058 15	耐火砖	230	0.872 3
棉花	100	0.069 78		1 200	1.639 8
厚纸	20	0.013 69 ~ 0.348 9	混凝土	—	1.279 3
玻璃	30	1.093 2	绒毛毡	—	0.046 5
	−20	0.756	85% 的氧化镁粉	0 ~ 100	0.069 78
搪瓷	—	0.872 3 ~ 1.163	聚氯乙烯	—	0.116 3 ~ 0.174 5
云母	50	0.430 3	酚醛加玻璃纤维	—	0.259 3
泥土	20	0.697 8 ~ 0.930 4	酚醛加石棉纤维	—	0.294 2
冰	0	2.326	聚酯加玻璃纤维	—	0.259 4
软橡胶	—	0.129 1 ~ 0.159 3	聚碳酸酯	—	0.190 7
硬橡胶	0	0.15	聚苯乙烯泡沫	25	0.041 87
聚四氟乙烯	—	0.241 9		−150	0.001 745
泡沫玻璃	−15	0.004 885	聚乙烯	—	0.329 1
	−80	0.003 489	石墨		139.56
泡沫塑料	—	0.046 52			